U0226891

高等学校"十二五"规划教材

给排水科学与工程专业应用与实践丛书

水处理微生物学

赵 远　张崇淼 主编

张小菊　王 琴　刘 婷 副主编

化学工业出版社

·北 京·

本书首先介绍了微生物的性状和分类、微生物的生理、微生物的生长繁殖、微生物的遗传和变异以及微生物的生态系统方面的基础知识；之后介绍了水处理工程中的微生物污染，好氧生物处理的原理与应用，厌氧生物处理原理及应用，水体富营养化和脱氨除磷技术，水中病原微生物的检测及去除，以及生物修复技术。

本书在提供基本知识、基本理论和基本操作技能的前提下，结合最新前沿技术，编入更多的案例，理论与实践的结合，使内容更加简单易懂，实用性更强。本书可供给排水科学与工程、环境工程、环境科学、市政工程等相关专业师生阅读参考。

图书在版编目（CIP）数据

水处理微生物学/赵远，张崇淼主编．—北京：化学工业出版社，2013.7（2023.1重印）
（高等学校“十二五”规划教材　给排水科学与工程专业应用与实践丛书）
ISBN 978-7-122-17437-6

Ⅰ.①水…　Ⅱ.①赵…②张…　Ⅲ.①水处理-生物处理-教材　Ⅳ.①TU991.2②X703.1

中国版本图书馆 CIP 数据核字（2013）第 109860 号

责任编辑：徐　娟　　　　装帧设计：关　飞
责任校对：陶燕华

出版发行：化学工业出版社（北京市东城区青年湖南街 13 号　邮政编码 100011）
印　　装：天津盛通数码科技有限公司
787mm×1092mm　1/16　印张 16½　字数 486 千字　　2023 年 1 月北京第 1 版第 12 次印刷

购书咨询：010-64518888　　　　售后服务：010-64518899
网　　址：http://www.cip.com.cn
凡购买本书，如有缺损质量问题，本社销售中心负责调换。

定　　价：45.00 元

丛书序

在国家现代化建设的进程中，生态文明建设与经济建设、政治建设、文化建设和社会建设相并列，形成五位一体的全面建设发展道路。建设生态文明是关系人民福祉，关乎民族未来的长远大计。而在生态文明建设的诸多专业任务中，给排水工程是一个不可缺少的重要组成部分。培养给排水工程专业的各类优秀人才也就成为当前一项刻不容缓的重要任务。

21 世纪我国的工程教育改革趋势是“回归工程”，工程教育将更加重视工程思维训练，强调工程实践能力。针对工科院校给排水工程专业的特点和发展趋势，为了培养和提高学生综合运用各门课程基本理论、基本知识来分析解决实际工程问题的能力，总结近年来给排水工程发展的实践经验，我非常高兴化学工业出版社能组织全国几十所高校的一线教师编写这套丛书。

本套丛书突出“回归工程”的指导思想，为适应培养高等技术应用型人才的需要，立足教学和工程实际，在讲解基本理论、基础知识的前提下，重点介绍近年来出现的新工艺、新技术与新方法。丛书中编入了更多的工程实际案例或例题、习题，内容更简明易懂，实用性更强，使学生能更好地应对未来的工作。

本套丛书于“十二五”期间出版，对各高校给排水科学与工程专业和市政工程专业、环境工程专业的师生而言，会是非常实用的系列教学用书。

蒋展鹏

2013 年 1 月

前言

目前，水污染问题日益严重。城市污染水和工业废水排放造成大部分水体的污染。污染控制和水环境修复是水资源可持续利用长期必须面对的重大问题之一。利用先进的生物技术处理污染物越来越引起人们的普遍重视，许多水处理技术与环境生物技术已成功地应用于与环境污染相关的诸多领域与环节，更多的技术则正在不断开发、拓展和完善。而与处理污染物相关的微生物学发展非常迅速，新技术、新方法不断涌现，特别是分子生物学技术的发展更是令人瞩目。针对目前本科生毕业有相当一部分学生又要继续攻读研究生的现状，从科研和实际工作需求的角度，本书除介绍水处理微生物学基本知识、基本原理、处理的基本工艺外，结合水处理工程的实际需要，介绍了与水处理工程有关的内容和理论，并适当补充了水环境饮用水等方面内容，使读者能够适时了解并掌握水处理微生物学的最新发展动态和技术应用情况。

水处理微生物学与水处理工程有密切的关系，它是一门实践性很强的学科。本书紧扣水处理工程和微生物学两条紧密结合的主线，在介绍基本原理、技术的基础上，注重于环境生物技术在水处理领域的应用，并且给出许多实践中丰富的案例，旨在深入阐述水处理微生物技术的基础上，建立一个有效的水处理微生物技术选择的定性和定量模式，以期更好地指导我国水环境领域污染处理技术开发、应用推广。我们希望本书能对高等院校师生和广大科技工作人员有所帮助，同时对我国环境教育的发展做出贡献。

全书共12章。第1章绪论，概述水处理微生物学的研究对象和任务以及微生物的基础知识；第2章微生物的性状和分类，简述真核生物、原核生物及病毒的基础知识；第3章微生物的生理，简述微生物发生生化反应的酶相关知识，微生物的营养、呼吸、物质代谢，难降解物质等；第4章微生物的生长，简述微生物培养和分离技术及微生物生长条件；第5章微生物的遗传和变异，简述微生物的遗传物质基础，基因技术，菌种培育及保存技术；第6章微生物的生态系统，简述微生物在自然界中的存在状态，微生物在自然界中的循环等；第7章水环境中的微生物污染，简述水处理污染的微生物来源及途径，微生物污染种类，水处理工程中的细菌污染和病毒污染；第8章水处理工程中好氧生物处理的原理与应用，简述好氧生物处理的基本原理及生物处理方法、工艺；第9章水处理工程中厌氧生物处理的原理及应用，简述厌氧生物处理的微生物原理及生理特征以及厌氧处理工艺；第10章水体富营养化和脱氮除磷技术，简述水体富营养化现象、原因、危害及控制水体富营养化的措施与方法，生物脱氮除磷基本原理、基本流程、基本工艺；第11章水中病原微生物的检测及去除，简述水中的病原微生物及其检测技术，饮用水的深度净化技术，饮用水消毒，及病原微生物的去除工艺；第12章生物修复技术，简述生物修复技术原理、水处理工程中微生物修复技术，并介绍了一些案例。

参与本书编写的有赵远研究员（第1章、第4章部分、第9章部分、第12章部分）、王琴副教授（第2章）、张小菊老师（第3章）、孙向武副教授（第4章）、张崇淼副教授（第5章、第7章、第12章部分）、张翠英副教授（第6章、第11章部分）、刘婷老师（第8章）、代红艳老师（第10章）、申蓉艳博士（第9章部分）、马伟芳副教授（第11章部分）、蓝梅副教授（第12章部分）等。最后由赵远研究员统稿。本书在编写的过程中，除参考了相关书籍外，还参考了大量国内外学者、科研单位、生产企业等的研究成果及资料，在此一并表示感谢。

由于本书涉及多学科交叉，内容广泛，加之科学技术发展迅速，新成果不断涌现，以及编者水平和编写时间的限制，难免有遗漏之处，热忱希望广大读者和同行提出宝贵意见，以利于以后进一步修改提高。

主编

2013年7月

目 录

第1章
绪论

1.1 微生物在自然界的主要作用

微生物分布广、繁殖快、代谢强的特点，使它们在自然界的物质循环中，肩负着矿化作用的责任，尤其在地球化学方面有宏伟的转化作用。其实，微生物在自然界不仅进行矿化作用，并且还控制着大气中二氧化碳的分压和植物可利用二氧化碳的比例。如果，微生物分解动、植物尸体或它们的代谢产物的速度低时，则地球表面便累积动植物尸体和它们的代谢产物，同时，由于二氧化碳供应受阻，在地球上生存的各种生物都会因食物不足而慢慢完结；反之，如果微生物代谢作用过高，则地球表面就要迅速累积一层不含有机物质的砂土和黏土，而不利于植物的生长。因此，只有微生物适量的活动下，使矿化作用的速度维持这样一个平衡：既分解有机物质免于尸体累积，又保留适当的有机物质于土壤中，以便保持土壤的肥沃性和植物能以继续得到必需的二氧化碳及其他营养物质。维护整个自然界的生态平衡，保证自然界的繁荣昌盛。由此可见，微生物在自然界中的作用是不可估量的。

大部分微生物对人有利，它们在自然界物质的转化中，起重大的作用，没有这些微生物，无论动物和植物，都将不能生存。但也有一小部分微生物可使人和动植物患病，这类微生物称为病原微生物，或称致病微生物。研究微生物在一定环境条件下生活规律和微生物在自然界中所起作用的科学，称微生物学。微生物学是生物学的一部分，由于它在人类生活中具有很大的意义，故发展成一门独立的生物学科。

1.2 水处理微生物学的研究对象和任务

微生物都是个体很小的生物，其大小要用微米（μm）来量测，因此一般用肉眼都不见，只有在显微镜下把它们放大后才能看到。微生物学研究微生物的形态、分类和生理等特性，研究它们生活的环境条件和它们在自然界物质转化中所起的作用以及控制它们生命活动的方法。由于微生物的种类繁多、应用广泛，在医学、农业、环境保护、工业生产等领域中，对微生物的研究各有侧重。本书在研究微生物的一般形态和生理特性的基础上，着重讨论与水处理有关的问题。

微生物在水处理工程中起着很重要的作用。水处理和环境保护的工程技术人员，必须掌握水处理微生物学的基本知识，了解微生物的形态、生理特性和控制它们的方法，基本掌握微生物在水处理中的作用机理和规律，以便有效地去除水中有害的微生物，或者为有益的微生物创造适宜的繁殖条件，而提高废水处理的效率；同时还必须掌握水环境微生物的检验方法，根据检测结果来确定水和废水的生物学性质，判定水体污染和自净的程度。总而言之，《水处理微生物学》是水处理和环境保护工作者必须掌握的重要技术基础知识。

1.3 微生物学在水处理过程中的作用

早在19世纪，人们就对介水病原菌进行研究，并通过对饮用水采取过滤和消毒等措施，大大降低了伤寒和霍乱的发病率。至今，由水体自净过程发展而来的废水微生物处理技术，已在环境工程上广泛应用。污水的微生物处理是利用微生物的代谢反应进行的一种处理方法，因此在微生物处理设施的运转管理中，必须创造微生物的最适环境和营养条件。污水的微生物处理是包括细菌、原生动物等很多种类生物的混合生物体系的共同作用结果，其中存在着各种微生物种群之间复杂的生存竞争和生态平衡关系，因而会出现纯培养中想象不到的现象，这就是生物处理的难度所在。

微生物与水处理工程是以解决21世纪世界面临的水污染日趋严重、水资源急剧短缺，实现水环境恢复和水资源可持续发展为目的的科学，其研究内容是人类经济建设和社会发展中待解决的重要问题。微生物与水处理工程的关键是污水处理的微生物及处理工艺，而贯穿其间的是微生物学基础理论及微生物处理污水的相关技术和方法，工程技术的实施、构筑物及设备的设计和运行是去除污染物、净化污水的手段，其最终目的是净化水环境，建立污水的资源化工艺，造福人类。

污水生物处理技术已有100多年的历史。长期以来，污水生物处理技术以其特有的技术、经济和环境优势，一直是水处理的主要技术，在城市污水和工业废水的处理、深度处理和再生利用，以及微污染水源水和饮用水的深度处理等各个方面发挥着越来越重要的作用。微生物有其容易发生变异的特点，随着新污染物的产生和数量的增多，微生物的种类可随之相应增多，显现出更加的多样性。随着微生物学中各个分支学科相互渗透，尤其是分子生物学、分子遗传学的发展，促进了微生物分类学的完善，促进了微生物应用技术的进步，推动了生物工程、酶学和基因工程在各个领域的应用和长足的发展，也有力地促进了水处理微生物工程的发展。随着水处理微生物工程技术的发展，水和污水生物处理的新技术、新工艺不断出现，如固定化酶、固定化微生物细胞处理工业废水，筛选优势菌，筛选处理特种废水的菌种，甚至在探索用基因工程菌处理污水；在传统的生物处理技术基础上，出现了许多革新的技术和代用的技术，有力地促进了水处理技术的进步，推动了环境工程、给水排水等学科的发展。

1.4 微生物概述

1.4.1 微生物的定义

微生物是指肉眼看不见的、需借助显微镜才能观察到的一类微小生物的总称。它是一大群种类各异、独立生活的生物体。这些微小的生物包括无细胞结构不能独立生活的病毒、亚病毒（类病毒、拟病毒、朊病毒）、原核细胞结构的真细菌、古细菌和有真核细胞结构的真菌（酵母、霉菌等）。有的也把藻类、原生动物包括在其中。在以上这些微小生物群中，大多数是肉眼看不见的，有的像病毒等生物体，即使在普通光学显微镜下也看不到，必须在电镜下才能观察得到。

1.4.2 原核微生物与真核微生物

微生物按其结构分为细胞型和非细胞型两类。凡是有细胞形态的微生物称为细胞型微生物，按其细胞结构又可分为原核微生物和真核微生物。原核生物细胞没有明显的核区，核区内只有一条双螺旋结构的脱氧核糖核酸（DNA）构成的染色体；原核生物细胞的核区没有核膜包围，称为原核。真核生物细胞内有一个明显的核，其染色体除含有双螺旋结构的脱氧核糖核酸（DNA）外还含有组蛋白，核由一层核酸包围，称为真核。

原核微生物包括细菌、放线菌、立克次氏体、衣原体、支原体、蓝细菌和古细菌等。它们都是单细胞原核生物，形态结构简单，单生或聚生；个体微小，一般为1～10μm，仅为真核细胞的十分之一至万分之一；无细胞核结构，只有核物质存在的核区；大都为无性生殖，多行分裂生殖，有的以孢子繁殖；生理类型多样，多数需有机养料，有的进行光合自养或化能自养；需氧、厌氧或兼性好氧。原核微生物中的某些属种能利用空气中的氮。

真核微生物，是具有由核膜、核仁及染色体（质）构成的典型细胞核，有丝分裂，细胞质中有线粒体等多种细胞器的微生物。真核微生物的基本类群有真菌、显微藻类、原生动物及黏菌。

1.4.3 微生物的分类

微生物分类的任务是在全面了解微生物生物学特征的基础上，研究它们的种类，探索其起源、演化以及与其他生物种群之间的亲缘关系，进而提出能反映自然发展的分类系统，并将微生物加以分门别类。所谓分类，就是在对大量微生物进行逐一观察、分析与描述的基础上，按照它们个体发育的形态、培养特征、生理生化特性和细胞化学组分等一系列性状的异同和主次，并根据它们的亲缘关系和应用方便，加以分门别类（归纳为纲、目、科、属和种），从而制定为鉴定用的检索表。所谓鉴定，则是对某一具体的微生物的性状进行细致的观察和测试，参照一定的检索表，用对比分析的方法来确定该微生物的分类地位。对与已知菌相同的种，就采用已知菌的名称；与已知菌不同者，可按照国际命名法则，给新种定名。

自然科学在不断发展，人们对客观事物的认识也总是在不断深化。当然，对微生物的分类也在不断进行修改、完善和补充。目前，虽然对微生物的认识比以前深入了许多，但在很多方面还了解得不够；对它们彼此之间的亲缘关系还不十分清楚。所以，目前还不能完全按照亲缘关系进行分类，在微生物的分类系统中仍有人为的分类参与；即使是按照亲缘关系来分类，由于人们的认识不一致，在分类系统的问题上就会发生分歧。因此，就形成了不同的分类系统。就细菌来说，目前就有三个比较全面的分类系统。几种分类系统现在还没法统一起来。这样往往同一微生物在不同的分类系统中，就会有不同的归属，给微生物的鉴定带来了困难。微生物分类与其他较大的生物（动、植物）分类相比较，显得很不成熟。

1.4.4 微生物的分类单位、命名和分类依据

微生物和其他生物分类一样，分为七个基本的分类等级（taxonomic rank）或分类阶元(taxonomic category)，由上而下依次是：界、门、纲、目、科、属、种。在分类上，若这些分类单元的等级不足以反映某些分类单元之间的差异时也可以增加亚等级，即亚界、亚门、……、亚种。

以酿酒酵母为例，它在分类系统中的归属情况为：真菌门；子囊菌纲；原子囊菌亚纲；内孢霉目；内孢霉科；酵母亚科；酵母属；酿酒酵母。

在上述分类单位中，种是最基本的分类单位。作为分类单元的等级，微生物的种可以看做是：具有高度特征相似性的菌株群，这个菌株群与其他类群的菌株有很明显的区别。正是由于微生物种的划分缺乏统一的客观的标准，分类学上已经描述的种潜藏着不稳定性，有的种可能会随着认识的深入，分种依据的变化而进行必要的调整。

亚种，当某一个种内的不同菌株存在少数明显而稳定的变异特征或遗传性而又不足以区分成新种时，可以将这些菌株细分成两个或更多的小的分类单元——亚种。亚种是正式分类单元中地位最低的分类等级。

型，常指亚种以下的细分，当同种或同亚种不同菌株之间的性状差异，不足以分为新的亚种时，可以细分为不同的型。例如，按抗原特征的差异分为不同的血清型；按对噬菌体裂解反应的不同分为不同的噬菌型等。

菌株，从自然界分离得到的任何一种微生物的纯培养物都可以称为微生物的一个菌株；用实验方法（如通过诱变）所获得的某一菌株的变异型，也可以称为一个新的菌株，以便与原来的菌株相区别。菌株是微生物研究相应用中最基本的操作实例。一般地讲，自然界中的“种”应该是有限的，但菌株是无限的。菌株的表示方法是在种名后面加编号、字母或其他符号以示区别。

同一种微生物在不同的国家或地区常有不同的名称，这就是俗名（vernacular name）。俗名在局部地区可以使用，但不便于交流，容易引起混乱。为在世界范围内交流和开展工作，要求给每种微生物取一个公认的科学名称，微生物的命名同样采用生物学中一贯沿用的林奈（Linnaeus）氏的“双名法”（Binomial nomenclature）命名。这种国际命名法的一般规则如下。（1）每种具有显著特征的微生物，称之为“种”。（2）每个种给一个名字，其学名通常由两个拉丁词组成，斜体书写。如大肠杆菌的学名是*Escherichia coli*。（3）第一个词是属名，属名的第一个字母要大写。属名是由拉丁词或希腊词或拉丁化了的其他文字所构成。（4）学名的第二个词为种名，是拉丁语中的形容词，表示微生物的次要特征。种名的首字母不大写。（5）通常在种名的后面是命名人的姓以及命名的时间。（6）亚种名为三元式组合，即由属名、种名和亚种名构成。（7）有时只讲某一属的菌，不讲某一个具体的种，或没有种名时，用属名后加 sp.（单数）或 spp.（复数）表示。

1.4.5 微生物的生物学特点

微生物除具有生物的共性外，也有其独特的特点，正因为其具有这些特点，才使得这样微不可见的生物类群引起人们的高度重视。

（1）种类繁多，分布广泛。微生物的种类极其繁多，目前已发现的微生物达 10 万种以上，并且每年都有大量新的微生物菌种报道，微生物的多样性已在全球范围内对人类产生巨大影响。首先微生物为人类创造了巨大的物质财富，目前所使用的抗生素药物，绝大多数是微生物发酵产生的，以微生物为劳动者的发酵工业，为工、农、医等领域提供各种产品。

微生物分布非常广泛，可以说微生物无处不有、凡是有高等生物生存的地方，都有微生物存在，甚至某些没有其他生物生存的地方，也有微生物存在，例如在冰川、温泉、火山口等极端环境条件下也有大量微生物分布。土壤是微生物的大本营，尤其是耕作的土壤中，微生物的含量很大，1g 沃土中含菌量高达几亿甚至几十亿，一般土壤越肥沃，其含菌量越高，表层土中比深层土中的含菌量高。

（2）生长繁殖快，代谢能力强。微生物生长繁殖的速度是高等生物所无法比拟的，大肠杆菌在适宜的条件下，每 20min 即繁殖一代，24h 可繁殖 72 代，由一个菌细胞就可繁殖到 4.7×10^{21} 个，如果将这些新生菌体排列起来，可绕地球一周有余。微生物生长繁殖的速度之所以如此之快，是因为微生物的代谢能力很强，由于微生物个体微小，单位体积的表面积相对很大，有利于细胞内外的物质交换，细胞内的代谢反应较快。正因为微生物具有生长快、代谢能力强的特点，才使得它们在地球上的物质转化以及工农业生产上起到重要作用，但也正是由于这些特点，微生物也曾经或随时都有可能给人类带来疫病的灾难。

（3）遗传稳定性差，容易发生变异。微生物个体微小，对外界环境很敏感，抗逆性较差，很容易受到各种不良外界环境的影响。另外，微生物的结构简单，缺乏免疫监控系统（如高等动物的免疫系统），所以很容易发生遗传形状的变异。微生物的遗传不稳定性，是相对高等生物而言的，实际上在自然条件下，微生物的自发突变频率在 10^{-6} 左右。

微生物的遗传稳定性差，给微生物菌种保藏工作带来一定不便，一般在能满足生产需要的情况下，尽量减少菌种的转接代数，并且不断检测菌种的纯度和活力，一旦出现菌种因突变而退化的现象，就必须对菌种进行复壮工作。另一方面，正因为微生物的遗传稳定性差，其遗传的保守性低，使得微生物菌种培育相对容易得多。通过育种工作，可大幅度地提高菌种的生产性能，其产量性状提高幅度是高等动植物所难以实现的。目前在发酵工业上，所用的生产菌种大多是经过突变培育的，其生产性能比原始菌株提高几倍、几十倍、甚至几百倍。

参 考 文 献

[1] 车振明主编．工科微生物学教程．成都：西南交大出版社，2007.

[2] 杨汝德主编．现代工业微生物学．北京：科学出版社，2001.

[3] 高鼎主编．食品微生物．北京：中国商业出版社，1996.

[4] 贾英民主编．食品微生物．北京：中国轻工业出版社，2001.

[5] 顾夏声等编．水处理微生物学．第 5 版．北京：中国建筑工业出版社，2010.

第2章 微生物的性状和分类

2.1 原核微生物

原核微生物的核原始且发育不全，核质裸露，与细胞质没有明显的界线，称为拟核或类核。原核微生物没有细胞器。只有由细胞质膜内陷形成的不规则的泡沫结构体系，如中间体和光合作用层片及其他内折，也不进行有丝分裂。原核微生物主要包括细菌门和蓝细菌门中的所有微生物。

2.1.1 细菌

细菌（bacterium）是一种具有细胞壁的单细胞原核生物，多以二分裂方式繁殖，个体微小，细胞细短，结构简单，多数在 1μm 左右，通常用放大 1000 倍以上的光学显微镜或电子显微镜才能观察到。各种细菌在一定的环境条件下，有相对恒定的形态和结构，是一个完整的生命体。

2.1.1.1 细菌的形态和大小

就单个有机体而言，细菌的基本形态有三种：球状、杆状和螺旋状，分别称为球菌、杆菌和螺旋菌（包括弧菌）。在自然界所存在的细菌中，杆菌最为常见，球菌次之，而螺旋菌最少。此外，近些年来还陆续发现了少数其他形态，如三角形、方形和团盘形等形态的细菌。

(1) 球菌。细胞呈球形或椭球形，其大小以细胞直径来表示，一般为 0.5～1.0μm。有些球菌在分裂后子细胞并不立即分开，这样，由于球菌分裂面的不同，使得分裂后各子细胞相互黏连方式和程度不同而呈现不同的空间排列方式（图 2-1）。如果只有一个分裂面，新个体分散而单独存在，或成对排列，或链状排列，就形成了单球菌，如尿素微球菌（*Micrococcus ureae*）；双球菌，如肺炎双球菌（*Diplococcus pneumoniae*）；链球菌，如乳链球菌（*Streptococcus lactis*）。如果有两个分裂面并且相互垂直就形成四联球菌，如四联微球菌（*Micrococcus tetragenus*）。如果有三个分裂面并相互垂直，就形成八叠球菌，如巴氏甲烷八叠球菌（*Methanosarcina barkeri*）。如果分裂面不规则，子细胞排列无次序而像一串葡萄，就形成葡萄球菌，如金黄色葡萄球菌（*Staphylococcus aureus*）。

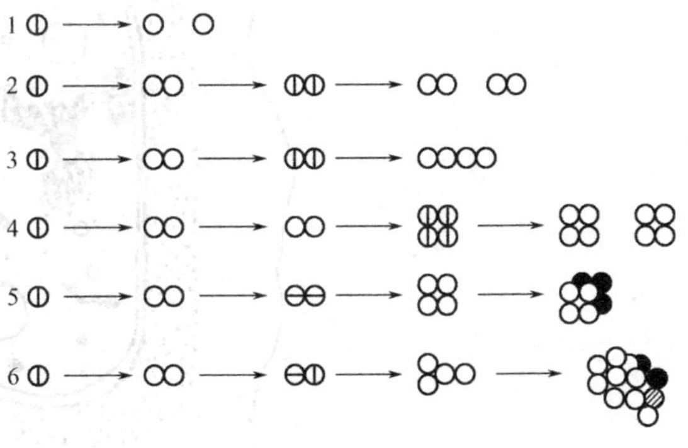

图 2-1 球菌的排列

1—单球菌；2—双球菌；3—链球菌；4—四联球菌；5—八叠球菌；6—葡萄球菌

(2) 杆菌。该菌细胞呈杆状或圆柱形，其大小以宽度和长度表示。杆菌的宽度一般为 0.5～2.0μm，长度为宽度的一倍或几倍。杆菌按大小可细分为小型杆菌［(0.2～0.4μm)×(0.7～

1.5μm)]、中型杆菌 [(0.5～1.0μm)×(2～3μm)] 和大型杆菌 [(1～1.25μm)×(3～8μm)]；按着细胞排列方式有单杆菌、双杆菌和链杆菌，如图 2-2 所示。常见的枯草芽孢杆菌（*Bacillus subtilis*）、大肠杆菌（*Escherichia. coli*）、奥氏甲烷杆菌（*Methnobacterium omelianskii*）等都属于这类细菌。一般来讲，同一种杆菌的粗细比较稳定，但长度常因发育阶段或培养条件的不同而有较大的变化。

（3）螺旋菌。该菌细胞呈弯曲的杆状。根据弯曲的程度不同又可分为弧菌和螺旋菌。螺旋菌的大小也是以长度和宽度来表示，但是螺旋菌的长度是菌体空间长度而不是它的真正长度，螺旋菌宽度常在 0.5～5.0μm，长度差异很大，约在 5～15μm，如图 2-3 所示。

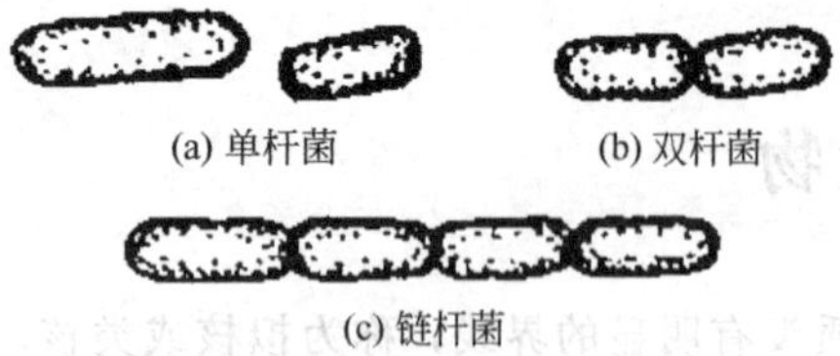

图 2-2 杆菌的排列

图 2-3 螺旋菌和弧菌的形态

细菌的形状和大小受多种因素的影响，如培养温度、培养时间、培养基组分与浓度等都可能引起细菌形状和大小的改变。细菌在适宜的环境里，其形态和排列一般是比较一致而有规则的，这对于细菌的鉴定具有一定的意义。当环境条件改变时，可能出现不规则现象，将细菌再转移到适宜的环境条件后，又可迅速恢复正常状态。

2.1.1.2 细菌的细胞结构

细菌虽然个体微小，但是它有很复杂的内部结构。细菌的细胞结构可分为基本结构和特殊结构两部分。细菌细胞的基本结构主要由细胞壁、细胞质膜、细胞质、核质及内含物等构成，是全部细菌细胞所共有的。有些细菌还可能有荚膜、芽孢或鞭毛等特殊结构，如图 2-4 所示。

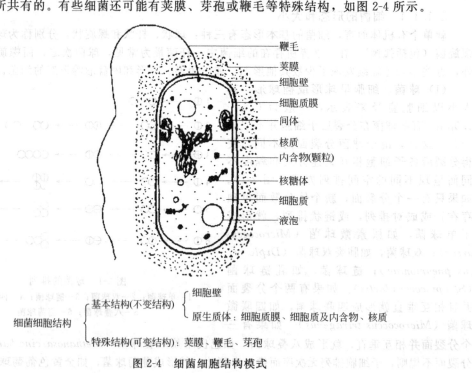

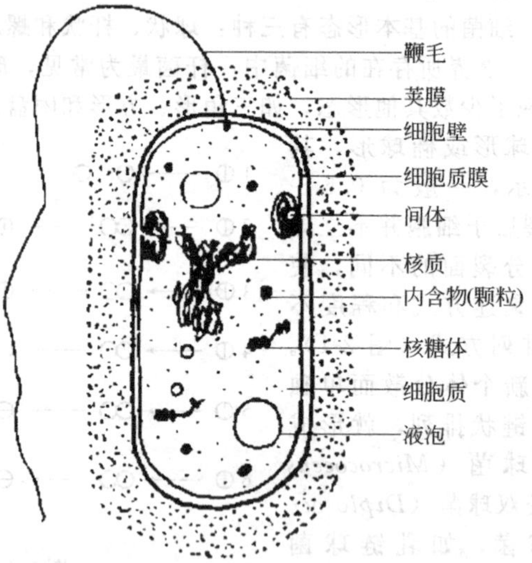

细菌细胞结构
- 基本结构(不变结构)
  - 细胞壁
  - 原生质体：细胞质膜、细胞质及内含物、核质
- 特殊结构(可变结构)：荚膜、鞭毛、芽孢

图 2-4 细菌细胞结构模式

（1）细胞壁。细胞壁（cell wall）是包在原生质体外面，厚约 10～80μm 的略有弹性、一定硬度与韧性的网状结构，其质量约占总细胞干重的 10%～25%。

① 细胞壁的化学组成及结构。构成细胞壁的主要成分是肽聚糖、脂类和蛋白质。根据细胞壁化学成分和结构的不同（图 2-5），将细菌分为革兰阳性（简称 G+）细菌和革兰阴性（简称 G—）细菌。

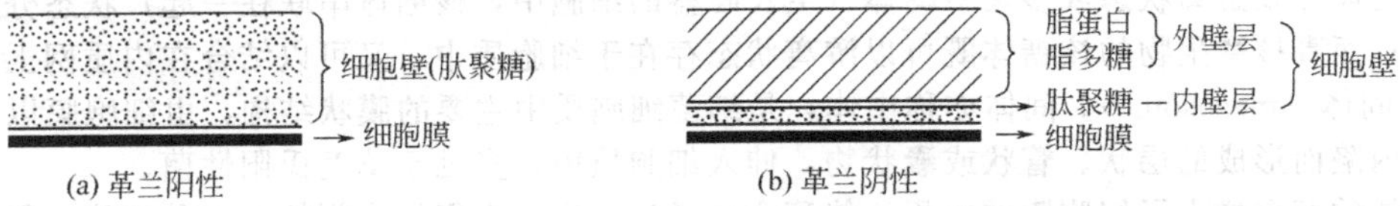

图 2-5 革兰阳性细菌和革兰阴性细菌的细胞壁剖面

革兰阳性细菌的细胞壁是厚约 20～80μm 的肽聚糖，并含少量蛋白质和脂类。革兰阴性细菌的细胞壁较薄，约 10nm，分外壁层和肽聚糖层，外壁层主要含有脂蛋白和脂多糖等脂类物质，而肽聚糖层很薄，肽聚糖仅占细胞壁化学组成的 5%～10%。

② 细胞壁的生理功能。细菌失去细胞壁之后，任何形态的细胞均呈球状，这说明细胞壁具有保护作用，使细胞免遭外界损伤。细菌细胞壁的主要功能有：a. 维持细胞形状和保持细胞的完整性；b. 由于细胞壁具有一定的韧性和弹性，这样可以保持原生质体，避免渗透压对细胞产生破坏作用；c. 细胞壁具有多孔性，在营养代谢方面，可以允许水及一些化学物质通过，但对大分子物质有阻挡作用，是有效的分子筛；d. 对于有鞭毛的细菌来说，细胞壁为鞭毛提供支点，支撑鞭毛的运动，如果用溶菌酶水解掉细胞壁，则细菌无法运动；e. 细菌的抗原性、致病性以及噬菌体的敏感性，均取决于细菌细胞壁的化学成分。

(2) 原生质体。原生质体（protoplast）包括细胞膜、细胞质和核质。

① 细胞膜（cell membrane）。细胞膜又称原生质膜（plasma membrane）或质膜（plasma lemma），是外侧紧贴于细胞壁而内侧包围整个细菌细胞质的一层柔软而富有弹性的半透性薄膜，厚度约 7～10μm。细胞膜约占细胞干重的 10%，其化学组成是脂类（20%～30%）和蛋白质（60%～70%），少量糖蛋白、糖脂（约 2%）和微量核酸。

关于细胞膜结构，人们提出了许多假说或模型。比较普遍采用的是“单位膜”假说，认为膜的单位结构是由磷脂双分子层与蛋白质组成，双层磷脂夹在蛋白质分子之间，有的蛋白质分子又镶嵌在磷脂中间，如图 2-6 所示。

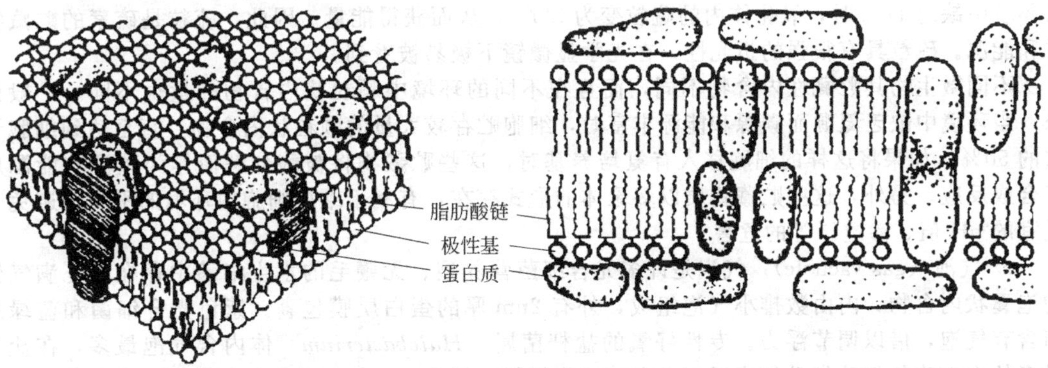

图 2-6 细胞膜结构模式

细胞膜具有很重要的生理功能，主要表现为渗透性与转运作用。细胞膜上特殊的渗透酶（permease）和载体蛋白能选择性地转运可溶性的小分子有机化合物及无机化合物，控制营养物、代谢产物进出细胞；转运电子和磷酸化作用，即呼吸作用的场所；排出水溶性的胞外酶（水解酶类），将大分子化合物水解为简单化合物，而后摄入细胞内；生物合成功能。

② 细胞质（cytoplasm）及其内含物。细胞质又称原生质，是细胞膜内除细胞核质外所有物质的统称，是细菌细胞的基本物质，是一种透明黏稠的胶状物。细胞质的主要成分是水、蛋白质、核酸、脂类、少量的糖类和无机盐类。细胞质中含有各种酶系统，使细菌细胞与其周围环境

不断地进行新陈代谢。此外，细胞质中还有各种不同的内含物。

a. 核糖体（ribosome）。核糖体是细胞中的一种核糖核蛋白的颗粒状结构，是合成蛋白质的部位，由60%的核糖核酸（RNA）和40%的蛋白质组成，分散存在于细菌细胞质中，原核微生物的核糖体常以游离状态或多聚核糖体（生长旺盛的细胞中，核糖体串联在一起）状态分布于细胞质中；而真核微生物的核糖体既可以游离状态存在于细胞质中，又可以结合在内质网上。

b. 间体（mesosome）。间体亦称中体，是细菌细胞质中主要的膜状结构，由细胞膜以最大量的折皱内陷而形成的层状、管状或囊状物，伸入细胞质内，多见于革兰氏阳性菌。

间体的存在增大了细胞膜的面积，使酶含量增加。现在人们认为间体有多种功能，但尚不完全了解。例如，据推测间体可能是能量代谢和某些合成代谢的场所，相当于真核微生物的线粒体；还可能与细胞壁合成有关，特别是横隔壁所需的酶，因它们在细胞分裂时，与形成中的横隔壁相连；另外，间体还可能与核分裂有关。

c. 内含颗粒（inclusion granulc）。细胞质中存在的各种颗粒状物质，大多属于贮藏的养料，即营养物质过剩的产物。随着细菌的种类、菌龄及培养条件的不同，内含颗粒物质有很大的变化。

ⅰ. 异染颗粒又称捩转菌素。其主要成分是多聚偏磷酸盐，具有较强的嗜碱性或嗜中性。因为它被蓝色染料（如甲烯蓝）染色后不呈蓝色而呈紫红色而得名。幼龄菌中的异染颗粒很小，随着菌龄的增长而变大。一般认为它可能是磷源和能源性贮藏物。

ⅱ. 聚β-羟基丁酸（简写PHB）颗粒。为细菌所特有，是β-羟基丁酸的直链多聚物，易被亲脂染料苏丹黑染色，在光学显微镜下可观察到。当细菌生长在富含碳水化合物而缺少氮化合物的培养基中时，积累PHB；反之则降解PHB。因此，PHB是一种碳源和能源性贮藏物。羟基丁酸分子呈酸性，当其聚合为聚β-羟基丁酸时就成为中性脂肪酸，这样就能维持细胞内中性环境，避免菌体内酸性增高。

ⅲ. 肝糖粒和淀粉粒。二者均可作为碳源和能量的贮存物。有些细菌如大肠杆菌（E. coli）含有肝糖粒，它较小，只能在电子显微镜下观察，如用稀碘液可染成红褐色，可在光学显微镜下看到。有些细菌含有淀粉粒，用碘液可染为深蓝色。

ⅳ. 硫粒。有些硫细菌如贝氏琉菌属（*Beggiatoa*）、发硫菌属（*Thiothrix*）、紫硫螺菌及绿硫菌等能氧化H_2S为硫粒积累在菌体内。当它们生活在含H_2S的环境时，氧化H_2S为硫元素。当环境中缺乏H_2S时，氧化体内的硫粒变为SO_4^{2-}，从而获得能量。因此，硫粒是硫素的贮藏物质和能源。硫粒具有很强的折光性，在光学显微镜下极易被看到。

不同微生物其贮藏性内含物不同，而且在不同的环境中颗粒状内含物的量也不同。一般说来，当环境中缺乏氮源而碳源和能源丰富时，细胞贮存较大量的颗粒状内含物，直至达到细胞干重的50%。如果将这样的细胞移入有氮培养基时，这些贮藏物将被酶分解而作为碳源和能源用于合成反应。另外，这些贮藏物质以多聚体的形式存在，有利于维持细胞内环境的平衡，避免不适宜的pH值、渗透压等的危害。

d. 气泡（gas vacuole）。气泡是许多光合细菌营养型、无鞭毛的水生细菌中存在的充满气体的泡囊状内含物，内由数排小气泡组成，外有2nm厚的蛋白质膜包裹。紫色光合细菌和蓝绿细菌含有气泡，借以调节浮力。专性好氧的盐杆菌属（*Halobacterium*）体内含气泡最多，在盐含量高的水中嗜盐细菌借助气泡浮到水表面吸收氧气。因此，一般细菌通过气泡可调节菌体到达一定位置，以便得到合适的光照、氧气浓度和营养。

③ 细胞核质（cell nucleus）和质粒。细菌的核位于细胞质内，为一絮状的核区，也称拟核。它没有核膜、核仁，没有固定形态，结构也很简单，这些是与真核微生物的主要区别之处。核区内集中有与遗传变异密切相关的脱氧核糖核酸（DNA），称为染色质体或细菌染色体。核区由一条环状双链DNA分子高度折叠缠绕而成。细菌的核携带遗传信息，其功能是决定遗传性状和传递遗传信息。

质粒（plasmid）是指独立于染色体外，存在于细胞质中，能自我复制，由共价闭合环状双螺旋DNA分子所构成的遗传因子。其相对分子质量较细菌染色体小，每个菌体内有一个或几个，也可能有很多个质粒。

按照功能可将质粒分为抗药性质粒（R因子）、致育因子（F因子）、降解质粒以及对某些重金属离子（如 Hg^{2+}、Co^{2+}、Ag^{+}、Cd^{2+}）具有抗性的质粒。质粒对细菌来说，存在与否不致影响其生存，但许多次生代谢产物如抗菌素、色素的产生常受质粒控制，对环境中的某些毒物及复杂的人工合成化合物的去除也常借助降解质粒、抗性质粒的降解作用。由于质粒可以独立于染色体而转移，通过遗传手段（接合、转化或转导）可使质粒转入另一菌体中，所以，在遗传工程中可以将质粒作为基因的运载工具，组建新菌株，近年来备受重视。

(3) 细菌细胞的特殊结构

① 荚膜及菌胶团。在某些细菌细胞壁外常围绕一层黏液性物质，厚薄不一，这是细菌在代谢过程中分泌出的物质。具有一定外形，相对稳定地附着于细胞壁外的黏液性物质叫荚膜；没有明显的边缘，可向周围的环境中扩散的黏液性物质称为黏液层。

荚膜的化学组成因菌种而异，主要是多糖类，也有多肽、蛋白质、脂类以及由它们组成的复合物——脂多糖、脂蛋白等。荚膜的含水率很高，一般在90%以上，有的甚至达98%。产荚膜细菌由于有黏液性物质，在固体琼脂培养基上形成的菌落，表面湿润、有光泽、黏液状，称为光滑型菌落（简称S型）；而无荚膜细菌形成的菌落，表面干燥、粗糙，称为粗糙型菌落（R型）。在高碳氮比和强的通气条件的培养基中，有利于好氧细菌荚膜的形成。细菌荚膜一般很厚，有的细菌荚膜很薄，在200μm以下，称为微荚膜。荚膜是细菌的分类特征之一。

荚膜的功能主要表现为五个方面：a. 对细菌起保护作用，使细菌免受干燥的影响，保护致病菌免受宿主吞噬细胞的吞噬，防止微小动物的吞噬和噬菌体的侵袭，增强对外界不良环境的抵抗力；b. 荚膜有助于细菌的侵染力，如S型肺炎双球菌毒力强，失去荚膜之后毒力降低；c. 荚膜是细胞外贮藏物，当营养缺乏时可作为碳（或氮）源和能源被利用；d. 许多细菌通过荚膜或黏液层相互连接，形成体积和密度较大的菌胶团；e. 堆积某些代谢产物。

菌胶团（zoogloea）是由细菌遗传性决定的。很多细菌细胞的荚膜物质相互融合，连为一体，组成共同的荚膜，内含许多细菌。并不是所有的细菌都能形成菌胶团，凡是能够形成菌胶团的细菌，则称为菌胶团细菌。菌胶团（图2-7）形状多样，有球形、椭球形、分支状等。

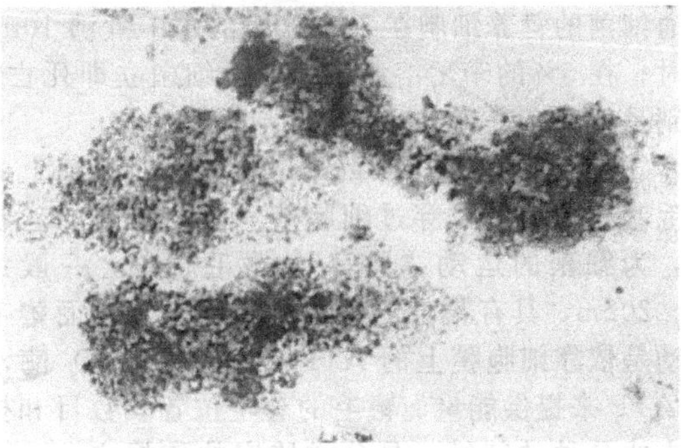
图2-7　菌胶团照片

菌胶团是活性污泥（废水生物处理曝气池中所形成的污泥）的重要组成部分，它除了具有荚膜的功能外，还具有以下功能。

a. 具有较强的吸附和氧化有机物的能力。其中吸附能力早在20世纪40年代末就被人们所注意，并由此产生出一种对传统活性污泥法的改进技术——生物吸附再生法，此方法对于处理含有较多悬浮固体和胶体的有机物的废水表现出很大的优越性。

b. 具有较好的沉降性能，这是利用菌胶团细菌净化废水的重要因素。废水中的有机物通过微生物的分解作用，一部分被氧化分解为 CO_2 和 H_2O，另一部分合成为细胞物质而成为菌体，如果作为菌体的有机物不能从处理后的水中分离出来，只是改变了有机物的形态而随水排出，则仍未达到处理的目的。而形成菌胶团的细菌很容易沉淀分离出来。

关于菌胶团形成的机理众说不一，其中主要有两个具有代表性的学说。

a. 黏液说。认为荚膜或黏液层是形成菌胶团的原因。但是许多人发现，能产生荚膜或黏液层的细菌不一定形成菌胶团。

b. 含能说。麦金尼（Mekinney）认为如果营养不足，能量含量（常用营养/细菌表示）低，细菌的运动性能减弱，则细菌之间易于凝聚，从而形成菌胶团。这一学说被污水活性污泥处理法的实际运行规律所证实，因而得到普遍承认。

在污水处理过程中，要经常观察菌胶团，以便及时了解污水处理的运行状况。新形成的菌胶团颜色较浅，甚至无色透明，有旺盛的生命力，氧化能力强；老化的菌胶团，因为吸附许多杂质，颜色深，氧化能力差；当遇到不良环境时，菌胶团松散，污泥发生膨胀。因此，只有结构紧密，吸附、氧化和沉降性能好的菌胶团才能保证废水处理有良好的效果。

② 芽孢。某些细菌细胞发育到某一生长阶段，在营养细胞内部形成一个圆形或椭圆形的，对不良环境具有较强抗性的休眠体，称为芽孢（spore）。能形成芽孢的细菌称为芽孢细菌。产芽孢的细菌均为革兰阳性菌，一般多为杆菌。芽孢的位置可能在菌体的中央，也可能在菌体的一端。芽孢的大小、形状和位置，因细菌的种类不同而异，在细菌鉴定中有重要意义（图 2-8）。

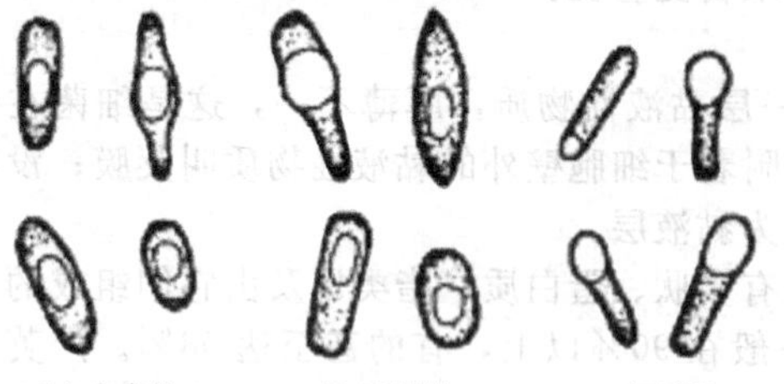

(a) 中央位　(b) 近端位　(c) 极端位

图 2-8　各种芽孢的形状和位置

芽孢不是繁殖体，因为一个细胞只能形成一个芽孢，而一个芽孢萌发之后仍形成一个营养细胞。一般认为，细菌只有在遇到恶劣的环境条件时才形成芽孢，以芽孢来度过恶劣环境；一旦环境条件适宜就释放芽孢（出芽），形成新的营养细胞。

芽孢具有如下特点：具有厚而致密的壁，不易透水且含水率低，一般在40%左右，故抗干燥性强；芽孢中的2,6-吡啶二羧酸（dipicolinic acid，简称 DPA）含量高，以钙盐的形式存在；在芽孢形成过程中，DPA 随即合成，使芽孢具有耐热性，而当芽孢萌发后，DPA 释放，则耐热性消失；芽孢中含有耐热酶；芽孢具有高度的折光性，很难着色；芽孢的代谢活力弱，对化学药品、紫外线的抵抗能力强；芽孢的休眠能力是很惊人的，在休眠期间，不能检查出任何代谢活力，也称为隐生态，一般的芽孢在普通的条件下可存活几年至几十年。

总之，芽孢具有抵抗外界恶劣环境条件的能力，是保护菌种生存的一种适应性结构。例如，普通细菌的营养细胞在 70～80℃的水中煮沸 10min 就死亡，而芽孢在 120～140℃时还能生存几小时；在 5%的苯酚溶液中，普通细菌立即死亡，而芽孢能存活 15d。在废水生物处理过程中，特别是处理有毒废水时都有芽孢杆菌生长。

③ 鞭毛。鞭毛（flagellum）是由细胞膜上的鞭毛基粒长出的，穿过细胞壁伸出菌体外的丝状物，为细菌的运动“器官”。鞭毛很细，一般为 10～20nm，具有鞭毛的细菌能主动运动。而鞭毛运动是依靠细胞膜上的 ATP（三磷酸腺苷）酶水解 ATP 来提供能量。鞭毛的着生位置、数目和排列方式是种的特征，是分类鉴定的依据之一。一般情况下，大部分杆菌和所有的螺旋菌者都具有鞭毛，而球菌均无鞭毛。

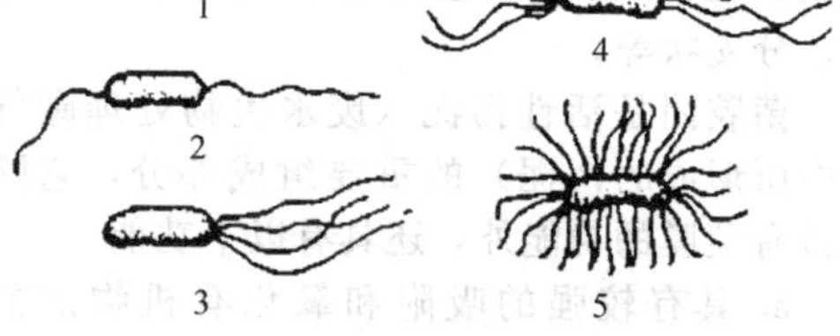

图 2-9　鞭毛的位置和数目

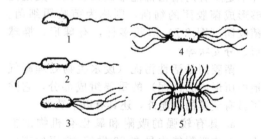

1—偏端单生鞭毛；2—两端单生鞭毛；3—偏端丛生鞭毛；4—两端丛生鞭毛；5—周生鞭毛

具有鞭毛的细菌可以分为以下几种类型（图 2-9）：a. 偏端单生鞭毛，在菌体的一端仅生一根鞭毛，如荧光假单胞菌（*Pseudomonas fluorescens*）；b. 两端单生鞭毛，在菌体的两端各有一根鞭毛，如鼠咬热螺旋体（*Spirochaeta morsusmuris*）；c. 偏端丛生鞭毛，菌体一端生一束鞭毛，如铜绿假单胞菌（*Pseudomonas aeruginosa*）；d. 两端丛生鞭毛，菌体两端各具一束鞭毛，如红色螺菌（*Spirillum rubrum*）；e. 周生鞭毛，周身均生有鞭毛，如枯草芽孢杆菌（*Becillus subtilis*）。

细菌的运动主要是靠鞭毛的作用，鞭毛以很快的速率转动，使细菌每秒钟运动的距离比其细胞长很多倍。如具极生鞭毛的逗号弧菌，以每秒 200μm 的速率运动。但是，有些细菌以非鞭毛的其他方式运动，例如，滑动细菌以蜿蜒起伏的方式在固体培养基表面移动或滑动。另外，有一些细菌有趋向或离开化学物质或物理刺激的运动，称为趋向性反应。对应于化学因素的运动叫趋化性，对应于光的运动叫趋光性。

2.1.1.3 细菌的繁殖方式

细菌为无性繁殖，主要通过裂殖，即二分裂繁殖，是由一个母细胞分裂为两个子细胞。对于大多数细菌来说，分裂后的两个子细胞大小基本相同，称为同型分裂（homotypic division），少数细菌偶尔出现分裂后的两个子细胞大小不等的现象，称为异型分裂（heterotypic division）。研究表明，细菌分裂大致经过细胞核和细胞质的分裂、横隔壁的形成、子细胞分离等过程。

2.1.1.4 细菌的培养特征

将细菌接种在固体培养基中，由于单个细胞在局部位置大量繁殖，形成肉眼可见的细菌群体，称为菌落（colony），也叫群落或集落。

菌落特征决定于组成菌落的细胞结构与生长行为。如肺炎双球菌具有荚膜，菌落表面光滑、黏稠。不具荚膜的菌株菌落表面干燥、皱褶。菌落的大小和形态也受邻近菌落的影响，营养物有限及有害代谢物的分泌积累，将使菌落的生长受到抑制。

各种细菌在一定条件下，形成的菌落具有一定的稳定性和专一性特征，这是衡量菌种纯度、辨认和鉴定菌种的重要依据。菌落特征包括：大小、形状（圆形、假根状和不规则状等）、隆起形状（扩展、台状、低凸、凸面等）、边缘情况（整齐、波状、裂叶状等）、表面状态（光滑、皱褶、颗粒状、同心环等）、表面光泽（闪光、金属光泽、无光泽等）、质地（油脂状、膜状、黏、脆等）、颜色、透明程度等（图 2-10）。

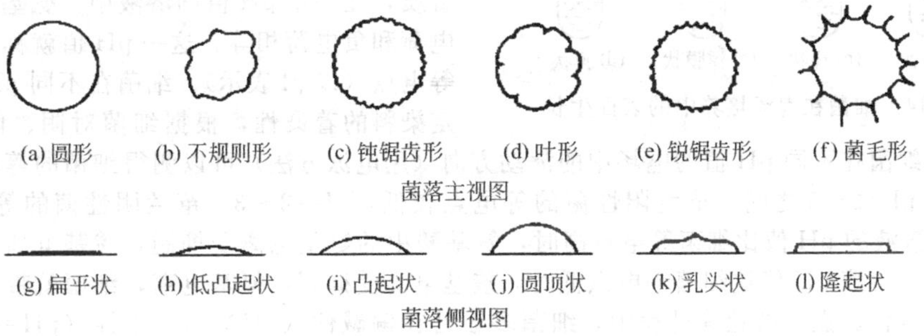

图 2-10 细菌菌落特征

细菌的菌落大多湿而黏，小而薄，与培养基结合不紧密，易挑起。在平皿培养基上形成的菌落往往有表面菌落、深层菌落和底层菌落三种情况。上述的菌落特征是指表面菌落。

如果将细菌接种在琼脂试管斜面培养基上，在接种线上长出一片密集的细菌群落，称为菌苔（lawn）。不同细菌的菌苔不同，以此观察群体生长特征（如图 2-11 所示）。

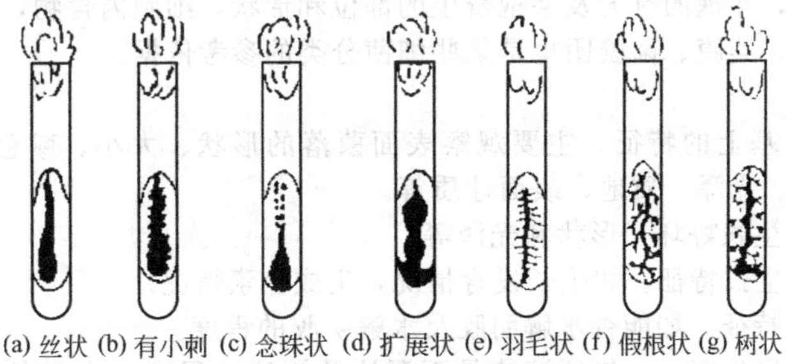

图 2-11 细菌在琼脂划线培养中的生长

若在培养基中加 0.3%～0.5%的琼脂，就制成半固体培养基。利用穿刺法接种，不仅可观察细菌群体的培养特征，还可借此判断该菌是否是有运动性（如图 2-12 所示）。

在细菌分类鉴定中，判断细菌是否水解明胶，常以明胶代替琼脂，用穿刺法接种，如果该菌含有明胶酶则能水解明胶，并形成一定形态的液化区（图 2-13）。

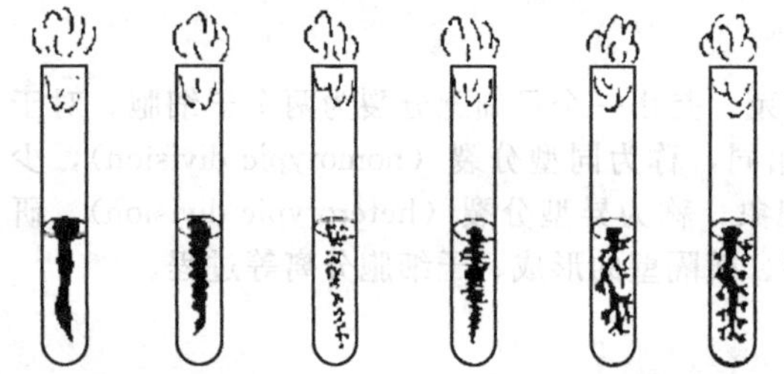

(a) 丝状 (b) 有小刺 (c) 念珠状 (d) 羽毛状 (e) 假根状 (f) 树状

图 2-12　细菌在琼脂穿刺培养中的生长

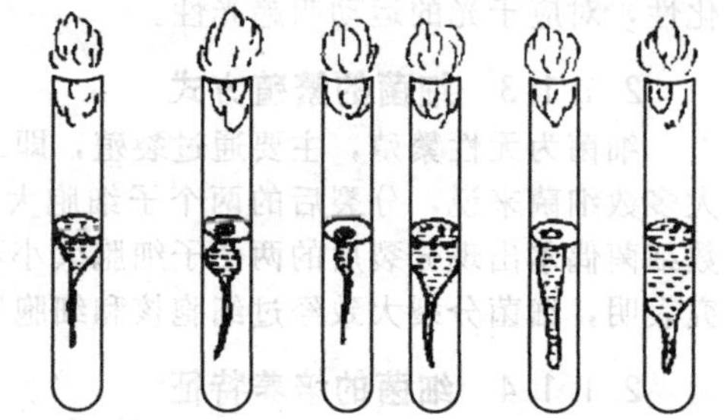

(a) 量杯状 (b) 芜菁状 (c) 漏斗状 (d) 囊状 (e) 层状

图 2-13　细菌在明胶穿刺培养中的生长

在液体培养基中，细菌的流动性大，但由于各种细菌的生活习性不同，会表现出不同现象。有的形成均匀一致的浑浊液，有的形成沉淀，有的形成菌膜或菌醭漂浮在液体表面（图 2-14）。

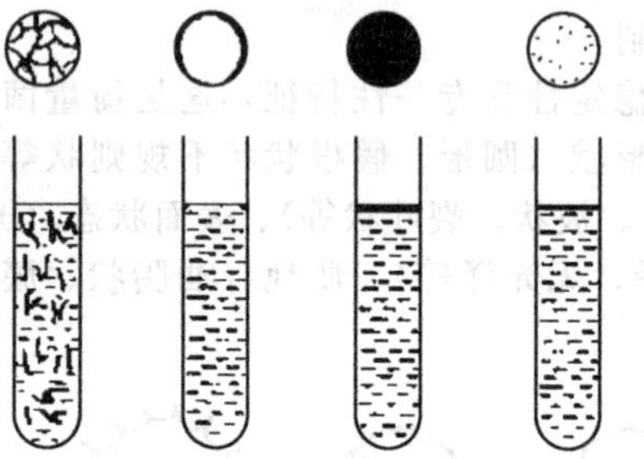

(a) 絮状 (b) 环状 (c) 浮膜状 (d) 膜状

图 2-14　细菌在肉汤培养中的表面生长

2.1.1.5　细菌表面带电性

细菌体内蛋白质含量在 50%以上，菌体蛋白质是由许多氨基酸组成的。氨基酸是两性电解质，在一定 pH 值的溶液中，氨基酸所带的正电荷和负电荷相等，这一 pH 值就称该氨基酸的等电点（以 pI 表示）。细菌在不同 pH 值中对一定染料的着染性，根据细菌对阴、阳离子的相对亲和性，细菌在不同 pH 值的电场中的泳动方向（用电泳方法）可以测得细菌的等电点。细菌的等电点在 pI=2～5 之间。革兰阳性菌的等电点较低，pI=2～3。革兰阴性菌的等电点稍高，pI=4～5。溶液的 pH 值比细菌等电点高时，氨基酸中的氨基电离受抑制，羧基电离，细菌就带负电。反之，溶液 pH 值比细菌等电点低时，羧基电离受抑制，氨基电离，细菌就带正电。在一般的培养、染色、血清试验等过程中，细菌多数处在偏碱性（pH>7）、中性（pH=7）和偏酸（6<pH<7）的环境条件下，比所有细菌的等电点都高，所以，细菌表面总是带负电。

2.1.1.6　细菌的分类

（1）分类的依据。水环境中，特别是废水中的细菌种类繁多，因此，若要对细菌进行分类，首先就要进行纯种的分离与培养，得到由单个细胞发育而成的菌落，再根据下述的分类依据进行鉴定。

① 形态特征。细菌的形态特征包括个体形态、大小及排列情况，革兰染色反应，有无运动，鞭毛着生位置和数目，芽孢的有无及芽孢着生的部位和形状，细胞内含物，个体发育过程中形态变化的规律性。此外，荚膜、菌胶团也是某些细菌分类的参考依据。

② 培养特征

a. 琼脂平板培养基上的特征。主要观察表面菌落的形状、大小、颜色、黏稠度、透明度、边缘情况及隆起情况、光泽、质地、表面性质等。

b. 斜面特征。如生长好坏，形状和光泽等。

c. 马铃薯斜面上生长特征。如生长发育情况，生成色素情况。

d. 明胶柱内生长特征。如能否水解明胶及水解明胶的程度。

e. 液体培养基中生长情况。包括液体是否浑浊及浑浊的程度，液面有无菌膜，管底有无沉淀以及沉淀的多少。

③ 生理特性和生化反应

a. 营养来源，如碳源、氮源和能源。试验多种简单或复杂的碳水化合物能否作为碳源和能源，以及对一定有机化合物或 CO_2 利用的能力。对氮源来讲，看其是取自蛋白质、蛋白胨、氨基酸、铵盐、硝酸盐，还是大气中的游离氮。

b. 代谢产物的特征。包括能否形成有机酸、乙醇、碳氢化合物、气体等，能否分解色氨酸形成吲哚，分解糖产生甲基乙酰甲醇，能否使硝酸盐还原，是否产生色素等。

c. 其他反应。如能否凝固牛乳，胨化牛乳蛋白质，产酸还是产碱。

d. 生长发育条件。如温度要求和需氧的程度。

e. 生化试验。如 V. P 试验和 M. R 试验等。

(2) 细菌的分类系统。细菌的分类系统目前有三个较全面的系统：一是前苏联克拉西里尼科夫著的（Красильников）《细菌和放线菌的鉴定》(1949)；二是法国的普雷沃（Prevot）所著《细菌分类学》(1961)；三是美国布瑞德（Breed）等人主编的《伯杰氏鉴定细菌学手册》(Bergey's Manual of Determinative Bacteriology)。这三个分类系统虽然都是针对细菌的，但所依据的原则、排列的系统、对细菌各类的命名、所用名称的含义都各不相同。目前，认为比较有代表性和参考价值的分类系统是《伯杰氏鉴定细菌学手册》(以下简称《手册》)。

1915 年起，美国微生物学家布坎南（R. E. Buchanan）发表了一系列论文，这些论文大多刊登在《细菌学杂志》上，这些文章的总标题是《细菌的命名和分类研究》。在这些论文中，他依据形态、染色、生化以及病原性等多方面的特征，把细菌分成科、族和属。布坎南的工作有着深远的影响。1917 年，美国细菌学家协会组成了一个细菌鉴定和分类委员会，直接指导了《手册》的编撰工作。《手册》自 1923～1957 年，先后出版了 7 版，几乎每一版都汲取了许多分类学家的经验，内容不断地扩充和修改；特别是 1974 年的第 8 版，有美、英、德、法、日等 14 个国家的细菌学家参与了编写工作，对系统内的每个属和每个种都做了较详尽的属性描述。《手册》第 8 版根据形态、营养型等分成 19 个部分，把细菌、放线菌、黏细菌、螺旋体、支原体和立克次氏体等 2000 多种微生物归于原核生物界细菌门。《手册》第 9 版改称为《伯杰氏系统细菌学手册》(Bergey's Manual of Systematic Bacterilogy)，从 1984～1989 年陆续出版了 4 卷，在着重于表现特征描述的基础上，结合化学分类、数值分类（特别是 DNA 相关性分析）以及 16SrRNA 寡核苷酸序列分析在生物种群间的亲缘关系研究中的应用做了详细的阐述。此外，还附有每个菌群的生态、分离和保藏及鉴定方法。

2.1.2 放线菌

放线菌（*actinomyces*）因菌落呈放射状而得名，是介于细菌与丝状真菌之间而又接近于细菌的一类丝状原核微生物。其细胞结构与真菌十分相近；细胞核属于原核，没有核膜与核仁的分化；细胞壁化学成分亦与细菌相仿，仅有无性繁殖。因此，将放线菌归列细菌门，是细菌门中进化较高级的类群。放线菌具有发育良好的菌丝体，菌丝直径与细菌相似，大多数约在 1.0nm 以下。

放线菌多数是腐生菌，可以分解许多有机物，包括吡啶、甾体、芳香族化合物、纤维素、木质素等复杂化合物，在自然界的物质循环中起着相当重要的作用；少数是寄生菌，可引起人、动物和植物的疾病。放线菌最突出的特性之一是能产生大量的、种类繁多的抗生素，至今已报道过的近万种抗生素中，约 70% 由放线菌产生的，像链霉素、土霉素、卡那霉素等已在临床上广泛使用。放线菌常被用于特种废水的生物处理，如放线菌中的诺卡菌属（*nocardia*）对腈类化合物分解能力较强，可用于处理丙烯腈废水。

2.1.2.1 放线菌的形态结构

放线菌菌体为单细胞、多核质，大多由分支发达的菌丝组成。革兰阳性反应，极少数呈阴性，不能运动。放线菌菌丝细胞的结构与细菌基本相同，菌丝无隔膜。根据其菌丝体形态与功能的不同，可分为基内菌丝、基外菌丝与孢子丝三种（图 2-15）。

(1) 基内菌丝，又称营养菌丝。长在培养基内和紧贴在培养基表面，并缠绕在一起形成密集菌落。其主要功能为吸收营养物质。菌丝直径较小，常在 0.2～0.8μm 之间，有的无色素，有的能产生黄、橙、红、紫、褐、绿、黑等不同颜色的水溶性或脂溶性色素。色素是鉴定放线菌菌种的一个重要依据。

(2) 基外菌丝，又称气生菌丝。是由基内菌丝长出至培养基外，伸向空中的菌丝。它比基内

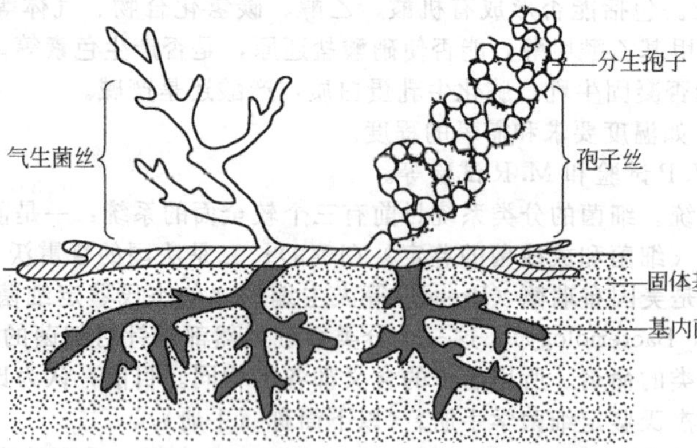

图 2-15　放线菌的菌丝形态

菌丝粗，直径为 1～1.4μm，呈直或弯曲状。有的基外菌丝能产生色素，但颜色较浅。气生菌丝可能长满整个菌落表面，呈绒毛状、粉状或颗粒状等，其功能是吸收和输送营养物质，形成繁殖胞器的孢子丝。

(3) 孢子丝。放线菌生长至一定阶段，在基外菌丝上分化出可以形成孢子的菌丝。其功能是作为主要的繁殖体。孢子丝的形状及在基外菌丝上的排列方式，随不同的种类而异（图 2-16）。

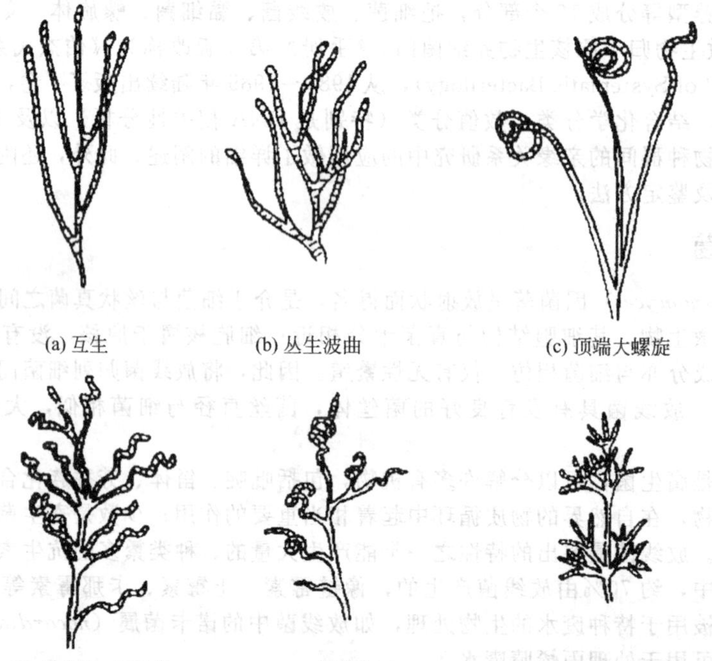

图 2-16　放线菌孢子丝形状

孢子丝长到一定程度可以形成孢子，散落的孢子在适宜的条件下就萌发长出菌丝，最后成为菌丝体。孢子有球形、卵圆形、瓜子形、杆状等，而且常具有色素，呈现各种颜色，在一定培养基与培养条件下比较稳定，是鉴定菌种的重要依据之一。孢子对不良环境有较强的抵抗力，但它只耐干旱，而不耐高温，这与细菌的芽孢是不同的。

2.1.2.2　放线菌的菌落特征

放线菌容易在培养基上生长，接种在固体培养基上的孢子、菌丝体片断，在环境条件适宜时，生长形成菌丝体而组成菌落。放线菌的菌落介于细菌和霉菌菌落之间，以菌落形状就容易区别开。一般来说，放线菌在基质上生长牢固，不易被接种针挑起，这是由于放线菌能产生大量的基内菌丝伸入培养基内，而基外菌丝又紧贴在培养基的表面交织成网状；形成的菌落较小而不致扩散，质地较密，干燥、不透明，表面呈紧密、絮状、粉末状或颗粒状的典型菌落；菌落正、反面往往具有不同颜色；菌落有特殊气味。

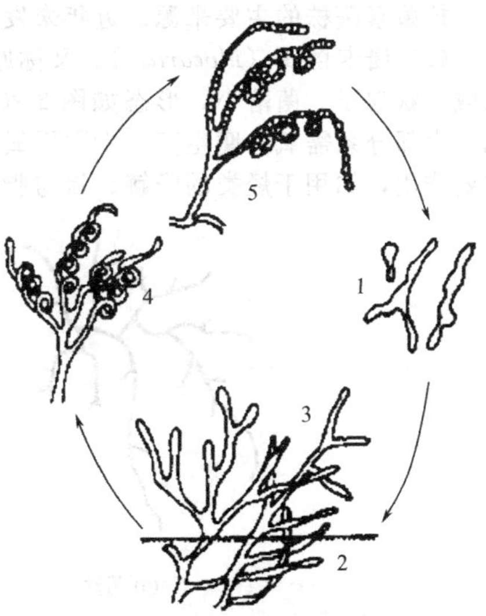

图 2-17 链霉菌的生活史

1—孢子萌发；2—基内菌丝体；3—气生菌丝体；4—孢子丝；5—孢子丝分化为孢子

2.1.2.3 放线菌的繁殖方式

放线菌主要是通过形成无性孢子的方式进行繁殖。菌丝长到一定程度，一部分基外菌丝形成孢子丝，孢子丝成熟后使分化形成许多孢子，称为分生孢子(coindia)。孢子在适宜环境条件下吸收水分，膨胀，萌发，长出一至几个芽管，芽管进一步生长，分化形成许多菌丝（见图 2-17）。

放线菌孢子的形成有三种方法：凝聚分裂；横隔分裂；孢囊孢子。大部分放线菌的孢子是凝聚分裂形成的，其过程如下。孢子丝长到一定阶段，从顶端向基部，其原生质分段围绕核物质，逐渐凝聚成一串大小相似的椭圆或圆形小段，然后每个小段外面形成新的孢子的细胞壁和细胞膜。这样形成的孢子呈长圆、椭圆或球形，孢子丝壁最后裂开，释放出孢子（图 2-18）。横隔分裂是孢子丝先形成隔膜，然后在横隔处断裂形成孢子（图 2-19）。孢囊孢子是由于菌丝上形成孢子囊，孢子经成熟后破裂，释放出大量的孢囊孢子。

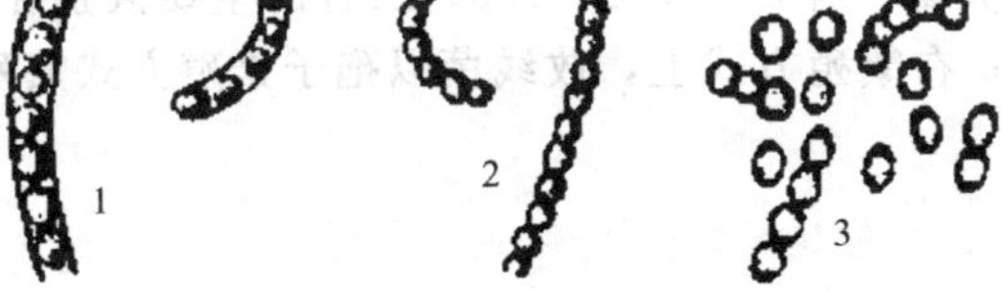

图 2-18 凝聚分裂

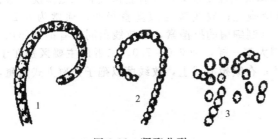

1—孢子丝的原生质分段，并渐趋圆形；2—孢子形成，原来的外壁消失；3—成熟的孢子

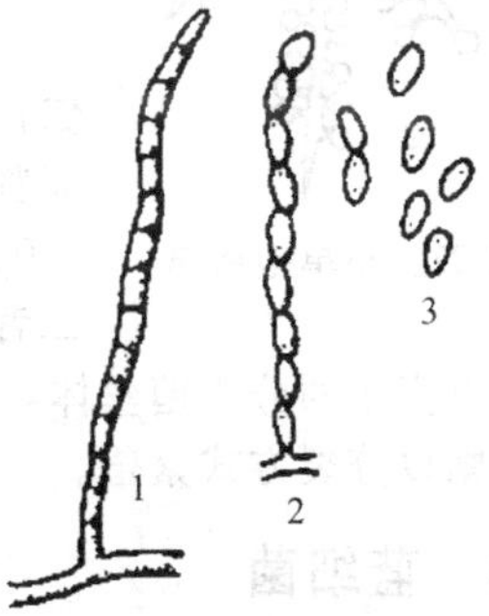

图 2-19 横隔分裂

1—孢子丝中形成横隔；2—沿横隔渐裂而形成孢子；3—成熟的孢子

2.1.2.4 放线菌的分类及其代表属

关于放线菌的分类，因各家的分类观点不同，所以分类系统比较多，对放线菌目以科、属的排列很不一致。《伯杰氏系统细菌学手册》将细菌分为四个门，放线菌列入厚壁菌门的放线菌纲。而其他较有代表性并应用较为广泛的分类系统有：一是美国瓦克斯曼（Waksman）的分类系统，以菌丝体生长状况划分科属；二是前苏联克拉西里尼科夫（Красилвников）的分类系统，以形态作为科属的标准；三是中国科学院微生物研究所提出的分类系统，它吸取了两者的优点，基本上以形态和菌丝生长情况为科属的分类标准。

放线菌的代表属如下。

(1) 链霉菌属（*Streptomyces*）。链霉菌属的基本形态如前所述，有繁杂的菌丝体，菌丝无隔膜，在气生菌丝顶端发育成各种形态的孢子丝。主要借分生孢子繁殖。链霉菌生活史如图 2-17 所示。已知的链霉菌属放线菌有千余种，多生活在各类土壤中。链霉菌属能分解多种有机质，是产生抗菌素菌株的主要来源。近年来发现有的链霉菌能产生致癌或促癌物。

(2) 诺卡菌属 (*Nocardia*)。又称原放线菌。气生菌丝不发达，菌丝产生横隔使之断裂成杆状或球状孢子。菌落小，形态如图 2-20 所示。诺卡菌有红、橙、粉红、黄、黄绿、紫及其他颜色。大部分系需氧性腐生菌，少数厌氧寄生。许多种在自然界有机质转化及废水生物处理中起着重要作用，如用于烃类的降解、氰与脂类转化中。

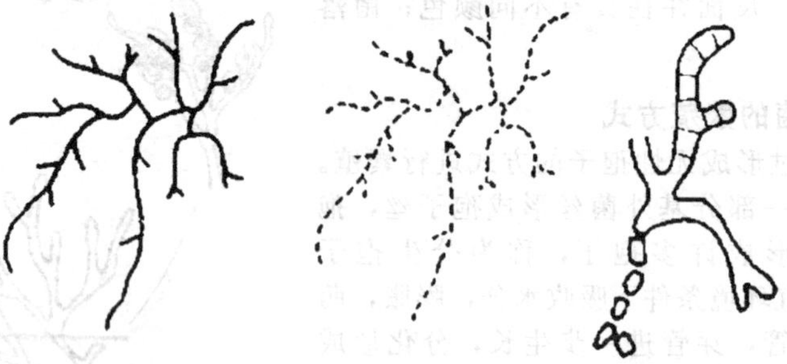

(a) 菌丝　(b) 菌丝断裂为孢子　(c) 部分菌丝放大，菌丝产隔断裂情况

图 2-20　诺卡菌属

(3) 小单孢菌属 (*Micromonospora*)。菌丝较细，0.3～0.6μm 无横隔，不形成气生菌丝。在营养菌丝上长出很多的分支小梗，顶端着生一个孢子 (图 2-21)。菌落小，一般为2～3mm，通常为橙黄色或红色，也有深褐、黑和蓝色。好氧性腐生，能利用各种氮化物和碳化水合物。大多分布在土壤或湖泊底泥中，堆肥和厩肥中也不少。

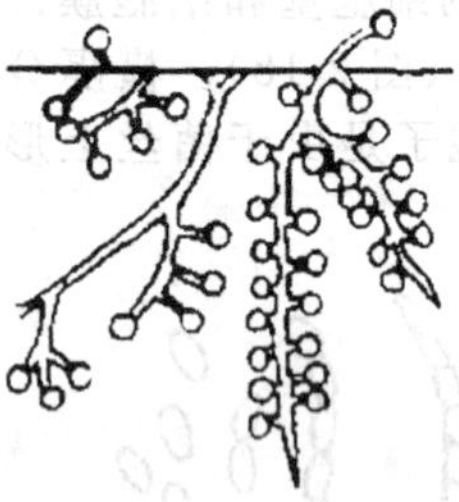

图 2-21　小单孢菌属

2.1.2.5　放线菌与细菌的异同

放线菌和细菌同属于原核微生物，不具有完整的核，无核膜、核仁；细胞壁均由黏多糖构成黏性复合体，含有胞壁酸和二氨基庚二酸；某些放线菌生有细菌型鞭毛；放线菌的菌丝直径小，通常为 0.2～1.0μm，与杆菌相似；抑制细菌的抗菌素，对放线菌同样有抑制作用；二者生长的 pH 值范围大都一样，为 6.0～7.0。二者的主要区别在于放线菌有真正的分支菌丝体，而细菌没有菌丝体；在繁殖方式上，放线菌以孢子繁殖方式繁殖，而细菌则以分裂方式繁殖。

2.1.3　蓝细菌

蓝细菌 (*cyanobacteria*) 亦称蓝藻或蓝绿藻 (blue-green algae)。过去被划为藻类，但近代研究表明，它们的细胞核结构中无核膜、核仁，属原核生物，加之不进行有丝分裂、细胞壁也与细菌相似，由肽聚糖组成，革兰染色阴性，故现在将它们归于原核微生物中。

蓝细菌为单细胞生物，个体比细菌大，一般直径或宽度为 3～15μm。但是，蓝细菌很少以单一个体生活，通常是在分裂后仍聚集在一起，形成丝状或非丝状的群体。当许多个体聚集在一起，可形成很大的群体，肉眼可见。

蓝细菌含有色素系统 (主要含有藻蓝素，此外还含有叶绿素 a、胡萝卜素或藻红素)。由于每种蓝细菌细胞内所含各种色素的比例不一，所以可能呈现蓝、绿、红等颜色。蓝细菌的培养简单，不需要维生素，以硝酸盐或氨作为氮源，能固氮的种很多。某些种具右圆形的异形胞，一般延着丝状体或在一端单个地分布，是蓝细菌进行固氮作用的场所。蓝细菌进行放氧性的光合作用，为专性光能无机营养型微生物，其反应如下：

$$CO_2 + H_2O \xrightarrow[\text{光合色素}]{\text{光能}} \underset{\text{细胞物质}}{[CH_2O]} + O_2 \uparrow$$

这些特点与一般藻类相似。其繁殖以裂殖为主，少数种类有孢子；丝状蓝细菌还可通过断裂形成段殖体进行繁殖，没有有性繁殖。

蓝细菌的种类很多，这里仅介绍几个代表属。

(1) 微囊藻属（*Microcystis*），亦称微胞藻属。由多个细胞组成群体，自由漂浮。群体球形、类椭圆形或不规则形，解体胶被均质无色。细胞一般为球形，很小，排列紧密，无个体胶被。细胞呈浅蓝色、亮绿色、橄榄绿色，常有颗粒，分裂繁殖，少数产生微孢子。

此藻是湖泊、池塘中常见的种类，最适 pH 值为 8～9.5。温暖季节水温 28～30℃时繁殖最快，当大量生长时使湖泊、池塘水变灰绿色，形成“水华”，具臭味。铜色微囊藻就是一例（图 2-22）。

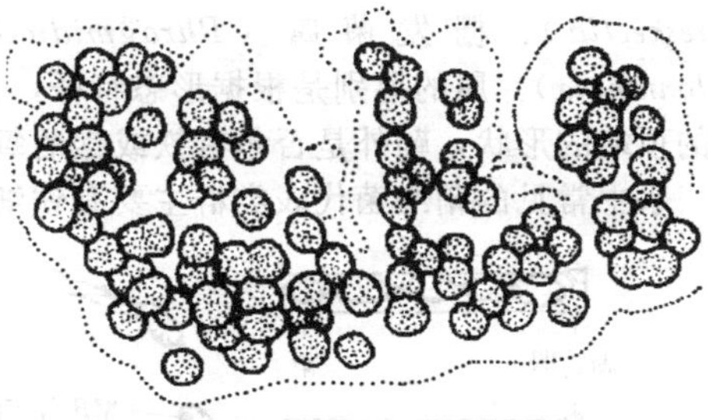

图 2-22 铜色微囊藻

(2) 鱼腥藻属（*Anabaena*），又名项圈藻属。细胞球形或桶形。沿着一个平面分裂，并排列成链状丝，链状丝外包一层或薄胶鞘，许多链状丝包在一个共同的胶被内，形成不定形的胶块，它在水中大量繁殖也能形成“水华”，如水华鱼腥藻（*Anabaena flos-aguae*）、曲鱼腥藻（*Anabeena contorta*），见图 2-23。

(3) 颤藻属（*Oscillatoria*）。生长于水中并不断颤动而得名。个体为多细胞圆柱状的丝状体，不分支也没有假分支。没有异形胞，以段殖体繁殖。它生长在污水中，常见的有大颤藻（*O. Pirinceps*）（图 2-24）等。

(4) 单歧藻属（*Tolypothrix*）。细胞沿着一个平面进行分裂，排列成整齐的、有平行隔膜的链状细胞丝，在细胞丝外面有一共同的鞘膜，很多有鞘膜的细胞连在一起形成假分支。这一属大部分生长于水中，其中小单歧藻（*Tolypothrix tenuis*）（图 2-25）为常见种之一。

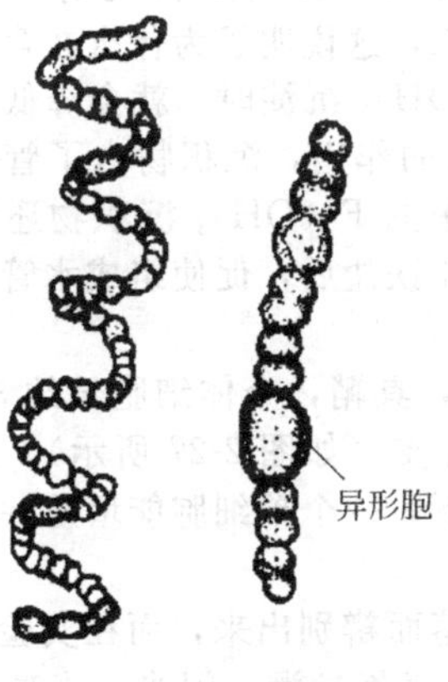

图 2-23 鱼腥藻

图 2-24 大颤藻

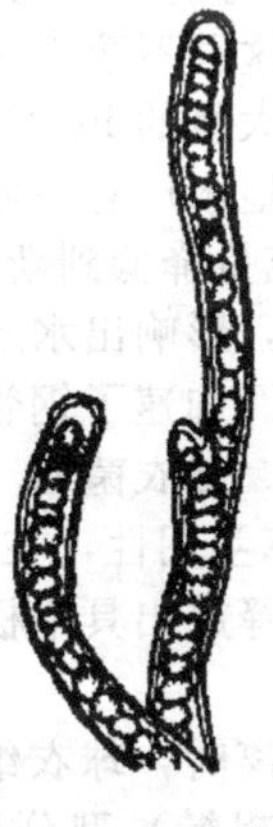

图 2-25 小单歧藻

2.1.4 其他原核生物类群

2.1.4.1 鞘细菌

鞘细菌（*sheathet bacteria*）是由单细胞连成的不分支或假分支的丝状体细菌。因丝状体外包围一层由有机物或无机物组成的鞘套，故称为鞘细菌。

鞘细菌的大小和外形与单核细菌完全不同。在低倍显微镜下即可看到，用高倍显微镜观察，可以观察到它们是由很多个体细菌共同生存在一个圆筒状的鞘内形成的群体（图2-26）。鞘细菌的菌丝体通常呈单丝状，但也有几种具有一个或几个细菌在鞘边上连接，称为假分支。鞘细菌的大小一般为（1～5μm）×(5～50μm)，最长的约为 1.0cm，肉眼可见。鞘细菌的繁殖靠游动孢子或不能游动的分生孢子。

由于鞘细菌大部分属尚未进行过研究，也未研究过纯培养，因此，在分类学上进展缓慢。近年来，世界各国对废水活性污泥法处理中出现的污泥膨胀等异常现象的重视，对鞘细菌的研究工作也越来越多，并从活性污泥中分离出了很多种。根据《伯杰氏鉴定细菌学册》，已确认7个属：球衣菌属（*Sphaerotilus*）、纤发菌属（*Leptothrix*）、软发菌属（*Streptothrix*）、利斯克菌属（*Licskeella*）、栅发菌属（*Phragmidiothrix*）、泉发菌属（*Crenothrix*）、细枝发菌属（*Clonnthrix*）。属的鉴别是根据形态特征，其中包括有无鞭毛，鞘是附着的还是非附着的、丝状体的顶端的形状，鞘外是否包有铁或锰的氧化物外壳。

水中常见的鞘细菌代表类群主要有铁细菌和球衣细菌（图2-27）。

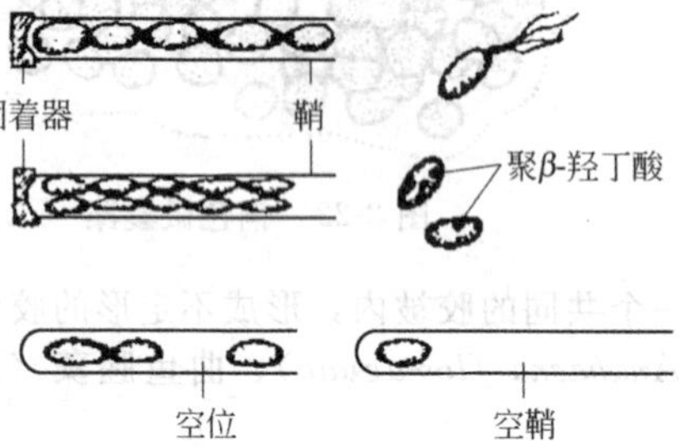

图2-26　鞘细菌的形态和衣鞘

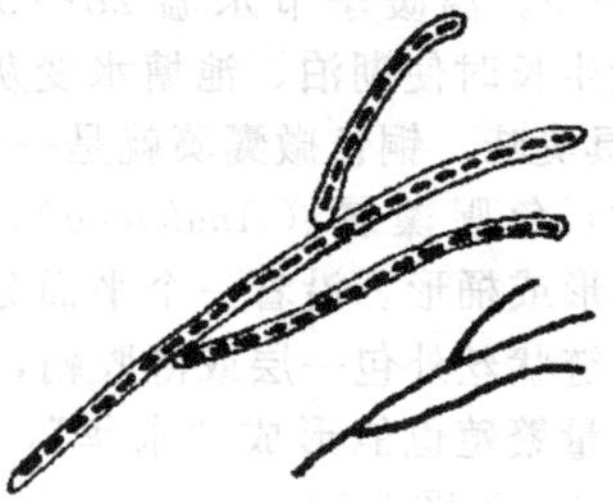
图2-27　球衣细菌

注：上图为菌体放大图，示假分支

(1) 铁细菌。铁细菌（*iron bacteria*）亦称具鞘的丝状菌，丝状体多不分支。由于在细胞外鞘或原生质内含铁粒或铁离子，故俗称铁细菌。一般生活在含溶解氧少，但溶有较多铁质和CO_2的自然水体。铁细菌能将细胞内所吸收的亚铁氧化为高铁，从而获得能量，其反应如下：

$$4FeCO_3+O_2+6H_2O \longrightarrow 4Fe(OH)_3+4CO_2+167.5kJ$$

由于反应产生的能量很小，铁细菌为了满足对能量的需求，必然要有大量的高铁，如$Fe(OH)_3$的形成。这种不溶性的铁化合物排出菌体后就沉淀下来，这说明了为什么在含有自养铁细菌的水中会发现大量的$Fe(OH)_3$沉淀。当水管中有大量$Fe(OH)_3$沉淀时，就会降低水管的输水能力。例如，某地水厂有一使用30年的铸铁管，由于铁细菌的作用，沉积物占了管子容积的37.33%，通过的流量降低到新管流量的44.7%。同时，水管中的$Fe(OH)_3$沉积物还能使水发生混浊并呈现颜色，影响出水水质。此外，铁细菌吸收水中的亚铁盐后，促使组成水管的铁质更多地溶入水中，因而加速了钢管和铁管的腐蚀。

(2) 球衣菌属。球衣菌属（*Sphaerotilus*）亦常称球衣细菌，具鞘，个体细胞长约3～10μm，宽0.5～2.4μm，革兰阴性，在鞘内成链状排列，大多数具假分支（如图2-27所示）。成熟的球衣细菌鞘崩解后，释放出具单极生鞭毛的单细胞，在适宜条件下，一个单细胞能增殖并再度形成具有鞘的细胞链。

从天然生境分离时，球衣细菌易于按其略呈丝状的特征菌落而辨别出来，而在实验室培养过程中，丝状或R（粗糙）型分化产生出一种S（光滑）型，其菌落光滑、闪光、半球形，如图2-28、图2-29所示。

球衣细菌是好氧细菌，在微氧环境中生长最好。生长的pH值范围为5.8～8.1，最适宜的pH值为7.0～7.5，温度范围为15～40℃，最适温度30℃。球衣细菌能利用多种有机化合物，包括糖类、糖醇类、四碳、三碳和二碳化合物作为碳源和能源。大量的碳水化合物能加速其生长繁殖。许多菌株需要外源供应维生素B_{12}或钴氰胺。

球衣细菌对有机物的分解能力特别强。在废水处理过程中，装置运转正常时，有一定数量的球衣细菌对有机污染物的去除是有利的。但是，如果在活性污泥中大量繁殖后，就会造成污泥结构松散，增加污泥浮力而引起污泥膨胀，影响出水水质。

2.1.4.2　滑动细菌

滑动细菌（*gliding bacteria*）是指至少在发育周期的某一阶段表现有滑行运动的细菌。它们

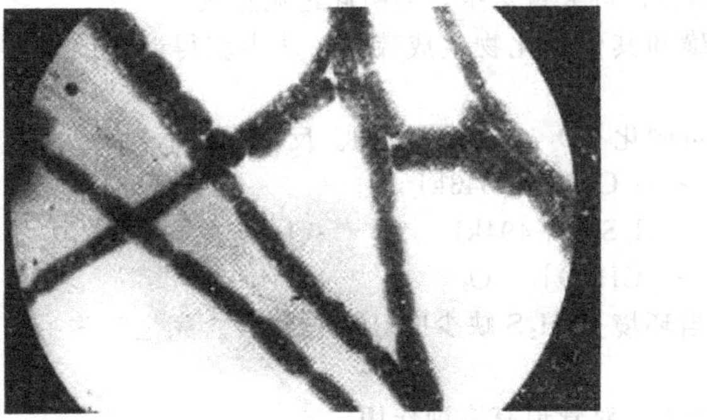

图 2-28　球衣细菌

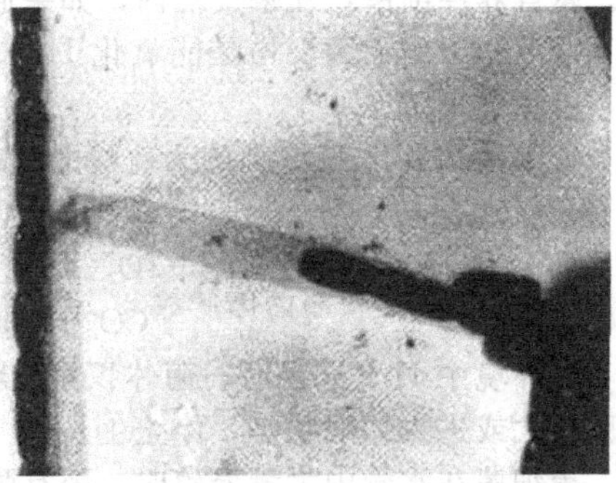

图 2-29　球衣细菌的鞘

不借鞭毛运动而靠菌体的蠕动进行滑动。包括黏细菌目（Myxobacterales）和噬纤维菌目（Cytophagales）以及一些分类地位尚未确定的属。滑动细菌均为革兰阴性细菌。

与污染控制有关的常见滑动细菌菌属有以下几种。

（1）贝日阿托菌属（*Beggiatoa*），亦称贝氏硫菌属。是无鞭毛能滑动的丝状菌，长为0.5～1mm，直径为1.0～3.0μm，为同一衣鞘所包围。繁殖方式为断节繁殖，断节的子细胞无硫粒，能氧化 H_2S 为硫，硫粒可贮存于体内。正常的生境是 H_2S 含量丰富的地方，如硫磺温泉、腐烂的海藻地、湖的淤泥层和受污染的水体中。贝氏硫菌是微好氧菌，最适生长温度为30～33℃，最适pH值为6.5～8.0。本属的代表种有巨大贝氏硫菌（*Beggiatoa gigantea*）的菌丝体直径可达26～55μm，每节长5～13μm，为细菌中最大的（如图2-30所示）。

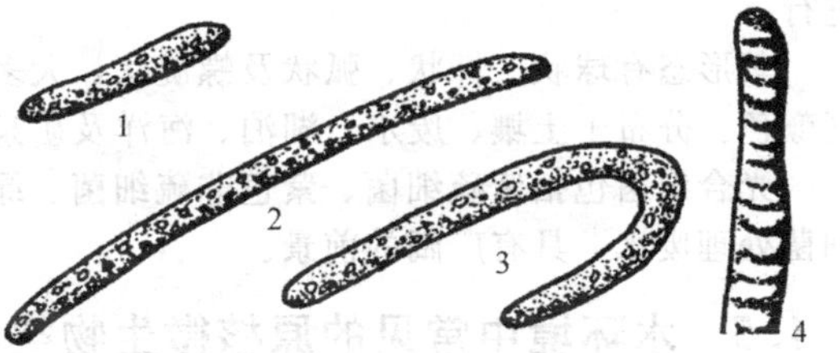

图 2-30　贝氏硫菌属的形态
1,2,3—体内含明显的硫粒；4—菌体的一端，体内不含硫粒

（2）辫硫菌属（*Thioploca*）。与贝日阿托菌属同在贝日阿托菌科（Beggiatoaceae），细胞呈圆柱状长丝，丝状体从一端到另一端做锥状波形运动，一个鞘内可有一个以上的丝状体，细胞内通常含硫粒，经常丛生于污泥上。

（3）发硫菌属（*Thiothrix*）。是由许多细长细胞排列在一层很薄的鞘内形成的菌丝体。丝状体固着于其他物体上，不做滑行运动（这是和贝氏硫菌的重要区别），仅产生微生子（即丝状体的细胞团产生的一种单细胞），有时可滑行运动。如果微生子的浓度大，可能由于互相吸引而聚合成固着器，使它们的末端黏连成花瓣状并长出新的丝状体，形成花球。在活性污泥中，它们生长在一些较粗硬的纤维植物残片或菌胶团上，构成特殊形状（如放射状、花球状）的聚集体，易辨认（图2-31）。

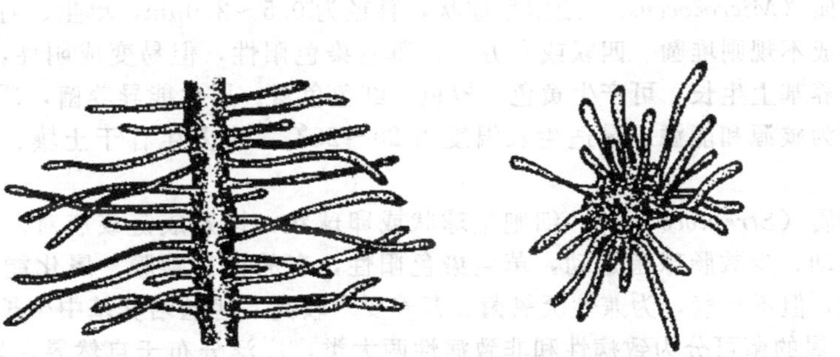

(a) 菌丝一端吸附在植物残片或纤上　　(b) 从活性污泥菌胶团中伸展出的菌丝

图 2-31　发硫菌属的形态

发硫菌严格好氧，通常生存在 H_2S 浓度高的地方。在淡水生境中，最常见于硫泉及工厂废水道中。它们转化 H_2S 生成硫滴积累在细胞内。当环境中 H_2S 缺乏时，细胞内的硫粒又逐渐消

失。属自养性细菌，在曝气池内，如果通气不良，可大量繁殖，而引起污泥膨胀。

以上介绍的细菌，均是能氧化 H_2S、硫磺和其他硫化物生成硫酸，从中获得能量的一类细菌，俗称硫细菌。

硫细菌在氧化 H_2S 和硫为硫酸的同时，可同化 CO_2，合成有机物。反应式如下：

$$2H_2S+O_2 \longrightarrow 2H_2O+2S+343kJ$$

$$2S+3O_2+2H_2O \longrightarrow 2H_2SO_4+494kJ$$

$$CO_2+H_2O \longrightarrow [CH_2O]+O_2$$

当环境中 H_2S 充足时，菌体积累硫粒；当环境少 H_2S 缺少时，硫粒消失。完全消失后，硫细菌死亡或进入休眠状态，停止生长。

硫细菌在水管中大量繁殖时，因有强酸产生，对管道有腐蚀作用。

(4) 噬纤维菌属（*Cytophaga*）。该菌属细胞柔软、杆状，两端略尖，有类胡萝卜素。可滑动，不形成孢囊与休眠体。细胞无鞘，分解琼脂、纤维素或几丁质，分解纤维素的能力很强。

2.1.4.3 光合细菌

光合细菌（PSB）亦称光能营养型细菌，含光合色素，能同化 CO_2 为菌体有机物，但它们与蓝细菌不同，均不含叶绿素，只有菌绿素及类胡萝卜素。

光合细菌的光合作用与蓝细菌和高等植物的不同，区别在于：(1) PSB 不能光解水中的氢还原 CO_2，而是从有机物或水以外的无机物中获取氢；(2) 不产氧；(3) 一般是在厌氧条件下进行。

其形态有球状、杆状、弧状及螺旋状，大多具极生鞭毛，因有色素，菌体呈红、紫、绿等不同颜色。分布于土壤、废水、湖泊、海洋及矿泉中。

光合细菌包括紫硫细菌、紫色非硫细菌、绿硫细菌、绿色非硫细菌。现在人们已开始用光合细菌处理废水，具有广阔的前景。

2.1.5 水环境中常见的原核微生物类群

2.1.5.1 水环境中常见的细菌属

细菌对环境非常重要，它们能够将各种无机、有机污染物转化为无害的矿物质，从而使矿物质通过循环回到环境中。它们能够氧化许多人工合成的有机化学物质，并通过正常的生物过程自然生成有机化学物质。污水处理系统中使用细菌就是为了达到这一目的。

然而，细菌的功能并非对人类都有益。有些细菌是病原体，过去曾引发许多瘟疫，即使是现在，一些细菌的存在仍是世界上主要疾病和痛苦的根源。因此，人类需要保护自身免受水、食物以及空气中病原体的危害，同时利用细菌的重要能力来消除水体以及土壤中的污染物。水环境中所涉及的细菌，几乎包括所有细菌的纲、目，下面介绍一些常见的菌属。

(1) 微球菌属（*Micrococcus*）。细胞呈球状，直径为 0.5～2.0μm，单生、对生和特征性的向几个平面分裂形成不规则堆圆、四联或立方堆。革兰染色阳性，但易变成阴性，有少数种运动。在普通肉汁胨培养基上生长，可产生黄色、橙色、红色色素。属化能异养菌，严格好氧，能利用多种有机碳化物为碳源和能源。最适生长温度为 20～28℃，主要生存于土壤、水体、牛奶和其他食品中。

(2) 链球菌属（*Streptococcus*）。细胞呈球状或卵球状，排列成链或成对。直径很少有超过 2.0μm 的，不运动，少数肠球菌运动，革兰染色阳性，有的种有荚膜。属化能异养菌，发酵代谢，主要产乳酸，但不产气，为兼性厌氧菌。营养要求较高，普通培养基中生长不良，最适生长温度为 37℃。本属的菌可分为致病性和非致病性两大类，广泛分布于自然界，如水体、乳制品、尘埃、人和动物的粪便以及健康人体的鼻咽部。

(3) 葡萄球菌属（*Staphylococcus*）。细胞呈球状，直径为 0.5～1.5μm，单个，成对出现，典型的是繁殖时呈多个平面的不规则分裂，堆积成葡萄串状排列。不运动，一般不形成荚膜，菌落不透明，革兰染色阳性，属化能异养菌，营养要求不高，在普通培养基上生长良好。兼性厌氧，最适生长温度37℃。本属菌广泛分布于自然界，如空气、土壤、水及物品上，也经常存在于人和动物的皮肤上以及与外界相通的腔道中，大部分是不致病的腐物寄生菌。

(4) 假单胞菌属（*Pseudomonas*）。杆菌，单细胞，偏端单生或偏端丛生鞭毛，无芽孢，革兰染色阴性，大小为（0.5～1.0μm）×（1.5～4.0μm）。大多为化能异养菌，利用有机碳化物为碳源和能源，但少数是化能自养菌，利用 H_2 或 CO_2 为能源，专性好氧或兼性厌氧。在普通培养基上生长良好，可利用种类广泛的基质，如樟脑、酚等。本属细菌种类很多，达200余种，有些种能在4℃生长，属于嗜冷菌。在自然界中分布极为广泛，常见于土壤、淡水、海水、废水、动植物体表以及各种含蛋白质的食品中。

(5) 动胶菌属（*Zoogloea*）。杆菌，大小为（0.5～1.0μm）×（1.0～3.0μm），偏端单生鞭毛运动，在自然条件下，菌体群集于共有的菌胶团中，特别是碳氮比相对高时更是如此。革兰染色阴性，专性好氧，化能异养，最适温度28～30℃，广泛分布于自然水体和废水中，是废水生物处理中的重要细菌。

(6) 产碱菌属（*Alcaligenes*）。杆菌，大于（0.5～1.0μm）×（0.5～2.6μm），周生鞭毛运动，无芽孢，革兰染色阴性。属化能异养型，呼吸代谢，从不发酵，分子氧是最终电子受体，严格好氧。有些菌株能利用硝酸盐或亚硝酸盐作为可以代换的电子受体进行兼性厌氧呼吸。最适温度在20～37℃之间。产碱杆菌一般认为都是腐生的，广泛分布于乳制品、淡水、废水、海水以及陆地环境中，参与其中的物质分解和矿质化的过程。

(7) 埃希菌属（*Escherichia*）。直杆菌，大小为（1.1～1.5μm）×（2.0～6.0μm）（活菌）或（0.4～0.7μm）×（1.0～3.0μm）（干燥或染色），单个或成对，周生鞭毛运动或不运动，无芽孢，革兰染色阴性。本属主要描述的是大肠埃希菌，即大肠杆菌（*E. coli*），因为蟑螂埃希菌（*E. blattae*）没有很多的研究，且仅有少数菌株。有些菌株能形成荚膜，可能有伞毛或无伞毛。化能异养型，兼性厌氧。在好氧条件下，进行呼吸代谢。在厌氧条件下进行混合酸发酵，产生等量的 H_2 和 CO_2，产酸产气。最适温度为37℃，最适pH值为7，在营养琼脂上生长良好，37℃培养24h，形成光滑、无色、略不透明、边缘光滑的低凸型菌落，直径为1～3mm。广泛分布于水、土壤以及动物和人的肠道内。

大肠杆菌是肠道的正常寄生菌，能合成维生素B和K，能产生大肠菌素，对人的机体是有利的。但当机体抵抗力下降或大肠杆菌浸入肠外组织或器官时，则又是条件致病菌，可引起肠外感染。由于大肠杆菌系肠道正常寄生菌，一旦在水体中出现，便意味着直接或间接地被粪便污染，所以被卫生细菌学用作饮水、牛乳或食品的卫生检测指标。在微生物学上，有些大肠杆菌的菌株是研究细菌的细胞形态、生理生化和遗传变异的重要材料。

(8) 短杆菌属（*Brevibacterium*）。短杆菌，单个，成对或呈短链排列。大小为（0.5～1.0μm）×（1.0～1.5μm），少数可以达0.3μm×0.5μm，大多数以周生鞭毛或偏端生鞭毛运动或不运动，无芽孢，革兰染色阳性。在普通营养琼脂上生长良好。有时产生红、橙红、黄、褐色的脂溶性色素。属化能异养型，好氧，在20%或更高的氧分压下生长最好。分布于乳制品、水和土壤中。

(9) 芽孢杆菌属（*Bacillus*）。杆菌，大小为（0.3～2.2μm）×（1.2～7.0μm），大多数有鞭毛，形成芽孢，革兰染色阳性。在一定条件下有些菌株能形成荚膜，有的能产生色素。芽孢杆菌为腐生菌，广泛分布于水和土壤中，有些种则是动物致病菌。属化能异养型，利用各种底物，严格好氧或兼性厌氧，代谢为呼吸型或兼性发酵；有些种进行硝酸盐呼吸。本菌能分解葡萄糖产酸，但不产气。

(10) 弧菌属（*Vibrio*）。短的无芽孢的杆菌，弧状或直的，大小为0.5μm×（1.5～3.0μm），单个或有时联合成S形或螺旋状。革兰染色阴性，无荚膜。在普通营养培养基上生长良好和迅速。有偏端单生鞭毛，运动活泼。化能异养型，呼吸和发酵代谢，好氧或兼性厌氧。最适的温度范围18～37℃，对酸性环境敏感，但能生长在pH值为9～10的基质中。弧菌广泛分布于自然界，尤以水中多见。本菌属包括弧菌100多种，其中的霍乱弧菌（*V. cholerae*）能引起霍乱这一烈性的肠道传染病。

2.1.5.2 水环境中常见的铁细菌属

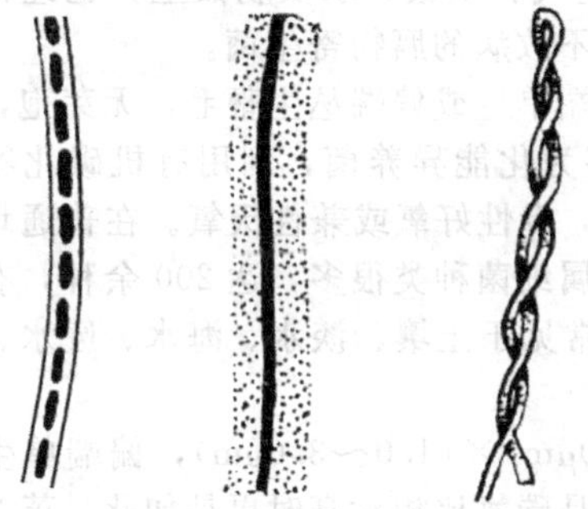

图 2-32 几种铁细菌形态

(1) 多孢泉发菌（*Crenothrix polyspora*）。丝状，菌体细长，不分支，一端固定于物体上，另一端为游离端。游离端可能膨大，外鞘包被，鞘无色透明，含铁化物。细胞有圆筒形和球形，可产生球形的分生孢子，并进行繁殖［图 2-32(a)］。

(2) 褐色纤发菌（*Leptothrix ochracea*）。不分支菌体有鞘，皮鞘随水解物沉淀的增多而加厚，呈黄色或褐色，能氧化低价铁为高价铁［图 2-32(b)］。

(3) 含铁嘉氏菌（*Gallionella ferruginea*）。圆柱状像柄的丝状菌，其一端常交织着双绞绳状的对生分支，不具鞘。单细胞为肾形或圆形。菌体内含蛋白质纤维，其外复有氢氧化铁的成分，柄的另一端（游离端）分生出子细胞具有单极鞭毛，游离运动［图 2-32(c)］。

2.2 真核微生物

真核微生物是指细胞中具有完整的细胞核，即细胞核有核膜、核仁，进行有丝分裂，原生质体中存在与能量代谢有关的线粒体，有些还含有叶绿体等细胞器的一类微生物的统称。它包括真菌、藻类和原生动物及微型后生动物。

2.2.1 真菌

真菌（fungus）是指单细胞（包括无隔多核细胞）和多细胞、不能进行光合作用、靠寄生或腐生方式生活的真核微生物。真菌能利用的有机物范围很广，特别是多碳类有机物。真菌是自然界的初级分解者，对于推动自然界的物质循环起着重要作用。真菌能分解很复杂的有机化合物，如某些真菌可以降解纤维素，并且还能破坏某些杀菌剂，这对于废水处理是很有价值的。

真菌和藻类在细胞结构和繁殖方式上有许多相似之处，但主要区别在于真菌没有光合色素，不能进行光合作用，属于有机营养型的，而藻类则是无机营养型的光合微生物。真菌菌落的生长特征是菌丝体在基质上或穿过基质，放射性伸展，形成圆形或球形真菌菌落。因此，仅依靠形态学特征就能够区别5万种不同的真菌。真菌在自然界分布极为广泛，多数适宜生存在陆地环境中，只有一部分喜欢水生系统，包括霉菌、酵母菌等。干有机物质的分解作用发生在废水处理系统排放物以及有机污泥的稳定化过程中。

2.2.1.1 酵母菌

在自然界中，酵母菌（yeast）主要分布在含糖质较高的偏酸性环境中，如果实、蔬菜、花蜜、五谷以及果园的土壤中，在牛奶和动物的排泄物中也可找到。石油酵母则多在油田和炼油厂周围的土壤中；在活性污泥中，也发现有酵母菌存在。除此之外，有少数酵母菌是病原菌，可引起隐球菌病等。酵母菌的生长温度范围在4～30℃，最适温度为25～30℃。

酵母菌分发酵型和氧化型两类。能分解糖类为酒精（或甘油、有机酸等）和二氧化碳的酵母菌，称为发酵型酵母菌。另一类为氧化型酵母菌，这类酵母菌发酵能力弱或无发酵能力，但是氧化能力强，能分解多种石油烷烃（C_9～C_{18}），并生产多种产品，为酵母菌的应用开拓新的广阔天地。热带假丝酵母和阴沟假丝酵母氧化烃类能力最强。炼油厂的含油、含酚废水生物处理过程中，假丝酵母和黏红酵母菌起着积极作用。淀粉废水、柠檬酸残糖废水和油脂废水以及味精废水均可利用酵母菌处理，既处理了废水，又可得到酵母菌体蛋白作饲料。

(1) 酵母菌的形态和结构。酵母菌大多数为单细胞，其形态多样，依种类不同而有差异，一般呈卵圆形、球形、椭圆形或柠檬形等。酵母菌的菌体比细菌大几倍至几十倍，大小约为 (1～5μm)×(5～30μm)，最长可达 100μm，各种酵母菌具有一定的大小和形态。

酵母菌具有典型的细胞结构，有细胞壁、细胞膜、细胞质、细胞核、液泡、线粒体以及各种贮藏物等，有些种还具有荚膜和菌毛等 (图 2-33)。细胞核膜为双层单位膜，膜上散布着直径为 80～100μm 的圆形小孔，这是细胞核和细胞质交换物质的通道。酵母菌细胞内有一个或多个大小不一的液泡 (0.3～3μm)，其内含有浓缩的溶液、盐类、氨基酸、糖类和脂类，其生理功能是作为体内贮藏物质。线粒体是需氧真核微生物所具有的，通常呈杆状，数量 1～20 个，是能量代谢的场所，是电子传递的功能单位。但酵母菌只有在有氧代谢的情况下才需要线粒体，而在厌氧条件或葡萄糖过量时，对线粒体的形成或功能都有影响。

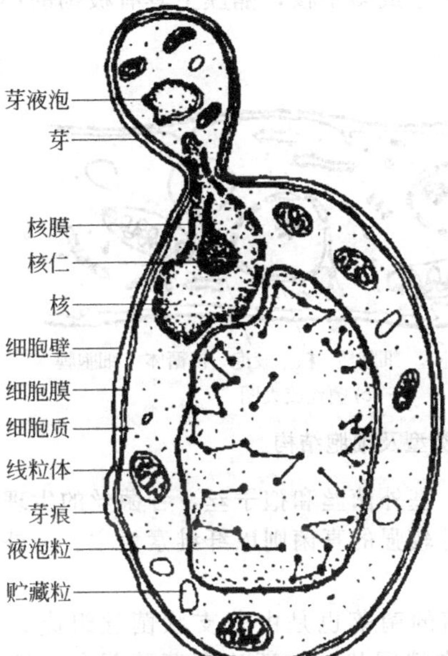

图 2-33 酵母菌细胞结构

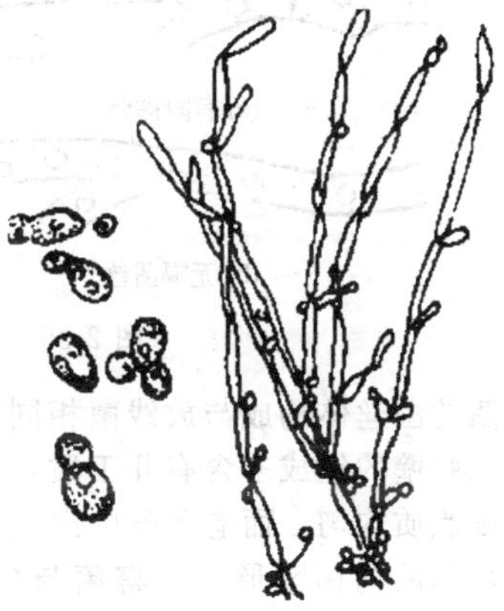

(a) 细胞 (b) 假菌丝

图 2-34 热带假丝酵母

(2) 酵母菌的繁殖方式和菌落特征。大多数酵母菌是以出芽的方式繁殖 (芽殖)，少数为裂殖。芽殖中首先在细胞一端突起，接着细胞核分裂出一部分并进入突起部分。突起部分逐渐长大成芽体。由于细胞收缩，使芽体与母细胞相隔离。成长的芽体可能立即与母细胞分离，也可能暂时与母细胞连接在一起 (图 2-33)。当有多个细胞相互连接成菌丝体，称之为假丝酵母 (图 2-34)。

酵母菌的菌落与细菌相似，但比细菌菌落大而且厚，菌落表面湿润、黏稠，易被挑起。有些种因培养时间较长，使菌落表面皱缩，较干燥。菌落通常是乳白色，少数呈红色。

酵母菌在液体培养基中生长时，有的在培养基表面生长并形成菌膜；有的在培养基中均匀生长；有的则生长在培养基底部并产生沉淀。

2.2.1.2 霉菌

在水处理微生物学中数量最多、最重要的真菌是霉菌 (mold)。霉菌属于丝状真菌，生长在营养基质上可形成绒毛状、蜘蛛网状或絮状菌丝体，属腐生性或寄生性营养。

霉菌在自然界分布极广，土壤、水域、空气、动植物体内外均有它们的踪迹。它们同人类的生产、生活关系密切。发酵工业上广泛用来生产酒精、抗生素 (青霉素等)、有机酸 (柠檬酸等)、酶制剂 (淀粉酶、纤维素酶等)；农业上用于饲料发酵、杀虫农药 (白僵菌剂) 等。腐生型霉菌在自然界物质转化中也有十分重要的作用。在废水处理生物膜中常见，如镰刀霉对含无机氰化物 (CN^-) 的废水降解能力很强。霉菌的营养来源主要是糖类和少量氮，极易在含糖的食品和各种谷物、水果上生长，引起发霉或变质。近年来还不断发现霉菌能产生多种毒素，如黄曲霉产生的黄曲霉毒素等有致癌作用，严重危害人畜健康。有的霉菌还可引起衣物、器材、工具及工业原料霉变，故采取有效措施防止或控制有害霉菌的活动，防治环境污染，提高经济效益成为重要课题。

(1) 霉菌的形态、大小和结构。霉菌的营养体由分支或不分支的菌丝（hypha）构成，菌丝可以无限制地伸长和产生分支，分支的菌丝相互交错在一起，形成菌丝体（mycelium)。菌丝直径一般为 3～10μm，比放线菌的菌丝粗几倍到几十倍，所以在显微镜下很容易观察到。

菌丝分无隔菌丝和有隔菌丝两种类型。无隔菌丝的菌丝无隔膜，整个菌丝就是一个长管状单细胞，菌丝内有许多核，又称多核系统，例如藻状菌纲中的毛霉（*Mucor*）和根霉（*Rhizopus*）等。有隔菌丝由隔膜分隔成串多细胞，例如青霉（*Penicillium*）和曲霉（*Aspergillus*）等。在菌丝生长过程中，每个细胞也随之分裂。每个细胞含一个或多个核，隔膜上具有极细的小孔，可作为相邻细胞间物质交换的通道（图 2-35)。

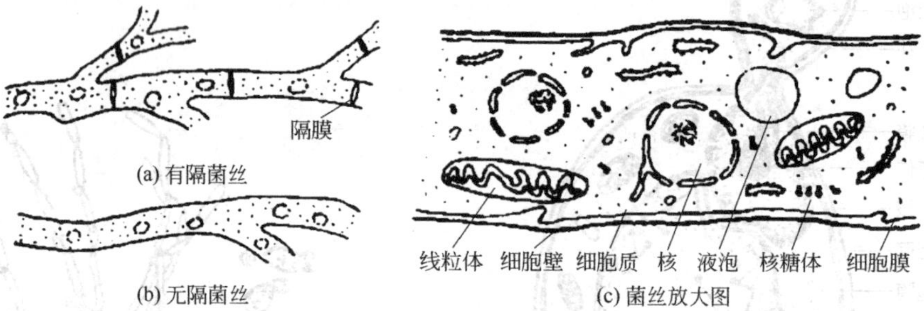

图 2-35　霉菌菌丝体的两种类型及细胞结构

霉菌的菌丝体构成与放线菌相同，分为基内菌丝、基外菌丝和孢子丝，各菌丝的生理功能亦相同。细胞壁的组成多含有几丁质，少数低等的水生性较强的真菌则以纤维素为主。另外，幼嫩的菌丝细胞质均匀，而老菌丝中出现液泡。

(2) 霉菌的菌落形态。霉菌与放线菌一样，霉菌的菌落也是由分支状菌丝组成。因菌丝较粗而长，形成的菌落较疏松，呈绒毛状、絮状或蜘蛛网状，一般比细菌菌落大几倍到几十倍。有些霉菌，如根霉、毛霉生长很快，菌丝在固体培养基表面可无限蔓延。不同霉菌的孢子有不同的形状、结构和颜色，可使各种霉菌菌落呈现不同的结构和色泽。有一些霉菌可将水溶性色素分泌到培养基中，使菌落背面呈不同颜色；一些生长较快的霉菌菌落，处于菌落中心的菌丝菌龄较大，位于边缘的则较年幼。因霉菌的菌落疏松，与培养基结合不紧，易于挑起。

(3) 霉菌的繁殖方式。霉菌的繁殖能力一般都很强，而且方式多样，除了由一段任意菌丝生长成新的菌丝体外，还可通过有性或无性方式产生孢子进行繁殖。霉菌主要通过无性孢子繁殖。根据孢子形成方式，孢子的作用以及本身的特点，又可分为以下多种类型。

霉菌的繁殖方式
- 无性孢子
  - 细胞壁——内生孢子，如根霉、毛霉
  - 分生孢子，如青霉、曲霉
  - 节孢子，如地霉
  - 后垣孢子——菌丝细胞形成，如地霉
- 有性孢子
  - 卵孢子，如水霉
  - 结合孢子，如根霉
  - 子囊孢子，如脉胞菌属
- 菌丝片段

(4) 霉菌的代谢物与环境污染。主要是指霉菌产生的有毒污染物——真菌毒素。真菌毒素(mycotoxin) 是以霉菌为主的一切真菌代谢活动所产的毒素。

直到1961年发现黄曲霉毒素（afatoxin）有致癌作用后，才引起人们对真菌毒素的注意。

(1) 真菌毒素致病特点。中毒的发生常与某种食物有联系，在可疑食物或饲料中常可检出真菌或其毒素的污染；发病可有季节性或地区性；药物或抗生素对中毒症疗效甚微；无传染性。

(2) 有代表性的毒素。青霉菌属的一些种所产生的岛状毒素，是一类烈性肝脏毒素，能使肝脏损害和出血，导致动物在2～3h内死亡。曲霉属的菌产生的黄曲霉毒素，由于是剧毒物，也是致癌物，而使人望而生畏。其毒性为氰化钾的10倍，砒霜的68倍。1962年英国伦敦附近养鸡厂中，10万只火鸡相继于数日内死亡。追踪调查获知，系食用污染了霉菌的花生粉所致，以后查明是一种黄曲霉菌产生的黄曲霉毒素引起。图2-36是曲霉和青霉。

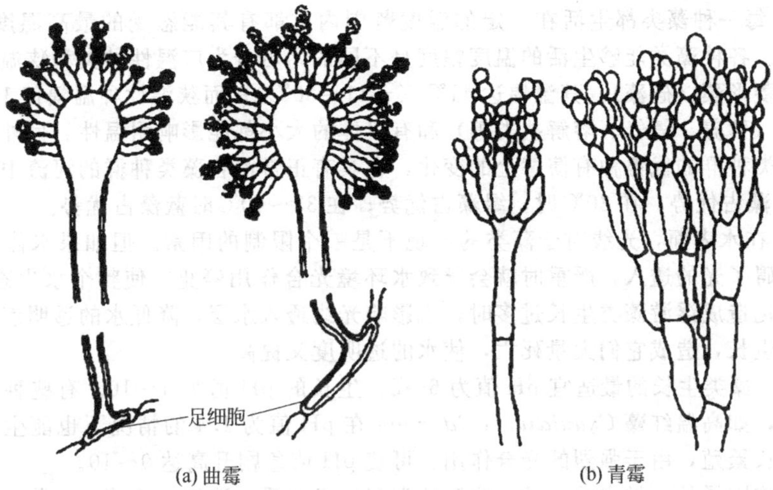

图2-36　曲霉和青霉

2.2.2　藻类

2.2.2.1　概述

藻类一般都具有能进行光合作用的色素，利用光能将无机物合成有机物，供自身需要。藻类是光能自养型的真核微生物，含有不同类型的叶绿素，每种都能有效地吸收特定范围的光谱。所有藻类均含有叶绿素a，有些藻类海含有其他叶绿素，这是区别不同种群的基础。藻细胞有细胞壁，胞壁组分主要为纤维素或其他多糖（木聚糖或甘露聚糖）。许多藻体含淀粉核。藻类的贮存物主要为淀粉，还有多糖和脂类。藻细胞含完整的膜系统，含1个或多个细胞核。

藻类的种类很多，有的是单细胞生物。而多细胞的藻类形态极其复杂，且功能上有分化。但是，多细胞的藻类细胞之间并不是有机地结合在一起，多数是单一地结合，外侧由胶质物所覆盖，从外面看像一个整体，因此，只能称为多细胞的群体或集合体。藻类的大小差异很显著，小的藻类只能用显微镜观察，大小以微米表示，大的藻类有海藻中的褐藻（海带、裙带菜等）和红藻（石花菜、紫菜）。

藻类与人类生产、生活有着密切的关系。海洋藻类是很有利用价值的自然资源，可作为食物、药材和工业的原料。淡水藻类与工业、农业、水产、地质、水域、环境保护等密切相关，特别有意义的是某些绿藻，有可能成为宇航员的氧气供应者。

藻类主要为水生生物，广泛分布于淡水和海水中，单细胞藻类浮游于水中，称为浮游植物。在自然界的水生生态系统中，藻类是重要的初级生产者，是水生食物链中的关键环节，它关系着水体生产力及物质转化与能量流动，使水体保持自然生态平衡。

藻类在水质以及水污染控制方面具有重要意义，在给水中有一定的危害性，常使自来水产生异味或颜色，或造成滤池堵塞。当水体富营养化（含过量氮、磷）常产生水华或赤潮。水华或赤潮常改变水的pH值，使水体带有臭味，并使水含有剧毒。另一方面在水污染治理中，可以利用藻类进行污水处理，典型的是氧化塘处理系统，利用菌藻互生原理，进行污水处理。藻类在水体复杂的自净过程中起着重要作用，在污染的生物监测中，作为指示生物可以反映出污染程度。

2.2.2.2 藻类的微生物学特征

(1) 藻类的分布。藻类的分布极为广泛，同细菌一样，从南极到北极，在地球上所有的地方均有藻类分布。如果从大的生活环境来分，可分为海洋藻类和淡水藻类。淡水藻类不仅分布在江河、湖泊中，而且分布在潮湿的土壤表面、树干、墙壁、花盆上，甚至冰雪上和岩洞中等极端恶劣环境下也能生长。

(2) 藻类的生活条件

① 温度。每一种藻类都生活在一定的温度范围内，都有其能忍受的最高温度和最低温度，以及最适温度。各种藻类能够生活的温度幅度是不同的，可分为广温性种类和狭温性种类。广温性种，如一种菱形藻（硅藻），其温幅达41℃（−11～30℃）；而狭温性种温幅仅10℃左右。

外界条件（营养、氧气、溶解盐类等）和有机体的大小都能影响耐温性。另外，随着温度改变，水域中藻类种群的优势种有演替上的变化，在具有正常混合藻类种群的河流中，可以观察到在20℃时，硅藻占优势；在30℃时，绿藻占优势；在35～40℃时蓝藻占优势。

② 光照。在水表面，光线对于藻类的出现不是一个限制的因素。但如果水体污染水中悬浮物质过多，妨碍了光的透入，严重时就会导致水环境光合作用停止，使整个水生态系统被破坏。当水体富营养化造成浮游藻类生长过多时，也影响光线透入水层，降低水的透明度，反过来又影响浮游藻类的生长，造成它们大量死亡，使水的透明度又提高。

③ pH值。藻类生长的最适宜pH值为6～8，生长的pH值为4～10。有些种类在强酸、强碱下也能生长，如高温红藻 *Cyanidium caldarium* 在pH值为1.4的情况下也能生长。当天然水体藻类大量生长繁殖，由于强烈的光合作用，可使pH值急剧升高达9～10。

除上述影响因子外，像水的运动、溶解盐类和有机物质、溶解气体等也对藻类的营养和有机物形成有限制。此外，共同生活的其他生物种类对藻类的出现也有决定性作用。

(3) 藻类的营养。藻类一般是无机营养的，属光能自养型微生物，其细胞内含有叶绿素及其他辅助色素，能进行光合作用。在有光照时，能利用二氧化碳合成细胞物质，同时放出氧气。在夜间无阳光时，则通过呼吸作用取得能量，吸收氧气同时放出二氧化碳。在藻类很多的池塘中，白天水中的溶解氧往往很高，甚至过饱和；夜间溶解氧急骤下降。

(4) 藻类的繁殖和生活史

① 藻类的繁殖。藻类的繁殖方式基本上有：营养繁殖、无性生殖和有性生殖。

许多单细胞藻类的营养繁殖是通过细胞分裂进行的，而丝状类型藻类营养繁殖是营养体上的一部分，由母体分离出来后又长成一个新个体。

无性生殖是通过产生不同类型的孢子（spore）进行的，产生孢子的母细胞叫孢子囊（sporangium），孢子囊是单细胞的，孢子不需结合，一个孢子长成一个新个体。

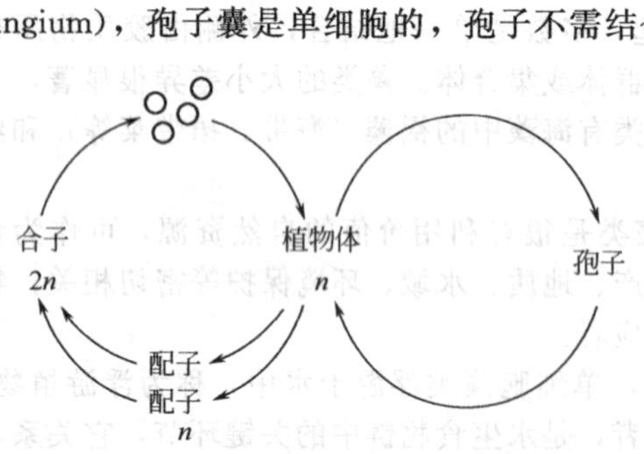

图 2-37 藻类的有性生殖示意

有性生殖其生殖细胞叫配子（gamete），产生于配子囊（gametangium）。一般情况下，配子必须两两结合成为合子（zygone），由合子萌发长成新个体，或合子产生孢子长成新个体。图2-37为藻类的有性生殖示意。在极少数情况下，一个配子不经过结合也能长成一个个体，叫单性生殖。

② 藻类的生活史。指某种生物在整个发育阶段中，有一个或几个同形或不同形的个体前后相继形成一个有规律的循环，也就是藻类在一生中所经历的发育和繁殖阶段的全部过程，藻类的生活史有四种基本类型：a. 营养繁殖型；b. 生活史中仅有一个单倍体的植物体，行无性和有性生殖，或只行有性生殖方式；c. 生活史中仅有一个双倍体的植物体，只行有性生殖，减数分裂在配子囊中

配子产生之前；d. 生活史中有世代交替的现象，即无性与有性两个世代相互交替出现的现象。

（5）藻的主要类型。根据光合色素的种类、个体的形态、细胞结构、生殖方式和生活史等，将藻类分为蓝藻门（现已归为原核微生物中的蓝细菌）、裸藻门、绿藻门、轮藻门、金藻门、黄藻门、硅藻门、甲藻门、褐藻门及红藻门等。

2.2.3 原生动物

原生动物指无细胞壁、能自由活动的单细胞真核微生物，它们的个体都很小，长度一般为3～100μm。大多数为单核细胞，少数有两个或两个以上细胞核。原生动物是动物中最原始、最低等、结构最简单的单细胞动物，在生理上具有完善的系统，能和多细胞动物一样行使营养、呼吸、排泄、生殖等机能。常见的“胞器”有行动胞器、消化营养胞器、排泄胞器和感觉胞器。行动胞器有伪足、鞭毛或纤毛等。

消化、营养胞器内含消化液，又称食物泡。原生动物的营养类型包括以下四种。

（1）动物性营养（holozoic nutrition）。这类原生动物以吞食其他生物（如细菌、真菌、藻类）或有机颗粒为生。绝大多数原生动物及后生动物为动物性营养。有些动物性营养的原生动物具有胞口、胞咽等摄食胞器。

（2）植物性营养（holophtic nutrition）。这类原生动物含色素，能够进行光合作用。植物性鞭毛虫、藻类及光合细菌采用这种方法。

（3）腐生性营养（saprophylic nutrition）。这类原生动物以死的机体或无生命的可溶性有机物质为生，某些原生动物、细菌及全部真菌采取该营养方式。

（4）寄生性营养（paralrophy nutrition）。这类原生动物以其他生物的机体（即寄主）作为生存的场所，并获得营养和能量。

大多数原生动物具有专门排泄胞器——伸缩泡。伸缩泡一伸一缩，即可将原生动物体内多余的水分及积累在细胞内的代谢产物通过胞肛排出体外，并调节渗透压。

一般原生动物的行动胞器就是它的感觉胞器。有些原生动物有专门的感觉器官——眼点。

图 2-38 所示为草履虫（*Paramecium caudatum*）的细胞结构。

原生动物的繁殖可分为无性繁殖和有性繁殖两类（一般进行无性繁殖）。无性繁殖是最简单的细胞分裂，即细胞质和细胞核一分为二，常通过有丝分裂进行，类似于原核生物的二分裂。有性繁殖是由两个相当于雌雄的配子细胞以融合或结合的方式完成细胞核的互换和更新，严格来讲是细胞核的更新。配子的结合有同配和异配，其中大多数为异配。另一种有性繁殖是结合生殖，是两个虫体暂时性融合，以交换细胞核。

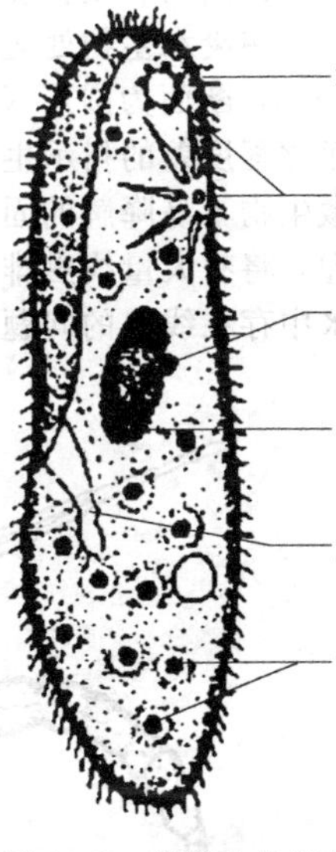

图 2-38 草履虫的细胞结构

2.2.4 后生动物

在废水生物处理构筑物中还常出现一些多细胞动物——后生动物，这些动物属无脊椎动物，包括轮虫、甲壳类动物、昆虫以及幼虫等。微型动物介于显微与大型之间，有些个体很小。可以使水体浑浊，而有些用普通显微镜就能观察到它们的存在和运动。微型动物是严格需氧，可以摄食小颗粒有机物，如细菌、藻类、具有相似尺寸的活的或死的有机颗粒物质。

2.2.4.1 轮虫

轮虫（Rotifers）是多细胞动物中比较简单的一种，是软体动物。它的身体前端有一个头冠，头冠上有纤毛环。纤毛环摆动时，产生水流将细菌和有机颗粒等引入口部，纤毛环还是轮虫的行动工具。轮虫就是因其纤毛环摆动时状如旋转的轮盘而得名，如图 2-39 所示。

轮虫要求较高的溶解氧量，在污水生物处理过程中可作为指示生物。当活性污泥中出现轮虫时，往往表明处理效果良好，但如数量太多，则有可能破坏污泥的结构，使污泥松散而上浮。活性污泥中常见的轮虫有转轮虫（*Rotaria rotatoria*）、红眼旋轮虫（*Philodina erythrophthalma*）等。

轮虫在水源水中大量繁殖时，有可能阻塞水厂的砂滤池。

2.2.4.2 甲壳类动物

水处理中遇到的多为微型甲壳类动物，这类生物的特点是具有坚硬的甲壳。常见的有水蚤（*Daphnia*）和剑水蚤（*Cyclops*），如图 2-40 所示。它们以细菌和藻类为食料。它们若大量繁殖，可能影响水厂滤池的正常运行。氧化塘出水中往往含有较多藻类，可以利用甲壳类动物除藻。

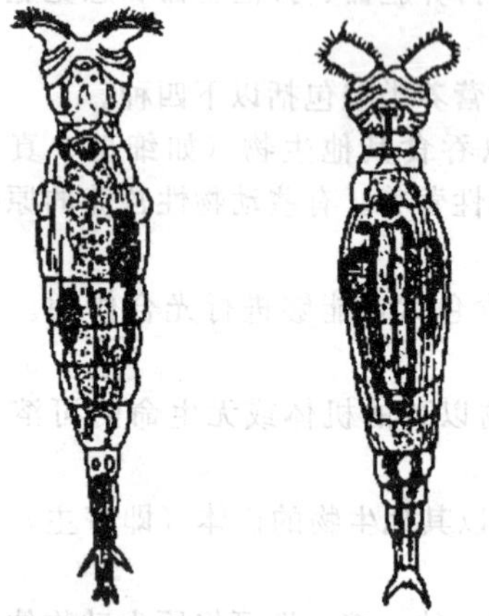

(a) 转轮虫　(b) 红眼旋轮虫

图 2-39　轮虫

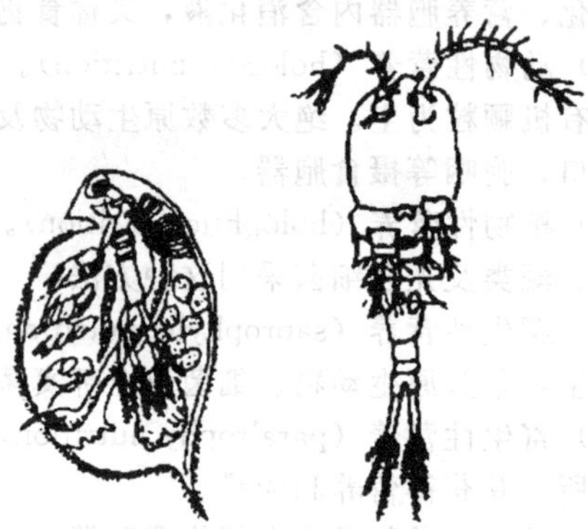

(a) 大型水蚤　(b) 刘氏中剑水蚤

图 2-40　甲壳类

2.2.4.3 其他小动物

水中有机淤泥和生物黏膜上常生活着一些小动物，如线虫（*Nematode*）和昆虫（包括它的幼虫）等。在废水生物处理的活性污泥和生物膜中都可发现线虫。线虫的虫体为长线形，长0.25～2mm，断面为圆形（图 2-41）。线虫有好氧和兼性厌氧的，兼性厌氧种在缺氧时大量繁殖，是污水净化程度差的指示生物。有些线虫是寄生性的，在污水处理中遇到的是独立生活的，可同化其他微生物不易降解的固体有机物。线虫在好氧生物处理系统中十分丰富，而且如果不用氯化消毒处理，将有大量线虫排入受纳水体。尽管独立生存的线虫本身是无害的，但人们已经开始关注在供水中存在线虫的问题，原因在于线虫可能摄食病原体，从而使病原体在消毒过程中受到保护。

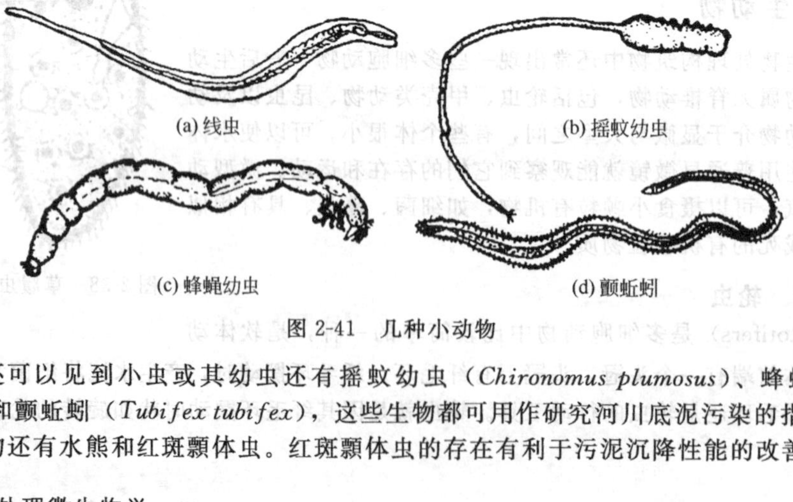

(a) 线虫　(b) 摇蚊幼虫　(c) 蜂蝇幼虫　(d) 颤蚯蚓

图 2-41　几种小动物

在水中还可以见到小虫或其幼虫还有摇蚊幼虫（*Chironomus plumosus*）、蜂蝇（*Eristalis tenax*）幼虫和颤蚯蚓（*Tubifex tubifex*），这些生物都可用作研究河川底泥污染的指示生物。常见的微型动物还有水熊和红斑颗体虫。红斑颗体虫的存在有利于污泥沉降性能的改善。

动物生活时需要氧气，但微型动物在缺氧的环境里也能数小时不死。一般来说，在无毒废水的生物处理过程中，如无动物生长，往往说明溶解氧不足。

2.2.5 水环境中常见的真核微生物类群

2.2.5.1 真菌

(1) 利用酵母菌处理污水及单细胞蛋白的生产。Cooke 等人曾对活性污泥中存在的酵母进行了分离鉴定，主要的属为假丝酵母属（*Condida*）、红酵母属（*Rhodotorula*）、球拟酵母属（*Torulopsis*）、丝孢酵母属（*Trichosporon*）等。这些酵母在某些条件下，可以凝集沉降。另外，它们能快速分解某些有机物，产生大量酵母蛋白，可作为饲料蛋白，实现资源化，在污水处理中有重要作用。

利用石油中一些能被酵母菌利用的馏分，作为微生物的碳源生产单细胞蛋白，已获得成功。我国也成功地生产出供饲料用的石油蛋白。利用假丝酵母如解脂假丝酵母和热带假丝酵母对各种烷烃的发酵研究表明，大部分的烷烃转变成了细胞物质。

酵母菌亦可用于处理高浓度有机废水，并实现资源化。例如，酒精废醪液 BOD 浓度很高，同时含有丰富的营养物质，所以用此废水培养酵母，既处理了废水，又可以回收菌体蛋白。又如豆酱生产中，大豆煮沸汁液的废水 BOD 可达 3000mg/L，用此培养酵母，在处理废水的同时，可得到大量菌体作为饲料而利用。在分批培养中，COD 被去除 82%～84%，而菌体的产量对于糖来讲为 80%～83%，对液体来讲占 1.2%～1.6%。

此外，酵母菌对某些难降解物质及有机毒物亦有较强的分解能力。某些特殊的酵母如假丝酵母及丝孢酵母，在含有杀菌剂和酚浓度为 500～1000mg/L 的废水中也能增殖，并将其分解，消耗酚的速率为 0.35mg/(mg 酵母·h)。

(2) 霉菌和污水处理。在活性污泥法处理构筑物内，真菌的种类和数量较少。其菌丝常能用肉眼看到，形如灰白色的棉花丝，黏着在沟渠或水池的内壁（黏着的丝状物中，除真菌外，还可能有一些丝状细菌）。在生物滤池的生物膜内，真菌形成广大的网状物，起着结合生物膜的作用。在活性污泥中，若繁殖了大量的霉菌，会引起污泥膨胀。因此，尽管霉菌对有机物降解能力较强，但一般不希望它们在活性污泥中出现。但在生物膜法处理构筑物中，它们的出现对有机物的去除有利。

在生物膜的好氧区可生长大量霉菌，它们只存在于有溶解氧的层次内，不过在正常的情况下，霉菌在营养竞争上受细菌的抑制。活性污泥中霉菌数量较少，它们的出现一般与水质有关，只有在 pH 值较低或特殊的工业废水中，霉菌才能在滤池中超过细菌而占优势。

已知活性污泥中霉菌的各属有毛霉属、根霉属、曲霉属、青霉属、镰刀霉属、木霉属、地霉属和头孢霉属等。

(1) 单细胞霉菌

① 毛霉（Mucor）。毛霉的菌丝体在基质上或基质内能广泛的蔓延，无假根和匍匐枝，孢囊梗直接由菌丝体生出，一般单生，分支较少或不分支，其菌丝为白色，多为腐生，菌丝不具隔膜，以孢囊孢子进行无性繁殖，孢子囊黑色或褐色，表面光滑。有性繁殖则产生接合孢子（图 2-42、图 2-43）。它具有分解蛋白质的能力，用于制作腐乳，有的可用于大量生产淀粉酶，如高大毛霉。它们不具有转化甾族化合物的能力。

② 根霉（*Rhizopus*）。根霉与毛霉同属毛霉目，很多特征相似，主要区别在于，根霉有假根和匍匐菌丝。匍匐菌丝呈弧形，在培养基表面水平生长。匍匐菌丝着生孢子囊梗的部位，接触培养基处，菌丝伸入培养基内呈分支状生长，犹如树根，故称假根，如图 2-44 所示，这是根霉的重要特征。

根霉菌丝体白色，无隔膜，气生性强，在培养基上交织成疏松的絮状菌落，生长迅速，可蔓延覆盖整个表面，有性繁殖产生接合孢子，无性繁殖形成孢囊孢子。

根霉分布广，分解淀粉能力强，将淀粉转化为糖，是有名的糖化菌。根霉也是转化甾族化合物的重要菌类。

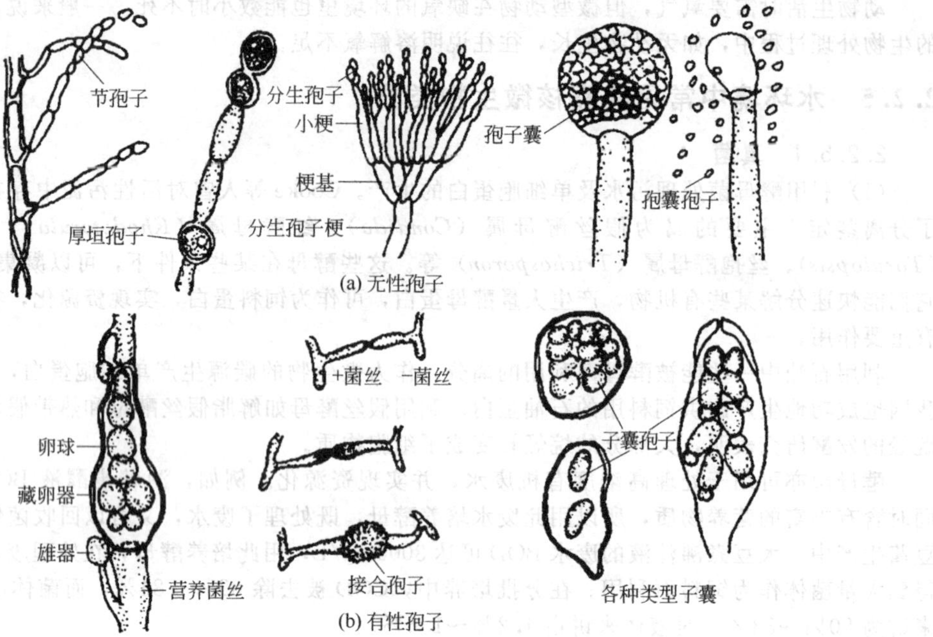

图 2-42　无性孢子和有性孢子示意

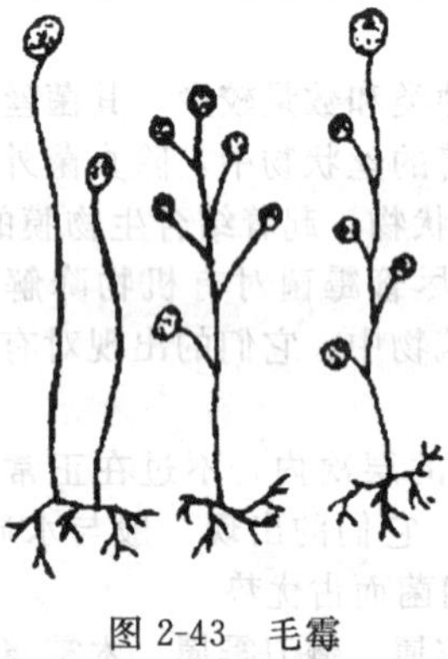

图 2-43　毛霉

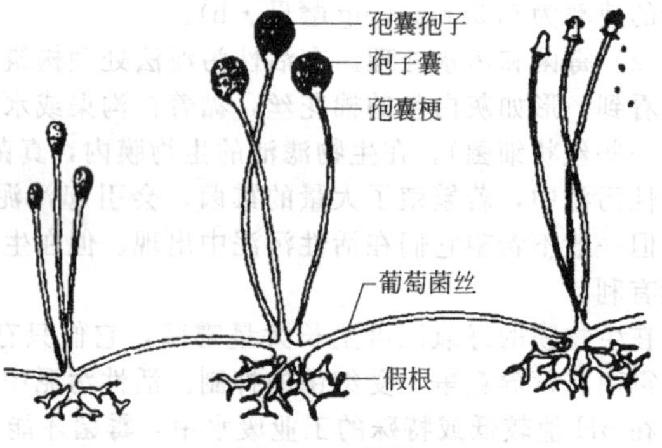

图 2-44　根霉

（2）多细胞霉菌

① 曲霉（*Aspergillus*）。为半知菌类，大多为无性阶段。菌丝有隔膜，与其他霉菌突出不同的是具有足细胞。分生孢子梗生于足细胞上，并通过足细胞与营养菌丝相连。分生孢子梗顶端膨大，呈圆形或椭圆形顶囊。顶端表面长满一层或两层辐射状小梗（初生小梗与次生梗）。最上层梗瓶状，顶端着生成串的球形分生孢子。孢子呈绿、黄、褐、黑等颜色。

② 青霉（*Penicillum*）。为半知菌类。青霉菌菌丝与曲霉相似，但无足细胞。分生孢子梗顶端不膨大，无顶囊，经多次分支，产生几轮对称或不对称小梗，小梗顶端产生成串的青色分生孢子。孢子穗形如扫帚，故又称帚状分支。

青霉菌落呈密毡状或松絮状，大多为灰绿色。青霉菌可产生青霉素，也用于生产有机酸，有些种可分解棉花纤维。它是霉腐菌，可引起皮革、布匹、谷物、水果等腐烂。

2.2.5.2　藻类的常见类群

下面简要介绍水处理中常见藻类各主要门的特征及代表属。

（1）蓝藻门（Cyanophyta）。蓝藻门即蓝细菌，详见 2.1.3。

（2）绿藻门（Chlorophyta）。其细胞中的色素以叶绿素为主，个体形态差异较大，多数为单细胞也有多细胞，生殖方式有无性和有性生殖。某些绿藻带有鱼腥或青草的气味。常见绿藻有小球藻属（*Chlorella*）、栅藻属（*Scenedesmus*）、衣藻属（*Chlamydomonas*）、空球藻属（*Eudorina*）、团藻属（*Volvox*）、盘星藻属（*Pediastrum*）、新月藻属（*Closterium*）、鼓藻属（*Cosmarium*）及水绵属（*Spirogyra*）等。

大部分绿藻适宜在微碱性环境中生长，常见于许多淡水水体中在春夏之交和秋季生长得旺盛，也属于废水处理稳定塘中最重要的藻类。绿藻的存在可改善水环境的氧气状态，净化污水或作为水质优劣的指示生物。小球藻和栅藻富含蛋白质，可供人食用和作饲料，在水体自净中起净化和指示生物的作用。

(3) 裸藻门（Euglenophyta）。所有裸藻都不具有细胞壁，因而得名。单细胞，有1～3条鞭毛，能运动。在具色素的绿色种类中，营养方式以自营的光合作用为主。在无色种类中，营腐生或动物性吞食生活。细胞贮存物以特有的裸藻淀粉为主，还有少量的油类。

裸藻的生殖方式以细胞纵裂为主，即细胞由前向后纵裂为二。如环境不适宜时，可形成休眠孢囊。待环境条件好转时，原生质体从孢囊中脱出成为一个新个体。

裸藻主要生长在有机物丰富的静止水体或缓慢的流水中，对温度的适应范围较广，水温在25℃时繁殖最快，大量繁殖时形成绿色、褐色或红色的水华。所以裸藻是水体富营养化的指示生物。

裸藻的代表属有扁裸藻属（*Phacus*）、囊裸藻属（*Trachelomonas*）、胶柄藻属（*Colacium*）及裸藻属（即眼虫藻属，*Euglena*），见图2-45。

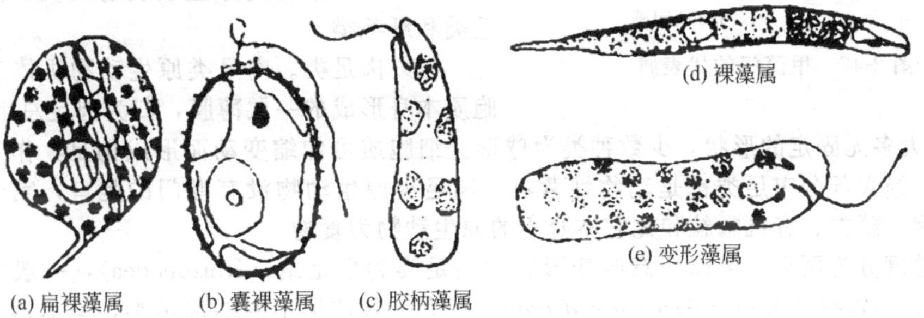

图 2-45 裸藻门的各属

(4) 硅藻门（Bacillariophyta）。硅藻为单细胞藻类，藻体外壁由上壳和下壳组成。上壳面（壳面）和下壳面（瓣面）上辐射对称或两侧对称的花纹排列方式是分类的依据。硅藻的细胞壁由硅质（$SiO_2 \cdot nH_2O$）和果胶质组成，硅质在外层，这是硅藻的主要特征。细胞内有一个核和一个或两个以上的色素体，含叶绿素、藻黄素和β-胡萝卜素。硅藻呈黄褐色或黄绿色。贮存物为淀粉粒（用碘处理呈棕色）和油。繁殖方式为纵分裂和有性生殖。硅藻的代表属有舟形藻属（*Navicula*）、羽纹藻属（*Pinnularia*）、直链藻属（*Melosira*）、平板藻属（*Tabellaria*）、圆筛藻属（*Coscinodisous*）等（图2-46）。

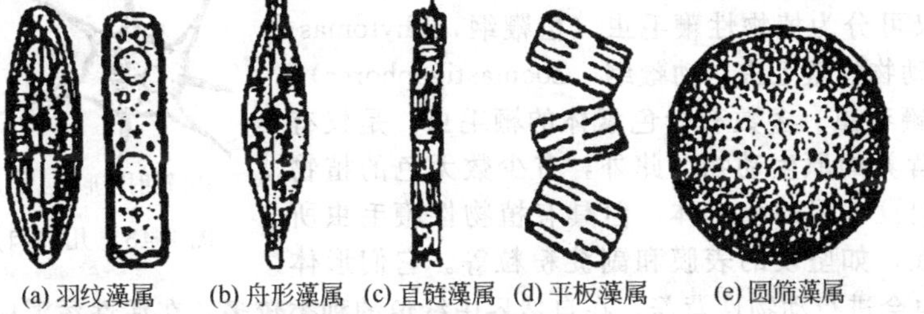

图 2-46 硅藻门的代表属

硅藻分布广，有明显的区域种类，有些种可作土壤和水体盐度、腐殖质含量及酸碱度的指示生物。浮游和附着的种是水中动物的食料，对水体的生产力起重要作用。硅藻是主要的海洋光合物种，可作为海水富营养化的指示性生物，常引起“赤潮”。

(5) 甲藻门 (Pyrrophyta)。甲藻多为单细胞个体，呈球形、三角形、针形，前后或左右略扁，前、后端常有突出的角，多数有细胞壁。细胞核大，有核仁和核内体，细胞质中有大液泡。含叶绿素 a、叶绿素 c、β-胡萝卜素、硅甲黄素、甲藻黄素、新甲藻黄素及环甲藻黄素，藻体因而呈黄绿色或棕黄色，偶尔红色。贮存物为淀粉、淀粉状物质或脂肪。多数有两条不等长，排列不对称的鞭毛为运动胞器。无鞭毛的做变形虫运动或不运动。营养型为植物性营养，少数腐生或寄生。有少数为群体的，或具有分支的丝状体。甲藻繁殖方式为主要裂殖，也有的产游动孢子或不动孢子。

甲藻在淡水、半咸水和海水中都能生长。甲藻对水环境有害，使水产生难闻的气味。在适宜的光照和水温条件下，甲藻在短期内大量繁殖，形成“赤潮”。甲藻产生的有毒物质能杀死水域中的鱼类、蛤蚧等水生动物。生活在淡水的甲藻喜在酸性水中生活，故水中含腐殖质酸时常有甲藻存在。甲藻是主要的浮游藻类之一，甲藻死后沉积在海底，形成生油地层中的主要化石。

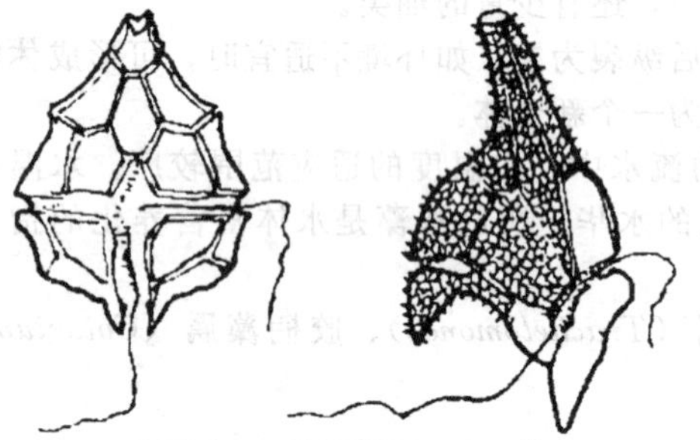
(a) 多甲藻　　(b) 角甲藻

图 2-47　甲藻门的代表属

甲藻的代表属有多甲藻属 (*Peridinium*) 和角甲藻属 (*Ceratium*)，如图 2-47 所示。

2.2.5.3　原生动物的类群

水处理中常见的原生动物有三类：肉足类、鞭毛类和纤毛类。

(1) 肉足类。肉足类原生动物机体表面只有细胞质本身形成的一层薄膜，归为肉足总纲 (Sarcodina)。它们大多无固定的形状，少数种类为球形。细胞质可伸缩变动而形成伪足，作为运动和摄食的胞器。绝大部分肉足类都是动物性营养。肉足类原生动物没有专门的胞口，完全靠伪足摄食，以细胞、藻类、有机颗粒和比它本身小的原生动物为食物。

肉足总纲分为两纲。可以任意改变形状的肉足类为根足纲 (Rhizopodea)，一般叫做变形虫 (Amoeba)，如辐射变形虫 (*Amoeba radiosa*)。还有一些体形不变的肉足类，呈球形，它的伪足呈针状，称辐足纲 (Actinpodea)，如太阳虫 (*Actinophrys*) 等 (图 2-48)。

肉足类在自然界分布很广，土壤和水体中都有。中污带水体是多数种类最适宜的生活环境，可作为水质和污水处理的指示生物。就卫生方面来说，重要的水传染病阿米巴痢疾 (赤痢) 就是由于寄生的变形虫赤痢阿米巴 (*Endamoeba histolytica*) 引起的。

(2) 鞭毛类。这类原生动物因为具有一根或一根以上的鞭毛，所以统称鞭毛虫，在分类学中称鞭毛总纲 (Mastigophora)。鞭毛长度大致与其体长相等或更长些，是运动器官。鞭毛虫又可分为植物性鞭毛虫 (植鞭纲，Phytomastigophorea) 和动物性鞭毛虫 (动鞭纲，Zoomastigophorea)。

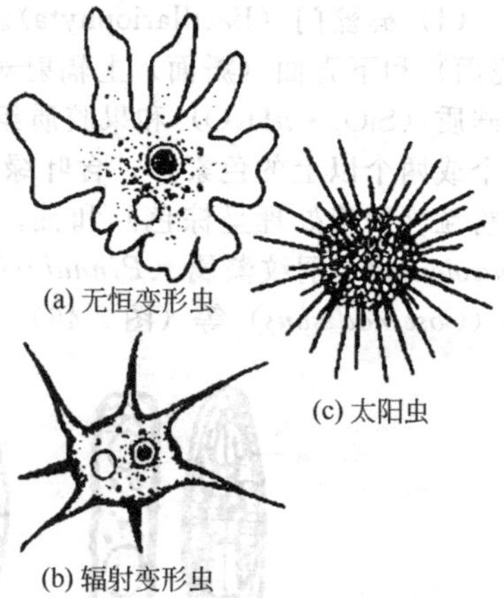
(a) 无恒变形虫　(b) 辐射变形虫　(c) 太阳虫

图 2-48　几种肉足类原生动物

① 植物性鞭毛虫。多数有绿色素体的鞭毛虫，是仅有的进行植物性营养的原生动物。此外，有少数无色的植物性鞭毛虫，它们没有绿的色素体，但具有植物性鞭毛虫所专有的某些物质，如坚硬的表膜和副淀粉粒等。它们形体一般都很小，也会进行动物性营养。在自然界中绿色的种类较多，在活性污泥中则无色的植物性鞭毛虫较多。

最普通的植物性鞭毛虫为绿眼虫 (*Euglena viridis*)，亦称绿色裸藻 (图 2-49)。它是植物性营养型，有时能进行植物式腐生性营养。最适宜的环境是 α-中污带小水体，同时，也能适应多污性水体。在生活污水中较多，在寡污带的静水或流水中极少。在活性污泥中和生物滤池表层滤料的生物膜上均有发现，但为数不多。

② 动物性鞭毛虫。动物性鞭毛虫体内无绿色的色素体，也没有表膜、副淀粉粒等植物性鞭毛虫所特有的物质。一般体形很小，动物性营养，有些还兼有动物式腐生性营养。在自然界中，动物性鞭毛虫生活在腐化有机物较多的水体内，细在多污带和中污带生活，而且常生存在生物处理系统中，靠生物处理系统中产生的大量细菌生存。因此动物性鞭毛虫可作为水质环境和污水处理的指示生物，在污水处理厂曝气池运行的初期出现。

常见的有梨波豆虫（*Bodo edax*）和跳侧滴虫（*Pleuromonas jaculans*）等，见图 2-50。

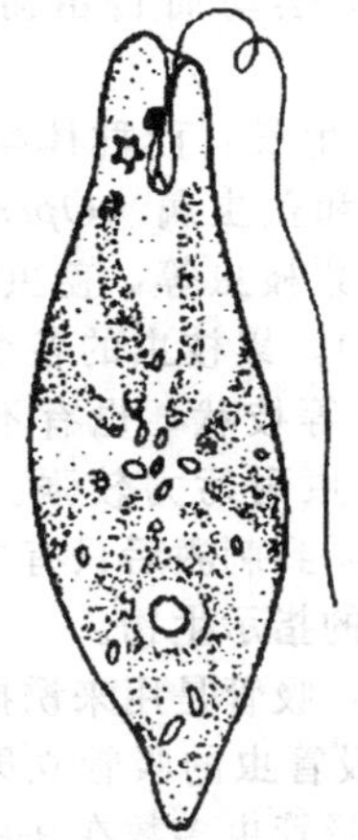

图 2-49　绿眼虫

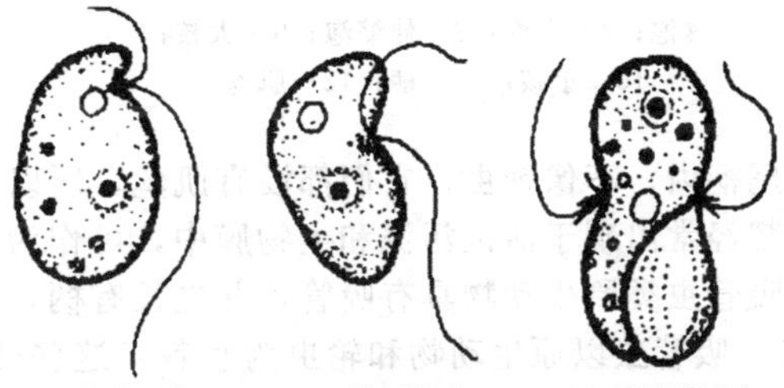

(a) 梨波豆虫　(b) 跳侧滴虫　(c) 活泼锥滴虫

图 2-50　动物性鞭毛虫

(3) 纤毛类。纤毛类原生动物为纤毛纲（Ciliata），特点是周身表面或部分表面具有纤毛，作为行动或摄食的工具。纤毛虫是构造最复杂、最高级的原生动物，不仅有比较明显的胞口，还有口围、口前庭和胞咽等吞食和消化的细胞器官。它的细胞核有大核（营养核）和小核（生殖核）两种，通常大核只有一个，小核则有一个以上。纤毛类可分为游泳型和固着型两种。前者能自由游动，如周身有纤毛的草履虫；后者则固着在其他物体上生活，如钟虫等。

纤毛虫喜吃细菌及有机颗粒，竞争能力也较强，所以与污水生物处理的关系较密切。

在污水生物处理中常见的游泳型纤毛虫属于全毛亚纲（Holotrichia），有草履虫（*Paramecium caudatum*）、肾形虫（*Colpoda*）、豆形虫（*Colpidium*）、漫游虫（*Lionotus*）、裂口虫（*Amphileptus*）、盾纤虫（*Aspidisca*）等（图 2-51）。它们多数是在α-中污带和β-中污带，少数在寡污带中生活。在污水生物处理中，在活性污泥培养中期或在处理效果较差时出现。

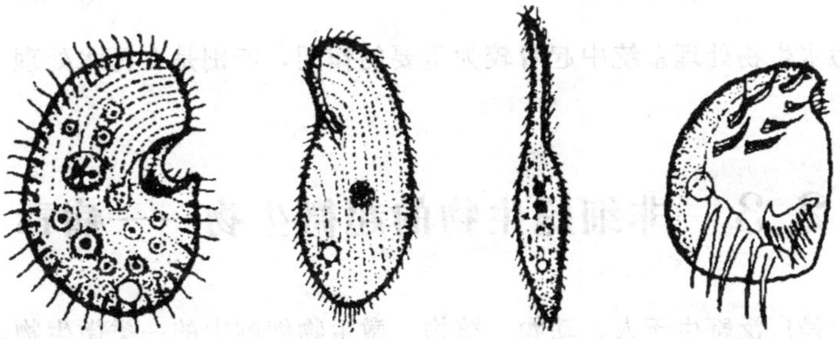

(a) 肾形虫　(b) 豆形虫　(c) 漫游虫　(d) 纤虫

图 2-51　游泳型纤毛虫

常见的固着型纤毛虫主要属于缘目亚纲（Peritricha）和吸管虫亚纲（Suctoria）。缘目亚纲中钟虫属（*Vorticella*）为典型类群。钟虫类因外形像敲的钟而得名。钟虫前端有环形纤毛丛构成的纤毛带，形成似波动膜的构造。纤毛摆动时使水形成漩涡，把水中的细菌、有机颗粒引进胞口

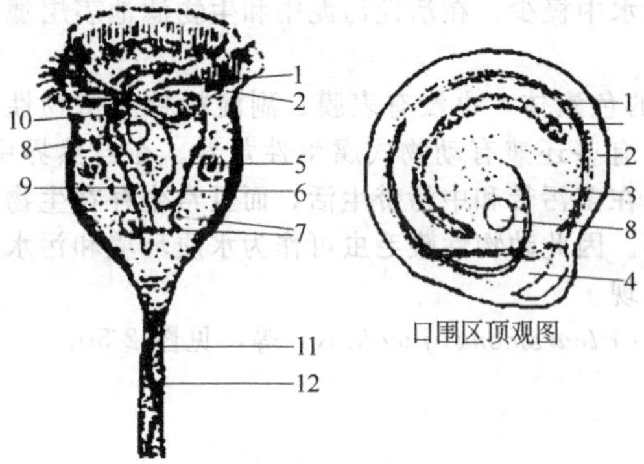

图 2-52　钟虫的构造

1—波动膜；2—口围边缘；3—口前庭；4—口前庭的波动膜；5—胞口；6—形成食泡；7—食泡；8—伸缩泡；9—大核；10—小核；11—柄；12—肌丝

(图 2-52)。

大多数钟虫在后端有尾柄，它们靠尾柄附着在其他物质（如活性污泥、生物滤池的生物膜）上。也有无尾柄的钟虫，它可在水中自由游动。有时有尾柄的钟虫也可离开原来的附着物，靠前端纤毛的摆动而移到另一固体物质上。大多数钟虫类进行裂殖。有尾柄的钟虫的幼体刚从母体分裂出来，尚未形成尾柄时，靠纤毛带摆动而自由游动。钟虫喜在寡污带中生活。

钟虫属为单个生长，而群体生长的有累枝虫属（*Epistylis*）和盖虫属（*Opercularia*）等。常见的累枝虫有瓶累枝虫等，盖虫属有集盖虫、彩盖虫等（图 2-53）。累枝虫的各个钟形体的尾柄一般相互连接呈等枝状，也有不分支而个体单独生活的。累枝虫耐污力较强。累枝虫和盖虫的尾柄内，不像钟虫，它们都没有肌丝，所以尾柄不能伸缩，当受到刺激后只有虫体收缩。钟虫等都经常出现于活性污泥和生物膜中，可作为污水处理效果较好的指示生物。

吸管虫类原生动物具有吸管，并也长有柄，固着在固体物质上，吸管是用来诱捕食物的（图 2-54）。吸管虫以原生动物和轮虫为食料，这些微小动物一旦碰上吸管虫的吸管立即被黏住，被吸管分泌的毒素麻醉。接着细胞膜被溶化，体液被吮吸干而死亡。吸管虫多数在β-中污带，有的也可耐α-中污带和多污带。在污水生物处理一般时出现。

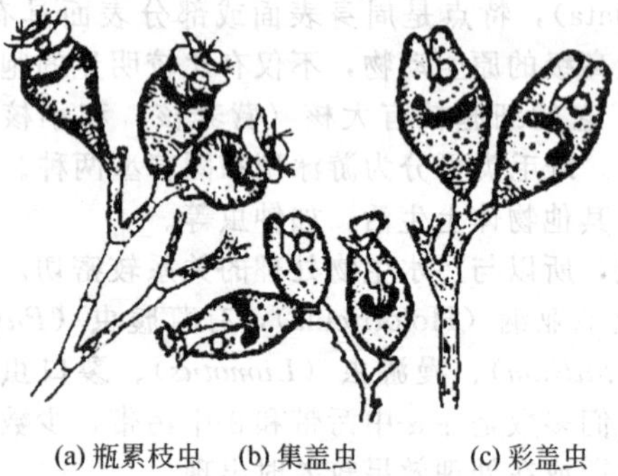

(a) 瓶累枝虫　(b) 集盖虫　(c) 彩盖虫

图 2-53　群体钟虫类

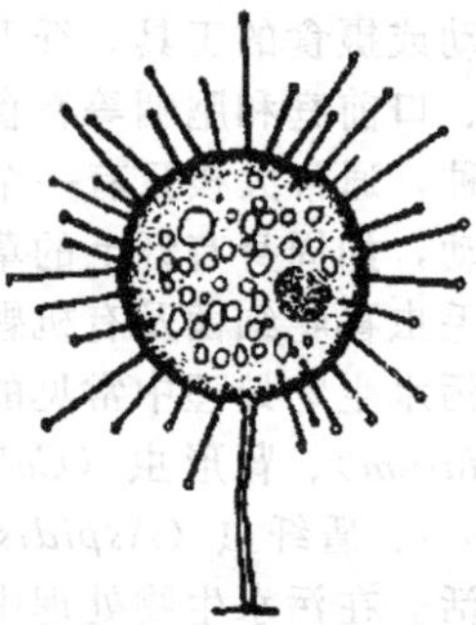

图 2-54　吸管虫

原生动物在污水生物处理系统中起着较为重要的作用，特别是在污水处理日常管理中可作为重要的指示性生物。

2.3　非细胞生物的超微生物——病毒

病毒（virus）是广泛寄生于人、动物、植物、微生物细胞中的一类微生物。它比一般微生物物小，能够通过细菌过滤器，必须借助电子显微镜才能观察到。病毒是一种比较原始的生物，感染原核微生物的病毒称为噬菌体（bacteriophage）。除了宿主细胞不同外，噬菌体与其他病毒并没有明显的不同。

病毒具有下列基本特征。(1) 无细胞结构，只含有一种核酸，或为核糖核酸（RNA），或为脱氧核糖核酸（DNA）。(2) 没有自身的酶合成机制，不具备独立代谢的酶系统，营专性寄生生活。(3) 个体微小能通过细菌滤器，电子显微镜才能观察到。(4) 对抗生素不敏感，对干扰素敏感。(5) 在活细胞外具有一般化学大分子特征，进入宿主细胞后又具有生命特征。

病毒是以其致病性被发现的，当病毒侵染人和动植物细胞内并大量繁殖时，会引起各种疾病。例如，脊髓灰质炎病毒可引起小儿麻痹症，传染性肝炎、天花、疱疹、流感以及腮腺炎等疾病也均是由病毒感染而引起。这些病毒不仅通过直接与患者接触而传染，也可通过水环境而传播，因此在水处理工程中，应注意防止传染性病毒对水的污染。

2.3.1 病毒的一般特征及主要类群

病毒具有以下特征。(1) 非常微小。病毒能通过细菌过滤器，需借助电子显微镜才能看到它们，其大小常以纳米（nm）表示。(2) 没有细胞结构。一般情况下，病毒由单一类型核酸（DNA 或 RNA）和蛋白质构成。(3) 专性活细胞内寄生。由于没有独立的代谢系统，没有完整的酶系统，病毒只能利用宿主细胞的代谢系统以核酸复制的方式进行繁殖，即病毒不能离开活的寄主细胞而生活，在活体寄主外没有生命特征。(4) 对大多数抗生素不敏感，但对干扰素敏感。

病毒的类群主要有两大类，人们一般根据感染的宿主和引起的宿主疾病名称对病毒分类。根据专性宿主分为动物病毒、植物病毒、细菌病毒（又叫噬菌体）、藻类病毒（又叫噬藻体）、真菌病毒（噬真菌体）。根据疾病名称分为脊髓灰质炎病毒、肝炎病毒、艾滋病病毒等。

水中的病毒主要来自于人和动物的排泄物，以及医院污水。在水体中能够存活的病毒总计在 100 种以上，主要是肠道病毒（包括脊髓灰质炎病毒、柯萨奇病毒、埃可病毒等）、轮状病毒、诺如病毒和肝炎病毒。

2.3.2 病毒的形态结构

2.3.2.1 病毒的形态和大小

在电子显微镜下观察，各种病毒的形状不一，一般呈球状、杆状、椭圆状、蝌蚪状和丝状等。人、动物的病毒大多呈球状、卵圆状或砖状；植物病毒多数为杆状或丝状；细菌病毒即噬菌体大多呈蝌蚪状，少数呈丝状。

病毒体积微小，大小差异显著，有的病毒较大，如痘病毒约为 (250～300nm)×(200～250nm)，而口蹄疫病毒的直径约为 10～22nm。

2.3.2.2 病毒的化学组成和结构

成熟的具有侵染力的病毒颗粒称为病毒粒子（virion）。大多数病毒粒子的组成成分只有蛋白质和核酸，较大的痘病毒除含蛋白质和核酸外，还含类脂质、多糖等。蛋白质包在核酸外面，称为衣壳（capsid）。每种病毒仅含一种核酸，大多为 RNA，少数为 DNA，其中噬菌体的核酸大多数为 DNA。含 DNA 的病毒称为 DNA 病毒，含 RNA 的病毒称为 RNA 病毒。

病毒的个体虽小，但也有一定结构。病毒的衣壳是由一种或几种多肽链折叠而成的蛋白质亚单位，并构成对称结构。衣壳的中心包含着病毒的核酸。衣壳与核酸合称为核衣壳（nucleocapsid）。有些病毒核衣壳是裸露的，有些则由囊膜（envelope）包围着。有些病毒粒子表面，尤其是在有囊膜的病毒粒子表面具有突起物，称为刺突（spike），见图 2-55。由此可见，病毒的结构具有高度的稳定性，从而使病毒核酸不致在细胞外环境中遭到破坏。

大多数噬菌体为蝌蚪状，并有头尾之分。图 2-56 为大肠杆菌 T 偶数噬菌体的结构示意，其头部为对称的廿面体，尾部为螺旋体对称。头部为蛋白质外壳，内含核酸；尾鞘与头部由颈部连接，尾鞘为中空结构，称尾髓。此外，还有基片、刺突、尾丝等附属物，这些附属物的作用是附着于寄主细胞上。

2.3.3 病毒的增殖

2.3.3.1 病毒的增殖过程

病毒侵入寄主细胞后，利用寄主细胞提供的原料、能量和生物合成机制，在病毒核酸的控制

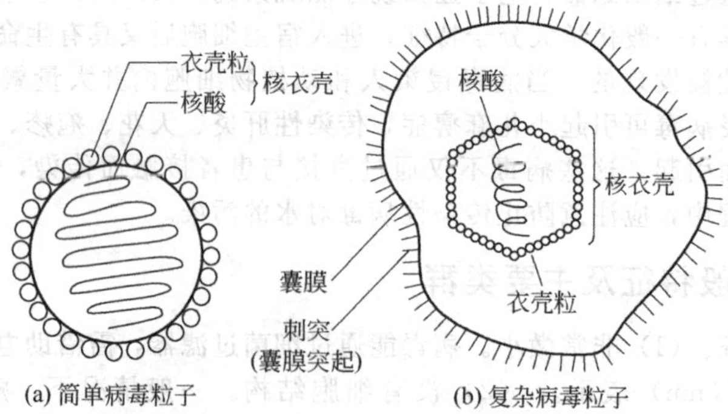

图 2-55　简单的病毒粒子和复杂的病毒粒子的结构模式

下合成病毒核酸和蛋白质，然后装配为病毒颗粒，再以各种方式从细胞中释放出病毒粒子。

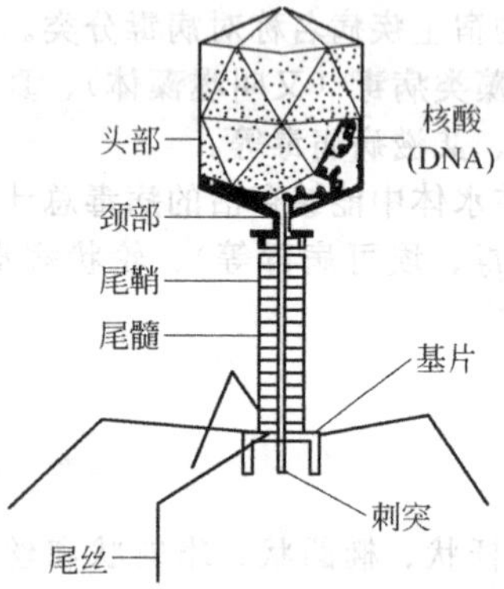

图 2-56　T2 噬菌体结构

病毒的这个过程与一般微生物的繁殖方式不同，称增殖（miltiplication），又称为复制（replication），整个过程称为复制周期。无论是动、植物病毒或噬菌体，其增殖过程基本相同，大致分为吸附、侵入（及脱壳）、生物合成、装配与释放等连续步骤。

（1）吸附。吸附是病毒粒子通过扩散和分子运动附着在寄主细胞表面的一种现象。对于大肠杆菌 T 系噬菌体，还包括尾丝和刺突固着在寄主细胞表面。

噬菌体的吸附专一性很强，吸附只发生在特定寄主细胞的特定部位。这一部位称为受体，受体大多为细胞壁的脂蛋白或脂多糖部位，少数为鞭毛或伞毛上。当受体部位发生突变或经化学处理结构改变时，病毒就不能吸附，寄主细胞也就获得了对该病毒侵染的抗性。

（2）侵入和脱壳。不同病毒粒子侵入宿主细胞内的方式不同。大部分噬菌体通过注射的方式将核酸注入细胞内，而外壳则留于细胞外。例如，当大肠杆菌 T4 噬菌体尾端吸附在细胞壁上后，便依靠存在于尾端的溶菌酶水解细菌细胞壁上的肽聚糖，并通过尾鞘收缩，将头部的 DNA 射入细胞内（图 2-57）。植物病毒没有直接侵入细胞壁的能力，在自然界中大多通过伤口侵入或昆虫刺吸传染，并通过导管和筛管等组织传布至整个植株。动物病毒以类似吞噬作用的胞饮方式，由宿主细胞将整个病毒颗粒吞入细胞内，或者通过病毒囊膜与细胞质膜的融合方式进入细胞。

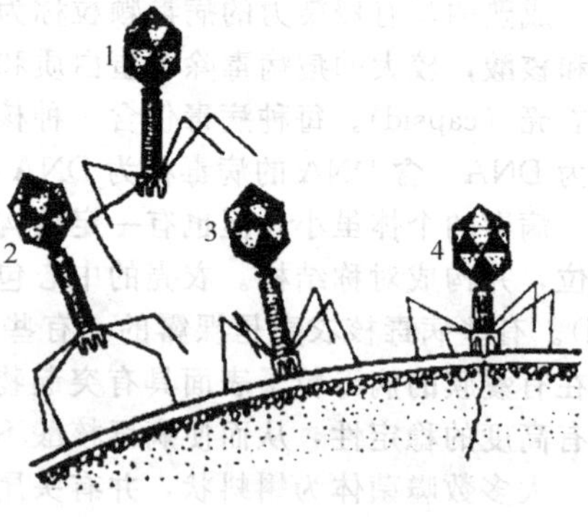

图 2-57　T4 噬菌体吸附/侵入示意
1—T4 噬菌体粒子；2,3—尾部附着；4—尾鞘收缩，释放溶菌酶，注入 DNA

有些动、植物病毒当侵入细胞时衣壳已开始破损。有囊膜的病毒其囊膜与细胞质融合除去囊膜后，以完整的核衣壳进入细胞，被吞饮的病毒在吞噬泡中进行脱壳。多数病毒的脱壳是依靠寄主细胞内的溶酶体进行的，溶酶体分泌的酶能将衣壳和囊膜降解去除。

（3）生物合成。病毒的生物合成包括核酸复制和蛋白质合成两部分。病毒侵入寄主细胞后，引起寄主细胞代谢发生改变。细胞的生物合成不再由细胞本身支配，而受病毒核酸携带的遗传信息所控制，并利用寄主细胞的合成机制和机构（如核糖体、tRNA、mRNA、酶、ATP 等），复制出病毒核酸，并合成大量病毒蛋白质结构（如衣壳等）。

(4) 装配与释放。新合成的核酸与蛋白质，在细胞的一定部位装配，成为成熟的病毒颗粒。如大多数 DNA 病毒（除痘病毒等少数外）的装配在细胞核中进行，大多数 RNA 病毒则在细胞质中进行。一般情况下，T4 噬菌体的装配是先由头部和尾部连接，然后接上尾丝，完成噬菌体的装配。装配成的病毒颗粒离开细胞的过程称为病毒的释放。病毒的释放方式有两种：①没有囊膜的 DNA 或 RNA 病毒在装配成以后，能合成溶解细胞的酶，以裂解寄主细胞的方式使子代病毒一齐从寄主细胞中释放出来，释放量在 100～10000 个左右；②有囊膜的病毒如流感病毒、疱疹病毒等以出芽方式逐个释放。这类病毒的囊膜是在形成芽体时由寄主细胞膜包裹的。

经释放后的病毒颗粒重新成为具有侵染能力的病毒粒子。

2.3.3.2 烈性噬菌体与温和性噬菌体

根据噬菌体与宿主细胞的关系可将噬菌体分类为烈性噬菌体与温和噬菌体。

上面介绍的病毒（噬菌体）侵染寄主细胞后，能引起寄主细胞迅速裂解死亡，这种噬菌体称为烈性噬菌体（virulent phage），相应的寄主细胞（细菌）称为敏感性细菌，而该反应称为裂解(lytic) 反应。

但噬菌体侵染寄主细胞后并不总是呈现裂解反应。当噬菌体侵染细菌后细菌不发生裂解而能继续生长繁殖，这种反应称为溶原性（lysogeny）反应，这种噬菌体称为温和性噬菌体（temperate phage），含有这种温和性噬菌体的细菌称为溶原性细菌。溶原性细菌中找不到形态上可见的噬菌体颗粒，侵入的温和性噬菌体以其核酸整合在细菌染色质体的一定位置上，称为原噬菌体。原噬菌体与细菌染色质体同步复制，而且随着细菌的分裂传给每个子代细胞，使子代细胞也成为溶原性细菌。所以细菌的溶原性具有遗传特性。

图 2-58 为细菌受噬菌体感染后的裂解反应和溶原性反应。

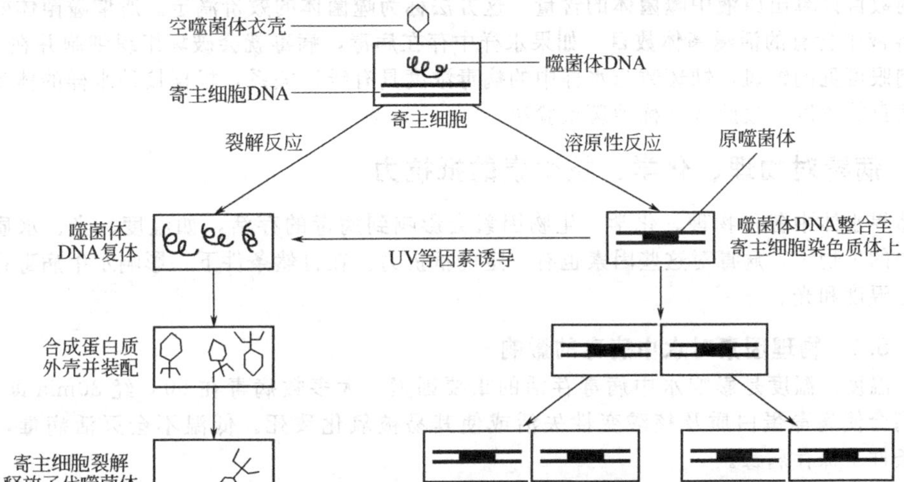

图 2-58 细菌受噬菌体感染后的裂解反应和溶原性反应

原噬菌体附着在染色质体上对细菌一般无不良影响，而且常常赋予溶原性细菌以某些特性。例如，具有产生噬菌体的潜在能力，具有不再受同源噬菌体感染的免疫性。如果溶原性细菌经低剂量的紫外线照射，或其他物理、化学等因子诱导，原噬菌体便从细菌染色质体上脱离而成为烈性噬菌体。

关于溶原性的大部分研究工作都是用大肠杆菌 λ 噬菌体和 K_{12} 噬菌体等进行的。溶原性噬菌体在微生物遗传研究中具有重要作用，它可作为基因重组的载体。

2.3.4 病毒的测定和培养

病毒作为专性细胞内寄生物，不能在人工培养基上进行培养，它必须进入活细胞进行复制来完成自我的"增殖"过程。

病毒的培养基是与各种病毒有特异亲和力的敏感细胞。脊椎动物病毒的敏感细胞一般可从人胚的组织细胞、人体组织细胞、肿瘤细胞、动物的组织细胞、鸡和鸭胚细胞等寻找。例如，脊髓灰质炎病毒对人胚肾细胞最敏感，乙型脑炎病毒对鸭胚肌皮细胞及猪肾细胞最敏感。也可选择敏感动物如猴、小白鼠、免等来培养病毒。植物病毒可用相应的敏感植物组织细胞或敏感植株进行培养。噬菌体可用相应的敏感细菌进行培养。例如，用大肠杆菌来培养大肠杆菌噬菌体。

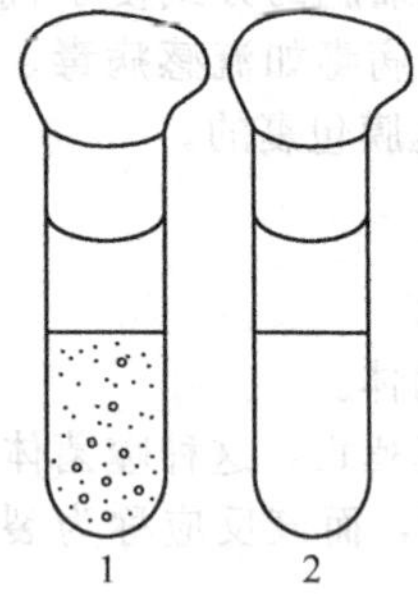

图 2-59 噬菌体在液体培养基的培养特征

1—被噬菌体感染之前培养液浑浊；2—被噬菌体感染之后培养液变清

噬菌体可在液体培养基中或琼脂培养基上活跃生长的新生的细菌细胞中培养。在液体培养基中，因很多的宿主细胞遭到病毒破坏而裂解，从而使浑浊的细菌培养物快速变清（图 2-59），这是病毒在液体培养基中的培养特征。固态的琼脂培养基可以这样来制备：将噬菌体样本与冷却的液态琼脂及相应的细菌培养物混合，混合物快速注入已有一层消毒琼脂作底层的培养皿中，待琼脂硬化后，上层琼脂中的细菌生长，反之，形成一层不透明的连续的菌苔。无论毒粒由哪里释放出来，它只能感染临近的细胞并增殖。最后细菌裂解产生噬菌斑即菌苔上的透明区，其外观常因培养的噬菌体而异。形成噬菌斑是病毒在固体培养基上的培养特征。

当敏感细胞被病毒感染后，一个个细胞便被病毒裂解，产生蚀斑。一个空斑是由一个病毒粒子繁殖、反复感染而成的子代病毒群体。故利用空斑试验可以分离培养或检测计数水体环境中的病毒。由于噬菌体原液中一个粒子产生一个噬菌斑，所以可根据平板上噬菌斑的数目计算出原液中噬菌体的含量。这方法称为噬菌体的效价滴定。所谓噬菌体效价，即 1mL 培养液中含有的活噬菌体数目。如果水样中存在病毒，病毒就会破坏组织细胞并在 24～48h 内出现肉眼可见的蚀斑，蚀斑数与水样中的病毒浓度具有线性关系，根据接种水样的体积就可以计算出病毒的浓度，故此法又称蚀斑检验法。

2.3.5 病毒对物理、化学、抗生素的抵抗力

自然界水体中各种物理、化学、生物因素会影响到病毒的存活，如温度、光、水质、酸碱度、水中的生物等，病毒对这些因素也有一定的抵抗力。在自然条件下，影响水中病毒存活的主要因素是温度和光。

2.3.5.1 物理因素对水中病毒的影响

（1）温度。温度是影响水中病毒存活的重要因素。大多数病毒在 60℃ 经 30min 即被灭活，温度升高会使病毒蛋白质及核酸变性失活或使其易被氧化致死。低温不会灭活病毒，通常在 −75℃ 条件下保存病毒。

（2）光和辐射。紫外光照射可使病毒核酸受损，造成病毒死亡。紫外辐射的致死作用会随培养基的浊度和颜色的增加而降低。环境中若有氧气和染料（如美蓝、中性红等）存在，会发生催化光氧化过程，更容易杀死病毒。X 射线、γ 射线也都能使病毒变性失活。

（3）渗透压。低渗透压可使某些肠道病毒失活。

2.3.5.2 化学因素对水中病毒的影响

（1）酸碱度。一般水的 pH 值在 5～9 时病毒比较稳定。病毒一般对酸性环境不敏感，而对强碱性环境敏感。碱性环境可破坏蛋白质衣壳和核酸，当 pH 值超过 11 时，会严重破坏病毒。所以，加石灰提高 pH 值可以杀死病毒。在低 pH 值时，病毒对温度较敏感。

（2）化学药剂。一般病毒对高锰酸钾、过氧化氢、二氧化氯、碘化物、臭氧等氧化剂都很敏感，甲醛、苯酚、来苏尔、新洁尔灭也常用于灭活某些病毒。

（3）抗生素。病毒对常见的用于杀灭细菌、真菌的抗生素不敏感。

2.3.5.3 生物因素对水中病毒的影响

少数细菌如枯草杆菌、大肠杆菌和铜绿假单胞菌等能够灭活病毒，这是由于这些细菌具有能分解病毒蛋白外壳的酶而引起的。部分藻类产生的抗菌代谢产物如丙烯酸和多酚对病毒有灭活作用。

尽管影响病毒在水中存活的因素是多种多样的，但许多肠道病毒具有较强的抵抗力，仍能够较长时间地存活在废水及自然水体中。就肠道病毒而言，柯萨奇B组病毒的抵抗力比较强，在河水及废水中最为常见；其次是脊髓灰质炎病毒和埃可病毒，由于它们在自然水体及废水中常和水中的悬浮固体颗粒结合在一起，使其在水中的生存期更长。因此，在污水或给水处理时，不能忽视水中病毒的去除。

2.3.5.4 水中病毒的去除与利用

去除和破坏水中的病毒，可采用物理的、化学的或生物的方法。在物理方法中主要采用加温以及光线照射来破坏水中的病毒，其中加温处理效果较好。沉淀、絮凝、吸附、过滤等虽能够去除水中的病毒，但不能破坏和杀死病毒。化学处理法中，高pH值、化学消毒剂及染料可以破坏和灭活水中的病毒，其中以加石灰、氯、漂白粉或碘的方法较为常用。生物因素对病毒的破坏是由于生物直接吞食病毒，分泌抑制病毒存活的物质或影响pH值而导致病毒失活。

在废水处理的各个阶段，病毒的消除情况有所不同。一般一级处理主要是沉淀，可除去部分病毒，最多去除30%。二级处理为活性污泥或其他的生物处理方法，此过程去除的病毒较多，可以达到60%～99%。

在应用活性污泥法处理废水后产生的污泥中，病毒的含量较高，一般比原废水中的病毒含量高10～100倍。如果不加处理地将这些污泥用作肥料，将引起病毒疾病的传播。目前常用的污泥处理方法是污泥消化，即在30～35℃或50℃的温度下进行厌氧消化，污泥在消化池中的滞留时间一般三周或三周以上，这样的温度及滞留时间虽足以灭活肠道病毒，但因操作方法等原因，少量病毒可以逃脱，故消化后的出水中还可能含有一定量的病毒。若采用堆肥法处理污泥则效果较好，堆肥产生的高温可杀灭病毒，但此法可能会有肠道细菌再繁殖。

在污水生物处理系统中，噬菌体十分普遍，有时人们怀疑由于噬菌体杀死了系统需要的细菌而导致污水处理过程的恶化。不过这点缺乏有效的证据。在混合培养系统中，噬菌体可能是导致一个细菌种群替代另一个细菌种群占据优势的因素。蓝细菌可引起周期性的“水华”，产生的藻毒素不仅造成鱼类大量死亡，并通过饮用水危害人体健康。有人提出将蓝细菌的噬菌体用于生物防治，从而控制蓝细菌的分布和种群动态。

参 考 文 献

[1] ［美］张师鲁著．高等环境微生物学．北京：清华大学出版社，1982.
[2] 闵航主编．微生物学．杭州：浙江大学出版社，2005.
[3] 陈剑虹主编．环境工程微生物学．第2版．武汉：武汉理工大学出版社，2009.
[4] 林海主编．环境工程微生物学．北京：冶金工业出版社，2008.
[5] 徐海宏，李满主编．环境工程微生物学．北京：煤炭工业出版社，2005.
[6] 周群英等编著．环境工程微生物学．第2版．北京：高等教育出版社，2000.
[7] 王国惠等编著．环境工程微生物学原理及应用．北京：中国建材工业出版社，1998.
[8] 沈德中主编．环境和资源微生物学．北京：中国环境科学出版社，2003.
[9] 王家玲主编．环境微生物学．第2版．北京：高等教育出版社，2004.
[10] 贺延龄，陈爱侠编著．环境工程微生物学．北京：中国轻工业出版社，2001.
[11] 赵开弘主编．环境微生物学．武汉：华中科技大学出版社，2009.
[12] 郑平主编．环境微生物学．杭州：浙江大学出版社，2002.
[13] 易绍金，余跃惠著．石油与环境微生物技术．武汉：中国地质大学出版社，2002.
[14] 顾夏声等编．水处理微生物学．第3版．北京：中国建筑工业出版社，1998.
[15] ［苏］ M. H. 罗特米斯特罗夫．水净化微生物学．沈韫芬译．北京：中国建筑工业出版社，1983.

[16] 郭银松编著．水净化微生物学．武汉：武汉水利电力大学出版社，2000.
[17] 罗志腾主编．水污染控制工程微生物学．北京：北京科学技术出版社，1988.
[18] 蔡信之，黄君红主编．微生物学．第 2 版．北京：高等教育出版社，2002.
[19] 车振明主编．微生物学．武汉：华中科技大学出版社，2008.
[20] 张灼编著．污染环境微生物学．昆明：云南大学出版社，1997.
[21] 任南琪，马放等编著．污染控制微生物学．第 3 版．哈尔滨：哈尔滨工业大学出版社，2007.

第3章 微生物的生理

微生物与其他生物一样，有独立的生命活动，需要利用酶进行复杂的新陈代谢，通过对营养基质进行分解或者利用太阳能获取能量，并转换为生物体的通用能量ATP，进行自身的生长和产物的合成，微生物对新陈代谢进行精确的调控。微生物的生理涉及微生物的酶、微生物的营养要素及对营养的吸收、物质代谢和能量代谢以及代谢的调控和应用、微生物对污染物的降解转化等内容。本章将以酶为切入点，介绍微生物酶的作用特点、微生物利用营养物质的代谢过程和调控机制及其应用，并简单介绍环境中微生物对污染物的降解转化情况。

3.1 微生物的酶

3.1.1 酶的组成和结构

3.1.1.1 酶的组成

酶的本质是蛋白质，根据其组成成分可分为单纯蛋白质（单纯酶）和结合蛋白质（结合酶）两大类。

(1) 单纯酶。单纯酶又称单成分酶或简单蛋白酶，这类酶完全由蛋白质构成，基本组成单位仅为氨基酸，属于简单蛋白，其活性仅取决于它们的蛋白质结构，主要是水解酶类，如脲酶、脂肪酶、蛋白酶等。

(2) 结合酶。结合酶又称双成分酶，这类酶除酶蛋白质主体外，还含有非蛋白质成分，因而称之为结合酶。结合酶中的蛋白质成分称为酶蛋白，非蛋白成分称为辅因子，酶蛋白与辅因子单独存在时均无催化活性，只有两者结合才能起催化作用，两者结合的完整分子称为全酶。

辅助因子 ＋ 酶蛋白 ＝ 全酶
（非蛋白质）　（蛋白质）

辅因子按其与酶蛋白结合的牢固程度分为辅基和辅酶。其中与酶蛋白以共价键紧密结合，不能用透析方法除去的辅因子称为辅基；以非共价键与酶蛋白松散结合，能用透析方法除去的辅因子称为辅酶。

全酶的辅因子按照化学本质来看，有的是无机金属离子，如铜、锌、镁、铁等；有的是小分子的有机化合物，如维生素、铁卟啉等。

通常一种酶蛋白只能与一种辅因子结合，组成一种有特异性的酶；而一种辅因子通常能与多种酶蛋白结合组成多种特异性很强的全酶。在酶促催化反应过程中，辅基（酶）常参与化学反应，主要起携带及转移电子、原子或功能基团等作用，决定酶促反应的类型；而一种酶只能作用于一个或一类底物的专一性则由酶蛋白决定。

3.1.1.2 酶的结构

酶作为生物催化剂，具有典型的高效性与高度专一性的特性，这些特性与酶蛋白本身的结构密切相关。在酶分子中，各个部分（如亚基）分工协作，各司其职，使得整个催化反应过程有条不紊地进行。

酶的分子中存在有许多功能基团，例如—NH_2、—COOH、—SH、—OH等，但并不是这些基团都与酶活性有关。一般将与酶活性有关的基团称为酶的必需基团。有些必需基团虽然在一级结构上可能相距很远，但在空间结构上彼此靠近，集中在一起形成具有一定空间结构的区域，该区域与底物相结合并将底物转化为产物，这一区域称为酶的活性中心。构成酶活性中心的必需基团可分为两种，与底物结合的必需基团称为结合基团，促进底物发生化学变化的基团称为催化基团。还有些必需基团虽不参加酶的活性中心的组成，但为维持酶活性中心应有的空间构象所必需，这些基团是酶的活性中心以外的必需基团。

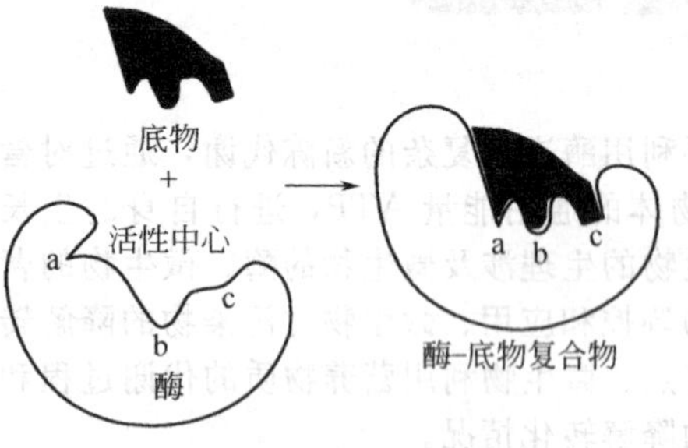

图 3-1 酶与底物结合的示意

酶分子很大，其催化作用往往并不需要整个分子，如用氨基肽酶处理木瓜蛋白酶，使其肽链自 N 端开始逐渐缩短，当其原有的 180 个氨基酸残基被水解掉 120 个后，剩余的短肽仍有水解蛋白质的活性。可见某些酶的催化活性仅与其分子的一小部分有关。

不同的酶有不同的活性中心，故对底物有严格的特异性。但是，酶的结构不是固定不变的，有人提出酶分子（包括辅酶在内）的构型与底物原来并非吻合，当底物分子与酶分子相碰时，可诱导酶分子的构象变得能与底物配合，然后底物才能与酶的活性中心结合，进而引起底物分子发生相应化学变化，此即所谓酶作用的诱导契合学说，如图 3-1 所示。用 X 衍射分析的方法已证明，酶在参与催化作用时发生了构象变化。

3.1.2 酶的命名和分类

3.1.2.1 酶的命名

酶的命名法有习惯命名与系统命名两种。习惯命名以酶的底物和反应类型命名，有时还加上酶的来源。习惯命名简单，常用，但缺乏系统性，不准确。1961 年国际酶学会议提出了酶的系统命名法。规定系统名称应标明酶的底物及反应类型、反应性质，最后加一个酶字，两个底物间用冒号隔开，底物是水时可省略。如乙醇脱氢酶的系统命名是：醇∶NAD^+ 氧化还原酶。例如：酶催化的反应：谷氨酸＋丙酮酸⟶α-酮戊二酸＋丙氨酸。酶的习惯名称为谷丙转氨酶，而系统名称则为丙氨酸∶α-酮戊二酸氨基转移酶。

3.1.2.2 分类

酶可以按照催化反应的类型、酶在细胞的部位、酶蛋白的结构特点等进行分类。本节主要介绍按照催化反应的类型进行的酶的分类。国际酶学委员会将酶分为六大类，在这六大类里，又各自分为若干亚类，亚类下又分小组，在此不做详述。

(1) 氧化还原酶。催化氧化还原反应，如葡萄糖氧化酶、各种脱氢酶等。氧化还原酶是目前已发现的数量最大的一类酶，其氧化、产能、解毒等功能在生产中的应用仅次于水解酶。作用时需要辅因子，可根据反应时辅因子的光电性质变化来测定酶的作用情况。按系统命名可分为 19 亚类，习惯上可分为 4 个亚类。

① 脱氢酶：受体为 NAD 或 NADP，不需要氧。

② 氧化酶：以分子氧为受体，产物可为水或 H_2O_2，常需黄素辅基。

③ 过氧物酶：以 H_2O_2 为受体，常以黄素、血红素为辅基。

④ 氧合酶（加氧酶）：催化氧原子掺入有机分子，又称羟化酶。按掺入氧原子个数可分为单加氧酶和双加氧酶。

(2) 移换酶。移换酶也叫转移酶，催化功能基团的转移反应，如各种转氨酶和激酶分别催化转移氨基和磷酸基的反应。较重要的移换酶有一碳基转移酶、磷酸基转移酶、糖苷转移酶等。

(3) 水解酶类。水解酶类催化底物的水解反应，如蛋白酶、脂肪酶等，起降解作用，多位于胞外或溶酶体中。有些蛋白酶也称为激酶。可分为水解酯键（如限制性内切酶）、糖苷键（如果胶酶、溶菌酶等）、肽键、碳氮键等 11 个亚类。

(4) 裂合酶类。裂合酶类催化从底物上移去一个小分子而留下双键的反应或其逆反应。包括醛缩酶、水化酶、脱羧酶等。共 7 个亚类。

(5) 异构酶类。异构酶类催化同分异构体之间的相互转化。包括消旋酶、异构酶、变位酶等。共 6 个亚类。

(6) 合成酶类。合成酶类也叫连接酶，催化由两种物质合成一种物质，必须与 ATP 的分解相偶联。如 DNA 连接酶。共 5 个亚类。

3.1.3 酶的催化特性

酶是生物体产生的一种生物催化剂，与一般催化剂一样，只改变反应速度，不改变化学平衡，并在反应前后本身不变。但酶作为生物催化剂，与一般的无机催化剂相比有以下特点。

(1) 催化效率高。酶的催化效率比无机催化剂高 $10^6 \sim 10^{13}$ 倍。举例来说，1mol 马肝过氧化氢酶在一定条件下可催化 5×10^6mol H_2O_2 分解，在同样条件下 1mol 铁只能催化 6×10^{-4} mol H_2O_2 分解，因此，这个酶的催化效率是铁的 10^{10} 倍。

(2) 专一性强。一般催化剂对底物没有严格的要求，能催化多种反应，而一种酶只催化某一类物质的一种反应，生成特定的产物，因此酶的种类也是多种多样的。酶催化的反应称为酶促反应，酶促反应的反应物称为底物。酶只催化某一类底物发生特定的反应，产生一定的产物，这种特性称为酶的专一性。酶的结构，特别是活性中心的构象和性质，决定了酶在专一性程度上有很大的差异。

(3) 反应条件温和。酶促反应不需要高温高压及强酸强碱等剧烈条件，在常温常压下即可完成。

(4) 酶的活性受多种因素调节。无机催化剂的催化能力一般是不变的，而酶的活性则受到很多因素的影响。底物和产物的浓度、pH 值以及各种激素的浓度都对酶活有较大影响。酶活的变化使酶能适应生物体内复杂多变的环境条件和多种多样的生理需要。生物通过变构、酶原活化、可逆磷酸化等方式对机体的代谢进行调节。

(5) 稳定性差。酶是蛋白质，只能在常温、常压、近中性的条件下发挥作用。高温、高压、强酸、强碱、有机溶剂、重金属盐、超声波、剧烈搅拌、甚至泡沫的表面张力等都有可能使酶变性失活。不过自然界中的酶是多种多样的，有些酶可以在极端条件下起作用。有些细菌生活在极端条件下，如超嗜热菌可以生活在 90℃以上环境中；嗜冷菌最适温度为 −2℃，高于 10℃不能生长。这些嗜极菌的胞内酶较为正常，但胞外酶却可以耐受极端条件的作用。

3.1.4 影响酶促反应的因素

酶促反应速度主要受酶浓度、底物浓度、pH 值、温度、抑制剂、激活剂等因素的影响。

3.1.4.1 酶浓度的影响

在反应条件一定的情况下，当底物浓度远远超过酶浓度时，酶的浓度与反应速度呈正比关系，见图 3-2。

3.1.4.2 底物浓度的影响

在酶的浓度不变的情况下，底物浓度对反应速度影响的作用呈现矩形双曲线，如图 3-3 所示。在底物浓度很低时，反应速度随底物浓度的增加而急骤加快，两者呈正比关系，表现为一级反应。随着底物浓度的升高，反应速度不再呈正比例加快，反应速度增加的幅度不断下降。如果继续加大底物浓度，反应速度不再增加，表现为 0 级反应。此时，无论底物浓度增加多大，反应速度也不再增加，说明酶已被底物所饱和。所有的酶都有饱和现象，只是达到饱和时所需底物浓度各不相同而已。为了说明底物浓度与反应速度之间的关系，1913 年前后，Michaelis 和 Menten 提出了一个方程式，称为米氏方程。

$$v=\frac{v_{max}[S]}{K_m+[S]}$$

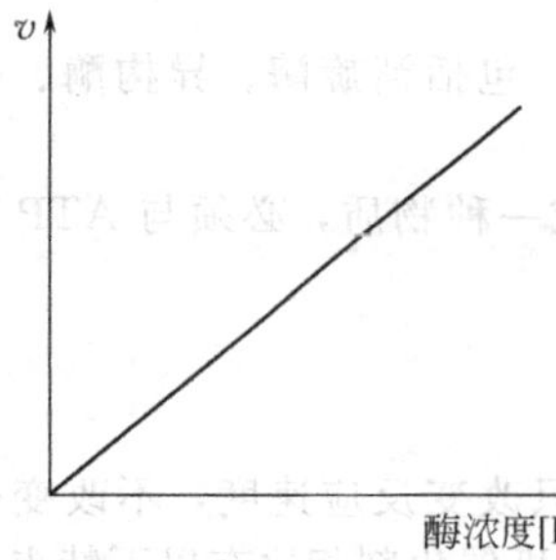

图 3-2　反应速度与酶浓度的关系

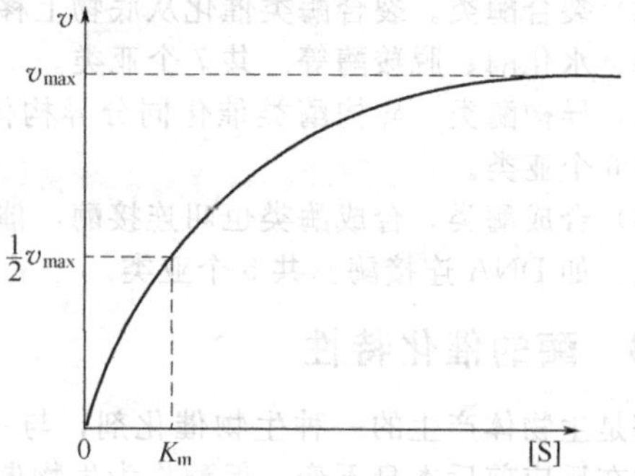

图 3-3　底物浓度对酶反应速度的影响

式中，v_{max}为最大反应速度；[S]为底物浓度；K_m为米氏常数；v为在不同底物浓度[S]时的反应速度。

3.1.4.3　pH 值的影响

pH 值影响酶的构象，也影响与催化有关的基团的解离状况及底物分子的解离状态。每种酶只能在一定的 pH 值范围内才表现活性，使酶促反应速度达到最大时的 pH 值称为酶的最适 pH 值。一般酶的最适 pH 值在 6～8，少数酶的作用条件需偏酸或偏碱，如胃蛋白酶最适 pH 值在 1.5，而肝精氨酸酶最适 pH 值在 9.7。最适 pH 值不是酶的特征性常数，不是完全不变的，有时因底物种类、浓度及缓冲溶液成分不同而变化，大部分酶的 pH-酶活曲线是钟形曲线，如图 3-4 所示。但也有少数酶只有钟形的一半，甚至是直线。如木瓜蛋白酶底物的电荷变化对催化没有影响，在 pH 值 4～10 之间是一条直线。

3.1.4.4　温度的影响

酶活随温度变化的曲线也是钟形曲线，如图 3-5 所示。酶促反应速度有一个最高点，所对应的温度即为最适温度。温血动物的酶最适温度是 35～40℃，植物酶最适温度在 40～50℃，这是温度升高时化学反应加速（每升温 10℃反应速度加快 1～2 倍）与酶失活综合平衡的结果。一般酶在 60℃以上变性，少数酶可耐高温，如牛胰核糖核酸酶加热到 100℃仍不失活。最适温度也不是固定值，它受反应时间影响，酶可在短时间内耐受较高温度，时间延长则最适温度降低。

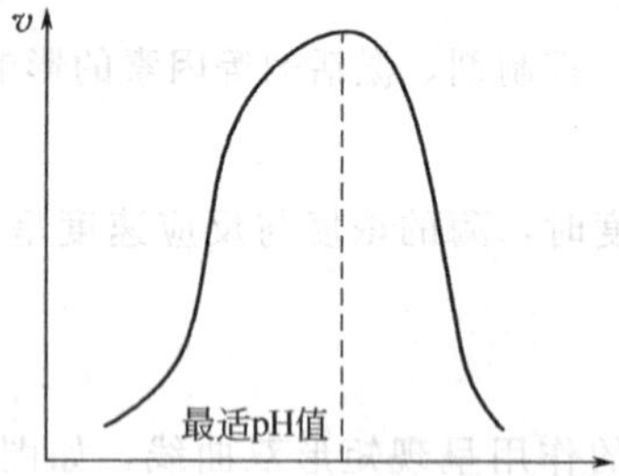

图 3-4　pH 值对酶反应速度的影响

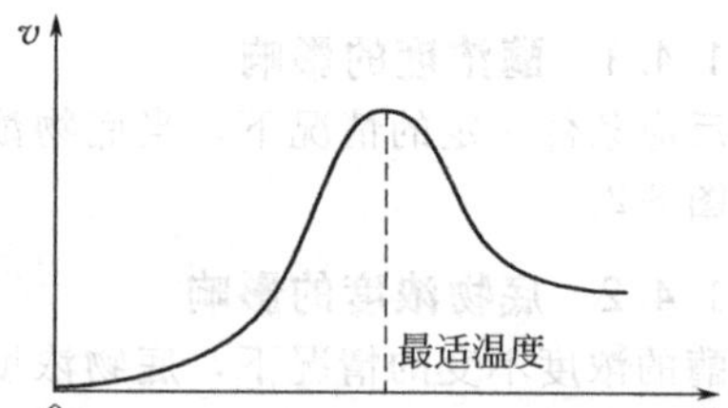

图 3-5　温度对酶反应速度的影响

3.1.4.5　激活剂的影响

酶的催化活性在某些物质影响下可以增高或降低。凡是能使酶活性增高的物质，称为酶的激活剂。如唾液淀粉酶活力不高时，加入一定量的 NaCl，则酶的活力会大大增加，因为 Cl^- 是唾液淀粉酶的激活剂，与激活剂相对应的，凡是能降低或抑制酶活性的物质称为抑制剂。激活剂和抑制剂的作用都不是绝对的，同一种物质可能对不同的酶作用不同。如氰化物是细胞色素氧化酶的抑制剂，却是木瓜蛋白酶的激活剂。酶的激活是酶的活性由低到高，不伴有一级结构的改变，酶的激活剂又称酶的激动剂。

酶的激活剂大多是金属离子，其中以正离子较多，有 K^+、Na^+、Mg^{2+}、Mn^{2+}、Ca^{2+}、Zn^{2+}、Cu^{2+}（Cu^+）、Fe^{2+}（Fe^{3+}）等，如 Mg^{2+} 是 RNA 酶、脱羧酶等的激活剂；常作为激活剂的阴离子有 Cl^-、HPO_4^{2-}、Br^-、I^- 等。还有一些小分子有机化合物也可以作为酶的激活剂，主要有半胱氨酸、还原型谷胱甘肽、维生素 C 等，它们能激活某些酶，主要是使含巯基的酶中被氧化的二硫键还原成巯基，从而恢复酶的活力；或者作为金属螯合剂，以除去酶中重金属杂质，从而解除重金属对酶的抑制作用。

3.1.4.6 抑制剂的作用

使酶活力下降，但不引起酶蛋白变性的作用称为抑制作用。能引起抑制作用的物质叫做酶的抑制剂。抑制剂与酶分子上的某些必需基团反应，引起酶活力下降，甚至丧失，但并不使酶变性。研究抑制作用有助于对酶的作用机理、生物代谢途径、药物作用机制的了解。抑制作用根据可逆性可分为两类：不可逆抑制与可逆抑制。

（1）不可逆抑制。此类抑制剂通常以共价键与酶结合，不能用透析、超滤等方法除去。常见的不可逆抑制剂有有机磷化合物、有机砷、汞化合物、氰化物、重金属、烷化剂等。还有一类称之为自杀底物，有些酶的专一性较低，它们的天然底物的某些类似物或衍生物都能和它们发生作用。这些类似物或衍生物中的一类，在它们的结构中潜在着一种化学活性基团，当酶把它们作为一种底物来结合并在酶促催化作用进行到一定阶段以后，潜在的化学基团能被活化，成为有活性的化学基团并和酶蛋白活性中心发生共价结合，使酶失活。这种过程称为酶的“自杀”或酶的自杀失活作用，这类底物则称为“自杀底物”。

（2）可逆抑制。抑制剂与酶以非共价键可逆结合而引起酶活力的降低或丧失，用物理方法除去抑制剂后可使酶活力恢复的作用称为可逆抑制作用，这种抑制剂叫做可逆抑制剂。根据抑制剂与底物的关系，可逆抑制可分为三种。

① 竞争性抑制。抑制剂结构与底物类似，与酶形成可逆的复合物但不能分解成产物。抑制剂与底物竞争酶的活性中心，从而阻止底物与酶的结合。这种抑制可通过提高底物浓度来减弱。竞争性抑制最常见，如磺胺类药物对氨基苯磺胺结构上与对氨基苯甲酸相似，是细菌二氢叶酸合成酶的竞争性抑制剂，它可抑制细菌二氢叶酸合成酶，从而抑制细菌生长繁殖。

② 非竞争性抑制。酶可以同时与底物和抑制剂结合，底物和抑制剂没有竞争。但形成的中间物不能分解成产物，因此酶活降低。非竞争性抑制剂与酶活性中心以外的基团结合，大部分与巯基结合，破坏酶的构象，如一些含金属离子（铜、汞、银等）的化合物。EDTA（乙二胺四乙酸）络合金属引起的抑制也是非竞争抑制，如对需要镁离子的己糖激酶的抑制。

③ 反竞争性抑制。当反应体系中加入抑制剂时，增加了酶和底物的亲和力，抑制剂不与游离酶结合，而与酶底物复合体结合构成三联复合体，三联复合体不能再分解生成产物。L-苯丙氨酸等一些氨基酸对碱性磷酸酶的作用是反竞争性抑制。

3.2 微生物的营养

3.2.1 微生物细胞的化学组成和营养要素

3.2.1.1 微生物的化学组成

微生物和其他生物一样，都是由碳、氢、氧、氮、磷、硫、钾、钙、镁、钠及铁等大量元素组成，其中碳、氢、氧、氮、磷、硫六种元素占细胞干重的 97%；同时也含有锌、铜、锰、钼、钴等微量元素。微生物细胞中的这些元素主要以水、有机物和无机盐的形式存在，它们共同构成了微生物体内的各种有机物及无机物。

水是细胞中的一种主要成分，一般可占细胞鲜重的70%～90%以上。除去水分后剩下细胞干重，其中碳、氢、氧、氮四种元素占细胞全部干重的90%～97%，主要构成细胞中的各种有机物质，包括蛋白质、核酸、糖类及脂类物质、维生素、色素以及它们的降解产物与一些代谢产物等物质。剩下的部分占细胞干重的3%～10%，称为矿质元素，也称无机元素，矿质元素中又以磷元素的含量为最高，约占全部矿质元素含量的50%。

微生物细胞的化学组成并不是绝对不变的，它往往因微生物种类、培养条件、菌龄不同而在一定范围内发生变化，如硫细菌中的硫元素含量很丰富，而铁细菌中含有大量的铁，钠元素在海洋微生物中含量较高。

3.2.1.2 微生物的营养要素

微生物生长所需要的元素主要是由相应的有机物与无机物的形式提供的，小部分可以由分子态的气体物质提供。营养物质按照它们在机体中的生理作用不同，可将它们区分成碳源、氮源、能源、无机盐、生长因子和水六大类。

(1) 碳源。凡是可以被微生物用来构成细胞物质或代谢产物中碳素来源的物质通称为碳源。能作为微生物生长的碳源的种类极其广泛，如简单的无机含碳化合物 CO_2 和碳酸盐，复杂的有机含碳化合物如单糖、多糖、有机酸、醇、酯等。微生物不同，利用这些含碳化合物的能力也不相同。有的微生物能广泛利用各种不同类型的含碳物质，如假单胞菌属中的某些种可利用90种以上不同类型的碳源；某些甲基营养型细菌只能利用甲醇或甲烷等含碳化合物进行生长。在这些碳源物质中糖类物质是一般微生物最容易利用的良好碳源物质与能源物质。另外有些有毒的含碳物质如氰化物、酚等也能被某些细菌分解与利用，因而可以利用这类细菌来处理它们，以消除这些物质的毒害作用。

(2) 氮源。凡是能被微生物用来构成细胞物质中或代谢产物中氮素来源的营养物质通常称为氮源。能够被微生物用作氮源的物质有蛋白质或它们不同程度的降解产物（如胨、肽、氨基酸等）、铵盐、硝酸盐、亚硝酸盐以及分子态氮等。实验室或生产上常用的无机氮源有碳酸铵、硝酸盐、硫酸铵、氨等；常用的有机氮源有牛肉膏、蛋白胨、酵母膏、鱼粉、蚕蛹粉、黄豆饼粉、花生饼粉、玉米浆等。

对于许多微生物来说，通常可以利用无机含氮化合物作为氮源，也可以利用有机含氮化合物作为氮源，在工业发酵过程中，往往是将速效氮源与迟效氮源按一定的比例制成混合氮源加到培养基里，以控制微生物的生长时期与代谢产物形成期的长短，达到提高产量的目的。速效氮源通常是有利于机体的生长，迟效氮源有利于代谢产物的形成。

(3) 能源。能为微生物生命活动提供能量来源的营养物或辐射能称为能源。根据能量来源不同可以把能源分为两类：一类是化学物质，是化能有机异养型微生物的能源；另一类是辐射能，是光能营养型微生物的能源。

在微生物生长过程中，具体某一种营养物质可同时兼有几种营养要素的功能，如氨基酸既可以作为某些微生物的碳源和氮源，又是能源。

(4) 无机盐。无机盐是微生物生长所不可缺少的营养物质，它们具有以下作用：作为微生物中氨基酸和酶的组成成分；调节微生物的原生质胶体状态，维持细胞的渗透与平衡；作为酶的激活剂等。根据微生物对矿质元素需要量大小可以把它分成大量元素和微量元素。大量元素是生长所需浓度在 10^{-3}～10^{-4}mol/L 范围内的元素，如钠、钾、镁、钙、硫、磷等；微量元素的需要量极其微小，通常在 10^{-6}～10^{-8}mol/L，主要有锌、锰、氯、钼、硒、钴、铜、钨、镍、硼等，一般参与酶蛋白的组成，或者能使许多酶活化，它们的存在会大大提高机体的代谢能力。但需要指出的是，微量元素中许多是重金属元素，如果它们过量不仅不能提高机体的代谢活性，反而对机体的正常代谢过程会产生毒害作用，而且单独一种微量元素过量产生的毒害作用更大，因此，微生物生长所需要的微量元素一定要控制在正常的浓度范围内。

(5) 生长因子。通常指那些微生物生长所必需而且需要量很小，但微生物自身不能合成的或合成量不足以满足机体生长需要的有机化合物。根据生长因子的化学结构与它们在机体内的生理作用，可将它们分成维生素、氨基酸与嘌呤（或嘧啶）碱基三大类。首先发现的生长因子的本质是维生素。目前已经发现许多维生素都能起生长因子的作用。

微生物不同所需要的生长因子也不同。例如克氏梭菌生长时需要生物素和对氨基苯甲酸作为生长因子；某些光合微生物需要尼克酸、硫胺素、对氨基苯甲酸、生物素、核黄素、或维生素 B_{12} 作为生长因子。有时对某些微生物生长所需的生长因子不清楚时，在配培养基时，一般可用生长因子含量丰富的天然物质作原料以保证微生物对它们的需要，例如酵母膏、玉米浆、牛肉浸膏、麦芽汁等新鲜动植物的汁液。

（6）水。水是微生物生长所需要的另外一种重要物质，它在微生物的生存中起着重要的作用。水是微生物体内体外的溶媒，参与物质的运输，营养物质的吸收与代谢产物的分泌必须以水为介质才能完成；维持蛋白质、核酸等生物大分子稳定的天然构象；由于水的比热容高，又是热的良好导体，能有效地控制细胞内的温度变化；水还是维持细胞正常形态的重要因素。

3.2.2 微生物的营养类型

自然界的微生物种类繁多，营养类型比高等生物也复杂得多。微生物营养类型的划分方法很多，可以按照碳源、能源、生长因子、取食方式、合成氨基酸能力等对微生物营养类型进行划分。常用的是根据它们生长所需要的能源、氢供体、基本碳源的需要来进行划分，见表 3-1。根据碳源、能源及电子供体性质的不同，可将绝大多数微生物分为光能无机自养型、光能有机异养型、化能无机自养型、化能有机自养型四种类型。

表 3-1 微生物营养类型的划分

划分依据	营养类型	特 点
碳源	自养型	以 CO_2 为唯一或主要碳源
	异养型	以有机物为碳源
能源	光能营养型	以光为能源
	化能营养型	以有机物氧化释放的化学能为能源
电子供体	无机营养型	以还原性无机物为电子供体
	有机营养型	以有机物为电子供体

3.2.2.1 光能无机自养型微生物

这是一类能以 CO_2 作为唯一或主要碳源并利用光能进行生长的微生物，它们能以无机物如硫化氢、硫代硫酸钠或其他无机硫化物作为供氢体，使 CO_2 还原成细胞物质。

光能自养型微生物主要是一些蓝细菌、红螺细菌、绿硫细菌等少数微生物，它们由于含有叶绿素或细菌叶绿素等光合色素，因而能使光能转变成化学能（ATP）供机体直接利用。

3.2.2.2 光能有机异养型微生物

这类微生物不能必须以有机物作为供氢体，利用光能将 CO_2 还原成细胞物质，在生长时大多数需要外源的生长因子。红螺菌属中的一些细菌就属这种营养类型。它们能利用异丙醇作为供氢体，使 CO_2 还原成细胞物质，同时积累丙酮。

3.2.2.3 化能无机自养型微生物

这类微生物生长所需要的能量来自无机物氧化过程中放出的化学能。它们在以 CO_2 或碳酸盐作为唯一或主要碳源进行生长时，利用 H_2、H_2S、Fe^{2+} 或亚硝酸盐等电子供体使 CO_2 还原成细胞物质。属于这类微生物的有硫化细菌、硝化细菌、氢细菌与铁细菌等。它们广泛分布在土壤与水域环境中，在物质转换过程中起重要作用。化能无机自养型微生物的能源都是一些还原态的无机物，例如 NH_4^+、NO_2^-、S、H_2S、H_2 和 Fe^{2+} 等。

3.2.2.4 化能有机异养型微生物

目前在已知的微生物中大多数属于化能异养型。它们生长所需要的能量均来自有机物氧化过程中放出的化学能，生长所需要的碳源主要是一些有机化合物，如淀粉、糖类、纤维素、有机酸等。因此，在化能异养型微生物里有机物通常既是它们生长的碳源物质又是能源物质。

在化能异养型微生物中，根据它们利用的有机物的特性，又可分为腐生型与寄生型两种类型。前者是利用无生命活性的有机物作为生长的碳源，后者则是寄生在生活的细胞内，从寄主体内获得生长所需要的营养物质。在这两类微生物之间还存在一些中间的过渡类型的微生物，即兼性腐生型与兼性寄生型两种类型。四种营养类型的主要区别及代表菌见表 3-2。

表 3-2　微生物四大营养类型的主要区别及代表菌

营养类型	供氢体	主要碳源	能源	代表菌
光能无机自养型	无机物	CO_2 或 CO_3^{2-}	光	蓝细菌、紫硫细菌等
光能有机异养型	有机物	简单有机物	光	红螺细菌
化能无机自养型	无机物	CO_2 或 CO_3^{2-}	无机物	硝化细菌、硫化细菌
化能有机异养型	有机物	有机物	有机物	大多数细菌和全部真菌

微生物四大类型的划分不是绝对的，它们在不同的条件下生长时，往往可以互相转变。例如紫色非硫细菌在有光和厌氧条件下生长时，可以利用光能来还原 CO_2，这时它们属于光能自养型微生物，但当它们在有机物存在的条件下时，又可直接利用有机物与光能进行生长，此时它们属于光能异养型微生物。异养型微生物也不是绝对不能利用 CO_2，它们当中有许多可以利用 CO_2，只是它们不能以 CO_2 作为唯一碳源或主要碳源进行生长，而是在有机物存在的条件下可以利用 CO_2，将 CO_2 还原成部分的细胞物质。微生物类型的可变性有利于提高微生物对环境条件的适应能力。

3.2.3　微生物对营养物质的吸收

培养基的营养物质只有被微生物吸收到细胞内，才能被微生物逐步分解与利用。营养物质能否进入细胞取决于三个方面的因素：(1) 营养物质本身的性质（相对分子质量、质量、溶解性、电负性等）；(2) 微生物所处的环境（温度、pH 值等）；(3) 微生物细胞的透过屏障（原生质膜、细胞壁、荚膜等）。营养物质进入细胞过程中，细胞膜起着重要的作用。根据对细胞膜结构以及物质运输的研究结果，目前一般认为营养物质主要以简单扩散、促进扩散、主动运输和基团转位四种方式透过微生物细胞膜。

3.2.3.1　简单扩散

简单扩散又叫被动输送，是营养物质通过双分子层原生质膜上的小孔，由高浓度的胞外环境向低浓度的胞内进行扩散的方式。水是唯一可以通过扩散自由通过原生质膜的分子，O_2、CO_2、乙醇和某些氨基酸分子一定程度上也可通过自由扩散进出细胞。物质运输的过程中结构不发生变化，运输的速率随细胞膜内外该物质浓度差的降低而减小，直到膜内外物质浓度相同。由于扩散是一个不需要代谢能的运输方式，因此，物质不能进行逆浓度运输。

3.2.3.2　促进扩散

促进扩散与简单扩散的方式相类似，但与简单扩散的重要不同点是物质在运输过程中，需要借助位于膜上的一种载体蛋白参与物质的运输，并且每种载体蛋白只运输相应的物质。由于载体蛋白能促进物质运输加快进行，本身在这个过程中又不发生变化，因而它类似于酶的作用特性，故有人将这类载体蛋白称为透过酶。通过促进扩散进入细胞的营养物质主要有氨基酸、单糖、维生素及无机盐等。

3.2.3.3　主动运输

与上面两种运输方式相比，主动运输在物质运输的过程中要消耗代谢能，运输的速率不依赖于细胞膜内外被运输物质的浓度差，物质可以逆浓度运输。另外，主动运输也需要载体蛋白参与运输过程，因而这种运输方式对被运输的物质有高度专一性。在主动运输过程中，载体蛋白构型变化需要消耗能量，能量通过引起膜的激化过程，再引起蛋白构型的变化，或者通过能量的消耗，直接影响载体蛋白的构型变化，进而影响物质运输。

在主动运输过程中，所需要的能量，因微生物不同，其来源也不同，例如在好氧微生物中直接来自呼吸能，在厌氧微生物中主要来自化学能（即 ATP），而在光合微生物中则主要来自光能。

3.2.3.4 基团转位

基团转位是另一种类型的主动运输，它与主动运输方式的不同之处在于它有一个复杂的运输系统来完成物质的运输，而且物质在运输过程中发生化学变化。根据目前的研究结果表明，这种运输方式主要存在于厌氧微生物中，主要用于许多单（或双）糖与糖的衍生物，以及核苷与脂肪酸的运输，目前在好氧微生物中还未发现有这种运输方式，也未发现以这种运输方式运输氨基酸。根据大肠杆菌对葡萄糖和金黄色葡萄球菌对乳糖吸收的研究结果，这些糖在运输过程中发生了磷酸化作用，并以磷酸糖的形式存在于细胞质中。进一步的研究结果表明，磷酸糖中的磷酸来自磷酸烯醇式丙酮酸（PEP），因此将这种基团转位的方式称为磷酸烯醇式丙酮酸糖转移酶系统（即 PTS）。

除以上四种运输方式外，在原生动物特别是变形虫中存在着膜泡运输。变形虫通过趋向性运动靠近营养物质，并将该物质吸附到细胞膜表面，然后在该物质附近的细胞膜开始内陷，逐步将营养物质包围，最后形成一个含有该营养物质的膜泡，膜泡脱离细胞膜而游离于细胞质中，营养物质通过这种方式由胞外进入胞内。如果膜泡中包含的是固体营养物质，则将这种营养物质运输方式称为胞吞作用；如果膜泡中包含的是液体，则称为胞饮作用。

微生物对营养物质吸收的四种方式的比较见表 3-3。

表 3-3 四种运送营养方式的比较

比较项目	单纯扩散	促进扩散	主动运输	基团移位
特异载体蛋白	无	有	有	有
运送速度	慢	快	快	快
溶质运送方向	由浓至稀	由浓至稀	由稀至浓	由稀至浓
平衡时内外浓度	内外相等	内外相等	内部高	内部高
运送分子	无特异性	特异性	特异性	特异性
能量消耗	不需要	需要	需要	需要
运送前后溶质分子	不变	不变	不变	改变
载体饱和效应	无	有	有	有
与溶质类似物	无竞争性	有竞争性	有竞争性	有竞争性
运送抑制剂	无	有	有	有
运送对象举例	水、甘油乙醇、O_2、CO_2	糖、SO_4^{2-}、PO_4^{3-}	氨基酸、乳糖、少量无机离子	葡萄糖、果糖、嘌呤、嘧啶等

3.2.4 培养基

培养基是人工配制的，适合微生物生长繁殖或产生代谢产物的营养基质。

3.2.4.1 配制培养基的原则

(1) 选择适宜的营养物质。不同微生物对营养物质的需求是不一样的，因此首先要根据不同微生物的营养需求配制针对性强的培养基。培养自养型微生物的培养基完全可以（或应该）由简单的无机物组成。例如，培养化能自养型的氧化硫杆菌的培养基不需加入其他碳源物质，而是依靠空气中和溶于水中的 CO_2 为氧化硫杆菌提供碳源；培养异养型微生物需要在培养基中添加有机物，而且不同类型异养型微生物的营养要求差别很大，例如常用牛肉膏蛋白胨培养基（或简称普通肉汤培养基）培养细菌，用高氏 1 号合成培养基培养放线菌，用麦芽汁培养基培养酵母菌，用查氏培养基培养霉菌。

(2) 营养物质浓度及配比合适。培养基中营养物质浓度合适时微生物才能生长良好，营养物质浓度过低时不能满足微生物正常生长所需，浓度过高时则可能对微生物生长起抑制作用，例如高浓度糖类物质、无机盐、重金属离子等不仅不能维持和促进微生物的生长，反而起到抑制或杀菌作用。培养基中各营养物质之间的浓度配比也直接影响微生物的生长繁殖和代谢产物的形成和积累，其中碳氮比（C/N）的影响较大。碳源不足，菌体易早衰，氮源不足，菌体生长过慢，氮源过量，菌体生长过旺，代谢产物积累少。在抗生素发酵生产过程中，可以通过控制培养基中速效氮（或碳）源与迟效氮（或碳）源之间的比例来控制菌体生长与抗生素的合成协调。

(3) 控制适宜的理化条件

① 培养基 pH 值的控制。培养基的 pH 值必须控制在一定的范围内，以满足不同类型微生物的生长繁殖或产生代谢产物。一般来讲，细菌与放线菌适于在 pH 值 7～7.5 范围内生长，酵母菌和霉菌通常在 pH 值 4.5～6 范围内生长。值得注意的是，在微生物生长繁殖和代谢过程中，由于营养物质被分解利用和代谢产物的形成与积累，会导致培养基 pH 值发生变化，若不对培养基 pH 值进行控制，往往导致微生物生长速度和代谢产物产量降低。因此，为了维持培养基 pH 值的相对恒定，通常在培养基中加入 pH 缓冲剂。常用的缓冲剂是磷酸盐（如 K_2HPO_4 和 KH_2PO_4）组成的混合物。但 K_2HPO_4/KH_2PO_4 缓冲系统只能在一定的 pH 值范围（6.4～7.2）内起调节作用。有些微生物，如乳酸菌能大量产酸，上述缓冲系统就难以起到缓冲作用，此时可在培养基中添加难溶的碳酸盐（如 $CaCO_3$）来进行调节，$CaCO_3$ 难溶于水，不会使培养基pH值过度升高，但它可以不断中和微生物产生的酸，同时释放出 CO_2，将培养基 pH 值控制在一定范围内。

$$CO_3^{2-} \underset{-H^+}{\overset{+H^+}{\rightleftharpoons}} HCO_3^- \underset{-H^+}{\overset{+H^+}{\rightleftharpoons}} H_2CO_3 \rightleftharpoons CO_2 + H_2O$$

在培养基中还存在一些天然的缓冲系统，如氨基酸、肽、蛋白质都属于两性电解质，也可起到缓冲剂的作用。

$$H_3N^+\text{—}\underset{\displaystyle R}{\underset{|}{CH}}\text{—}COOH \underset{+H^+}{\overset{-H^+}{\rightleftharpoons}} H_2N\text{—}\underset{\displaystyle R}{\underset{|}{CH}}\text{—}COOH \underset{+H^+}{\overset{-H^+}{\rightleftharpoons}} H_2N\text{—}\underset{\displaystyle R}{\underset{|}{CH}}\text{—}COO^-$$

② 氧化还原电位的控制。不同类型微生物生长对氧化还原电位（Φ）的要求不一样，一般好氧性微生物在 Φ 值为＋0.1V 以上时可正常生长，一般以＋0.3～＋0.4V 为宜；厌氧性微生物只能在 Φ 值低于＋0.1V 条件下生长；兼性厌氧微生物在 Φ 值为＋0.1V 以上时进行好氧呼吸，在＋0.1V 以下时进行发酵。Φ 值与氧分压和 pH 值有关，也受某些微生物代谢产物的影响。在 pH 值相对稳定的条件下，可通过增加通气量来提高培养基的氧分压，或加入氧化剂，从而增加 Φ 值；在培养基中加入抗坏血酸、硫化氢、半胱氨酸、谷胱甘肽、二硫苏糖醇等还原性物质可降低 Φ 值。

③ 渗透压的控制。绝大多数微生物适宜在等渗溶液中生长，一般培养基的渗透压都是适合的，但培养嗜盐微生物（如嗜盐细菌）和嗜渗压微生物（如高渗酵母）时就要提高培养基的渗透压。培养嗜盐微生物常加适量 NaCl，海洋微生物的最适生长盐度约为 3.5%。培养嗜渗透微生物时要加接近饱和量的蔗糖。

(4) 原料来源的选择。在配制培养基时应充分考虑经济节约，尽量利用廉价且易于获得的原料作为培养基成分，特别是在大规模的发酵工业中，利用低成本的原料更能体现经济价值。大量的农副产品，如麸皮、米糠、玉米浆、酵母浸膏、酒糟、豆饼、花生饼、蛋白胨等都是常用的发酵工业原料。在微生物单细胞蛋白的工业生产过程中，常利用糖蜜（制糖工业中含有蔗糖的废液）、乳清（乳制品工业中含有乳糖的废液）、豆制品工业废液及黑废液（造纸工业中含有戊糖和己糖的亚硫酸纸浆）等作为培养基的原料。工业上的甲烷发酵主要利用废水、废渣作原料，而在农村则可利用人畜粪便及禾草为原料发酵生产甲烷作为燃料。

(5) 灭菌处理。微生物培养过程中必须避免杂菌污染，因此应对所用器材、工作场所、培养基等进行消毒与灭菌，常采用高压蒸汽灭菌法，一般培养基的灭菌条件是 $1.05kg/cm^2$，121.3℃维持15～30min。在高压蒸汽灭菌过程中，长时间高温会使某些不耐热物质遭到破坏，如使糖类物质形成氨基糖、焦糖，因此含糖培养基常用 $0.56kg/cm^2$，112.6℃维持 15～30min 进行灭菌。对某些对糖要求较高的培养基，可先将糖进行过滤除菌或间歇灭菌，再与其他已灭菌的成分混合；长时间高温还会引起磷酸盐、碳酸盐与某些阳离子（特别是钙、镁、铁离子）结合形成难溶性复合物而产生沉淀，因此，在配制用于观察和定量测定微生物生长状况的合成培养基时，常需在培养基中加入少量螯合剂，避免培养基中产生沉淀而影响 OD（溶解氧）值的测定，常用的螯合剂为EDTA。还可以将含钙、镁、铁等离子的成分与磷酸盐、碳酸盐分别进行灭菌，然后再混合，避免形成沉淀；高压蒸汽灭菌后，培养基pH值会发生改变（一般使pH值降低），可根据所培养微生物的要求，在培养基灭菌前后加以调整。泡沫的存在对灭菌处理极为不利，因为泡沫中的空气形成隔热层，使泡沫中微生物难以被杀死。因而有时需要在培养基中加入消泡剂以减少泡沫的产生，或适当提高灭菌温度，延长灭菌时间。

3.2.4.2 培养基的类型及应用

培养基的种类繁多，名目各异，通常可以根据其成分、物理状态和用途进行类型划分。

（1）按成分不同划分

① 天然培养基。这类培养基含有化学成分还不清楚或化学成分不恒定的天然有机物。牛肉膏蛋白胨培养基和麦芽汁培养基就属于此类。常用的天然有机营养物质包括牛肉膏、蛋白胨、酵母浸膏、豆芽汁、玉米粉、牛奶等。天然复合培养基成本较低，除在实验室经常使用外，也适于用来进行工业大规模的微生物发酵生产。基因克隆技术中常用的LB（Luria-Bertani）培养基也是一种复合培养基。

② 合成培养基。合成培养基是由完全已知化学成分的物质配制而成的培养基，也称化学限定培养基。高氏1号培养基和查氏培养基就属于此种类型。配制合成培养基时重复性强，但与天然培养基相比其成本较高，微生物在其中生长速度较慢，一般适于在实验室用来进行有关微生物营养需求、代谢、分类鉴定、生物量测定、菌种选育及遗传分析等方面的研究工作。

③ 半合成培养基。半合成培养基是指一类主要用已知化学成分的化学试剂配制，同时还添加有某些天然成分的培养基，例如用于真菌培养的马铃薯蔗糖培养基。这种培养基配置方便，常用于生产和实验研究。

（2）根据物理状态划分。根据培养基中凝固剂的有无及含量的多少，可将培养基划分为固体培养基、半固体培养基和液体培养基三种类型。

① 固体培养基。在液体培养基中加入一定量凝固剂即为固体培养基。理想的凝固剂应不被所培养的微生物分解利用、凝固点温度不能太低、对所培养的微生物无毒害作用、透明度好，黏着力强、配制方便且价格低廉等特点。常用的凝固剂有琼脂、明胶和硅胶。其中琼脂是最常用的凝固剂。硅胶适合配制分离与培养自养型微生物的培养基。

除在液体培养基中加入凝固剂制备的固体培养外，一些由天然固体基质制成的培养基也属于固体培养基。如马铃薯块、胡萝卜条、米糠等制成的固体状态的培养基就属于此类。又如生产酒的酒曲，生产食用菌的棉子壳培养基。

在实验室中，固体培养基一般加入平皿或试管中，制成培养微生物的平板或斜面。固体培养基为微生物提供一个营养表面，单个微生物细胞在这个营养表面进行生长繁殖，可以形成单个菌落。固体培养基常用来进行微生物的分离、鉴定、活菌计数及菌种保藏。

② 半固体培养基。半固体培养基中凝固剂的含量比固体培养基少，培养基中琼脂量一般为0.2%～0.7%。半固体培养基常用来观察微生物的运动特征、分类鉴定及噬菌体效价滴定等。

③ 液体培养基。液体培养基中未加任何凝固剂。在用液体培养基培养微生物时，通过振荡或搅拌可以增加培养基的通气量，同时使营养物质分布均匀。液体培养基常用于大规模工业生产以及在实验室进行微生物的基础理论和应用方面的研究。

（3）按用途划分

① 基础培养基。尽管不同微生物的营养需求各不相同，但大多数微生物所需的基本营养物质是相同的。基础培养基是含有一般微生物生长繁殖所需的基本营养物质的培养基。牛肉膏蛋白胨培养基是最常用的基础培养基。基础培养基也可以作为一些特殊培养基的基础成分，再根据某种微生物的特殊营养需求，在基础培养基中加入所需营养物质。

② 加富培养基。加富培养基也称营养培养基，通过在基础培养基中加入血液、血清、酵母浸膏、动植物组织液等特殊营养物质制成的一类营养丰富的培养基。一般用来培养营养要求比较苛刻的异养型微生物；也可用来富集和分离某种微生物，这是因为加富培养基含有某种微生物所需的特殊营养物质，使该种微生物在这种培养基中较其他微生物生长速度快，并逐渐富集而占优

势，从而达到分离该种微生物的目的。从某种意义上讲，加富培养基类似选择培养基。

③ 选择培养基。选择培养基是用来将某种或某类微生物从混杂的微生物群体中分离出来的培养基。根据不同种类微生物的特殊营养需求或对某种化学物质的敏感性不同，在培养基中加入相应的特殊营养物质或化学物质，抑制不需要的微生物的生长，有利于所需微生物的生长。

选择培养基是依据某些微生物的特殊营养需求设计的，例如，利用以纤维素或石蜡油作为唯一碳源的选择培养基，可以从混杂的微生物群体中分离出能分解纤维素或石蜡油的微生物；利用以蛋白质作为唯一氮源的选择培养基，可以分离产胞外蛋白酶的微生物；缺乏氮源的选择培养基可用来分离固氮微生物。另一类选择培养基是在培养基中加入某种化学物质，这种化学物质没有营养作用，对所需分离的微生物无害，但可以抑制或杀死其他微生物。例如，在培养基中加入数滴10%酚可以抑制细菌和霉菌的生长，从而由混杂的微生物群体中分离出放线菌；在培养基中加入亚硫酸铋，可以抑制革兰阳性细菌和绝大多数革兰阴性细菌的生长，而革兰阴性的伤寒沙门菌（*Salmonella typhi*）可以在这种培养基上生长；在培养基中加入染料亮绿或结晶紫，可以抑制革兰阳性细菌的生长，从而达到分离革兰阴性细菌的目的；在培养基中加入青霉素、四环素或链霉素，可以抑制细菌和放线菌生长，而将酵母菌和霉菌分离出来。现代基因克隆技术中也常用选择培养基，在筛选含有重组质粒的基因工程菌株过程中，利用质粒上具有的对某种（些）抗生素的抗性选择标记，在培养基中加入相应抗生素，就能比较方便地淘汰非重组菌株，以减少筛选目标菌株的工作量。

④ 鉴别培养基。鉴别培养基是用于鉴别不同类型微生物的培养基。在培养基中加入某种特殊化学物质，与目的微生物产生的某种代谢产物发生特定的化学反应，产生明显的特征性变化，根据这种特征性变化，可将该种微生物与其他微生物区分开来，对微生物进行快速分类鉴定，以及分离和筛选产生某种代谢产物的微生物菌种。常用的鉴别培养基见表3-4。

表3-4 常用的鉴别培养基

培养基名称	加入化学物质	代谢产物	培养基特征性变化	主要用途
酪素培养基	酪素	胞外蛋白酶	蛋白水解圈	鉴别蛋白酶菌株
H_2S试验培养基	醋酸铅	H_2S	产生黑色沉淀	鉴别产H_2S的菌株
伊红美蓝培养基	伊红、美蓝	酸	金属光泽紫色菌落	鉴别大肠杆菌

在实际应用中，有时需要配制既有选择作用又有鉴别作用的培养基。例如，当要分离金黄色葡萄球菌时，在培养基中加入7.5%NaCl、甘露糖醇和酸碱指示剂，金黄色葡萄球菌可耐高浓度NaCl，且能利用甘露糖醇产酸。因此，能在上述培养基生长，而且菌落周围培养基颜色发生变化，则该菌落有可能是金黄色葡萄球菌。又如EMB培养基中的伊红和美蓝两种苯胺染料可抑制革兰阳性细菌和一些难培养的革兰阴性细菌。在低酸度下，这两种染料会接合并形成沉淀，起着产酸指示剂的作用。因此，试样中多种肠道细菌会在EMB培养基平板上产生易于用肉眼识别的多种特征性菌落，尤其是*E. coli*，因其能强烈分解培养基中的乳糖产生大量混合酸，菌体表面带H^+，故可染上酸性染料伊红，又因伊红与美蓝接合，故使菌体染上深紫色，且从菌体表面的反射光中还可看到绿色金属闪光，其他几种产酸力弱的肠道菌的菌落也有相应的棕色；如肠杆菌属、沙雷菌属、克雷伯菌属、哈夫尼菌属等，而不发酵乳糖不产酸的肠道菌的菌落是无色透明的，如变形菌属、沙门菌属、志贺菌属等。

3.3 微生物的代谢

3.3.1 新陈代谢的有关概念

新陈代谢（metalsolism）简称代谢，是细胞内发生的各种化学反应的总称，它主要由分解代谢（catabolism）和合成代谢（anabolism）两个过程组成。分解代谢是指复杂的有机物分子通过分解代谢酶系的催化，产生简单分子、三磷酸腺苷（ATP）形式的能量和还原力的作用；合成代谢与分解代谢正好相反，是指在合成代谢酶系的催化下，由简单小分子、ATP形式的能量和[H]式的还原力一起合成复杂的大分子的过程。合成代谢所利用的小分子物质来源于分解代谢过程中产生的中间产物或环境中的小分子营养物质。

在代谢过程中，微生物把外界环境中多种形式的最初能源（有机物、日光和还原态无机物）转换成对一切生命活动都能使用的通用能源——ATP。这些能量除用于合成代谢外，还可用于微生物的运动和运输，另有部分能量以热或光的形式释放到环境中去。

无论是分解代谢还是合成代谢，代谢途径都是由一系列连续的酶促反应构成的，前一步反应的产物是后续反应的底物。细胞通过各种方式有效地调节相关的酶促反应，来保证整个代谢途径的协调性与完整性，从而使细胞的生命活动得以正常进行。

某些微生物在代谢过程中除了产生其生命活动所必需的初级代谢产物和能量外，还会产生一些次级代谢产物，这些次级代谢产物除了有利于这些微生物的生存外，还与人类的生产与生活密切相关，也是微生物学的一个重要研究领域。

3.3.2 微生物的产能代谢

3.3.2.1 生物氧化

分解代谢实际上是物质在生物体内经过一系列连续的氧化还原反应，逐步分解并释放能量的过程，这个过程也称为生物氧化，是发生在活细胞内的一系列产能性反应的总称。生物氧化的形式包括某物质与氧结合、脱氢或失去电子；生物氧化的过程可分为脱氢（或电子）、递氢（或电子）和受氢（或电子）三个阶段；生物氧化的功能则有产能、产还原力和产小分子中间代谢物三种。不同类型微生物进行生物氧化所利用的物质是不同的，异养微生物利用有机物，自养微生物则利用无机物。在生物氧化过程中释放的能量可被微生物直接利用，也可通过能量转换贮存在高能化合物（如ATP）中，以便逐步被利用，还有部分能量以热的形式被释放到环境中。

3.3.2.2 异养微生物的生物氧化

异养微生物氧化有机物的方式，根据氧化还原反应中电子受体的不同可分成发酵和呼吸两种类型，而呼吸又可分又为有氧呼吸和无氧呼吸两种方式。

(1) 发酵。发酵（fermentation）是指微生物细胞将有机物氧化释放的电子直接交给底物本身未完全氧化的某种中间产物，同时释放能量并产生各种不同的代谢产物的过程。在发酵条件下有机物只是部分地被氧化，只释放一小部分的能量。发酵过程的氧化是与有机物的还原相偶联，被还原的有机物来自于初始发酵的分解代谢产物，即不需要提供外源的电子受体。

发酵的种类有很多，可发酵的底物有碳水化合物、有机酸、氨基酸等，其中以微生物发酵葡萄糖最为重要。生物体内葡萄糖被降解成丙酮酸的过程称为糖酵解，主要分为四种途径：EMP途径、HMP途径、ED途径、磷酸解酮酶途径。

① EMP途径。EMP途径又称糖酵解或己糖二磷酸途径，是在无氧条件下，细胞将葡萄糖转化为丙酮酸，同时释放出少量ATP的代谢过程，见图3-6。总反应为：

$$C_6H_{12}O_6 + 2NAD^+ + 2Pi + 2ADP \longrightarrow 2CH_3COCOOH(\text{丙酮酸}) + 2NADH + 2H^+ + 2ATP + 2H_2O$$

大致可分为两个阶段。

第一阶段不涉及氧化还原反应及能量释放，生成两分子的主要中间代谢产物：3-磷酸-甘油醛。

第二阶段发生氧化还原反应，释放能量合成ATP，同时形成两分子的丙酮酸。

通过EMP途径，每氧化1分子的葡萄糖净得2分子ATP。在形成1,3-二磷酸甘油酸的过程中，2分子NAD^+被还原为NADH。细胞中的NAD^+供应是有限的，假如所有的NAD^+都转化为NADH，葡萄糖的氧化就得停止，因为3-磷酸-甘油醛的氧化反应只有在NAD^+存在时才能进行。NAD^+的再生可以通过将丙酮酸还原，使NADH氧化重新成为NAD^+。例如在酵母细胞中丙酮

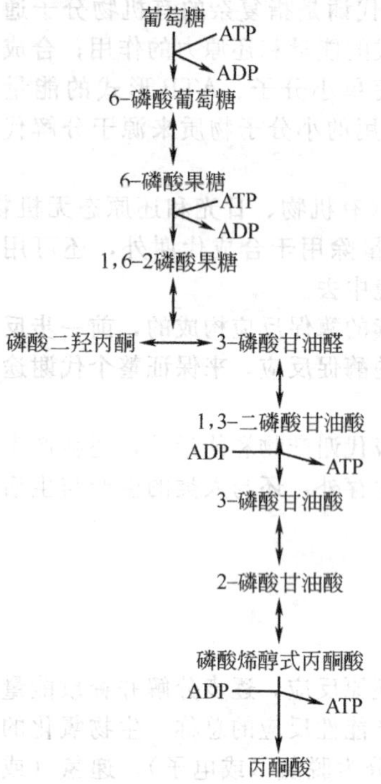

图 3-6 EMP 分解途径

酸被还原成为乙醇，并伴有 CO_2 的释放。而在乳酸菌细胞中，丙酮酸被还原成乳酸。EMP 途径可为微生物的生理活动提供 ATP 和 NADH，其中间产物又可为微生物的合成代谢提供碳骨架。

② HMP 途径。HMP 途径是从葡萄糖-6-磷酸开始的，HMP 途径的一个循环的最终结果是 1 分子 6-磷酸葡萄糖转变成 1 分子 3-磷酸甘油醛，3 分子 CO_2 和 6 分子 NADPH。一般认为 HMP 途径合成不是产能途径，而是为生物合成提供大量的还原力 NADPH 和中间代谢产物。如核酮糖-5-磷酸是合成核酸，某些辅酶及组氨酸的原料，还可以转化为核酮糖-1,5-二磷酸，在羧化酶作用下固定 CO_2，对于光能自养菌、化能自养菌具有重要意义。

③ ED 途径。ED 途径是在研究嗜糖假单胞菌时发现的。在 ED 途径中，6-磷酸葡萄糖首先脱氢产生 6-磷酸葡萄糖酸，接着在脱水酶和醛缩酶的作用下，产生 1 分子 3-磷酸甘油醛和 1 分子丙酮酸，然后甘油醛-3-磷酸进入 EMP 途径转变成丙酮酸。1 分子葡萄糖经 ED 途径最后生成 2 分子丙酮酸、1 分子 ATP、1 分子 NADPH 和 NADH。ED 途径可不依赖于 EMP 和 HMP 途径而单独存在，但对于靠底物水平磷酸化获得 ATP 的厌氧菌而言，ED 途径不如 EMP 途径。

④ 磷酸解酮酶途径。磷酸解酮酶途径是明串珠菌在进行异型乳酸发酵过程中分解己糖和戊糖的途径。该途径的特征性酶是磷酸解酮酶，根据解酮酶的不同，把具有磷酸戊糖解酮酶的称为 PK 途径，把具有磷酸己糖解酮酶的称为 HK 途径。

葡萄糖经 EMP 途径降解为 2 分子丙酮酸，然后丙酮酸脱羧生成乙醛，乙醛作为氢受体使 NAD^+ 再生，发酵终产物为乙醇，这种发酵类型称为酵母的一型发酵；但当环境中存在亚硫酸氢钠时，它可与乙醛反应生成难溶的磺化羟基乙醛。由于乙醛和亚硫酸盐结合而不能作为 NADH 的受氢体，所以不能形成乙醇，迫使磷酸二羟丙酮代替乙醛作为受氢体，生成 α-磷酸甘油，α-磷酸甘油进一步水解脱磷酸而生成甘油，称为酵母的二型发酵；在弱碱性条件下（pH 值 7.6），乙醛因得不到足够的氢而积累，两个乙醛分子间会发生歧化反应，一个作为氧化剂被还原成乙醇，另一个则作为还原剂被氧化为乙酸。氢受体则由磷酸二羟丙酮担任。发酵终产物为甘油、乙醇和乙酸，称为酵母的三型发酵。

不同的细菌进行乙醇发酵时，其发酵途径也各不相同。如运动发酵单胞菌和厌氧发酵单胞菌是利用 ED 途径分解葡萄糖为丙酮酸，最后得到乙醇；对于某些生长在极端酸性条件下的严格厌氧菌，如胃八叠球菌和肠杆菌则是利用 EMP 途径进行乙醇发酵。

许多细菌能利用葡萄糖产生乳酸，这类细菌称为乳酸细菌。根据产物的不同，乳酸发酵有三种类型：同型乳酸发酵、异型乳酸发酵和双歧发酵。同型乳酸发酵的过程是：葡萄糖经 EMP 途径降解为丙酮酸，丙酮酸在乳酸脱氢酶的作用下被 NADH 还原为乳酸。由于终产物只有乳酸一种，故称为同型乳酸发酵。异型乳酸发酵和双歧发酵在此不作赘述。

许多厌氧菌可进行丙酸发酵。葡萄糖经 EMP 途径分解为两个丙酮酸后，再被转化为丙酸。少数丙酸细菌还能将乳酸（或利用葡萄糖分解而产生的乳酸）转变为丙酸。

某些专性厌氧菌，如梭菌属、丁酸弧菌属、真杆菌属和梭杆菌属，能进行丁酸与丙酮-丁醇发酵。某些肠杆菌，如埃希菌属、沙门菌属和志贺菌属中的一些菌，能够利用葡萄糖进行混合酸发酵。

(2) 呼吸作用。当存在外源电子受体时，微生物在降解底物的过程中，将释放出的电子交给 NAD (P)、FAD 或 FMN 等电子载体，经电子传递系统传给外源电子受体，生成水或其他还原型产物并释放出能量的过程，称为呼吸作用。此过程中合成的 ATP 的量大大多于发酵过程。呼吸作用与发酵作用的根本区别在于：电子载体不是将电子直接传递给底物降解的中间产物，而交给电子传递系统，逐步释放出能量后再交给最终电子受体。其中以分子氧作为最终电子受体的称为有氧呼吸，以氧化型化合物作为最终电子受体的称为无氧呼吸。

① 有氧呼吸。葡萄糖经过糖酵解作用形成丙酮酸，在发酵过程中，丙酮酸在厌氧条件下转变成不同的发酵产物；而在有氧呼吸过程中，丙酮酸进入三羧酸循环（TCA 循环），被彻底氧化生成 CO_2 和水，同时释放大量能量。

在三羧酸循环过程中，丙酮酸完全氧化为 3 个分子的 CO_2，同时生成 4 分子的 NADH 和 1 分子的 $FADH_2$。NADH 和 $FADH_2$ 可经电子传递系统重新被氧化，由此每氧化 1 分子 NADH 可生成 3 分子 ATP，每氧化 1 分子 $FADH_2$ 可生成 2 分子 ATP。另外，琥珀酰辅酶 A 在氧化成延胡索酸时，包含着底物水平磷酸化作用，由此产生 1 分子 GTP，随后 GTP 可转化成 ATP。因此每一次三羧酸循环可生成 15 分子 ATP。此外，在糖酵解过程中产生的 2 分子 NADH 可经电子传递系统重新被氧化，产生 6 分子 ATP。在葡萄糖转变为两分子丙酮酸时借底物水平磷酸化生成两分子的 ATP。因此，需氧微生物在完全氧化葡萄糖的过程中总共可得到 38 分子的 ATP。

电子传递系统是由一系列氢和电子传递体组成的多酶氧化还原体系。NADH、$FADH_2$ 以及其他还原型载体上的氢原子，以质子和电子的形式在其上进行定向传递；其组成酶系是定向有序的，又是不对称地排列在原核微生物的细胞质膜上或是在真核微生物的线粒体内膜上。这些系统具两种基本功能：一是从电子供体接受电子并将电子传递给电子受体；二是通过合成 ATP 把在电子传递过程中释放的一部分能量保存起来。电子传递系统中的氧化还原酶包括：NADH 脱氢酶、黄素蛋白、铁硫蛋白、细胞色素、醌及其化合物。

② 无氧呼吸。某些厌氧和兼性厌氧微生物在无氧条件下进行无氧呼吸，以 NO_3^-、NO_2^-、SO_4^{2-}、CO_2 等外源含氧无机化合物为最终电子受体。无氧呼吸也需要细胞色素等电子传递体，并在能量分级释放过程中伴随有磷酸化作用，也能产生较多的能量用于生命活动。

微生物的发酵、有氧呼吸和无氧呼吸见图 3-7。

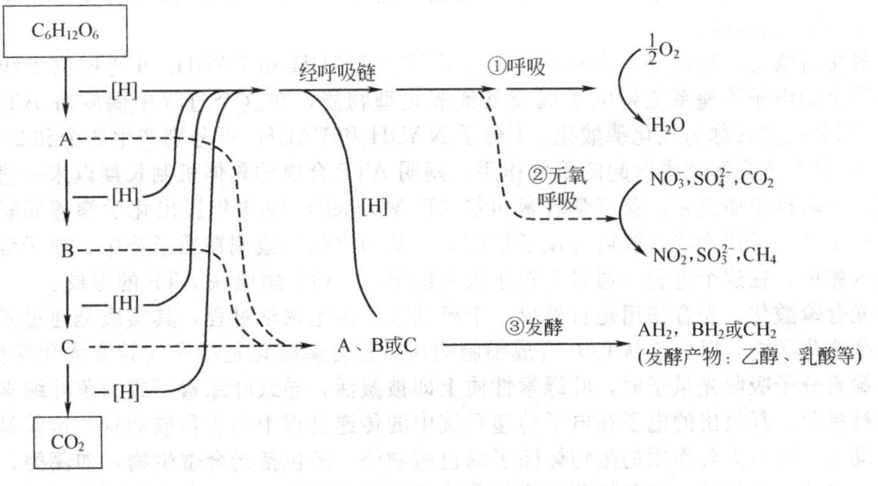

图 3-7 微生物的发酵、有氧呼吸和无氧呼吸

3.3.2.3 自养微生物的生物氧化

一些微生物可以从氧化无机物获得能量，同化合成细胞物质，这类细菌称为化能自养微生物。它们在无机能源氧化过程中通过氧化磷酸化产生 ATP。

(1) 氨的氧化。NH_3 同亚硝酸（NO_2^-）是可以用作能源的最普通的无机氮化合物，能被硝化细菌所氧化，硝化细菌可分为两个亚群：亚硝化细菌和硝化细菌。氨氧化为硝酸的过程可分为两个阶段，先由亚硝化细菌将氨氧化为亚硝酸，再由硝化细菌将亚硝酸氧化为硝酸。由氨氧化为硝酸是通过这两类细菌依次进行的。硝化细菌都是一些专性好氧的革兰阳性细菌，以分子氧为最终电子受体，且大多数是专性无机营养型。它们的细胞都具有复杂的膜内褶结构，这有利于增加细胞的代谢能力。硝化细菌无芽孢，多数为二分裂殖，生长缓慢，分布非常广泛。

(2) 硫的氧化。硫杆菌能够利用一种或多种还原态或部分还原态的硫化合物（包括硫化物、元素硫、硫代硫酸盐、多硫酸盐和亚硫酸盐）作能源。H_2S 首先被氧化成元素硫，随之被硫氧化酶和细胞色素系统氧化成亚硫酸盐，放出的电子在传递过程中可以偶联产生 4 个 ATP。亚硫酸盐可由亚硫酸盐-细胞色素 C 还原酶和末端细胞色素系统催化，直接氧化成 SO_4^{2-}，产生 1 个 ATP；或经磷酸腺苷硫酸的氧化途径，每氧化 1 分子 SO_4^{2-} 产生 5 个 ATP。

(3) 铁的氧化。亚铁的氧化仅在嗜酸性的氧化亚铁硫杆菌（*Thiobacillus ferrooxidans*）中进行了较为详细的研究。在低 pH 值环境中这种菌能利用亚铁放出的能量生长。在该菌的呼吸链中发现了一种含铜蛋白质，它与几种细胞色素 c 和一种细胞色素 a_1 氧化酶构成电子传递链，在电子传递到氧的过程中细胞质内有质子消耗，从而驱动 ATP 的合成。

(4) 氢的氧化。氢细菌都是一些呈革兰阴性的兼性化能自氧菌，它们能利用分子氢氧化产生的能量同化 CO_2，也能利用其他有机物生长。氢细菌的细胞膜上有泛醌、维生素 K_2 及细胞色素等呼吸链组分。在该菌中，电子直接从氢传递给电子传递系统，电子在呼吸链传递过程中产生 ATP。

3.3.2.4 能量转换

在产能代谢过程中，微生物可通过底物水平磷酸化和氧化磷酸化将某种物质氧化而释放的能量贮存于 ATP 等高能分子中。对光合微生物而言，则可通过光合磷酸化将光能转变为化学能贮存于 ATP 中。

(1) 底物水平磷酸化。物质在生物氧化过程中，常生成一些含有高能键的中间化合物，而这些化合物可直接偶联 ATP 或 GTP 的合成，这种产生 ATP 等高能分子的方式称为底物水平磷酸化。底物水平磷酸化既存在于发酵过程中，是微生物发酵过程中产生 ATP 的唯一方式，也存在于呼吸作用的某些步骤中。例如，在 EMP 途径中磷酸烯醇式丙酮酸转变为丙酮酸的过程中，通过底物水平磷酸化形成一分子 ATP；在三羧酸循环过程中，琥珀酰辅酶 A 转变为琥珀酸时也偶联着一分子 GTP 的形成。

(2) 氧化磷酸化。物质在生物氧化过程中形成的 NADH 和 $FADH_2$ 可通过位于线粒体内膜和细菌质膜上的电子传递系统将电子氧或其他氧化型物质，在这个过程中偶联着 ATP 的合成，这种产生 ATP 的方式称为氧化磷酸化。1 分子 NADH 和 $FADH_2$ 可分别产生 3 个和 2 个 ATP。

由于 ATP 在生命活动中所起的重要作用，阐明 ATP 合成的具体机制长期以来一直是人们的研究热点，并取得丰硕成果。英国学者米切尔（P. Mitchell）1961 年提出化学渗透偶联假说，该学说认为电子传递过程中建立膜内外质子浓度差，从而将能量蕴藏在质子势中，质子势推动质子由膜外进入胞内，在这个过程中通过存在于膜上的 F_1-F_0 ATP 酶偶联 ATP 的形成。

(3) 光合磷酸化。光合作用是自然界一个极其重要的生物学过程，其实质是通过光合磷酸化将光能转变成化学能，以用于从 CO_2 合成细胞物质。光合磷酸化是指光能转变为化学能的过程。当一个叶绿素分子吸收光量子时，叶绿素性质上即被激活，导致叶绿素（或细菌叶绿素）释放一个电子而被氧化，释放出的电子在电子传递系统中的传递过程中逐步释放能量，这就是光合磷酸化的基本动力。进行光合作用的生物体除了绿色植物外，还包括光合微生物，如藻类、蓝细菌和光合细菌（包括紫色细菌、绿色细菌、嗜盐菌等）。

① 环式光合磷酸化。光合细菌主要通过环式光合磷酸化作用产生 ATP，这类细菌主要包括紫色硫细菌、绿色硫细菌、紫色非硫细菌和绿色非硫细菌。在光合细菌中，吸收光量子而被激活的细菌叶绿素释放出高能电子，于是这个细菌叶绿素分子即带有正电荷。所释放出来的高能电子顺序通过铁氧还蛋白、辅酶 Q、细胞色素 b 和 c，再返回到带正电荷的细菌叶绿素分子。在辅酶 Q 将电子传递给细胞色素 c 的过程中，造成了质子的跨膜移动，为 ATP 的合成提供了能量，见图 3-8。在这个电子循环传递过程中，光能转变为化学能，故称环式光合磷酸化。环式光合磷酸

化可在厌氧条件下进行，产物只有 ATP，无 NADP（H），也不产生分子氧。

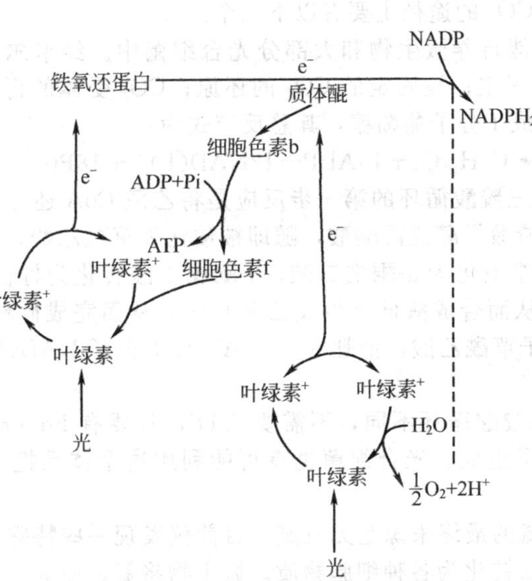

图 3-8　微生物的环式光合磷酸化

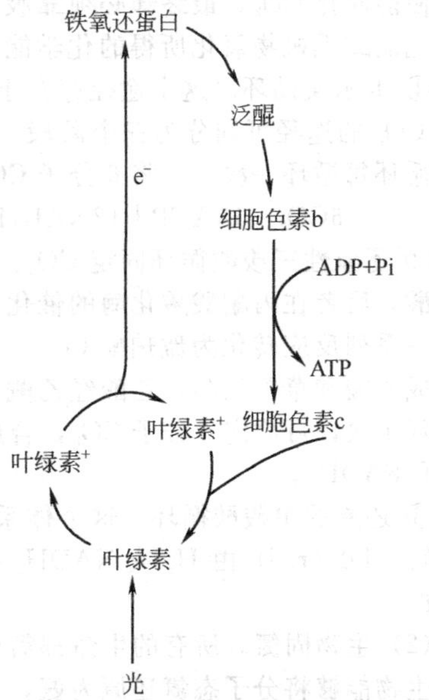

图 3-9　微生物的非环式光合磷酸化

② 非环式光合磷酸化。高等植物和蓝细菌与光合细菌不同，它们可以裂解水，以提供细胞合成的还原能力。它们含有两种类型的反应中心，连同天线色素、初级电子受体和供体一起构成了光合系统Ⅰ和光合系统Ⅱ，这两个系统偶联，进行非环式光合磷酸化见图。在光合系统Ⅰ中，叶绿素分子 P700 吸收光子后被激活，释放出一个高能电子。这个高能电子传递给铁氧还蛋白（Fd），并使之被还原。还原的铁氧还蛋白在 Fd：NADP＋还原酶的作用下，将 NADP＋还原为 NADPH。用以还原 P700 的电子来源于光合系统Ⅱ。在光合系统Ⅱ中，叶绿素分子 P680 吸收光子后，释放出一个高能电子。后者先传递给辅酶 Q，再传给光合系统Ⅰ，使 P700 还原。失去电子的 P680，靠水的光解产生的电子来补充。高能电子从辅酶 Q 到光合系统Ⅰ的过程中，可推动 ATP 的合成。非环式光合磷酸化见图 3-9，反应式为

$$2NADP^{+} + 2ADP + 2Pi + 2H_2O \longrightarrow 2NADPH + 2H^{+} + 2ATP + O_2$$

有些光合细菌虽然只有一个光合系统，但也以非环式光合磷酸化的方式合成 ATP，如绿硫细菌和绿色细菌。从光反应中心释放出的高能电子经铁硫蛋白、铁氧还蛋白、黄素蛋白，最后用于还原 NAD＋生成 NADH。反应中心的还原依靠外源电子供体，如 S^{2-}、$S_2O_3^{2-}$ 等。外源电子供体在氧化过程中放出电子，经电子传递系统传给失去了电子的光合色素，使其还原，同时偶联 ATP 的生成。由于这个电子传递途径也没有形成环式，故也称为非环式光合磷酸化。

3.3.3　微生物的合成代谢

前面我们讨论了微生物的分解代谢及能量的转换方式，本部分将阐明微生物如何利用这些能量进行合成细胞物质的代谢及其他耗能代谢的生理过程。

3.3.3.1　细胞物质的合成

微生物利用能量代谢产生的能量、中间产物以及从外界吸收的小分子，合成复杂的细胞物质的过程称为合成代谢。合成代谢所需要的能量由 ATP 和质子动力提供。需能的生物合成途径与产能的 ATP 分解反应相偶联，因而生物合成方向是不可逆的。

（1）CO_2 的固定。CO_2 是自养微生物的唯一碳源，异养微生物也能利用 CO_2 作为辅助的碳源。将空气中的 CO_2 同化成细胞物质的过程，称为 CO_2 的固定作用。微生物有两种同化 CO_2 的方式，一类为自养式，另一类为异养式。在自养式中，CO_2 加在一个特殊的受体上，经过循环反

应，使之合成糖并重新生成该受体。在异养式中，CO_2 被固定在某种有机酸上。因此，异养微生物即使能同化 CO_2，最终却必须靠吸收有机碳化合物生存。自养微生物同化 CO_2 所需要的能量来自光能或无机物氧化所得的化学能，固定 CO_2 的途径主要有以下三个。

① 卡尔文循环。这个途径存在于所有化能自养微生物和大部分光合细菌中。经卡尔文循环同化 CO_2 的途径可划分为三个阶段：CO_2 的固定；被固定的 CO_2 的还原；CO_2 受体的再生。卡尔文循环每循环一次，可将 6 分子 CO_2 同化成 1 分子葡萄糖，其总反应式为：

$$6CO_2+18ATP+12NAD(P)H \longrightarrow C_6H_{12}O_6+18ADP+12NAD(P)^{+}+18Pi$$

② 还原性三羧酸循环固定 CO_2。还原性三羧酸循环的第一步反应是将乙酰 CoA 还原羧化为丙酮酸，后者在丙酮酸羧化酶的催化下生成磷酸烯醇式丙酮酸，随即被羧化为草酰乙酸，草酰乙酸经一系列反应转化为琥珀酰 CoA，再被还原羧化为 α-酮戊二酸。α-酮戊二酸转化为柠檬酸后，裂解成乙酸和草酰乙酸。乙酸经乙酰 CoA，从而合成酶催化生成乙酰 CoA，从而完成循环反应。每循环 1 次，可固定 4 分子 CO_2，合成 1 分子草酰乙酸，消耗 3 分子 ATP、2 分子 NAD(P)H 和 1 分子 $FADH_2$。

③ 还原的单羧酸循环。这个体系与还原羧酸循环不同，不需要 ATP，只要有 Fd（red）就可运转。Fd（red）由 H_2 或 $NADH_2$ 提供电子生成。光合细菌也有可能利用这个体系把 CO_2 换成乙酸。

(2) 生物固氮。所有的生命都需要氮，氮的最终来源是无机氮。目前仅发现一些特殊类群的原核生物能够将分子态氮还原为氨，然后由氨转化为各种细胞物质。微生物将氮还原为氨的过程称为生物固氮。

具有固氮作用的微生物近 50 个属，包括细菌、放线菌和蓝细菌。目前尚未发现真核微生物具有固氮作用。根据固氮微生物与高等植物以及其他生物的关系，可以把它们分为三大类：自生固氮体系、共生固氮体系和联合固氮体系。好氧自生固氮菌以固氮菌属较为重要，固氮能力较强。厌氧自生固氮菌以巴氏固氮梭菌较为重要，但固氮能力较弱。共生固氮菌中最为人们所熟知的根瘤菌，它与其所共生的豆科植物有严格的种属特异性。此外，弗兰克菌能与非豆科植物共生固氮。营联合固氮的固氮菌有雀稗固氮菌、产脂固氮螺菌等，它们在某些作物的根系黏膜鞘内生长发育，并把所固定的氮供给植物，但并不形成类似根瘤的共生结构。

① 固氮反应的条件。固氮反应条件如下。a. ATP，每固定 1mol 氮大约需要 21mol ATP，这些能量来自于氧化磷酸化或光合磷酸化。b. 还原力［H］及其载体，在体内进行固氮时，还需要一些特殊的电子传递体，其中主要的是铁氧还蛋白和含有 FMN 作为辅基的黄素氧还蛋白。铁氧还蛋白和黄素氧还蛋白的电子供体来自 NADPH，受体是固氮酶。c. 固氮酶，固氮酶的结构比较复杂，由铁蛋白和钼铁蛋白两个组分组成。d. 镁离子。e. 严格的厌氧微环境。f. 还原底物 N_2（有 NH_3 存在时会抑制固氮作用）。固氮反应式如下：

$$N_2+6e^-+6H^++12ATP \longrightarrow 2NH_3+12ADP+12Pi$$

② 固氮酶的氢化反应。固氮酶除能催化 $N_2 \rightarrow NH_3$ 的反应外，还具有催化 $2H^+ \rightarrow H_2$ 反应的氢酶活性。当固氮菌生活在缺 N_2 条件下时，其固氮酶可将 H^+ 全部还原成 H_2；在有 N_2 条件下，固氮酶也总是利用 75% 的还原力［H］去还原 N_2，而把另外 25% 的［H］以形成 H_2 的方式浪费了，但在大多数的固氮菌中，还含有另一种经典的氢酶，它能将被固氮酶浪费的分子氢重新激活，以回收一部分还原力［H］和 ATP。

3.3.3.2 其他耗能反应：运动、运输、生物发光

由细菌细胞产能反应形成 ATP 和质子动力，被消耗在各种途径中。许多能量用于新的细胞组分的生物合成，另外溶质的运动性细胞器的活动、跨膜运输及生物发光也是重要的生物耗能过程。

3.3.4 微生物代谢的调节

生命活动的基础在于新陈代谢，微生物细胞内各种代谢反应错综复杂，各个反应过程之间是相互制约，彼此协调的，可随环境条件的变化而迅速改变代谢反应的速度。微生物细胞代谢的调

节主要是通过控制酶的作用来实现的，因为任何代谢途径都是一系列酶促反应构成的。微生物细胞的代谢调节主要有两种类型：一类是酶活性调节，调节的是已有酶分子的活性，是在酶化学水平上发生的；另一类是酶合成的调节，调节的是酶分子的合成量，这是在遗传学水平上发生的。在细胞内这两种方式协调进行。这里仅介绍第一种调节方式。

3.3.4.1 酶活性调节

酶活性调节是指一定数量的酶，通过其分子构象或分子结构的改变来调节其催化反应的速率。这种调节方式可以使微生物细胞对环境变化做出迅速的反应。酶活性调节受多种因素影响，底物的性质和浓度、环境因子以及其他酶的存在都有可能激活或控制酶的活性。酶活性调节的方式主要有两种：变构调节和酶分子的修饰调节。

(1) 变构调节。在某些重要的生化反应中，反应产物的积累往往会抑制催化这个反应的酶的活性，这是由于反应产物与酶的结合抑制了底物与酶活性中心的结合。在一个由多步反应组成的代谢途径中，末端产物通常会反馈抑制该途径的第一个酶，这种酶通常被称为变构酶，在别构调节中，酶分子只是单纯的构象变化。例如，合成异亮氨酸的第一个酶是苏氨酸脱氨酶，这种酶被其末端产物异亮氨酸反馈抑制。变构酶通常是某一代谢途径的第一个酶或是催化某一关键反应的酶。细菌细胞内的酵解和三羧酸循环的调控也是通过反馈抑制进行的。

(2) 修饰调节。修饰调节是通过共价调节酶来实现的。共价调节酶通过修饰酶催化其多肽链上某些基团进行可逆的共价修饰，使之处于活性和非活性的互变状态，从而导致调节酶的活化或抑制，以控制代谢的速度和方向。修饰调节是体内重要的调节方式，有许多处于分支代谢途径，对代谢流量起调节作用的关键酶属于共价调节酶。目前已知有多种类型的可逆共价调节蛋白：磷酸化/去磷酸化；乙酰化/去乙酰化；腺苷酰化/去腺苷酰化；尿苷酰化/去尿苷酰化；甲基化/去甲基化；S—S/SH 相互转变等。酶促共价修饰与酶的变构调节不同，酶促共价修饰对酶活性调节是酶分子共价键发生了改变，即酶的一级结构发生了变化。

3.3.4.2 分支合成途径调节

不分支的生物合成途径中的第一个酶受末端产物的抑制，而在有两种或两种以上的末端产物的分支代谢途径中，调节方式较为复杂。其共同特点是每个分支途径的末端产物控制分支点后的第一个酶，同时每个末端产物又对整个途径的第一个酶有部分的抑制作用，分支代谢的反馈调节方式有多种。

(1) 同功酶。同功酶是指能催化同一种化学反应，但其酶蛋白本身的分子结构组成却有所不同的一组酶。同功酶特点是：在分支途径中的第一个酶有几种结构不同的一组同功酶，每一种代谢终产物只对一种同功酶具有反馈抑制作用，只有当几种终产物同时过量时，才能完全阻止反应的进行。这种调节方式著名的例子是大肠杆菌天门冬氨酸族氨基酸的合成。有三个天门冬氨酸激酶催化途径的第一个反应，分别受赖氨酸、苏氨酸、甲硫氨酸的调节。

(2) 协同反馈抑制。在分支代谢途径中，几种末端产物同时都过量，才对途径中的第一个酶具有抑制作用。若某一末端产物单独过量则对途径中的第一个酶无抑制作用。例如，在多黏芽孢杆菌合成赖氨酸、蛋氨酸和苏氨酸的途径中，终点产物苏氨酸和赖氨酸协同抑制天门冬氨酸激酶。

(3) 累积反馈抑制。在分支代谢途径中，任何一种末端产物过量时都能对共同途径中的第一个酶起抑制作用，而且各种末端产物的抑制作用互不干扰。当各种末端产物同时过量时，它们的抑制作用是累加的。如果末端产物 1 单独过量时，抑制酶活性的 40%，剩余酶活性为 60%，如果末端产物 2 单独过量时抑制酶活性的 30%，当末端产物 1、2 同时过量时，其抑制活性为：$40\%+(1-40\%)\times30\%=58\%$。

(4) 顺序反馈抑制。分支代谢途径中的两个末端产物，不能直接抑制代谢途径中的第一个酶，而是分别抑制分支点后的反应步骤，造成分支点上中间产物的积累，这种高浓度的中间产物再反馈抑制第一个酶的活性。因此，只有当两个末端产物都过量时，才能对途径中的第一个酶起到抑制作用。枯草芽孢杆菌合成芳香族氨基酸的代谢途径就采取这种方式进行调节。

3.3.4.3 **酶合成的调节**

酶合成的调节是一种通过调节酶的合成量进而调节代谢速率的调节机制，这是一种基因水平上的代谢调节。其调节方式有两种，能促进酶生物合成的现象称为诱导，能阻碍酶生物合成的现象则称为阻遏。通过阻止酶的过量合成，有利于节约生物合成的原料和能量。

(1) 诱导。根据酶的生成是否与环境中所存在的该酶底物或其有关物的关系，可把酶分成组成酶和诱导酶两类。组成酶是细胞固有的酶类，其合成是在相应的基因控制下进行的，它不因分解底物或其结构类似物的存在而受影响，例如EMP途径的有关酶类。诱导酶则是细胞为适应外来底物或其结构类似物而临时合成的一类酶，例如*E. coli*在含乳糖培养基中所产生的β-半乳糖苷酶和半乳糖苷渗透酶等。能促进诱导酶产生的物质称为诱导物，它可以是该酶的底物，也可以是难以代谢的底物类似物或是底物的前体物质。

(2) 阻遏。在微生物的代谢过程中，当代谢途径中某些末端产物过量时，除可用前述的反馈抑制的方式来抑制该途径中关键酶的活性以减少末端产物的生成外，还可通过阻遏作用来阻碍代谢途径中包括关键酶在内的一系列酶的生物合成，从而更彻底地控制代谢和减少末端产物的合成。阻遏作用有利于生物体节省有限的养料和能量。阻遏的类型主要有末端代谢产物阻遏和分解代谢产物阻遏两种。

3.4 微生物对难降解物的降解和转化

生物降解（biodegradation）是微生物（也包括其他生物）对物质（特别是环境污染物）的分解作用。生物降解和传统的分解在本质上是一样的，但又有分解作用所没有的新的特征（如共代谢、降解质粒等），因此可视为分解作用的扩展和延伸。生物降解是生态系统物质循环过程中的重要一环。研究难降解污染物的降解是当前生物降解的主要课题。环境中存在的各种天然产物，特别是有机物，几乎都能找到可以使之降解或转化它的微生物。然而由于近几年来许多人工合成的化合物是自然界中原来所没有的，因此不可能有作用于它们能使之分解的微生物和酶系，它们甚至对微生物还有杀灭作用。

由于微生物具有个体小、繁殖迅速、比表面积大等特点，它们较之其他生物更易适应环境，并可通过自然灾变产生新菌种，产生新的酶系统，具有新的代谢功能，从而可参与对人工新合成化合物的降解与转化作用。因此，微生物对降解污染物具有巨大潜力。

3.4.1 污染物的生物降解性

当前已知的环境污染物达数十万种，其中大量为有机化合物，它们可接受光分解、化学分解与生物分解，其中生物分解为主。

3.4.1.1 **可生物降解性**

可生物降解性是指环境污染物对微生物降解的可能性。有机污染物根据其可生物降解性可分为：(1) 可生物降解物质，如单糖、淀粉、蛋白质等；(2) 难降解物质，如纤维素、农药、烃类等；(3) 不可生物降解物质，如塑料、尼龙、多环、杂环芳烃、高聚物等。上述分类无明确界限，由于微生物的变异及适应，一些不可生物降解物质在适宜的条件下也可能被降解。

3.4.1.2 **可生物降解性的测定**

(1) 基质的可生物氧化率　基质的可生物氧化率是指基质（待测物）完全彻底氧化所应消耗的理论需氧量与微生物分解基质所消耗氧量的比值。

$$\text{基质氧化率}=\frac{\text{微生物作用下的(实际)耗氧量}}{\text{基质完全氧化所应消耗的(理论)氧量}}\times 100\%$$

实验室中微生物的耗氧量可应用瓦勃（Warburg）呼吸仪测定，通过测压计测知释放出CO_2

量或消耗 O_2 量，从而测得可生物降解率。

(2) 基质的生化呼吸曲线。也称为基质的耗氧曲线，投加基质后绘出一条耗氧量或耗氧速度随时间变化的曲线。为便于比较可同时绘制内源呼吸线，它是在不投加基质的条件下，微生物处于内源呼吸状态时利用细胞体内物质作营养呼吸耗氧随时间变化的曲线，见图 3-10。

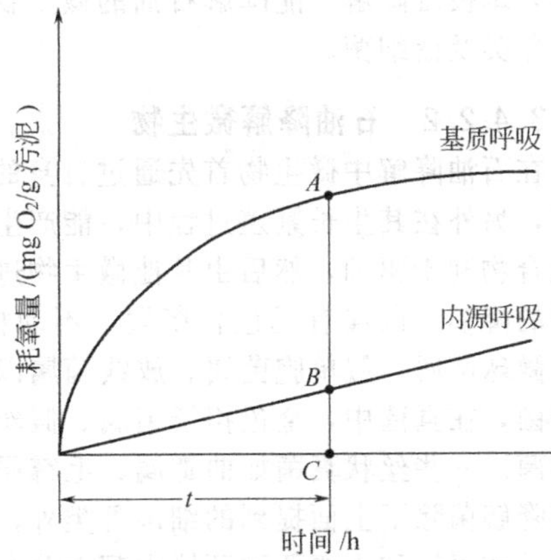

图 3-10　两种呼吸好氧曲线的比较

讨论三种情况。第一种情况：基质呼吸线在内源呼吸线之上，说明基质可被生物降解。第二种情况：基质呼吸线与内源呼吸线几乎重叠平行，说明基质的分解已基本完成，微生物进入内源呼吸期。第三种情况：基质呼吸线处于内源呼吸线之下，说明基质不仅难以生物降解，而且对微生物有杀灭作用，影响其内源呼吸。

3.4.1.3　微生物降解试验

(1) 土壤消毒试验。此法适用于新开发农药可生物降解性的评定。选取有代表性土壤混匀分为两组：一组经高温消毒或药液处理杀灭其中微生物；另一组不消毒，分别施入同量的待测农药置室温时培养。定期检测两组土壤中农药消失情况，最后判定农药可生物降解性及降解速度。

(2) 培养液中降解试验。此试验可在多种试验液中同时进行，在三角烧瓶中配制各种待测试液，可补加适当的 N、P、S 生长素和其他营养物，调节 pH 值，在试验液中接种微生物进行恒温培养，检测污染物的降解情况，通过测定色度、浊度、COD、BOD、该污染物的浓度变化或其他指标，全面评价待测物的可生化降解性。

3.4.1.4　其他方法与指标

由于生物对有机物的呼吸作用的本质是脱氢，所以可利用脱氢酶活性作为微生物分解污染物的指标。若培养液中微生物脱氢酶活性增加，则说明微生物能利用该污染物以供生长繁殖，该污染物有降解性。酶活性可采用比色法测定。

大量研究表明，生物体内的 ATP 含量与生物数量及活性呈正相关，也可通过测定 ATP 的量作为微生物分解利用污染物的指标。当培养过程中微生物 ATP 的量增长，说明微生物对该污染物可以降解。

有机物彻底分解结果是释放出 CO_2，可利用放射性 ^{14}C 标记待测的污染物，进行土壤消毒试验或者微生物培养的降解试验，根据同位素测定法测定释放的 $^{14}CO_2$，计算其回收率，从而评定该污染物的可生物降解性。

3.4.1.5　自然界中难降解物质的降解和转化

难降解物质通常指在自然条件难于被生物作用发生递降分解的有机化学物质。有机物被微生物降解，转化为无机物，又由于无机物经过生命活动合成各种有机物，这是自然界生物地球化学的基本循环。合成洗涤剂、有机氯农药、多氯联苯等化合物在水中较难被生物降解，无氮有机物中的脂肪和油类也是难降解物质，它们往往通过食物链逐步被浓缩而造成危害；在生产、使用过程中以及使用后，会通过各种途径进入水体造成污染。难降解物质在环境中的持久性以及广域的分散性，对环境与生态造成影响较大，因此，一直是环境污染、使生态环境良性循环的重要环节。

3.4.2　石油类物质的分解与转化

石油是一种含有多种烃（正烷烃、支链烷烃、芳烃、脂肪烃）及其他有机物（硫化物、氮化物、环烷酸）的复杂混合物。天然微生物的生物降解已经成为消除环境中石油烃类污染的主要途径。

3.4.2.1 微生物对石油的降解能力

微生物对石油的降解能力因石油中所含的烃分子的类型和大小而不同，一般认为C10～C18范围的化合物易分解。正烷烃最易分解，分支烷烃次之，芳烃难，多环芳烃最难，脂肪烃基本不分解，苯极难降解。能降解石油的微生物有100多属，200多种，包括细菌、放线菌、霉菌、酵母、藻类及蓝细菌。

3.4.2.2 石油降解微生物

在石油降解中微生物首先通过自身的代谢产生分解酶，裂解重质的烃类和原油，降低石油的黏度，另外在其生长繁殖过程中，能产生诸如溶剂、酸类、气体、表面活性剂和生物聚合物等有效化合物利于驱油，然后由其他微生物进一步氧化分解成为小分子而达到降解的目的。海洋中最主要的降解细菌属有无色杆菌属、不动杆菌属、产碱杆菌属、节杆菌属、芽孢杆菌属、黄杆菌属、微球菌属、假单胞菌属、放线菌属以及诺卡菌属。在大多海洋环境中，上述这些细菌是主要降解菌，在真菌中，金色担子菌属、假丝酵母属、红酵母属和掷孢酵母属是最普遍的海洋石油烃降解菌。一些丝状真菌如曲霉属、毛霉属、镰刀霉属和青霉属也应归入海洋降解菌中。土壤中主要的降解菌除了上面提到的细菌种类外，还包括分枝杆菌属以及大量丝状真菌。曲霉属和青霉属某些种在海洋和土壤两种环境中都有分布。木霉属和被孢霉属某些种是土壤降解菌。

3.4.2.3 烃类化合物的降解

治理石油污染关键是降解烃类化合物，根据烃类的化学结构特点，烃类的降解途径主要可分两种：链烃的降解途径和芳香烃的降解途径。直链烷烃的降解方式主要有三种：末端氧化、亚末端氧化和ω氧化。此外，烷烃有时还可在脱氢酶作用下形成烯烃，再在双键处形成醇进一步代谢。关于芳香烃的降解途径，在好氧条件下先被转化为儿茶酚或其衍生物，然后进一步被降解。因此，细菌和真菌降解的关键步骤是底物被氧化酶氧化的过程，此过程需要分子氧的参与。

微生物对一些难降解化学物的降解，是通过一系列氧化酶的催化作用完成的。在自然界中这一过程通常是由多种微生物的协同作用来完成，速度比较缓慢。为了扩大微生物降解底物的范围，提高降解效率，以使这些难降解化学物彻底矿化，可以利用天然降解性质粒（一类带有降解基因的质粒）转移构建新功能菌株。

3.4.2.4 影响石油降解的因素

在自然环境中，微生物对石油烃类降解与否以及快慢都是与其所处的环境密切相关的。

(1) 油水界面。液态的石油烃类在水中会形成水油界面，微生物正是在这一水油界面上降解烃类的，降解速率与水油界面的面积密切相关，能产生生物乳化剂的微生物，正是利用乳化剂增大水油界面的面积而促进微生物对烃类的降解的。

(2) 温度。石油烃类的微生物降解可在很大的温度范围内发生，在0～70℃的环境中均发现有降解石油烃类的微生物。大多数微生物在常温下较易降解石油烃类，且由于某些对微生物有毒害的低分子量石油烃类在低温下难挥发，会对石油烃类的降解有一定的抑制作用，所以低温下石油烃类较难降解。

(3) 氧气。大多数的石油烃类是在好氧条件下被降解的，这是因为许多烃类的降解需要加氧酶和分子氧。但也有一些烃类能在厌氧条件下被降解。

(4) 营养物质。氮源和磷源经常成为微生物降解烃类的限制因子。在天然水体中，为了促进石油烃类的降解而添加水溶性的氮源和磷源也受到限制，因为有限添加的氮源和磷源在水体中被高倍稀释而难以支持微生物的生长。

(5) pH值。石油烃类的微生物降解一般处于中性pH值，极端的pH值环境不利于微生物的生长。

石油降解的效率和质量还取决于石油烃类化合物存在的数量、种类及状态。尽管微生物可以降解石油，可是目前为止还没有一种能在短时间内彻底降解石油的有效方法，所以在微生物降解石油方面的研究仍然任重而道远。

3.4.3 合成有机物的降解和转化

合成有机物的种类很多，其中大多为天然存在的化合物的结构类似物，能够被微生物代谢；有些是外源性化学物质，以稳定剂、杀虫剂、除草剂、表面活性剂等形式存在，因为微生物已有的降解酶不能识别这些合成的物质的分子结构和化学键，故这些外源性化学物质难被微生物降解。

3.4.3.1 微生物对农药的降解

我国每年使用农药50万～100万吨，利用率只有10%，大量农药残留土壤中，有的被土壤吸附，有的扩散入大气，有的转移到水体河流、湖泊、海洋，引起全球性污染。寻求有效的有机农药的降解途径是环境科学的一项重要课题，而利用微生物降解农药已成为消除农药对环境污染的一个重要方面。

微生物降解农药的途径主要有如下三种。

(1) 酶促作用

① 酶促作用。需先经诱导产生特殊的诱导酶，然后才能使农药降解；有的可直接利用农药作能源和碳源，通过矿化作用将农药逐渐分解成终产物 CO_2 和 H_2O，这种降解途径彻底。

② 共代谢作用。对于难降解顽固复杂的农药，将农药转化为可代谢的中间产物，从而从环境中消除残留农药，这种途径的降解结果比较复杂，有正面效应也有负面效应。

③ 去毒代谢。微生物不直接利用农药作营养，而是摄取其他有机物作营养和能源，在其中产生了为保护自身的生存而对农药进行解毒的作用。

(2) 非酶促作用。微生物代谢中使pH值降低引起农药溶解，或产生某些化学物质促进农药转化。

(3) 微生物代谢引起农药参与系列生化反应，如脱卤作用、脱烃作用、酰胺及脂的水解、氧化还原作用、环裂解、缩合或共轭效应等使农药逐渐降解。

微生物代谢将对硫水解变成较小分子，然后进一步分解生成RCOOH、H_2O、HNO_3，仍可再进一步分解转化为 CO_2、H_2S、N_2 等。

3.4.3.2 微生物对合成洗涤剂的降解

合成洗涤剂基本成分是合成表面活性剂，有阴离子型、阳离子型、非离子型、两性电解质四大类。全世界合成表面活性剂年产量2000万吨以上，虽对水体污染造成影响，但在水体中的含量未呈明显增加，说明这些表面活性剂能较快被微生物降解。

阴离子表面活性剂中的高级脂肪酸盐类最易被微生物分解，代谢第一步都发生在烷基链末端的甲基上，使甲基氧化成为相应的醇、醛、羧酸，然后进一步氧化成 CO_2、H_2O。苯甲酸、苯乙酸可进一步由单氧酶代谢为邻苯二酚，然后二氧酶作用使苯环破裂。苯环与末端甲基距离愈远，其烷基之分解愈快。

早期洗涤剂为带支链硬型烷基苯磺酸钠ABS很难被细菌分解，后来经工艺改进，生产不带支链软型烷基苯磺酸钠——LAS，则其被细菌降解速率提高到90%以上，大大减少了洗涤剂对环境的污染早期。

合成表面活性剂的分解并不很难，但洗涤剂中含有磷酸盐辅剂，尤其聚磷酸盐微生物分解就很困难。磷的化合物造成水体富营养化，是水体污染的大问题。城市污水中的磷含量达30%～75%，是由于各种洗涤剂、洗净剂、清洁剂所造成，因此限制含磷洗涤剂或研制不含磷洗涤剂是新的方向。

3.4.3.3 微生物对塑料的降解

塑料的使用已渗透到工业、农业、生活等几乎每一个领域，因塑料的稳定性及其难生物降解性，给环境带来巨大污染，尤其白色污染已成社会公害。塑料组分中的增塑剂是一些聚合物，能被微生物降解（如邻苯二甲酸二辛酯、邻苯二甲酸异辛酯），如聚氯乙烯塑料组分中含50%增塑剂——癸二酸酯，这种增塑剂在土壤中放14d约40%被细菌降解。塑料母体——树脂高聚物因其结构稳定，很难被细菌降解，但当塑料母体先经受不同程度的光降解作用后则较易为微生物降解，经光降解后的塑料呈粉末状，当相对分子质量降到5000以下，便易为微生物所利用。目前，采用新科技研制能被生物降解的塑料的研究正在进行。

3.4.3.4 微生物对其他有机污染物的降解

(1) 偶氮化合物的生物降解。含有偶氮基团的化合物，是重要的染料单体，主要有对氨基偶氮苯、对硝基苯胺、二甲氨基偶氮苯、甲基橙等。能分解偶氮化合物的微生物有：酵母菌、枯草芽孢杆菌、假单胞菌等。将枯草芽孢杆菌接种在氨基偶氮苯染料液中，在振荡与静置条件下分别进行培养，100min后颜色几乎全部褪掉，说明在有氧和缺氧条件下氨基偶氮苯都能分解。

(2) 氰和腈。石油工业和人造纤维工业使含氰和腈如丙烯腈的废水日益增多，有机腈比无机腈易为微生物降解。微生物可以从氰和腈中取得碳源和氮源，能够分解氰和腈的细菌有诺卡菌、腐皮镰孢霉、木霉、假单胞菌等。

(3) 亚硝胺。在对动物试验表明亚硝胺类化合物有强烈的致癌作用，无论食品、污泥、污水中均能形成亚硝胺，对人类健康造成危害。自然界中存在微生物能够分解亚硝胺类化合物，如光合细菌（荚膜红假单胞菌）是一种厌氧性细菌，对二甲基亚硝胺有分解作用。

(4) 黄曲霉素。黄曲霉素主要存在于变质，潮湿发霉的粮食豆类之中，可引起人畜急性中毒与致癌作用。降解黄曲霉的菌种，以橙色黄杆菌为最强，此外还有脉孢菌，孢根霉菌等。

3.4.4 微生物对重金属污染物的转化

环境污染中所说的重金属一般指汞、镉、铬、铅、砷、银、硒、锡等，在燃料燃烧、采矿、冶金、生产和施用农药等过程中，这些元素即以各种样的化学形态进入环境，污染空气、水、土壤和生物。

自然界中有一些微生物对有毒金属具有抗性，可使重金属发生转化，对微生物本身而言，这是一种解毒过程。微生物特别是细菌、真菌，在重金属的生物转化中起重要作用。微生物对金属的转化，主要是通过氧化还原作用和甲基化作用改变重金属在环境中的存在状态，还可以浓缩重金属，并通过食物链积累；另一方面微生物也可以通过直接和间接的作用去除环境中的重金属，有助于改善环境。

3.4.4.1 汞

汞所造成的环境污染最早受到关注，汞的微生物转化及其环境意义具有代表性。环境中的汞有 Hg^{2+}、Hg^{+} 和 Hg^{0} 三种价态。微生物在三种价态汞的转化中发挥重要作用，其转化机理可以概括为汞的甲基化和汞的还原作用，主要包括三个方面：无机汞（Hg^{2+}）的甲基化；无机汞（Hg^{2+}）还原成 Hg^{0}；甲基汞和其他有机汞化合物裂解并还原成 Hg^{0}。包括梭菌、脉孢菌、假单胞菌等和许多真菌在内的微生物具有甲基化汞的能力。能使无机汞和有机汞转化为单质汞的微生物也被称为抗汞微生物，包括铜绿假单胞菌、金黄色葡萄球菌、大肠埃希菌等。微生物的抗汞功能是由质粒控制的，编码有机汞裂解酶和无机汞还原酶的是mer操纵子。

3.4.4.2 砷的生物转化

砷是介于金属与非金属之间的两性元素，非常活泼，俗称类金属。砷的无机、有机化合物均具毒性，三价砷毒性比五价砷毒性大，俗称砒霜的是三价砷化物 As_2O_3。微生物在砷的转化中起重要作用。各类砷的毒性大小依次递减的顺序是：砷化三氢（As^{3-}）＞有机砷化三氢衍生物（As^{3-}）＞无机亚砷酸盐（As^{3+}）＞有机砷化合物（As^{3+}）＞氧化砷（As^{3+}）＞无机砷酸盐（As^{5+}）＞有机砷化合物（As^{5+}）＞金属砷（As^{0}）。这些不同形态的砷化合物通过化学和生物的氧化还原及生物的甲基化、去甲基化反应发生相互转化。近年来的研究表明，自然界中砷代谢微生物广泛参与了砷的地球化学循环，甲基化是一种重要的解毒机制，许多真菌、酵母和细菌能够通过甲基化将无机砷转化为毒性较低的甲基砷酸，有的甚至可以将无机砷转化为具有挥发性的甲基化产物。砷的微生物甲基化是通过相应转移酶的辅酶S-腺苷甲硫氨酸提供甲基阳离子。环境中砷的微生物甲基化在厌氧或好氧条件下都可发生，主要场所是水体和土壤。

3.4.4.3 镉的生物转化

在有 Cd^{2+} 的环境中，大肠埃希菌、蜡样芽孢杆菌、黑曲霉等能生长繁殖，并能积累一定量的镉。一些微生物也能使镉甲基化，曾用一株能使镉甲基化的假单胞菌把无机 Cd^{2+} 生成微量的挥发性镉化物。

参 考 文 献

[1] 周德庆. 微生物学教程. 第2版. 北京：高等教育出版社，2008.
[2] 殷士学. 环境微生物学. 北京：机械工业出版社，2008.
[3] 王家玲. 环境微生物学. 第2版. 北京：高等教育出版社，2003.
[4] 沈萍. 微生物学. 第2版. 北京：高等教育出版社，2006.
[5] 王联结，熊正英，王喆之. 生物化学与分子生物学原理. 北京：科学出版社，2002.
[6] 顾夏声，胡洪营，文湘华，王慧. 水处理生物学. 第5版. 北京：中国建筑工业出版社，2011.

第4章 微生物的生长

微生物细胞在合适的外界环境条件下，会不断地吸收营养物质，并按其自身的代谢方式不断进行新陈代谢。如果同化（合成）作用超过异化（分解）作用，细胞物质量增加，个体质量和体积增大，出现个体细胞的生长；细胞长大到一定程度就开始分裂繁殖，菌体数量增多。由于个体微小，微生物的生长往往是通过繁殖表现出来的，本质上是以群体细胞数目增加为生长标志。因此，在微生物学中的“生长”，一般均指群体生长。

4.1 微生物生长的测定

微生物生长的依据是群体的增加量，因此测定微生物群体的生长量来表征微生物的生长。微生物生长量的测定方法很多，可以根据菌体细胞数量、菌体体积或质量直接测定，也可用某种细胞物质的含量或某个代谢活性的强度间接测定。

4.1.1 细胞数的测定

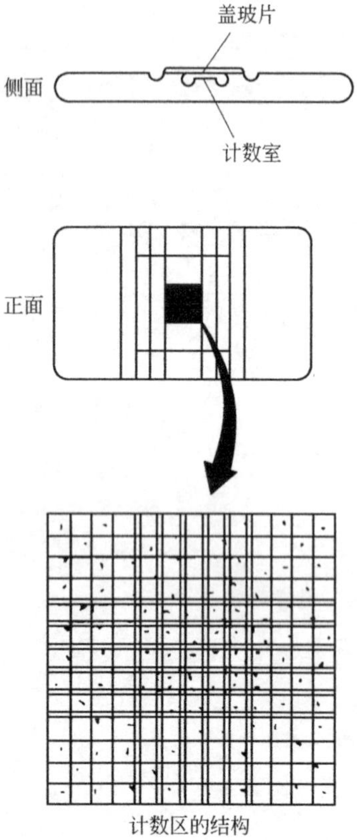

图 4-1 血细胞计数板

此法通常用来测定样品中所含细菌、孢子、酵母菌等单细胞微生物的数量，计数通常又分为直接计数和间接计数。

4.1.1.1 直接计数法

该方法使用细菌计数器或血细胞计数板（适用于酵母菌、真菌孢子等），在显微镜下计算一定容积里样品中微生物的数量。计数板是一块特制的载玻片，上面有一个特定的面积为 $1mm^2$、高为 0.1mm 的计数室，在 $1mm^2$ 的面积里又刻划成 25（或 16）个中格，每个中格进一步划分为 16（或 25）个小格，但每个计数室均由 400 个小格组成（图 4-1）。

清洗计数板及盖玻片，用擦镜纸擦拭干净，将盖玻片放在计数板上，用无菌吸管吸取一定稀释度的样品悬液沿凹槽滴加 1 滴，让菌悬液沿计数板与盖玻片间的缝隙充满计数室，在显微镜下随机数 5 个中格的菌体数目，并求出每个小格所含菌体的平均数，再按以下公式计算 1mL 样品所含的菌体数。

$$原液所含菌体数(个/mL)=每小格平均菌体数\times 400\times 10^4\times 稀释倍数$$

该法的优点是快捷简便、容易操作、成本低，且能观察细胞的大小与形态。该方法的缺点是不适于对运动细菌的计数，菌悬液浓度一般不宜过低或过高（常大于 10^6 个/mL），个体小的细菌在显微镜下难以观察。它不能区分死菌与活菌，因此测定得到的菌体数是包括死细胞在内的总菌数。针对不能测定活细胞数的缺点，已用特殊染料对活菌进行染色后再用显微镜计数的方法来解决。如采用美蓝液对酵母菌染色后，其活菌为无色，而死细胞为蓝色，则可分别计数。又如，细菌经吖啶橙染色，在紫外光显微镜下可观察到活细胞发出橙色荧光，而死细胞则发出绿色荧光，也可作活菌和总菌计数。

形体较大的微生物还可用电子计数器（如 Coulter 计数器）进行直接计数。其原理是，在一个小孔两侧放置电极并通电，电极可以测量电阻变化，当细胞悬液通过该小孔时，每通过一个细胞，电阻就会增加（或导电性下降）产生一个电信号，计数器对该细胞自动计数一次。该方法容易受样品中微小颗粒及丝状物的干扰而不适合细菌数量的测定。

4.1.1.2 间接计数法

(1) 液体稀释法。该法主要适用于只能进行液体培养的微生物，或采用液体鉴别培养基进行直接鉴定并计数的微生物。将待测样品做一系列稀释，一直稀释到取少量该稀释液（如 1mL）接种到新鲜培养基中没有或极少出现生长繁殖为止。之后通过从 3～5 次重复的临界级数求最大概率数（the most probable number，MPN），得到结果。

本法用于测定在一个混杂的微生物群中虽不占优势，但却具有特殊生理功能的类群。其特点是利用待测微生物的特殊生理功能来摆脱其他微生物类群的干扰，并通过该生理功能的表现来判断该群微生物的存在及丰度。本法特别适合于测定土壤微生物中特定生理群（如氨化、硝化、纤维素分解、自生固氮、根瘤菌、硫化和反硫化细菌等）的数量和检测污水、牛奶及其他食品中特殊微生物类群（如大肠菌群）的数量。其缺点是只能进行特殊生理群的测定。

(2) 平板菌落计数法。取一定的菌悬液采用涂布平板法或倾注法，让微生物单细胞一一分散在平板上（内），在适宜的条件下培养，每一个活细胞就形成一个单菌落，根据每一皿上形成的菌落数乘以稀释倍数，可推算出样品的含菌数（图 4-2）。

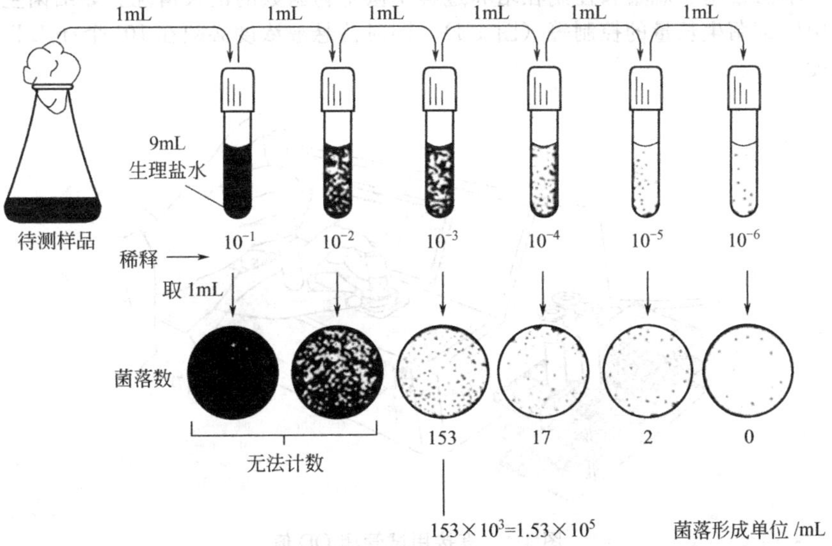

图 4-2 活菌计数的一般步骤

平板计数简单、灵敏，广泛应用于食品、水体、土壤及其他材料中所含细菌、酵母菌、芽孢与孢子等的数量的测定，但不适于测定样品中丝状体微生物。但在操作过程中，样品稀释度应控制在每个平板上菌落数在 30～300 个结果最好，过多难以计数，过少增大计数误差。

(3) 滤膜过滤培养法。当样品中菌数很少时，如海水、湖水或饮用水等样品，可采用滤膜过滤培养法进行直接计数或间接计数。具体方法是，取一定体积的样品溶液通过过滤器，然后将滤膜干燥、染色，再经显微镜进行直接计数，但该方法计数结果中含有死菌。要得到活菌数量，可将样品滤过的滤膜置于培养基上或浸润有液体培养基的垫状物上培养，通过在滤膜上形成的菌落数获得样品中的活菌数（图 4-3）。如用特殊培养基，可在滤膜上得到需要选择的微生物菌落，这

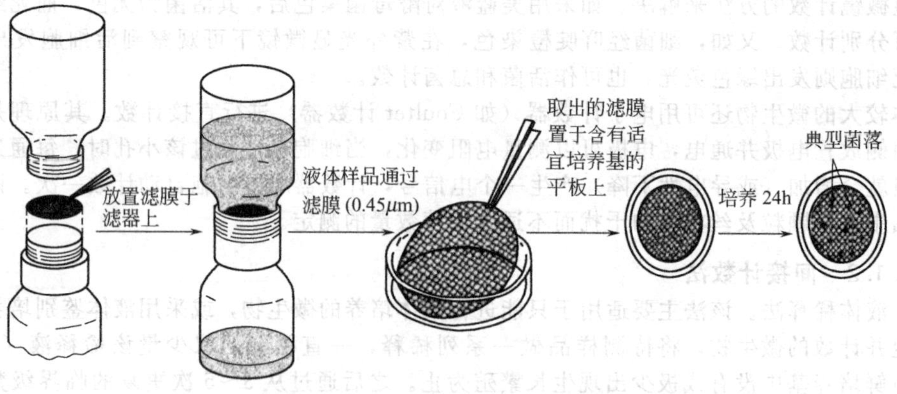

图 4-3　滤膜过滤培养法计数的程序

注：利用不同孔径大小的膜，可截留不同的微生物，
滤膜培养时间及培养基根据微生物的不同而发生改变

种技术在水样分析中得到了极大应用。

(4) 比浊法。这是测定悬液中细胞数的快速方法。其原理是菌体不透光，光束透过菌悬液时可引起光的散射或吸收，降低透光率。在一定的浓度范围内，菌悬液的微生物细胞浓度与液体的光密度成正比，与透光度成反比。菌数越多，透光量越低。因此，可使用光电比色计测定，通过测定菌悬液的光密度或透光率反映细胞的浓度。由于细胞浓度仅在一定范围内与光密度呈直线关系，因此待测菌悬液的细胞浓度不应过低或过高，培养液的色调也不宜过深，颗粒性杂质的数量应尽量减少。本法常用于观察和控制在培养过程中微生物菌数的消长情况。如细菌生长曲线的测定和发酵罐中的细菌生长量的控制等（图 4-4）。同时菌悬液浓度必须在 10^7 个/mL 以上才能显示可信的浑浊度。

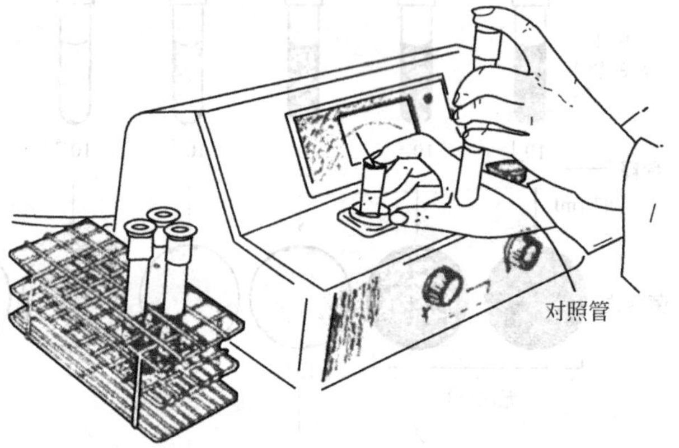

图 4-4　直接用试管测 OD 值

比浊法可以利用其他测定方法（如细胞称重法、细菌数、细菌氮等）与浑浊度的相互关系绘制标准曲线求出相应菌的质量或菌数。灵敏的仪器如分光光度计在可见光 450～650nm 波段内可以精确地测定菌悬液的浑浊度。

(5) 厌氧菌的菌落计数法。用厌氧培养技术进行测定。一般采用亨盖特滚管培养法进行。但此法设备复杂，技术难度高。

4.1.2　细胞生物量的测定

4.1.2.1　细胞干重法

将单位体积的微生物培养液经离心或过滤（丝状真菌用滤纸过滤，细菌用醋酸纤维膜等进行过滤）后收集，并用清水反复洗涤菌体，直接称重，可得菌体湿重。再经常压或真空干燥，干燥温度常采用105℃、100℃或红外线烘干，也可在较低温度（80℃或40℃）下真空干燥至恒重，然后精确称重，即可计算出微生物的干重。一般细菌1mg干重约等于4～5mg湿菌湿重和相当于$(4\sim5)\times10^9$个菌体细胞。

在琼脂平板培养基上培养的放线菌或丝状真菌，可先加热至50℃，待琼脂熔化后滤出菌丝，用50℃的生理盐水洗涤菌丝，按上述方法测定湿重和干重。该法适宜于含菌量高，不含或少含非菌颗粒性杂质的环境或培养条件。

4.1.2.2 总氮量测定法

蛋白质是生物细胞的主要成分，核酸及类脂等中也含有一定量的氮素。已知细菌细胞干重的含氮量一般为12%～15%，酵母菌为7.5%，霉菌为6.5%。因此，只要用化学分析方法（如用凯氏定氮法）测出待测样品的含氮量，就能推算出细胞的生物量。本法适用于在固体或液体条件下微生物总生物量的测定，但需充分洗涤菌体以除去含氮杂质，缺点是操作程序较复杂，一般很少采用。

4.1.2.3 其他方法

（1）DNA含量测定法。微生物细胞中的DNA含量虽然不高（如大肠杆菌的约占3%～4%），但出于其含量较稳定，有人估算出每一个细菌细胞平均含DNA 8.4×10^{-5}ng，因而也可以根据分离出样品中的DNA含量来计算微生物的生物量。

（2）代谢活性法。有人曾根据微生物的生命活动强度来估算其生物量。如测定单位体积培养物在单位时间内消耗的营养物或O_2的数量，或者测定微生物代谢过程中的产酸量或CO_2量等，均可以在一定程度上反映微生物的生物量。本法系间接法，影响因素较多，误差也较大，仅在特定条件下作比较分析时使用。

测定叶绿素含量可检测藻类数量，通过测定ATP的含量估计活的微生物的生物量等方法。

上述每种方法都各有优点和局限性。只有在考虑了这些因素同需要着手解决的问题之间的关系以后，才能选择具体的方法。正如前面说过的，平板菌落计数法是微生物学中应用最多的常规方法，掌握这一方法的原理和实际操作很有必要。此法在理论上能反映活菌数。另外当用两种不同的方法测量细菌的生长量时，其结果不一致是完全可能的。测定微生物的生长量，在理论和实践上都十分重要。当我们要对细菌在不同培养基中或不同条件下的生长情况进行评价或解释时，就必须用数量来表示它的生长。例如可以通过细菌生长的快慢来判断某一条件是否适合。生长快的细胞，最终的总收获量可能没有另一些条件下的收获量大。在另一些条件下，生长速率虽然较低，但它却可在一段时间内不断增加。

4.2 微生物的生长规律

大多数细菌通过无性二分裂方式进行繁殖，酵母菌主要以出芽繁殖为主，繁殖速度很快。以大肠杆菌为例，在适宜条件下，每20min分裂一次，如果始终保持该繁殖速度，1个细胞在48h后，其子代总质量可达到2.2×10^{31}g，约为地球质量的3680倍。然而，实际情况并非如此，随着营养物质的消耗，有害代谢产物的累积，外界环境条件的改变，细菌生长到一定阶段就会停止生长。那么微生物的生长规律是怎样的呢？由于微生物个体微小，对于单个细胞微生物来说，生长和繁殖是两个不同的概念，但对于微生物群体来说，多以细胞数目的增加作为生长指标，通常在科研及生产实践中研究的是群体微生物的生长规律。

4.2.1 单细胞微生物的典型生长曲线

将少量纯种单细胞微生物接种到恒容积的液体培养液中，在适宜的温度、通气（厌氧菌则不能通气）等条件下，它们的群体会有规律地生长，以细胞数目的对数值为纵坐标，以培养时间为横坐标，可绘出一条有规律的曲线，此曲线为微生物的典型生长曲线（growth curve）。

根据微生物的生长速率常数，可将生长曲线分为延滞期、指数期、稳定期和衰亡期四个时期（图 4-5）。

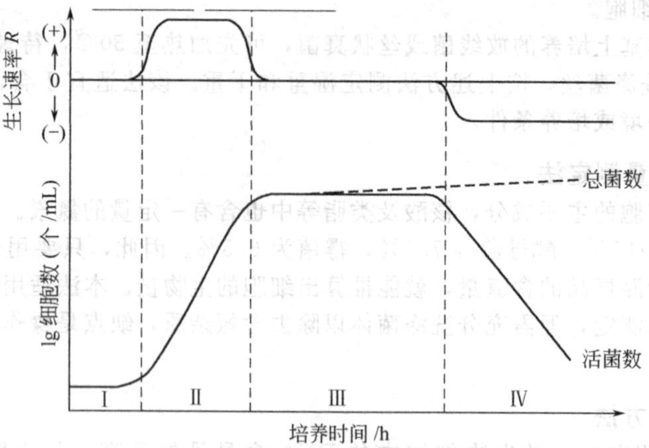

图 4-5　单细胞微生物的典型生长曲线

Ⅰ—延滞期；Ⅱ—指数期；Ⅲ—稳定期；Ⅳ—衰亡期

4.2.1.1　延滞期

延滞期（lag phase）又称为停滞期、调整期或适应期。接种到新鲜培养液中的单细胞微生物通常有一个适应的过程，一般不立即开始繁殖，细胞数目没有增加，它们往往需要一些时间来进行调整，以适应新环境，必须重新调整其小分子和大分子的组成，包括酶和细胞结构成分，准备细胞分裂。这个时期的特点表现为：(1) 细胞个体变大，体积增大和代谢活跃，细胞内的 RNA 含量增加使细胞质的嗜碱性增强，并由于代谢活性的提高而使贮藏物消失；(2) 细胞对外界理化因子（如 NaCl、热、紫外线、X 射线等）的抵抗能力减弱；(3) 菌体的增殖率与死亡率相等，均为零；菌数几乎不增加，曲线平稳。

延滞期的长短取决于菌种的遗传特性、菌龄、接种量及接种前后培养基成分的差异等。

缩短延滞期的措施有：(1) 通过遗传学方法改变菌种的遗传特性；(2) 采用处于对数期的细胞作为“种子”；(3) 接种前后所用培养基成分基本一致，如工业生产中，种子罐与发酵罐的培养基成分接近；(4) 适当扩大接种量。

4.2.1.2　指数期

指数期（log phase）又称为对数生长期。经过延滞期的适应阶段后，菌体细胞进入了一个从量变到质变的阶段。此时期的特点是：(1) 生长速率 R 最大，细胞分裂一次所需时间最短，代时稳定，其生长曲线表现为一条上升的直线；(2) 细胞进行平衡生长，菌体各部分成分均匀，酶系活跃，代谢旺盛；(3) 菌数增殖率远大于死亡率，活菌数与总菌数非常接近。

指数期微生物的代谢活性、酶活性高而稳定，大小比较一致，生命力强，因而它广泛地在生产上用做“种子”和在科研上作为理想的试验材料。

4.2.1.3　稳定期

在指数期末，由于营养物质的逐渐消耗，营养物比例失调，如 C/N 比不适合，酸、醇、毒素或 H_2O_2 等有生理毒性的代谢产物的积累以及培养环境条件中 pH 值和氧化还原电位等对细胞生长不利的变化，使微生物的生长速率降低，增殖率下降而死亡率上升，当两者趋于平衡时，就转入稳定期（stationary phase）。此时期的特点是：生长速率只等于零，即处于新繁殖的细胞数与死亡的细胞数相等，正生长与负生长达到动态平衡，此时，活菌数在这个时期内最高，并可相对持续一定时间。

处于稳定期的细胞开始在细胞内累积贮藏物和特殊的次级代谢产物，芽孢细菌则开始形成芽孢。有的微生物在这一时期开始以初级代谢物作前体，通过复杂的次级合成代谢途径合成抗生素等次级代谢产物。

稳定期的长短与菌种特性和环境条件有关，在发酵工业中为了获得更多的菌体或代谢产物，还可以通过补料，调节 pH 值、温度或通气量等措施来延长稳定期。

4.2.1.4 衰亡期

由于营养和环境条件进一步恶化，死亡率迅速增加，以致明显超过增殖率，这时尽管群体的总菌数仍然较高，但活菌数急剧下降，细胞死亡数量以对数方式增加，生长曲线直线下垂，此时称衰亡期（deline phase 或 death phase），又称对数死亡期。这个时期的细胞常表现为多形态，产生许多大小或形态上变异的畸形或退化型，其革兰染色也不稳定，许多革兰阳性细菌的衰老细胞可能表现为革兰阴性。有的微生物因自溶酶的作用而发生自溶（autolysis），有的微生物在这一时期会进一步合成或释放抗生素等次级代谢产物，而在芽孢杆菌中会释放芽孢。

尽管大多数微生物以对数方式死亡，但当细胞数量突然减少后，细胞的死亡速度会减慢，这是由于一些抗性特别强的个体存活下来了。

4.2.2 生长的数学模型

现代生物学研究的特点之一就是从定性研究逐步走向定量研究，用数学模型能较明确地表达生命现象的动态过程，数学模型在现代微生物学中的应用越来越重要。利用数学公式来表达微生物系统的某些定量关系，该数学公式就是此系统的数学模型。

研究对数生长期中微生物生长速率变化规律，有助于推动微生物生理学与生态学基础研究和解决工业发酵等应用中的问题。对数生长期中微生物生长是平衡生长，即微生物细胞数量呈对数增加和细胞各成分按比例增加。因此对数生长期中微生物的生长可用数学模型式表示。

$$\frac{\mathrm{d}N}{\mathrm{d}t}=\mu N\left(\text{或 }\frac{\mathrm{d}M}{\mathrm{d}t}=\mu M\text{ 或 }\frac{\mathrm{d}E}{\mathrm{d}t}=\mu E\right)\tag{4-1}$$

式中，N 为每毫升培养液中细胞的数量；M 为每毫升培养液中细胞物质的量；E 为每毫升培养液中其他细胞物质的量；u 为比生长速率，即每单位数量细菌或物质在单位时间（h）内增加的量；t 为培养时间，h。

对 $\frac{\mathrm{d}N}{\mathrm{d}t}=\mu N$ 积分，得

$$\ln N_t-\ln N_0=\mu(t_1-t_0)\tag{4-2}$$

式中，N_t 为时间 t_1 时的细胞数量；N_0 为时间 t_0 时的细胞量。

将上式换成以 10 为底的对数：

$$\lg N_t-\lg N_0=\frac{\mu(t_1-t_0)}{2.303}\tag{4-3}$$

在细菌个体生长中，每个细菌分裂繁殖一代所需要的时间为代时（generation time），代时通常以 G 表示。在群体生长中，细菌数量增加 1 倍所需时间为倍增时间（doubling time）。根据式（4-3）可以求出代时与比生长速率之间的相互关系。因为 $G=t-t_0$，$N_t=2N_0$，所以

$$G=\frac{2.303\times(\lg N_t-\lg N_0)}{\mu}=\frac{2.303\times\lg\frac{N_t}{N_0}}{\mu}=\frac{2.303\times\lg 2}{\mu}=\frac{0.693}{\mu}\tag{4-4}$$

也可以先求繁殖代数（n），再求代时 G，即

$$N_t=N_0\times 2^n\tag{4-5}$$

以对数表示：

$$\lg N_t=\lg N_0+n\lg 2\tag{4-6}$$

所以

$$n=\frac{\lg N_t-\lg N_0}{\lg 2}=3.322(\lg y-\lg x)\tag{4-7}$$

$$G=\frac{t_1-t_0}{n}=\frac{t_1-t_0}{3.322(\lg N_t-\lg N_0)}\tag{4-8}$$

代时在微生物中变化最大，菌种、营养物质、营养物质浓度及培养温度都可影响代时。表4-1是不同细菌不同培养条件的代时。

表 4-1　不同细菌不同培养条件的代时

细菌名称	培养基	培养温度/℃	代时/min
大肠杆菌（*Escherichia coli*）	肉汤	10	860
	肉汤	37	17
	肉汤	47.5	77
	牛奶	37	12.5
产气肠杆菌（*Encerbacter aerogenes*）	肉汤或牛奶	37	16～18
	合成	37	29～44
结核分枝杆菌（*Mycobacterium tubcrculosis*）	合成	37	792～932
金黄色葡萄球菌（*Staphylococcus aureus*）	肉汤	37	27～30
嗜热芽孢杆菌（*Bacillu thermophilus*）	肉汤	55	18.3
苍白（梅毒）密螺旋体（*Treponema palladium*）	家兔	37	1980

4.2.3　微生物的同步培养

由于微生物个体极其微小，因此除了特定的目的以外，在微生物的研究和应用中，一般研究的是群体微生物的生长繁殖规律。但在微生物群体生长中，其中的每个个体可能分别处于个体生长的不同阶段，它们的生长、生理与代谢活性等特性不一致，表现出生长与分裂不同步的现象。

能使培养的微生物比较一致，生长、发育在同一阶段上的培养方法称为同步培养法。利用下述实验室技术控制细胞的生长，使它们处于同一生长阶段，所有的细胞都同时分裂，这种生长方式称为同步生长；用同步培养法所得到的培养物称为同步培养或同步培养物。同步培养物常被用在研究单个细胞上难以研究的生理与遗传特性和工业发酵的种子，它是一种理想的材料。获得同步培养的方法很多，最常用的有以下方法。

- 同步培养法
  - 机械法
    - 离心沉降分离法
    - 过滤分离法
    - 硝酸纤维素滤膜法
  - 环境条件控制技术
    - 温度
    - 培养基成分控制
    - 其他

4.2.3.1　机械法

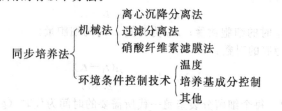

机械法又称选择法，是指根据微生物细胞在不同生长阶段的细胞体积与质量或根据它们同某种材料结合能力不同设计出来的方法，其中常用以下三种方法。

（1）离心沉降分离法。处于不同生长阶段的细胞，其个体大小不同，将它们悬浮在糖或葡萄糖的不同梯度溶液里，通过密度梯度离心将不同大小的细胞分布成不同的细胞带，而每一细胞带的细胞大致大小相同，分别将它们取出培养，便可获得同步培养物（图 4-6）。

（2）过滤分离法。应用各种孔径大小不同的微孔滤膜，可将大小不同的细胞分开。例如选用适宜孔径的微孔滤膜，将不同步的大肠杆菌群体过滤，由于刚分裂的幼龄菌体较小，能够通过滤孔，其余菌体都留在滤膜上面，将滤液中的幼龄细胞进行培养，就可获得同步培养物。

（3）硝酸纤维素滤膜法。大致过程如图 4-6 所示。共分以下四步：①将菌液通过硝酸纤维素滤膜，由于细菌与滤膜带有不同电荷，所以不同生长阶段的细菌均能附着于膜上；②翻转滤膜，再用新鲜培养液滤过培养；③附着于膜上的细菌进行分裂，分裂后的子细胞不与滤膜直接接触，

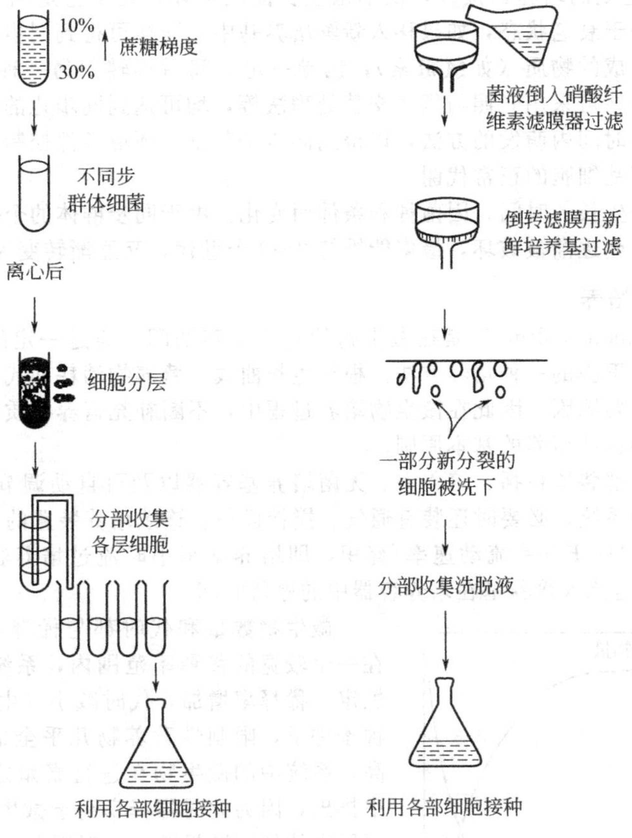

(a) 密度梯度离心法　　(b) 膜洗脱法

图 4-6　同步培养法

由于菌体本身的质量，加之它所附着的培养液的质量，便下落到收集器内；④收集器在短时间内收集的细菌处于同一分裂阶段，用这种细菌接种培养，使能得到同步培养物。

4.2.3.2　环境条件控制技术

环境条件控制技术指根据微生物生长与分裂对环境因子要求不同设计的一类获得同步培养的方法。

① 温度。将微生物的培养温度控制在接近最适宜的温度条件下一段时间，它们将缓慢地进行新陈代谢，但又不进行分裂。换句话说，使细胞的生长在分裂前不久的阶段稍微受到抑制，然后将培养温度提高或降低到最适生长温度，大多数细胞就会进行同步分裂。人们利用这种现象已设计出多种细菌和原生动物的同步培养法。

② 培养基成分控制。培养基成分控制即控制营养物的浓度或培养基的组成以达到同步生长。例如限制碳源或其他营养物，使细胞只能进行一次分裂而不能继续生长，从而获得了刚分裂的细胞群体，再转入适宜的培养基中，它们便进入了同步生长。对营养缺陷型菌株，同样可以通过控制它所缺乏的某种营养物质而达到同步化。例如在肠杆菌胸腺嘧啶缺陷型菌株，先将其培养在不含胸腺嘧啶的培养基内一段时间，所有的细胞在分裂后，由于缺乏胸腺嘧啶，新的 DNA 无法合成而停留在 DNA 复制前期，随后在培养基中加入适量的胸腺嘧啶，于是所有的细胞都同步生长。

诱导同步生长的环境条件多种多样。不论哪种诱导因子都必须具有以下特性：不影响微生物的生长，但可特异性地抑制细胞分裂，当移去（或消除）该抑制条件后，微生物又可立即同时出现分裂。研究同步生长诱导物的作用，将有助于揭示微生物细胞分裂的机制。

③ 其他。用稳定期的培养物接种，从细菌生长曲线可知，处于稳定期的细胞，由于环境条件的不利，细胞均处于衰老状态，如果移入新鲜培养基中，同样可得到同步生长；在培养基中加入某种抑制蛋白质合成的物质（如氯霉素），诱导一定时间后再转到另一种完全培养基中培养；对光合性微生物的菌体可采用光照与黑暗交替处理法等，均可达到同步化的目的。芽孢杆菌则可通过诱导芽孢在同一时间内萌发的方法，以得到同步培养物。环境条件控制法有时会给细胞带来一些不利的影响，打乱细胞的正常代谢。

应该明确，同步生长的时间，因菌种和条件而变化。由于同步群体的个体差异，同步生长不能无限地维持，往往会逐渐被破坏，最多能维持2～3个世代，又逐渐转变为随机生长。

4.2.3.3 连续培养

连续培养（continous culture）是在微生物的整个培养期间，通过一定的方式使微生物以恒定的比生长速率生长下去的一种培养方法。根据生长曲线，营养物消耗和代谢产物的积累是导致微生物生长停止的主要原因。因此在微生物培养过程中，不断补充营养物质和以同样的速率移出培养物是实现微生物连续培养的基本原则。

最简单的连续发酵装置包括：培养室、无菌培养基容器以及可自动调节流速（培养基流入，培养物流出）的控制系统，必要时还装有通气、搅拌设备。连续培养装置的一个主要参数是稀释率 D，它的定义为：$D=F/v=$ 流动速率/容积，即培养基每小时流过培养容器的体积，单位为 h^{-1}，其倒数 $1/D$ 就是流入培养基在培养容器中的停留时间。

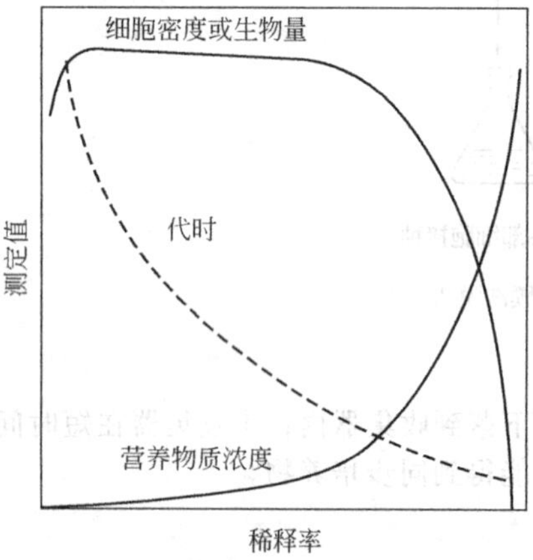

图 4-7 恒化器中稀释率与微生物生长之间的关系

微生物数量和代时都与稀释率 D 有关（图 4-7）。在一个较宽的稀释率范围内，系统内微生物密度保持恒定。稀释率增加，代时减小（生长速率提高），在这种条件下，限制性营养物几乎全部消耗。若稀释率过高，系统中的微生物在进行繁殖之前就被从培养容器中排出，因为此时稀释率高于微生物的最高生长速度。容器内的细胞数量减少，对限制性营养物质消耗下降，导致限制性营养物质浓度增加。

在稀释率很低的情况下，稀释率的增加会导致细胞密度和生长速率都增加，这是因为营养物质浓度对生长速率的影响。在低稀释率情况下，只有有限的营养物质可供利用，细胞必须将获得的能量大部分用于维持生命而不是用于生长繁殖，到稀释率增加时，营养物质也增加，细胞有更多的能量利用，不仅能维持生命活动，而且还可用于生长繁殖，使细胞密度提高，即当细胞可利用能量超过维持细胞能（maintenance energy）时，生长速率就开始增加。

控制连续培养的方法主要有两类：恒化连续培养与恒浊连续培养。

（1）恒化连续培养。控制恒定的流速，使由于细菌生长而耗去的营养及时得到补充，培养室中营养物浓度基本恒定，从而保持细菌的恒定生长速率，这种方法称为恒化连续培养，又称为恒组成连续培养。恒化器（chemostat）的工作原理如图 4-8 所示。它既可以用来控制群体细胞密度，又可以用来控制培养物生长速度。恒化器的运行可通过对两个要素的分别控制来实现：①限制性营养物质浓度，如碳源或氮源；②稀释率 D，微生物的生长率可以通过改变培养及限制营养物质浓度进行调控，而其生长速率则是通过调整稀释率来控制。

已知营养物浓度对生长有影响，但营养物浓度高时并不影响微生物的生长速率，只有在营养物浓度低时才影响生长速率，而且在一定的范围内，生长速率与营养物的浓度成正相关，营养物浓度愈高，则生长速率也高。

恒化连续培养的培养基成分中，必须将某种必需的营养物质控制在较低的浓度，以作为限制因子，而其他营养物均为过量，这样，细菌的生长速率将取决于限制因子的浓度。随着细菌的生长，限制因子的浓度降低，致使细菌生长速率受到限制，但同时通过自动控制系统来保持限制因子的恒定流速，不断予以补充，就能使细菌保持恒定的生长速率。用不同浓度的限制性营养物进行恒化连续培养，可以得到不同生长速率的培养物。

能作为恒化连续培养限制因子的物质很多。这些物质必须是机体生长所必需的，在一定浓度范围内能决定该机体生长速率的。常用的限制性营养物质有作为氮源的氨、氨基酸，作为碳源的葡萄糖、麦芽糖、乳酸，以及生长因子、无机盐等。

恒化连续培养法多用于微生物学研究工作中。从遗传学角度来讲，它允许做长时间的细菌培养而能从中分离出不同的变种；从生理学方面看，能帮助我们观察细菌在不同生活条件下的变化，尤其是DNA、RNA及蛋白质合成的变化；同时它也是研究自然条件下微生物生态体系比较理想的试验模型。因为生长在自然界的微生物一般都处于低营养浓度条件下，生长也较慢。而恒化连续培养正好可通过调节控制系统来维持培养基成分的低营养浓度，使之与自然条件相类似。

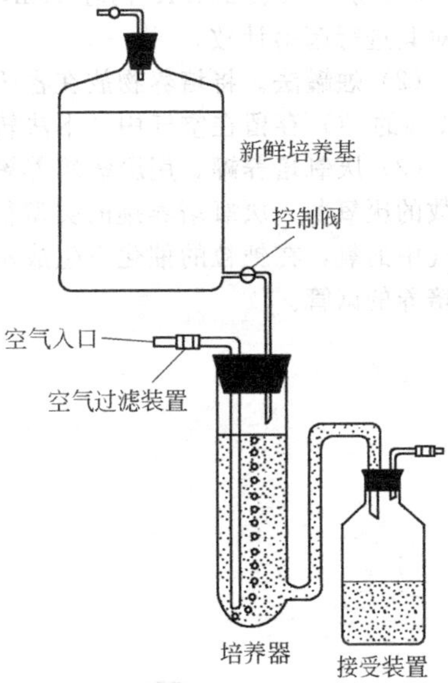

图 4-8　恒化器工作原理示意

(2) 恒浊连续培养。不断调节流速而使细菌培养液浊度保持恒定的连续培养方法称为恒浊连续培养。在恒浊连续培养中装有浊度计，借光电池检测培养室中的浊度（即菌液浓度），并根据光电效应产生的电信号的强弱变化，自动调节新鲜培养基流入和培养物流出培养室的流速。当培养室中浊度超过预期数值时，流速加快，浊度降低；反之，流速减慢，浊度增加，以此来维持培养物的某一恒定浊度。如果所用培养基中有过量的必需营养物，就可使菌体维持最高的生长速率。恒浊连续培养中，细菌生长速率不仅受流速的控制，也与菌种种类、培养基成分以及培养条件有关。

恒浊连续培养可以不断提供具有一定生理状态的细胞，得到以最高生长速率进行生长的培养物。在微生物工作中，为了获得大量菌体以及与菌体相平行的代谢产物时，使用此法具有较好的经济效益。

连续培养法用于工业发酵时称为连续发酵（continuous fermentation）。我国已将连续发酵用于丙酮-丁醇的发酵生产中，缩短了发酵周期，效果良好。在国外应用更为广泛。连续发酵的最大优点是取消了分批发酵中各批之间的时间间隔，从而缩短了发酵周期，提高了设备利用率。另外，连续发酵便于自动控制，降低动力消耗及体力劳动强度，产品也较均一。但连续发酵中杂菌污染和菌种退化问题仍较突出。代谢产物与机体生长不呈平行关系的发酵类型的连续培养技术，也有待研究解决。

4.2.4　厌氧培养

在微生物世界中，厌氧菌的种类相对较少，绝大多数种类都是耗氧菌或兼性厌氧菌。如今已发现越来越多的厌氧菌，如巴氏梭菌、丙酮丁酸梭菌、双歧杆菌等。专性厌氧菌的培养常采用物理或化学的方法。

4.2.4.1　厌氧培养基

专性厌氧菌只能在很低的氧化还原电位的培养基中生长，因此在配置培养基时，除满足微生物的营养需求外，还要加入氧化还原指示剂和还原剂如半胱氨酸、硫乙醇酸盐、Na_2S或维生素C等。

4.2.4.2　厌氧培养的容器和技术

(1) 高层琼脂柱。将含有还原剂的固体或半固体培养基装入试管中，经灭菌后，除表层尚有一些溶解氧外，越是深层，其氧化还原势越低，故有利于厌氧菌的生长。如韦荣氏管（Veillon

tube）就是一根长 25cm、内径 1cm，两端可用橡皮塞封闭的玻璃管，可用做稀释、分离厌氧菌并对其进行菌落计数。

（2）烛罐法。将培养物放在密闭的容器中，点燃蜡烛，当氧气耗尽、火焰熄灭（图 4-9），约有 7%的 CO_2 存留在空气中。本法较粗糙，仅供在没有厌氧培养条件下使用。

（3）厌氧培养罐。用厌氧培养罐进行厌氧培养是一种不很严格的厌氧培养技术，可用于培养多数的厌氧菌。厌氧培养罐的类型很多，如 Gaspak 厌氧罐（图 4-10）。罐中气体封套中的氢气与空气中的氧，在钯粒的催化下生成水，造成厌氧环境。在罐内一般可放 10 个常用的培养皿或液体培养的试管。

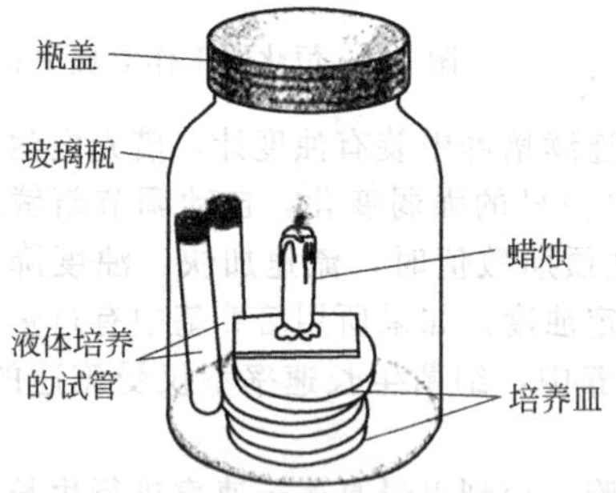

图 4-9　烛罐法

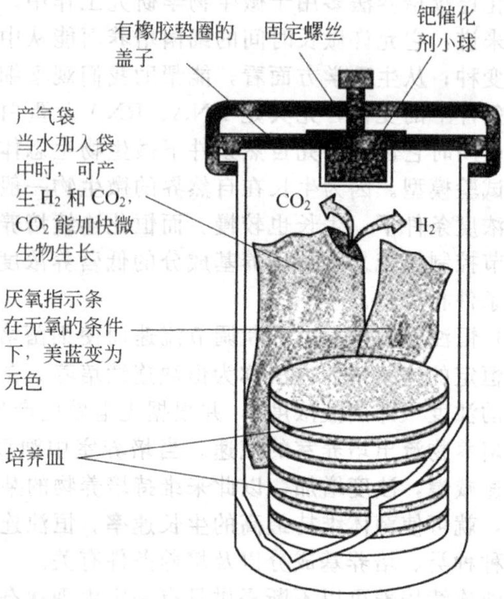

图 4-10　厌氧罐的结构

（4）厌氧培养皿。用于厌氧培养的培养皿有几种设计。有的是利用特制皿盖去创造一个狭窄空间，再加上还原性培养基的配合使用而达到厌氧培养的目的，如 Brewer 皿［图4-11(a)］；有的利用特制皿底——有两个相互隔开的空间，其一是放焦性没食子酸，另一侧放 NaOH 溶液，待在皿盖的平板上接入待培养的厌氧菌后，立即密闭，经摇动，上述两侧试剂因接触而发生反应，于是造成了无氧环境，如 Bray 皿［图 4-11(b)］或 Spray 皿［图 4-11(c)］。

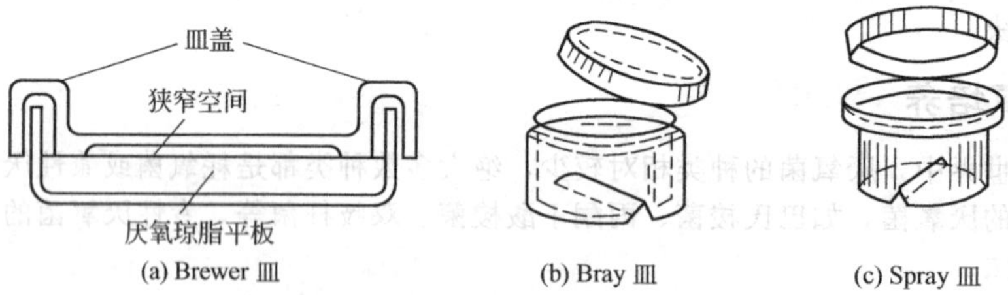

图 4-11　三种厌氧培养皿

（5）亨盖特滚管技术。亨盖特滚管技术由美国生物学家 R. E. Hungate 于 1950 年设计。这是生物学发展历史中的一项具有划时代意义的创造，由此推动了严格厌氧菌（如瘤胃微生物区系和产甲烷菌）的分离和研究。其主要原理是利用铜柱除氧制备高纯氮，并用高纯氮排出小环境中的空气，使培养厌氧菌的工作始终在无氧环境下完成，保证严格厌氧菌的存活。

（6）厌氧培养箱。通过抽取厌氧培养箱或罐中的氧气，充入其他气体如 N_2、H_2 或 CO_2 等，从而形成厌氧环境。在保证箱内厌氧环境的前提下，为了使培养材料、培养物更方便进出箱体，开发了厌氧手套箱。这种培养箱的箱体上有两只塑料手套，工作人员可以通过手套进入箱中进行培养基的配制、接种、观察、分离、保藏等操作。

4.3 环境因子对微生物的影响

生长是微生物与外界环境因子共同作用的结果。在一定限度内环境因子变化会引起微生物形态、生理或遗传特性发生变化。但超过一定限度的环境因子变化，常导致微生物死亡。反之，微生物在一定程度上也能通过自身活动，改变环境条件，以适合于它们的生存和发展。影响微生物生长的环境条件主要有物理、化学环境和生物因子。

4.3.1 微生物生长的环境条件

4.3.1.1 温度

温度是微生物生长的重要环境条件之一。从总体上看，微生物生长和适应的温度范围从－12～100℃或更高，根据不同微生物对温度的要求和适应能力，可以把它们区分为低温菌、中温菌和高温菌三种不同的类型。各类微生物对温度的适应范围和分布见表4-2。

表4-2 不同生长温度的微生物类型

微生物类型	生长温度/℃				分布的主要场所
	范围	最低	最适	最高	
低温菌	－10～30	－10	10～20	30	极地区及冷藏食品
中温菌	10～45	10	25～30 (35～40)	45	土壤、水、空气、动植物及人体
高温菌	25～80	25	50～55	80	温泉、堆肥土壤、表层水、加热器等

低温菌或嗜冷微生物，一般分布在高纬度的陆地和海洋、中高纬度陆地及冷藏食品上，包括细菌、真菌和藻类等许多类群，其中研究得较多的是藻类，如能在寒带冰河雪原表面生长的雪藻和可在极地冰块下面生长的硅藻。它们往往是造成冷冻食品腐败的主要原因。

嗜冷性微生物能在低温下生长的主要原因是：它们有能在低温下保持活性的酶和细胞质膜类脂中的不饱和脂肪酸含量较高，因而能在低温下继续保持其半流动性和生理功能，进行活跃的物质传递，支持微生物生长。其中的酶类在30～40℃的情况下会很快失活。

中温菌可进一步分为体温型和室温型两大类。体温型绝大多数是人或温血动物的寄生或兼性寄生微生物，以35～40℃为最适温度。室温型则广泛分布于土壤、水、空气及动植物表面和体内，是自然界中种类最多、数量最大的一个温度类群，其最适温度为25～30℃。

高温菌主要分布在高温的自然环境（如火山、温泉和热带土壤表层）及堆肥、沼气发酵等人工高温环境中。比如堆肥在发酵过程中温度常高达60～70℃。能在55～70℃中生长的微生物有芽孢杆菌属、梭状芽孢杆菌属、高温放线菌属、甲烷杆菌属等。分布于温泉中的细菌，有的可在接近于100℃的高温中生长。这些耐高温的微生物，常给食品工业和发酵工业等带来损失。

就耐热性而言，各主要微生物类群表现为：原核生物＞真核生物；非光合生物＞光合生物；结构简单生物＞结构复杂生物。一个类群中只有少数种属能生活于接近这一类型的温度上限的环境中。

超过微生物生长上限的高温将导致微生物细胞死亡。这主要是由于高温引起核酸、蛋白质（酶）不可逆变性，或者因为含有脂类的质膜结构被破坏，透性改变，细胞内含物泄漏而引起死亡。

具体到某一种微生物，则只能在有限的温度范围内生长，并具有最低、最适和最高温度3个临界值。最适温度是使微生物生长繁殖最快的温度。但它不等于发酵的最适温度，也不等于积累代谢产物的最适温度。在较高温度条件下，细胞分裂虽然较快，但维持的时间不长，容易老化。相反，在较低温度下，细胞分裂较慢，但维持时间较长，结果细胞的总产量反而较高。同样，发酵速度与代谢产物积累量之间也有类似的关系。所以研究不同微生物在生长或积累代谢产物阶段时的不同最适温度，对提高发酵生产的效率具有十分重要的意义。例如乳酸链球菌虽然在34℃下生长最快，但获得细胞总量最高的温度是25～30℃；发酵速度最快的温度则为40℃，而乳酸产量最高的温度是30℃。其他微生物的试验也得到了类似的结果。

4.3.1.2 水分和渗透压

水是一切生物进行正常生命活动的必要条件。水生微生物在水溶液中生活，陆生微生物则从培养基质、固体表面附着的水膜或潮湿的空气中吸收水分。缺水的干燥环境不适于微生物生活，长期失水将导致死亡。渗透压主要影响溶液中水的可给性，若环境溶液中的溶质含量过高，渗透压过大，也将抑制微生物的生长繁殖。

(1) 水的活度。微生物的生命活动离不开水，严格地讲是离不开可被微生物利用的水。可利用水量的多少不仅取决于水的含量，而且主要取决于水与溶质或固体间的关系。水的活度是用来表示环境中水对微生物生长可给性高低的指标，用 a_w 表示。a_w 值实质上是以小数来表示与溶液或含水物质平衡时的空气的相对湿度，即在相同温度和压力条件下，密闭容器中该溶液的水饱和蒸汽压与纯水饱和蒸汽压的比值。

$$a_w = P/P_0 = \mathrm{RH} \times 100$$

式中，P 为溶液或含水物质的蒸汽压；P_0 为纯水的蒸汽压；RH 为空气的相对湿度。

已知溶液的 a_w 值取决于溶质的种类及其解离度。如在25℃下，纯水的水活度为1.00，完全干燥条件下的水活度为0.00。饱和 NaCl（约30%）的 a_w 值为0.80，饱和蔗糖（20.5%）为0.85，饱和甘油（20.4%）为0.65。不同微生物生长需要的 a_w 值范围各异。例如细菌一般为0.90～0.99，酵母菌和丝状真菌为0.90～0.95。少数类群可在较低的 a_w 值环境中生活，如嗜盐细菌可低至0.75，嗜盐酵母和丝状真菌可达0.60。微生物生活的 a_w 值范围为0.63～0.99。

微生物的营养细胞一般不耐干燥，在干燥条件下，几小时便会死亡，但放线菌的分生孢子和细菌芽孢可以在干燥条件下保存数年。若在微生物营养细胞中加入少量保护剂（如脱脂牛奶、血清、蔗糖等）于低温冷冻的条件下真空干燥，用此法冻干的微生物不仅可以长期保持其活力，而且能保持原有的遗传特性，是一种较理想的菌种保藏方法。

(2) 渗透压。微生物细胞通常具有比周围环境高的渗透压，因而很容易从环境中吸收水分。除极端的生态条件以外，适合微生物生长的渗透压范围较广。低渗透压溶液除能破坏去壁的细胞原生质体的稳定性以外，一般不对微生物的生存带来威胁。高渗透压环境会使细胞原生质脱水而发生质壁分离，因而能抑制大多数微生物的生长。这一原则也使我们可以在食品加工和日常生活中用高浓度的盐或糖来加工蔬菜、肉类和水果等。常用的食盐浓度为10%～15%，蔗糖为50%～70%。某些微生物能在高渗透压环境中生活，称为耐高渗微生物（osmophiles），如海洋微生物需要培养基中有3.5%的 NaCl，某些极端嗜盐细菌能耐15%～30%的高盐环境。虽然自然界没有高糖的天然环境，但少数霉菌和酵母菌能在60%～80%的糖液或蜜饯食品上生长。

4.3.1.3 pH值

环境的酸碱度对微生物生长也有重要影响。就总体而言，微生物能在pH值为1～11的范围内生长，但不同种类微生物的适应能力各异。每种微生物都有其最适pH值和能适应的pH值范围。已知大多数细菌、藻类和原生动物的最适pH值为6.5～7.5，适宜范围为4.0～10.0；放线菌多以pH值中性至微碱性为宜，最适pH值为7.0～8.0；真菌一般偏酸性环境，最适pH值多为5.0～6.0（表4-3）。不管微生物对环境pH值的适应性多么不同，任何生物细胞内的pH值都近于中性，这就不难理解为什么胞内酶的最适pH值要近于中性而胞外酶要近于环境了。

pH值或氢离子浓度对微生物的作用表现在：(1) 影响细胞质膜电荷和养料吸收，如在酸性环境中，乙酸能进入细胞，而在中性或碱性环境中，乙酸离子化，不能进入细胞；(2) 影响酶的活性；(3) 改变环境中养料的可给性或有害物质的毒性。在发酵工业中pH值的变化常可以改变微生物的代谢途径并产生不同的代谢产物。例如酵母菌在 pH 值为 4.5～6.0 时发酵蔗糖产生酒精，当 pH 值大于 7.6 时则可同时产生酒精、甘油和乙酸。又如黑曲霉在 pH 值为 2.0～5.0 时发酵蔗糖产生柠檬酸，当 pH 值升至中性时，则产生草酸。因此，调节和控制发酵液 pH 值可以改变微生物的代谢方向以获得需要的代谢产物。

表 4-3 不同微生物的生长 pH 值范围

微 生 物	pH 值		
	最低	最适	最高
氧化硫硫杆菌(*Thiobacillus thiooxidans*)	1.0	2.0～2.8	4.0～6.0
嗜酸乳杆菌(*Lactobacillus acidophilus*)	4.0～4.6	5.8～6.6	6.8
大豆根瘤菌(*Rhizobium japonicum*)	4.2	6.8～7.0	11.0
褐球固氮菌(*Azotobacter chroococcum*)	4.5	7.4～7.6	9.0
亚硝化单胞菌(*Nitrosomonassp*)	7.0	7.8～8.6	9.4
黑曲霉(*Aspergillus niger*)	1.5	5.0～6.0	9.0
一般放线菌	5.0	7.0～8.0	10.0
一般酵母菌	2.5	4.0～5.8	8.0
一般霉菌	1.5	3.8～6.0	7.0～11.0

微生物对环境中物质的代谢也能反过来改变环境的 pH 值。如许多细菌和真菌在分解培养基质中的碳水化合物时产酸使环境变酸，另一些微生物则在分解蛋白质时产氨而使环境变碱。因此在配制培养基时，往往不仅需要调节 pH 值，有时还要选择适合 pH 值的缓冲液（主要是磷酸缓冲液），或加入过量碳酸钙等方法来维持微生物生长过程中的 pH 值。强酸和强碱具有很强的杀菌能力，但无机酸因对人和容器的腐蚀性强而很少采用。培养液过酸时也可采用在培养基中加适量氮源或提高通气量，过碱时在培养基中加适量碳源或降低通气量来解决。

4.3.1.4 氧气

根据氧与微生物的关系，可将微生物分为专性好氧菌、微好氧菌、耐氧菌、兼性厌氧菌和厌氧菌五种类型：

微生物与氧的关系
- 好氧菌
  - 专性好氧菌：需氧，在正常大气压下通过呼吸产能
  - 兼性厌氧菌：以呼吸为主，兼营发酵产能；以呼吸为主，兼营厌氧呼吸产能
  - 微好氧菌：需在微量氧下生活（2%～10%的氧体积分数）
- 厌氧菌
  - 耐氧菌：不需氧，只以发酵产能，氧对其无毒害作用
  - 厌氧菌：氧对其有害或能致死，以发酵或无氧呼吸产能

五类对氧关系不同的微生物在液体培养基试管中的生长特征见图 4-12。

(1) 专性好氧菌。专性好氧菌必须在较高浓度的分子氧的条件下才能生长，它们具有完整的呼吸链，以分子氧作为最终氢受体，具有超氧化物歧化酶（superoxide dismutase, SOD）和过氧化氢酶（catalase），绝大多数真菌和许多细菌、放线菌都是专性好氧菌，如醋杆菌属（*Acetobacter*）、固氮菌属（*Azotobacter*）等。

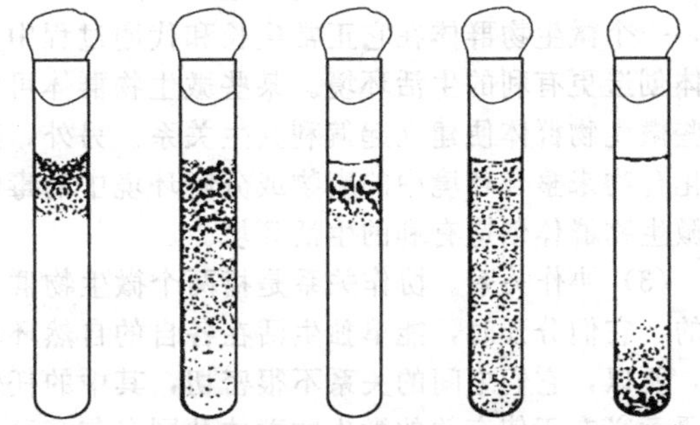

图 4-12 五类对氧关系不同的微生物在半固体琼脂柱中的生长状态模式

(2) 兼性厌氧菌。以在有氧条件下的生长为主，也可在厌氧条件下生长的微生物为兼性厌氧菌，有时也称为兼性好氧菌。有氧时进行呼吸产能，无氧时通过发酵或无氧呼吸产能。细胞内含超氧化物歧化酶和过氧化

氢酶，许多酵母菌和细菌都属此类，如酿酒酵母（*Saccharomyces cerevisiae*）、产气肠杆菌（*Enterobacter aerogenes*）等。

（3）微好氧菌。微好氧菌只能在2%～10%的氧体积分数下生活，通过呼吸链并以氧为最终氢受体而产能。如霍乱弧菌（*Vibrio cholerae*）、氢单胞菌属（*Hydrogenomonas*）和发酵单胞菌属（*Zymomonas*）。

（4）耐氧菌。耐氧菌是一类可在分子氧存在下进行发酵性厌氧生活的厌氧菌，它们的生长不需要氧，但分子氧对它们也无毒害。它们不具备呼吸链，仅依靠专性发酵和底物水平磷酸化而获得能量。耐氧的机制是细胞内含有SOD和过氧化物酶（缺乏过氧化氢酶）。耐氧菌通常为乳酸菌，如乳酸乳杆菌（*Lactobacter lactis*）、肠膜明串珠菌（*Leuconostoc mesenteroides*）和乳链球菌（*Sreptococcus lactis*）等。

（5）厌氧菌。厌氧菌有一般厌氧菌与严格厌氧菌之分。特点是：分子氧对它们有剧毒，即使短期接触也会抑制甚至致死；在空气或含10%CO_2的空气中，它们在固体或半固体培养基表面不生长，只有在其深层无氧或低氧化还原势的环境下才能生长；通过发酵、无氧呼吸、循环光合磷酸化或甲烷发酵等提供能量；细胞内缺乏超氧化物歧化酶（SOD）和细胞色素氧化酶，大多数缺乏过氧化氢酶。常见的厌氧菌有梭菌属（*Clostridiμm*）、拟杆菌属（*Bacterorides*）、双歧杆菌属（*Bifidobacteriμm*）以及各种光合细菌和产甲烷菌（*Methanogens*）等。

4.3.2 生物因子

自然界中某种微生物很少以纯种的方式存在，而是作为生物群落中的一个群体与其他微生物、动植物共同混杂生活在某一生态环境里。一个生态系统中的生物群落通常包括微生物、植物和动物。微生物在生态系统中，除了与其环境中的理化因素发生相互作用外，还与系统中的其他生物（包括微生物本身）发生着极为复杂的相互作用，以此构成了生态系统的完整结构，并维持生态系统的正常功能和生态平衡。

不同的微生物群体之间存在着许多种不同的相互作用，但基本上可以分为负的相互作用和正的相互作用。对一个群体是正的相互作用，对另一个群体来说却是负的相互作用。一个生态系统中，如果其中的群落比较简单，那么相互关系也就比较简单。如果是一个复杂的自然生物群落，不同微生物群体之间可能存在各种各样的相互关系。不同微生物群落之间的关系主要有以下几种：中性关系、偏利共生关系、协作关系、共生关系、竞争关系、拮抗作用或称偏害作用、寄生关系和捕食关系。

（1）中性关系。中性关系也称一般关系，指两个群体间缺乏相互作用。中性关系不可能在微生物群落中具有相同或相似功能的种群之间发生，而只能在代谢类型相差极大的种群之间存在。在空间上相互分离、低密度、寡营养、不利于生长繁殖的环境（如低温冷冻、干燥的大气中）或处于休眠状态的微生物种群之间才可能出现中性关系。

（2）偏利共生关系。偏利共生关系是指一个种群获利而另一个种群不受影响的共生关系。例如，一个微生物群体在它正常生长和代谢过程中，能使其生活环境发生改变，从而为另一微生物群体创造更有利的生活环境。某些微生物群体可以产生其他微生物群体所必需的生长因子，结果这些微生物群体便建立起偏利共生关系。另外，某些微生物群体通过结合环境中的毒物或产生一些化合物来整合环境中的废物或分解环境中的毒物或产生酸性物质溶解出不溶性的化合物，为其他微生物群体创造有利的生活环境。

（3）协作关系。协作关系是指两个微生物群体生活在一起时，互相获利，但这种协作不是专性的，它们分开时，能单独生活在各自的自然环境中，但它们形成协作关系时能各自获得一些好处，所以，它们之间的关系不很密切，其中的任何一个群体可以被其他群体所代替。协作关系的重要意义在于使有关的微生物群体共同参与某种物质的代谢过程，如某种物质的合成或降解，当有关的两个微生物群体单独存在时，便不能完成这种物质的整个合成或降解过程，只有这两个微生物群体生活在一起时才能完成这种物质的整个合成或降解过程。协作关系在农药、染料等生物外源性物质的生物降解中非常常见，因此，协作关系在清除环境污染，特别是生物外源性物质污染方面具有非常重要的意义。

(4) 共生关系。共生关系可以认为是协作关系概念的延伸，两个互利种群之间关系比较密切，互不可分离，两者之间的结合具有专一性，建立起这种关系的两个群体的代谢和生理功能通常不同于它们各自单独生活的情况。地衣是这种互惠共生关系的典型代表。地衣是由藻类或蓝细菌与真菌组成的共生体系，组成地衣的两种生物分别为初级生产者（藻类或蓝细菌）和消费者(真菌)。初级生产者利用光能合成有机物供给消费者使用，消费者为初级生产者提供某种形式的保护和营养矿物质以及某些生长因子（维生素、氨基酸、辅酶等）。

(5) 竞争关系。竞争关系是指两个生活在一起的微生物种群由于使用相同的资源（空间或有限营养物质）而使两者的存活和生长都受到不良的影响。竞争关系可以在任何一种生长资源受限的情况下发生，如碳源、氮源、磷源、硫源、氧气、水等。由此可见，竞争关系在两个亲缘关系越近的微生物种群之间也越容易发生，因此竞争关系是一种普遍存在的微生物之间的相互作用方式。竞争关系可以导致亲缘关系密切的微生物种群之间的分离作用，这就是竞争排斥原理。如果两个群体试图力争占据同一环境，竞争的结果将是一方获胜，而另一方被排斥。

(6) 拮抗作用。一个微生物种群产生一种物质对其他种群产生抑制或毒害作用，种群之间的这种关系就称为拮抗作用或偏害作用。产生这种物质的微生物种群其本身并不受这种物质的影响，在竞争中处于有利地位，能更好地在自然环境中生存。能产生拮抗作用的物质种类很多，如低分子量的脂肪酸（乳酸等）、无机酸（硫酸、硝酸等）、氧气、醇类、抗生素、细菌素等。抗生素产生菌是拮抗作用的典型代表，很多微生物，特别是放线菌都可以产生抗生素。细菌素是另一类很重要的拮抗作用物质，在很低浓度就可以发挥作用，它们的作用对象通常只限定在亲缘关系与其产生菌非常密切的微生物种群。在结构上它们都是多聚或低分子量的蛋白质，是由质粒或转座子编码控制的。

(7) 寄生关系。在寄生关系中寄生物可以从宿主群体中获取营养物，而宿主是受害者。寄生物有外寄生物和内寄生物之分。寄生物包括病毒、细菌、真菌和原生动物，它们的宿主包括细菌、真菌、原生动物和藻类。微生物间寄生的典型例子是噬菌体与其宿主菌的关系。寄生物和宿主之间的关系具有种属特异性，有的甚至有菌株特异性。在某些情况下，这种特异性还取决于宿主细胞表面的物理、化学特性，因为宿主细胞表面的特性可以影响寄生物吸附到宿主细胞的表面上。寄生物对于控制宿主群体的大小和节省被自然界微生物所分解的营养物起着很大的作用，因为宿主群体密度增大，受到寄生物攻击的可能性也增大，寄生物在宿主群体中繁殖的结果导致宿主群体密度下降。由于宿主群体密度下降，反过来也导致许多寄生物死亡或处于休眠状态。

(8) 捕食关系。一种生物吞食并消化另一种生物的关系称为捕食关系。微生物间的捕食关系主要是原生动物捕食细菌和藻类。捕食者可以从被捕食者中获取营养物，并降低被捕食者的群体密度。一般情况下，捕食者和被捕食者之间相互作用的时间延续很短，并且捕食者个体大于被捕食者，但是在微生物世界中，这种大小的区别并不很明显，如原生动物节毛虫可以吞噬原生动物草履虫，原生动物袋状草履虫可以吞噬藻类和细菌。但也有许多微生物可以抵抗吞噬作用。例如，大肠杆菌受到黏土保护之后，形成一层物理屏障，可以抵抗原生动物的吞噬。

参 考 文 献

[1] 郑平. 环境微生物学. 杭州：浙江大学出版社，2002.
[2] 张景来等. 环境生物技术及应用. 北京：化学工业出版社，2002.
[3] 车振明. 微生物学. 武汉：华中科技大学出版社，2008.
[4] 李莉主编. 应用微生物学. 武汉：武汉理工大学出版社，2006.
[5] 祝威. 石油污染土壤和油泥生物处理技术. 北京：中国石化出版社，2010.
[6] 马放. 环境生物制剂的开发与应用. 北京：化学工业出版社，2004.
[7] 程国玲，李培军. 石油污染土壤的植物与微生物修复技术. 环境工程学报，2007，1 (6)：91-96.
[8] 李习武，刘志培. 石油烃类的微生物降解. 微生物学报，2002，42 (6)：764-767.
[9] 李宝明. 石油污染土壤微生物修复的研究：[学位论文]. 北京：中国农业科学院，2007.

第5章 微生物的遗传和变异

遗传（heredity）和变异（variation）是一切生物最本质的属性。遗传是指生物将自身的遗传基因稳定的传递给下一代的行为或功能。微生物在一定的环境条件下，具有特定的形态和生理生化特性，并且能够世代相传。例如大肠杆菌的形态为短杆状，生长要求pH值为7.2，温度为37℃，能够发酵葡萄糖或乳糖，并产酸产气。大肠杆菌将这些特性稳定的传给后代，这就是大肠杆菌的遗传。

遗传是生物在系统发育过程中形成的，具有很强的保守性。系统发育越久的生物遗传的保守性越强，其特性越不容易受到外界环境的影响。不同种的生物遗传保守程度不同，高等生物的遗传保守程度比低等生物的高。对于同一种生物而言，个体年龄越大，保守程度越高；个体越年幼，保守程度越低。在微生物的研究和应用上，遗传是一柄双刃剑，既有有利的一面，也有不利的一面。由于遗传的存在，可以使选育出来的优良菌种特性稳定地世代相传，但当环境条件改变时，微生物会因不适应新环境而死亡。

和遗传相对的是变异。任何一种生物的亲代和子代，以及不同个体之间，在形态结构和生理特性方面都有一定的差异，这种现象就是变异。变异的存在是生物适应环境的一种体现。当外界环境发生变化时，大部分微生物会因不适应新的环境而死亡，但有些微生物会改变自己对营养和环境条件的要求，寻求可以利用的碳源和营养物质，产生适应酶和相应的代谢机制，从而适应新的环境并存活下来。微生物的变异是十分普遍的，常见的有个体形态的变异、菌落形态的变异、营养要求的变异、生理生化特性的变异、代谢途径以及产物的变异等。

遗传和变异是辩证统一，相互依存的。遗传中有变异，变异中有遗传。遗传是相对的，而变异是绝对的。生物在新环境下变异获得的新性状，可能会遗传给下一代。遗传保证了生物种类的存在和延续，而变异则推进了生物的进化和发展。利用化学药剂、辐射等技术手段改变外界环境条件，可以提高微生物的变异频率，通过筛选可获得具有良好特性的变异株。这种利用微生物遗传和变异的特性，有目的、有计划地培养和筛选微生物的方法称为驯化，这在微生物的研究和应用中是最基本的方法之一。

随着遗传物质的发现，人类对遗传和变异的认识逐渐从表面深入到本质。20世纪80年代之后，现代分子生物学迅猛发展为定向改造基因，编码具有特定功能的蛋白提供了有力的技术手段。基因重组、质粒育种、原生质体融合等技术在微生物的品种选育上广泛应用，有些还与其他工程技术手段相结合，极大地提高了人类在水污染监测与控制方面的能力。

5.1 微生物遗传变异的物质基础

5.1.1 遗传和变异的物质基础

生物是如何将其形状稳定的传递给下一代？遗传的物质基础是什么？这曾是困扰人类多年的难题，直到20世纪中期才彻底得以解决。格里菲斯进行的转化实验，艾弗里等人的转化补充实验，赫西和蔡斯的噬菌体感染实验，以及烟草花叶病毒的拆分与重建实验为遗传物质的确认提供了不可辩驳的证据。

1928年，英国细菌学家格里菲斯（F. Griffith）利用肺炎链球菌进行了著名的转化实验（图5-1）。肺炎链球菌的个体外形呈球状，常以链状排列。有两种不同致病性的菌株：一种具有荚膜，其菌落表面光滑，称为S型，可使小白鼠患败血症而死亡；另一种无荚膜，菌落外观粗糙，称为R型，为非致病性菌株。格里菲斯将非致病性的活的R型肺炎链球菌注入小白鼠体内，结果小白鼠仍然活着；将致病性的活的S型肺炎链球菌注入小白鼠体内，结果小白鼠发病死亡；将少量非致病性的、活的R型肺炎链球菌和大量经加热杀死的致病性的S型菌混合注入小白鼠体内，结果小白鼠病死，并在死鼠体内发现活的S型肺炎链球菌，而单独注入经加热杀死的S型肺炎链球菌则无法导致小白鼠发病死亡。

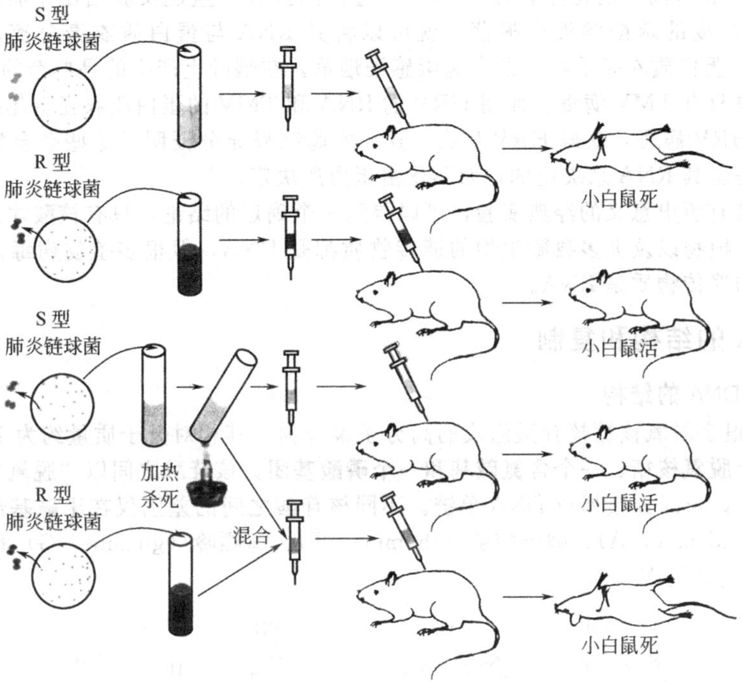

图5-1　肺炎链球菌转化实验

转化实验的结果说明，加热致死的S型菌体内有一种能够引起R型活菌转化产生S型活菌的物质，在一定条件下仍可以发挥作用。格里菲斯又通过细菌培养实验进一步证明了这个推断：将加热致死的S型肺炎链球菌单独培养，则不生长；将活的R型菌单独培养，仍然长出R型菌；将加热致死的S型菌和活的R型菌混合培养，则可长出R型菌和S型菌。以上实验充分说明了加热致死的S型肺炎链球菌中仍存在一种具有遗传能力的物质，它能够通过某种方式进入R型肺炎链球菌的细胞，并使R型菌获得表达S型菌性状的特性。格里菲斯通过转化实验首先发现了遗传转化现象，尽管这些实验并不能阐明现象的本质，但为后来进一步揭示转化因子的研究工作奠定了基础。

1944年，美国微生物学家艾弗里（O. T. Avery）、麦克劳德（C. M. Macleod）和麦卡蒂（M. MacCarty）等人对肺炎链球菌遗传转化的本质进行了深入研究。他们从加热致死的S型肺炎链球菌中提取了四种细胞成分：脱氧核糖核酸（DNA）、核糖核酸（RNA）、蛋白质、荚膜多糖，分别加入到活的R型菌中进行转化实验。结果发现，只有加入DNA的能够引起R型肺炎链球菌的转化，而其他三种成分都不能引起转化。DNA的纯度越高，其转化效率就越高，但与DNA酶混合之后则转化作用丧失。这一实验有力地说明了S型肺炎链球菌体内的转化因子是DNA，正是它将S型肺炎链球菌的性状稳定地传递给了R型菌。

1952年，赫西（A. D. Hershey）和蔡斯（M. Chase）进行了噬菌体侵染实验。由于蛋白质分子中只含硫而没有磷，而DNA分子中只有磷而没有硫。利用含放射性的$^{32}PO_4^{3-}$或$^{35}SO_4^{2-}$的培养基，分别对大肠杆菌噬菌体的头部DNA和蛋白质衣壳进行同位素标记。然后利用标记后的噬菌体侵染大肠杆菌，待噬菌体完成吸附和侵入之后，处理被侵染的大肠杆菌，使噬菌体蛋白质衣壳脱离吸附的菌体并散布在培养液中。离心沉淀菌体，分别测定沉淀物和上清液中的同位素，结果发现全部的^{32}P都在沉淀物中，而全部^{35}S则留在上清液中。这说明在噬菌体感染大肠杆菌的过程中，只有DNA进入到了大肠杆菌的细胞内，这些噬菌体DNA能够利用大肠杆菌自身的DNA、酶以及核糖体来复制大量的噬菌体。这一实验再次证明了DNA是遗传物质的基础。

有些生物体内并没有DNA，例如很多植物病毒和某些噬菌体是由RNA和蛋白质组成的，那么它们的遗传物质又是什么呢？1956年，弗兰克尔·康拉特（H. Fraenkel Conrat）利用烟草花叶病毒（TMV）和霍氏车前花叶病毒（HRV）进行的拆分与重建实验给出了答案。将TMV或HRV放在一定浓度的苯酚溶液中振荡，就可以将其RNA与蛋白质衣壳分离。利用TMV的RNA与HRV的蛋白质衣壳重建的杂合病毒感染烟草，在烟叶上产生的是典型的TMV病斑，从中分离出来的也只有TMV病毒。而用HRV的RNA和TMV的蛋白质衣壳重建杂合病毒进行感染时，则产生HRV病斑，获得HRV病毒。这一实验结果充分证明了这些杂合病毒的感染特征和蛋白质特性是由其RNA来决定的，而不是由蛋白质决定。

通过以上具有历史意义的经典实验，可以得到一个确定的结论：只有核酸才是生物的遗传物质基础。动物、植物以及大多数微生物的遗传物质都是DNA，但很多植物病毒、少数动物病毒和某些噬菌体的遗传物质是RNA。

5.1.2 DNA的结构和复制

5.1.2.1 DNA的结构

DNA是由很多脱氧核糖核苷酸组成的高分子聚合物，其相对分子质量约为$10^5 \sim 10^{10}$。每个核苷酸含有一个脱氧核糖、一个含氮碱基和一个磷酸基团，核苷酸之间以“脱氧核糖—磷酸—脱氧核糖”的共价键形式连接形成DNA单链。不同核苷酸之间的差别仅在于碱基部分，碱基共有四种：腺嘌呤（adenine，A）、胸腺嘧啶（thymine，T）、鸟嘌呤（guanine，G）和胞嘧啶（cytosine，C），其结构式见图5-2。

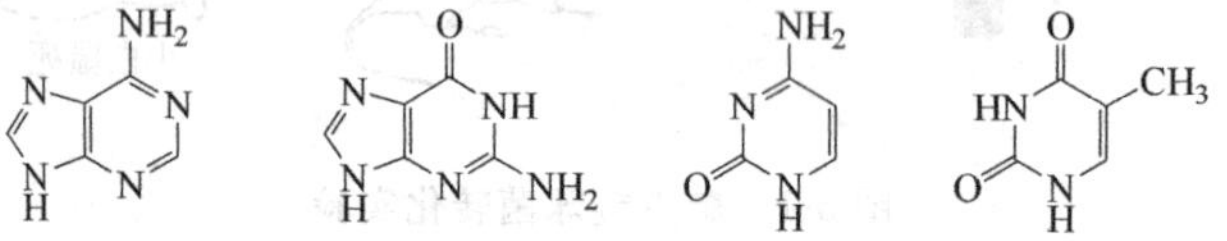

(a) 腺嘌呤　(b) 鸟嘌呤　(c) 胞嘧啶　(d) 胸腺嘧啶

图5-2 四种碱基的结构式

DNA的化学结构就是指其分子中碱基的组成和排列顺序，但DNA分子的空间结构是什么样的呢？1953年，美国的沃森（J. Watson）和克里克（F. Crick）在前人研究的基础上，提出了DNA双螺旋结构理论和模型（图5-3）。该模型有以下要点。

(1) DNA分子是由两条互补且排列方向相反的多核苷酸链以右手螺旋的方式围绕同一中心轴盘绕形成的，其空间结构为双螺旋状。

(2) 两条核苷酸链通过碱基之间的氢键相连。碱基互补的原则是A通过两对氢键和T配对，G通过三对氢键和C配对。

(3) 从平面结构上来看，脱氧核糖与磷酸在双螺旋的外侧，以3′,5′-磷酸二酯键相连形成了DNA分子的骨架，碱基则位于双螺旋的内侧。多核苷酸链的方向取决于核苷酸间磷酸二酯键的走向，习惯上以5′→3′为正向。

(4) 每个DNA分子中的碱基对可高达几十万甚至数百万个，两个相邻的碱基对之间的距离为0.34nm，沿中心轴每旋转一周有10个碱基对，距离为3.4nm。

DNA分子双螺旋结构模型从分子水平上阐明了遗传物质的结构，为DNA的复制提供了构型上的解释，开启了分子生物学研究的大门。DNA双螺旋结构模型的提出，在生物学发展史上

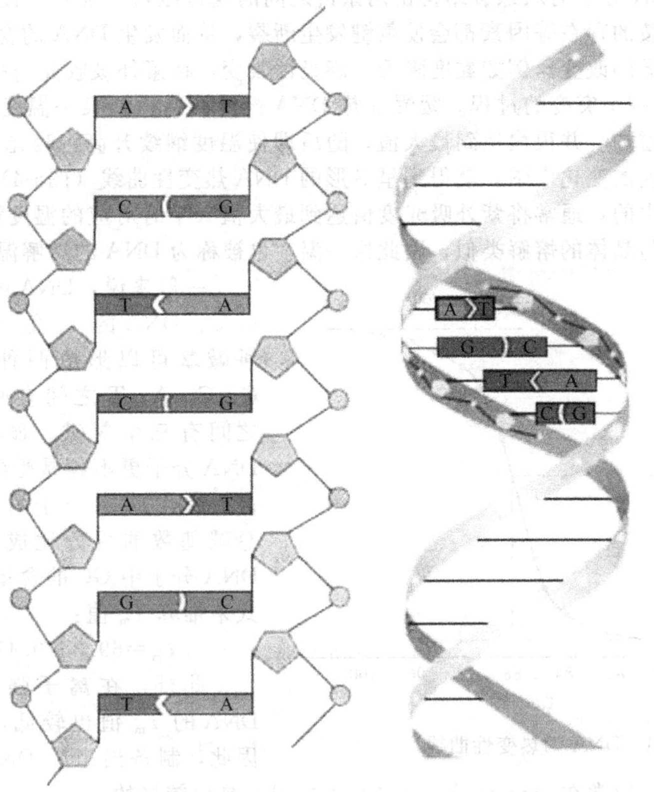

(a) 平面结构　　(b) 立体结构

图 5-3　DNA 分子的空间结构

是一座重要的里程碑，影响是极其深远的。

现代研究表明，绝大多数微生物的 DNA 都是双链的，只有少数病毒的 DNA 为单链结构。在那些以 RNA 为遗传物质的病毒中，RNA 也有双链和单链之分。对于特定种类的生物而言，其 DNA 分子的碱基排列顺序是固定不变的，这样才能保证遗传的稳定性。在现代的微生物分类鉴定中，常通过测定 DNA 分子的保守序列来确定其种属。

5.1.2.2　DNA 的复制

DNA 是生物遗传信息的载体，生物体的每个细胞都含有相同的 DNA 分子才能保证其性状的稳定。因此，DNA 分子必须在细胞分裂之前进行精确的复制。

(1) DNA 的半保留复制。DNA 分子在复制时，首先是两条多核苷酸链之间的氢键断裂，形成两条分离的单链。每条单链都分别作为模板，吸收细胞中游离的核苷酸，按照碱基配对的原则合成出新的多核苷酸双链。新合成的两个 DNA 分子与亲代 DNA 分子是完全相同的。由于每个新合成的 DNA 分子中都有一条链来自亲代 DNA，因此这种 DNA 复制方式就被称为半保留复制。

DNA 复制开始于分子上某个特点部位，即起始点。在起始点处双链首先解开，两个单链以恒定速率沿一定的方向各自合成其互补链。在原核生物细胞的染色体和质粒中的 DNA 分子只有一个复制起始点。真核生物的每个染色体上都有多个起始点，各起始点上的 DNA 复制同时进行。DNA 分子在复制过程中必须要有一些特殊功能的酶参与，最主要就是 DNA 聚合酶。DNA 聚合酶能够利用四种脱氧核苷三磷酸（dNTPs）作为底物，根据亲代 DNA 分子模板的序列，按照碱基配对的原则将相应的脱氧核苷酸逐个连接起来形成新链。这个反应具有很强的方向性，目前已知的所有 DNA 聚合酶都只能催化 $5'\rightarrow3'$ 方向的合成。

(2) DNA 的变性和复性。DNA 的变性是指 DNA 分子由稳定的双螺旋结构松解为无规则线性结构的现象。DNA分子的双螺旋结构由两条链之间的氢键维持。加热、极端的pH值和甲醇、乙醇、尿素及甲酰胺的存在等因素都会使氢键发生断裂，从而发生DNA的变性。变性后的DNA在理化性质上有明显的改变，例如黏度降低，旋光性改变，在紫外吸收光谱中出现增色效应。

DNA的变性是一个突变的过程。缓慢加热DNA溶液，当达到某一温度时，DNA在260nm下的吸光度会突然增加，并很快达到最大值，随后即使温度继续升高，吸光度也没有明显变化。如果将吸光度随温度的变化作图，就得到呈S形的DNA热变性曲线（图5-4）。DNA变性是在很窄的温度范围内发生的，通常将紫外吸光度值达到最大值一半时对应的温度称为DNA的解链温度。由于这一现象与晶体的熔解类似，因此这一温度也被称为DNA的熔解温度，以T_m表示。

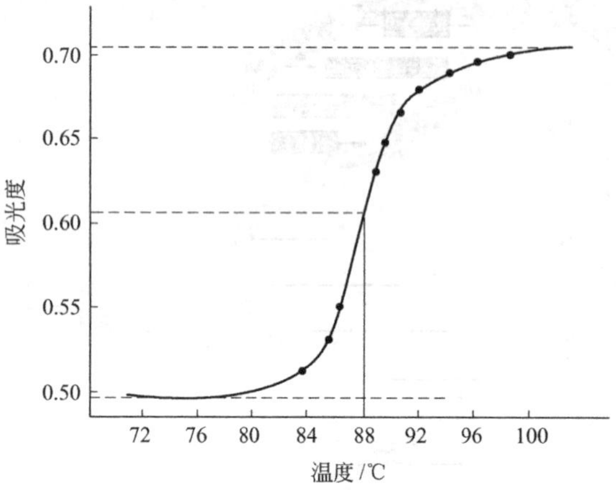

图5-4 DNA的热变性曲线

一般来说，DNA的T_m值大约在82～95℃。DNA的T_m值与化学组成有关，四种碱基可以形成两种碱基对：A—T和G—C，A—T之间有两个氢键，而G—C之间有三个氢键。显然GC含量较高的DNA分子更不容易受到破坏，即T_m值较高。因此DNA分子的T_m值与其GC所占总碱基数的百分比成正相关。如果已知DNA分子中GC的含量，可以利用经验公式来推算T_m值：

$$T_m = 69.3 + 0.41 \times (G+C)\% \quad (5\text{-}1)$$

此外，在离子强度较低的介质中，DNA的T_m值也较低，且熔点范围较宽。因此，制备出来的DNA不应保存在离子强度过低的溶液中，通常在1mol/L的NaCl溶液中保存是比较好的。

DNA的复性是指变性DNA在适当条件下，两条互补链全部或部分重新形成双螺旋结构的现象，是变性的一种逆转过程。热变性后的DNA经缓慢冷却后可以复性，这一过程也被称为退火。

影响DNA的复性的因素有很多。温度和降温时间是最主要的。一般来说，比T_m低25℃左右的温度是复性的最佳条件。越远离此温度，复性速度就越慢。复性时温度下降必须是缓慢的过程。降温时间太短以及温差过大均不利于复性。例如将热变性的DNA迅速冷却至4℃，几乎不可能发生复性。DNA浓度越大，复性越快。这是因为DNA分子越多，在单位空间内相互碰撞结合的几率就越大，越容易发生复性。DNA分子越长，复性越慢。DNA分子的复杂性也与复性有密切的关系。碱基排列简单的DNA分子，例如多聚A单链复性就比较快。具有很多重复序列的DNA分子比碱基排列复杂的复性要快得多。

根据DNA的变性和复性原理，发展了很多分子生物学技术，例如分子杂交、聚合酶链反应、变性梯度凝胶电泳等，不仅在医学、生命科学上发挥了重要的作用，而且在水处理中的应用也越来越广泛。这些技术在5.6中有详细的讲解。

5.1.3 DNA的存在形式

无论何种生物，其DNA分子都比它的细胞长得多，必须要通过缠绕、折叠之后才能装配到细胞之中。原核生物与真核生物的细胞结构有较大的不同，其DNA存在的形式也有明显的区别。原核生物的细胞中没有完整的细胞核，其中的DNA仅与少量蛋白质或不与蛋白质结合，位于细胞的中央部位，高度折叠后形成具有空间结构的核区。真核生物的细胞核具有完整的核膜和核仁，细胞核内的DNA与组蛋白结合在一起，高度折叠后形成一种在光学显微镜下可见的染色体（chromosome）。由此可见，原核生物的核区与真核生物的细胞核都是该生物遗传物质的最主要存在部位，其中的DNA被称为基因组（genome）。基因组的大小常用kb（千碱基对）或Mb（兆碱基对）来表示，不同生物的基因组大小差别很大，大肠杆菌的基因组大约为4Mb，而人类的基因组则高达3000Mb。

除基因组之外，在大多数原核生物和真核生物的细胞质中，还存在着一类能够自主复制的核外染色体。真核生物细胞质中存在的基因包括线粒体和叶绿体基因，而原核生物细胞的核外染色体统称为质粒（plasmid）。

质粒通常是小型共价闭合环状DNA分子，大小从1kb到1000kb不等。质粒具有自主复制能力，如果其复制与核染色体同步，称为严紧型复制控制质粒；若复制不同步，则称为松弛型复制控制质粒。质粒上携带染色体上所没有的基因，能够使微生物具有某些特殊功能，从而在不利环境下生存。质粒的种类很多，包括致育因子（F因子）、抗变因子（R因子）、产大肠杆菌素因子（Col因子）以及各种毒性质粒和降解性质粒等。

DNA分子贮存了生物的全部遗传信息，但并不是所有的碱基序列都编码遗传信息。DNA分子中编码遗传信息的特定碱基序列苷酸序列称为基因（gene）。基因是遗传物质的最小功能单位，通过转录和翻译来控制蛋白质的合成，这一过程称为基因表达。从功能上来看，基因可以分为结构基因、操纵基因和调节基因。不同的基因大小差别很大，最小的基因不足100个碱基对，但大的基因能含有数百万个碱基对。每个细菌大约含有5000～10000个基因，而人类约有40000个基因。

生物体的遗传性状受到基因的控制，但却是通过蛋白质来表达的。这就意味着在生物体内必须要有一条稳定的遗传信息传递途径。在生物细胞中，DNA作为模板合成信使RNA（mRNA），mRNA上的三字密码决定蛋白质中的氨基酸序列。细胞的核糖体根据mRNA的信息，合成相应的氨基酸。转移RNA（tRNA）将氨基酸活化，并缩合成肽链。贮存在DNA上的遗传信息通过一系列的转录和翻译过程稳定地进行传递，最终实现对蛋白质合成的控制。那些以RNA为遗传物质的病毒，其体内存在一种反转录酶，能够通过反转录作用合成与RNA互补的DNA，将RNA分子所携带的遗传信息传递给互补DNA（complementary DNA，cDNA），从而将遗传信息传递给后代。综上所述，所有生物的遗传信息传递都遵循同样的规律，这也被称为遗传学的中心法则（图5-5）。

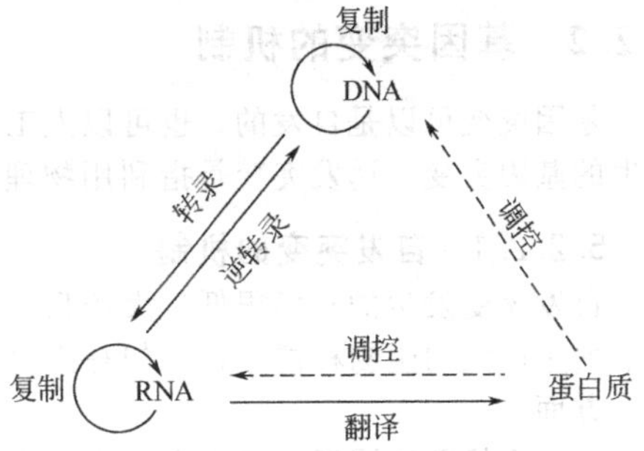

图5-5　遗传学中心法则

概括来说，绝大多数生物的遗传信息的传递方向都是DNA通过转录和翻译控制蛋白质的合成，少数病毒能够通过反转录来实现遗传信息从RNA向DNA的传递。遗传信息也可以通过DNA或RNA的自我复制来实现从亲代向子代的传递。

5.2　微生物的基因突变

5.2.1　突变的类型

在不同的环境下，即便基因相同的微生物个体也会体现不同的性状。如果改变了的性状能够稳定的遗传，我们就说此时的微生物发生了变异，发生变异的微生物称为突变体或变种。从实质上来看，微生物的变异是由于遗传物质的改变，其原因有突变和重组两类。突变是指遗传物质的数量、结构以及组成等发生变化的现象，主要包括基因突变和染色体畸变。

5.2.1.1　基因突变

由于某种因素的作用，引起生物体DNA分子中一对或少数几对碱基的缺失、置换或插入，从而导致遗传性状发生变化的现象称为基因突变（gene mutation），也称为点突变。根据对遗传信息的影响，可以将基因突变分为三类：(1) 同义突变，指某个碱基的突变并没有引起相应多肽链上氨基酸序列的改变；（2）错义突变，指碱基的突变引起了相应氨基酸的改变；（3）无义突变，指由于某个碱基的突变，造成UAA、UAG或UGA等终止密码子的出现，导致多肽链合成的终止。

生物的表型是通过蛋白质来体现的。同义突变不会引起氨基酸的改变，也就不会导致表型的变化。而错义突变和无义突变会直接影响蛋白质的合成，改变蛋白质的功能和活性，甚至会导致生物体的死亡。

5.2.1.2 染色体畸变

染色体畸变（chromosomal aberration）是指染色体在结构和数量上出现的变异，包括结构上的缺失、插入、易位、倒位，以及数量上的增减。

（1）缺失。指染色体丢失了某一区段，从而失去某些基因，还会影响到基因的排列顺序以及基因间的相互关系。

（2）重复。指染色体上个别区段的增加。重复对生物表型的影响主要有两方面：一是剂量效应，重复导致某一基因拷贝数的增多，相应的性状就越显著；二是位置效应，重复区段位置的不同影响基因间的相互关系，使表型出现差异。

（3）倒位。指正常染色体的某区段断裂后，断裂的片段旋转180°后重新连接到原来位置。碱基并没有丢失，但排列顺序发生了变化，同样也导致生物表型的改变。

（4）易位。指染色体上某一区段断裂后连接到另一条非同源染色体上的现象。易位的结果改变了基因在非同源染色体上的分布，从而改变了原有基因的连锁和互换规律。

5.2.2 基因突变的机制

基因突变可以是自发的，也可以人工诱发。自发突变是指在无人工干预情况下，生物体自然发生的基因突变。诱发突变是指利用物理、化学或生物等技术手段产生的基因突变。

5.2.2.1 自发突变的机制

自发突变发生的概率很低，大约只有10^{-9}～10^{-6}。对于个体而言，这的确是小概率事件，而对于数量庞大的生物种群来说，却是很普遍的现象。引起自发突变的原因有很多，主要包括以下几个方面。

（1）天然环境因素。宇宙空间中存在各种短波辐射，自然环境温度、湿度的变化，以及天然存在的低浓度诱变物质，都可能导致微生物的基因突变。

（2）微生物的有害代谢产物。微生物在新陈代谢过程中，会产生一些有毒害作用的物质，例如硫氰化合物、重氮丝氨酸、过氧化氢等。这些物质会对细胞内的遗传物质产生不同程度的影响。

（3）碱基错配。正常的碱基配对是A—T、G—C，但在DNA复制时会偶尔出现G—T、A—C这样的异常碱基对，经过后续的不断复制，最终导致突变体的出现。

有些研究者认为基因自发突变是一个随机过程，可以在任何时间、DNA分子的任何部位上发生，是难以预见的。但事实证明自发突变也并非是无规律可循的。基因内部总有一些位点的突变率特别高，称为“突变热点”。随着研究的深入，人们发现甲基化的胞嘧啶可能是自发突变的热点。另外，具有重复碱基的位置容易缺失或插入碱基，造成后续遗传密码的读码错误。

5.2.2.2 诱发突变的机制

在微生物的研究和应用中，往往需要在短时间内获得大量的突变体。显然自发突变不能满足要求，而通过各种技术手段进行的诱发突变可以显著提高突变发生的概率。能够提高突变概率的因素都称为诱变剂，根据诱变剂种类或诱变条件的不同，可以将诱发突变分为物理诱变、化学诱变和定向培育。

（1）物理诱变。物理诱变是一种重要的诱发突变方式，主要通过各种电磁辐射来进行。紫外线、X射线、γ射线、激光等都是良好的物理诱变剂。

DNA分子上的碱基对紫外线具有强烈的吸收能力，尤其是嘧啶碱基对紫外线更为敏感。紫外线会使DNA分子的嘧啶之间以共价键连接成二聚体，尤以胸腺嘧啶二聚体最易形成。嘧啶二聚体会阻碍DNA分子双链的解开和复制，导致突变的产生。大剂量的紫外线会直接导致微生物的死亡，这就是紫外线消毒的作用原理。如果将紫外线照射过的细菌暴露于可见光下，尤其是在510nm的蓝光下，一种特殊的DNA修复酶就会启动，将形成了嘧啶二聚体区域两端的磷酸酯键水解，切割掉受损伤的片段，插入新的核苷酸，再由连接酶与原有部分连接上，形成正常的DNA分子。这种作用被称为光复活。受损的DNA也可能在黑暗时被修复成正常的DNA，被称为暗复活，但机理目前还不是很清楚。光复活和暗复活都是微生物应对紫外线造成的DNA损伤所采取的修复方式，在微生物诱变育种或者消毒处理时，应特别加以注意。

X射线和γ射线都属于高能短波电磁辐射，能够将很高的能量传给组成DNA分子的各个原子，产生大量的次级电子，通过电离作用改变DNA的结构。最直接的效应就是使碱基对之间的氢键，以及脱氧核糖之间的磷酸二酯键断裂，或者通过电离作用产生的自由基间接导致DNA分子的损伤。

除了电磁辐射以外，加热也是一种常见的诱发突变方式。加热可以使胞嘧啶脱掉氨基成为尿嘧啶，还会引起鸟嘌呤-脱氧核糖键的移动，从而造成碱基的错配。

(2) 化学诱变。化学诱变是利用化学物质使微生物出现基因突变或者染色体畸变的。化学诱变剂有很多种，但与DNA分子的作用形式大体可以分为两类。

① 与DNA分子发生化学反应。有些物质能够与DNA分子中的某些基团发生化学反应，亚硝酸、烷化剂和羟胺是最常见的。亚硝酸能够使碱基脱氨，脱去的氨基被羟基取代，从而使A、G、C分别转变成H（次黄嘌呤）、X（黄嘌呤）、U（鸟嘧啶），复制时就与C、G、A配对，导致突变。烷化剂是一类化合物的总称，主要有硫酸二乙酸、甲基磺酸乙酯、乙基磺酸乙酯、硫芥、亚硝基化合物等，它们能够与核苷酸分子中的磷酸基、碱基发生烷化作用，造成DNA损伤。羟胺类化合物能够专一性的与胞嘧啶反应，使其变成与腺嘌呤配对的物质，从而造成G—C到A—T的转换。

② 碱基类似物。碱基类似物是一类与正常碱基结构相似的物质，例如5-溴尿嘧啶、5-氨基尿嘧啶、8-氮尿嘌呤、2-氨基嘌呤等。在DNA的复制过程中能够整合进DNA分子，它们比正常碱基更容易产生异构体，因此碱基错配的概率明显增加。

还有一类具有三个苯环的化合物，在空间结构上呈与碱基类似的扁平状。吖啶类染料就属于这一类，常见的有原黄素、吖啶橙、吖啶黄等。它们能够插入到碱基之间，从而造成DNA分子结构变形。需要注意的是，碱基类似物或者正常的碱基在DNA分子上的缺失和插入，会造成在突变位点之后的所有遗传密码移动，从而影响转录和翻译。这种由于遗传密码的移动而形成的突变，称为移码突变，相应的变种称为码组突变体。

诱变剂的复合处理往往能够增强诱变效果，提高突变体的产率。复合处理包括同种诱变剂重复使用，多种诱变剂同时或先后使用等多种方式。

(3) 定向培育。定向培育是一种古老的育种方法，它是指在某一特定条件下长期培养某种微生物群体，通过不断地转接传代，积累和选择符合要求的自发突变体，最终获得具有优良性能的菌株。由于自发突变的概率极低，采用该方法进行微生物育种需要花费大量的时间和精力。目前世界上广泛应用的预防结核病的疫苗——卡介苗，就是通过定向培育获得的。法国科学家A. Calmette和C. Guerin将牛型结核分枝杆菌接种在牛胆汁、甘油、马铃薯培养基，连续转接了230代，经历了13年时间才终于获得了这种毒力大大降低，而仍然保留抗原的活菌疫苗。定向培育虽然过程比较烦琐，但是可以培育出适合特定环境需要的菌株，这是其他诱变方法都难以做到的。因此，定向培育是在水处理工程的菌种培育中最常用的一种方法，也被称为驯化。例如采集城市污水处理厂的活性污泥，接种到待处理的工业废水中。碳源、pH值和营养物质等都有所改变，这些改变了的环境因素会诱发基因突变，通过长时间的培育，会产生适应新环境的变种。这种变异了的微生物能够利用工业废水中存在的有机物质作为底物，通过特殊的代谢途径加以利用，从而实现了工业废水的生物降解。

5.3 微生物的基因重组

5.3.1 原核微生物的基因重组

两个不同性状的细胞 DNA 通过一定途径发生融合，形成新的基因组的过程称为基因重组 (gene recombination)。基因重组是遗传物质在分子水平上的杂交，是产生微生物新品种的重要手段。通常把提供外源 DNA 的细胞称为供体细胞，而接受 DNA 的细胞称为受体细胞。获得的含有重组 DNA 的细胞统称为重组子，根据不同的基因重组形式还可以将重组子进一步分为转化子、转导子、接合子和融合子。

原核微生物的基因重组形式主要包括转化、转导、接合和原生质体融合。

5.3.1.1 转化

转化（transformation）是指受体菌直接吸收来自供体菌的 DNA 片段，从而获得供体菌的部分遗传性状的现象。通过转化形成的后代称为转化子。

细菌的转化过程是按照以下步骤进行的。首先出现感受态细胞，外源 DNA 片段在细胞表面吸附并进入细胞内部，然后 DNA 片段解链，与受体细胞 DNA 整合成新的 DNA 分子。其中，感受态细胞是转化过程的关键。所谓感受态（competence）是指细胞最容易接受外源 DNA 并实现转化的一种状态。在细菌的生长过程中，感受态细胞在何时出现受到遗传基因的控制，但也受到细菌的生理状态和培养条件的影响。不同种类的细菌，感受态细胞出现的时刻和维持的时间也不相同。例如，有些枯草芽孢杆菌在细胞生长的对数期末或稳定期会出现感受态，并能维持数小时；而肺炎链球菌的感受态细胞则出现在对数期后期，仅能维持几分钟。对于微生物的人工育种而言，可以通过使用物理或化学手段来制备感受态细胞。利用 $CaCl_2$ 溶液浸泡，或高压电脉冲都可以使细菌的感受态水平大大提高，是制备感受态细胞的常用方法。

在转化过程中，外源 DNA 片段也被称为转化因子，通常都不会超过 15kb。不同的微生物，对于转化因子的形式要求也不同。有些细菌只吸收双链 DNA 形式的转化因子，在细胞内酶解为单链 DNA 才能与细菌的基因组整合；而有些细菌则只允许单链 DNA 形式的转化因子进入细胞。研究表明，双链 DNA 形式的转化因子稳定性强，而且最容易吸附在细胞表面。由于每个细胞表面能够吸附 DNA 的位点有限，如果存在其他双链 DNA 就可能与转化因子发生竞争，干扰转化作用。在微生物育种的应用中，质粒是最常见的一种转化因子，它可以将一些特殊的性状基因转化到受体细胞中。

5.3.1.2 转导

转导（transduction）是通过温和噬菌体的媒介作用，将供体细胞的 DNA 片段携带到受体细胞中，经过 DNA 的整合使后者获得前者部分遗传性状。这种通过转导形成的重组细胞也被称为转导子。转导可分为普遍性转导和局限性转导，前者可以转导供体菌基因组中任何 DNA 片段到受体细胞，而后者只能转导供体的个别特定基因（一般是噬菌体整合位点两侧的基因）。

根据噬菌体转导的供体细胞 DNA 是否整合到受体细胞染色体上，又可将普遍性转导分为完全转导和流产转导。完全转导是指外源 DNA 整合到受体细胞染色体上，并能产生稳定的转导子；但在有些情况下，外源 DNA 并没有整合到受体细胞的染色体上，虽然不能继续复制，但仍然可以通过转录、翻译来表达基因功能，这种转导就称为流产转导。在流产转导中，转导子在每次细胞分裂时只把噬菌体转导的 DNA 传给两个子细胞中的一个，所以即使经几次分裂产生许多细菌，也只有其中的一个细菌细胞得到噬菌体转导的 DNA，这是一种单线遗传的方式。

5.3.1.3 接合

供体菌通过性菌毛与受体菌接触，把不同长度的 DNA 片段传递给受体菌，从而使其获得新的遗传性状的现象，称为接合（conjugation)。通过接合获得新性状的受体细胞称为接合子。

接合是两个细胞通过直接接触来传递遗传物质的基因重组方式，主要存在于革兰阴性细菌，以及诺卡菌、链霉菌等放线菌中。其中大肠埃希菌的接合现象研究得最为深入。大肠埃希菌是有性别分化的，“雄性”（F^+）菌株带有F质粒，并且在细胞表面生长有一条或多条性菌毛，而“雌性”（F^-）菌株则不带F质粒，无性菌毛。当F^+菌株与F^-菌株接触时，前者就通过性菌毛将F质粒传递给后者，从而使F^-菌株获得新的遗传性状，也成为F^+菌株。

5.3.1.4 原生质体融合

原生质的概念是在细胞学的研究过程中提出并发展完善的。1839年，普金耶（J. E. Purkinje）和莫尔（von Mohl）首次将植物和动物细胞中内含物称为原生质（protoplasm）。1861年，舒尔茨（M. Schultz）提出了“原生质理论”，认为原生质是生命的物质基础。目前，普遍接受的原生质概念是指构成活细胞的物质，呈亲水胶体状。胶体系统由分散相和连续相组成，分散相主要是蛋白质、核酸和多糖等生物大分子，而连续相为溶有简单的糖类、氨基酸、无机盐的溶液。这些大分子之间相互作用，聚合成膜状、线状和颗粒状等，形成原生质中的亚显微结构和显微结构，并进行布朗运动。细胞膜、细胞质、细胞核都是原生质分化的结果。

原生质体融合（protoplast fusion）是指通过人为的方法，使遗传性状不同的两个细胞的原生质体通过无性方式进行融合，形成单核或多核的杂合细胞的过程，也被称为细胞杂交或细胞融合。通过原生质体融合获得的重组子被称为融合子。原生质体融合主要包括以下操作步骤。先将两个亲本菌株置于等渗溶液中，用适当的酶去除细胞壁形成原生质体，然后进行离心，加入聚乙二醇或利用电脉冲等促进融合。反应完毕后，用等渗溶液稀释，涂布在基本培养基上，待形成菌落后，再通过影印平板法接种到各种选择性培养基平板上，对所获得的融合子进行检验筛选。

原生质体融合的应用十分广泛，不仅在原核微生物中可以采用这种方法，而且在真核微生物中也有广泛的应用。但原核微生物与真核微生物的细胞壁组成有较大差异，需要用不同的酶来进行脱壁。例如细菌和放线菌可以用溶菌酶来处理，而真菌可以用蜗牛消化酶处理。

5.3.2 真核微生物的基因重组

真核微生物基因重组的方式有很多种，包括转化、原生质体融合和杂交等，前两种与原核微生物的过程基本相同，故不再赘述，这里主要介绍杂交。

杂交（hybridization）是在细胞水平上进行的一种基因重组方式，主要包括有性杂交和准性杂交。有性杂交是指在不同遗传型的两性细胞间发生接合和染色体重组，进而获得新的遗传型后代的育种技术。一般来说，能够产生有性孢子的酵母菌、霉菌和蕈菌，都可以应用该方法进行育种。准性杂交是同种微生物的两个不同菌株的体细胞发生融合，且不经过减数分裂而导致低频基因重组并产生重组子的现象。可以将其看做是自然条件下真核微生物体细胞间自发的原生质体融合现象。

有性杂交广泛用于微生物优良品种的培育方面。在进行有性杂交时，首先要选择杂交的亲株，不但要考虑到性的亲和性，还要考虑能够标记区分，以免在杂种鉴别时引起极大困难；其次要考虑子囊孢子的形成条件，选用生孢子培养基，营造饥饿条件促进细胞发生减数分裂形成子囊孢子。有性杂交的方法主要有群体交配法、孢子杂交法和单倍体细胞交配法等。群体交配法是将两种不同交配型的单倍体酵母混合培养在麦芽汁中过夜，当镜检时发现有大量的哑铃型接合细胞时，就可以挑出接种微滴培养液中，培养形成二倍体细胞。孢子杂交法需借助显微操纵器将不同亲株的子囊孢子配对，进行微滴培养，使之发芽接合形成合子。单倍体细胞交配法与孢子杂交法类似，是用两种交配型细胞配对放在微滴中培养，在显微镜下观察合子形成。

准性杂交在某些丝状真菌，尤其是还未发现有性生殖的半知菌类中最为常见，其主要过程包括菌丝联结、异核体形成、杂合二倍体形成以及单倍体化。当两个形态上没有区别，而遗传性状不同的菌株互相接触时，会发生菌丝联结，使细胞核由一根菌丝进入另一根菌丝，原有的两个单倍体核集中到同一个细胞中，形成双倍的异核体。异核体中的两个不同遗传性状的细胞核融合在一起，产生杂合二倍体。杂合二倍体孢子体积大约是单倍体孢子的2倍，其性状与单倍体和亲代菌株都有明显的区别。杂合二倍体相当稳定，但也有极少数细胞核在有丝分裂过程中染色体会发生交换和单倍体化，从而形成了极个别的具有新遗传性状的单倍体杂合子。如果用紫外线、γ射线或氮芥等化学诱变剂对杂合二倍体进行处理，就会促进单倍体杂合子的产生。准性杂交为一些没有有性繁殖过程但有重复生产价值的半知菌及其他微生物的育种提供了重要的手段。

5.4 微生物的菌种选育

5.4.1 水处理工程菌种筛选程序

在污水生物处理技术中，微生物是发挥净化作用的主体。这些微生物通常是当地环境中天然存在的多种类型微生物经培养驯化后形成的优势种群。水处理工程菌种的筛选主要包括水样采集、选择性培养与分离、性能测定等主要步骤。

5.4.1.1 水样采集

水样采集是菌种筛选的第一步，它关系到以后能否获得有用的菌种。在采样方案的制订上，应根据筛选目的、微生物的特性和分布以及生态环境关系等因素进行综合考虑，保证所采集到的水样具有代表性。

5.4.1.2 选择性培养与分离

在自然环境中，微生物大都是混合生长的状态。哪怕是很小体积的样品，也能包含种类繁多的微生物。不同微生物对营养物质、温度、pH值、渗透压、盐分、氧含量等环境条件的要求也不相同。如果人为控制环境条件，使之有利于某些微生物生长，而抑制其他微生物，再对培养时间加以控制，就可以实现定向性的培养。这种培养方法是根据筛选目的来确定的，主要利用了微生物生长繁殖对环境条件要求的差异性，因此被称为选择性培养。使用选择性培养基是最常见的方法，这种培养基中添加了利于目的微生物分解利用的营养物质，或者含有抑制其他微生物生长的药剂，从而为微生物的初步筛选提供了选择性的压力。

一般情况下，选择性培养只能对混合的微生物进行初步分离。进一步的分离方法主要是平板划线法。用接种环挑取培养物，在选择性的平板培养基上划线分离，再挑取单个菌落进行培养，如此反复划线培养就可以得到纯种微生物。

5.4.1.3 性能测定

根据水处理的需要，对所分离出的菌株进行性能测定，以验证菌株是否符合要求。由于实际应用需求千差万别，性能测定的方法也各有不同。一般来说是在其他工艺条件相同的情况下，将筛选出来的菌株逐一应用，并与普通工艺进行处理效果对比。例如，有研究者从佛山汾江河筛选菌种用于污水处理，经过多次分离，得到6株优势菌。将这些菌株分别添加到活性污泥中，处理某种污水，并与未添加优势菌的进行对照。结果表明，其中5株优势菌添加之后，都能够不同程度的提高污染物的降解率。

5.4.2 微生物的诱变育种

微生物自然突变的频率极低，显然不能满足育种的需要。通过诱变剂处理可以大大提高菌种的突变频率，扩大变异程度，如今在微生物育种方面已广泛应用，是菌种改良的重要手段。诱变育种是诱发突变与随机筛选相结合的一项育种技术，利用物理或化学因素处理微生物细胞群体，促使细胞中的遗传物质结构发生变化，从而引起微生物遗传性状发生变异，然后设法从群体中筛选出少量具有优良性能的突变菌株。

在诱变育种中，有很多因素都会影响诱变的结果。首先应该选择合适的诱变方法和剂量，能够在引起绝大多数细胞致死的同时，使存活细胞个体中变异频度大幅提高。常用的诱变方法有紫外光、X射线、激光、离子束、烷化剂、碱基类似物等。通常随着诱变剂量的增加，诱变率也会提高，但超过一定限度后，诱变率反而会下降。研究表明，大量微生物细胞处于分散状态下进行诱变有利于个别细胞的存活和突变。不同菌株对诱变的反应也有一定差异，有些菌株经过多次诱变并且每次都有较好的效果，它们就宜于作为诱变的出发菌株。此外，有效的筛选方法也很重要，要能够将正向突变菌株中少数变异幅度大的具有优良性状的菌株巧妙地挑选出来。

诱变育种的方法很多，主要包括物理诱变、化学诱变、复合处理以及定向培育，在实际应用中应根据需要和实际条件进行选用。这里只详细介绍紫外诱变和离子注入诱变。紫外诱变属于物理诱变，是一种常规的微生物诱变育种技术。很多研究人员都利用该方法进行育种，并取得了显著成果。例如，对链球菌属的耐盐菌株经紫外诱变处理后，与原始菌株相比，筛选出的正突变菌株对采油废水中的石油类去除率提高了13%，COD去除率提高了17%。以胶质芽孢杆菌HM8841作为出发菌株，通过紫外诱变选育出3株适合生产发酵的优良菌种。与出发菌株相比，突变株具有缩短发酵周期，提高发酵水平，增强芽孢抗逆性能等特点。还有报道采用紫外诱变法对6株特效菌进行处理，诱变后的菌株对目标难降解底物的降解能力均得到改善，在废水生化处理系统中使用，可以显著提高系统抗击负荷与有毒物冲击的能力。紫外诱变使用的设备简单、所需费用少、突变随机性强、可在短时间内获得大量突变体，但是也存在难于控制和工作量大的缺点。

离子注入诱变是近年来出现的一种新方法，它将具有一定能量的离子束注入微生物细胞中，导致细胞中的物质发生变化。含能的离子作用于生物体表面会留下刻蚀的沟槽或孔洞，直接的刻蚀作用是导致DNA损伤和生物诱变的直接原因。进入的离子会中和生物体的表面电荷或引起表面二次电子发射，使生物体表面电性发生改变，从而扰乱生物体正常的生命活动，可能导致遗传物质的损伤。此外，由于注入离子的碰撞，促使靶分子发生激发和电离，产生自由基，对遗传物质造成严重损伤。这些都是离子注入引起基因突变的重要原因。与其他诱变方法相比，离子注入诱变技术具有更大的诱变范围和幅度；由于动量传递还会造成生物组织或细胞的表面溅射，造成细胞形态的变化；微生物细胞的存活曲线为先降后升再降的“马鞍型”，与传统物理、化学方法产生的指数型或肩型存活曲线有明显的区别。

尽管诱变育种的效率远高于自然突变，但仍然需要依靠大规模的反复筛选才能获得目的基因。因此这种方式在很大程度上具有随机性。目前在微生物育种工作中主要的难点就是难以定向控制，筛选工作量巨大，进一步的精确控制还需要深入的研究。

5.4.3 原生质体融合育种

原生质体融合育种的大致方法是先将具有不同优良性能的亲株微生物细胞的细胞壁通过酶解作用加以剥除，使其释放出只有原生质膜包被着的球状原生质体。将两个亲株的原生质体在高渗条件下混合，借助化学试剂的助融作用，使它们相互凝聚、融合，发生两套基因组之间的接触与交换，从而发生基因组的遗传重组，然后在再生培养基上应用生物技术使其“再生”出新的细胞壁；最后从再生细胞中筛选出所需要的“融合子”。

1974年，Ferenczy等首先报道采用离心力诱导的方法促使白地霉营养缺陷型突变株的原生质体融合。三十多年来，原生质体融合育种技术在基础研究和实际应用方面都有了长足的发展。与其他育种方法相比，原生质体融合育种技术具有许多独特的优点：①能够在种内、种间甚至属间进行，实现远缘基因交流；②由于去除了细胞壁，原生质体更易于融合；③整个细胞质与细胞核都发生了融合，使遗传物质的传递更为完善；④重组频率高，易于得到杂种；⑤存在着两株以上亲株同时参与融合并形成融合子的可能；⑥在普通操作平台上即可完成，无需高端的仪器设备和昂贵的耗材。

在原生质体融合育种中，常用的融合方法有以下几类。

5.4.3.1 化学融合剂法

化学融合剂能够促进原生质体发生融合，从而提高育种效率。常用的化学融合剂包括聚乙二醇（PEG）、二甲基亚砜（DMSO）、甘油-醋酸酯、油酸盐、脂质（例如磷脂酰胆碱和磷脂酰丝氨酸或磷脂酰胆碱和硬脂胺的组合物）、Ca^{2+}配合物等。其中，PEG因其性质稳定、使用方便，应用最为广泛。在促进原生质体融合的机制方面，一般认为PEG是一种特殊的脱水剂，它以分子桥形式在相邻原生质体膜间起中介作用，进而改变质膜的流动性能，降低原生质膜表面势能，使膜中的相嵌蛋白质颗粒凝聚，形成一层易于融合的无蛋白质颗粒的磷脂双分子层区。PEG还可以与DMSO、Ca^{2+}配合物联合使用，效果更佳。

5.4.3.2 电融合法

电融合法是在1979年首次被提出的。当两个原生质体彼此靠近时，由于膜组分界面的相互作用，使膜表面的颗粒移聚于一处，附近的区域就会暴露出脂质。此时通过电脉冲，可以击穿质膜，形成的小孔有利于细胞质和细胞核的融合。在电压作用下，表面张力会使两个原生质体合二为一。电融合法的融合效率很高，且操作方便，可以在显微镜下直接观察，是一种非常有效的融合技术。

5.4.3.3 激光融合法

激光融合法利用高峰值功率密度的激光束对两个原生质体的接触处进行照射，使细胞膜受到破坏，产生微米级的微孔，从而促进原生质体的融合。该技术最突出的优点在于它的高度选择性，利用激光微束技术可诱导许多细胞中所需的两个相邻细胞融合。但由于其所需设备昂贵复杂，操作技术难度大，很难推广应用。

5.4.3.4 非对称融合法

非对称融合法是分别处理两个亲代细胞，使其中一个的细胞核受到破坏，另一个的细胞质失活，然后进行融合，从而实现所需细胞质和细胞核基因的优化组合，或者进行个别基因转移的方法。γ射线辐照常用于破坏细胞核，而碘乙酰胺碱性蕊香红等化学试剂可以选择性地使细胞质失活。

5.4.3.5 融合芯片法

随着微电极阵列的设计加工技术的日趋成熟，利用芯片技术进行细胞融合的研究日益受到关注。利用微流控系统不仅可以实现对细胞甚至单个细胞的操控，也可以同时输送、合并、分离和筛选大量细胞。由于在微通道内的腔体容积很小，融合过程中所需的细胞数量会大幅减少，同时融合率和融合子的成活率明显提高。

高通量细胞融合芯片技术是利用微电极阵列在数十微米的范围内产生高强度、高梯度的辐射电场，使细胞融合芯片中的细胞在此特殊电场的作用下产生介电质电泳力，使目标细胞按照预先设计的方向以预定的速度移动，从而可以按照设计要求准确的进行大批量目标细胞配型。此外，这种方法还可以与化学诱导融合、电诱导融合等方法结合使用，进一步提高融合效率。

在原生质体融合育种过程中，融合子的筛选是很重要的一个步骤。常用的方法主要包括营养缺陷型筛选、抗药性筛选、荧光标记筛选和灭活原生质体筛选四类。

(1) 营养缺陷型筛选。营养缺陷型筛选是一种传统的融合子筛选方法。采用的两个亲代菌株具有不同的遗传缺陷，丧失了合成某种营养物质的能力，它们都无法单独在选择培养基上生长。而两个亲代菌株的遗传物质可以互补，重组得到的融合子能够在培养基上生长。基于该原理在融合之后进行筛选，能在培养基上生长的菌落一定是来自不同亲株的原生质体融合子形成的。这种方法比较简单，在排除污染的前提下，结果也比较可靠。

(2) 抗药性筛选。微生物的遗传物质决定了其抗药性，不同微生物对同种抗生素的抗性也不相同，利用这种差异可对原生质体融合子进行筛选。例如诺卡菌的原生质体融合后，可以在含有四环素和利富霉素的培养基上筛选融合子。利用这种筛选方法应注意，抗生素药物的使用浓度要适中，过高浓度会降低融合频率，而过低浓度不足以抑制亲代菌株的生长，降低筛选效率。

(3) 荧光标记筛选。对两个不同形状的亲代菌株分别进行遗传标记，可以大大提高融合子的筛选效率。荧光标记是最常用的一种方法，在制备原生质体时，将一定浓度的荧光色素加入酶解液中，就可以使原生质体带上荧光色素，而且不影响其融合和遗传功能。如果使用两种不同的荧光染料分别处理待融合的亲代菌株，融合子就会带有两种荧光，可以在荧光显微镜下直接观察，并通过显微操作直接挑选出融合子。

(4) 灭活原生质体筛选。应用灭活原生质体融合法就可以省去亲株细胞的遗传标记，简化操作步骤。这种技术是使用存活率接近于零的灭活方法，将两个无标记菌株灭活融合后得到复活的细胞，或将一个野生型亲株灭活或与另一带标记的活亲株融合后得到野生型菌株，所得到的大部分应是致死损伤得以互补的融合体，这样就可以在很大程度上减少了筛选工作量，提高了效率。

5.4.4 基因工程技术用于高效工程菌种改良

在实际的水处理工程中，有时环境条件会比较苛刻，例如高盐分、贫营养、酸性或碱性环境等，从自然环境中筛选出来的微生物往往无法适应，对于一些难降解的有机物仍然存在降解效率低下的缺点。基因工程技术的出现，为解决这一问题开辟了广阔的前景。

基因工程技术是以分子遗传学为理论基础，以分子生物学和微生物学方法为手段，按照预先计划，将具有特殊功能的外源基因在体外进行分离、剪切、拼接、转入宿主细胞进行复制和表达，构建杂种DNA分子，然后导入目标微生物的细胞，改变微生物原有的遗传特性，获得新的微生物品种。

利用基因工程技术可以对微生物自身基因进行精确修饰来改良遗传性状，根据需要控制微生物的代谢途径，或者导入外源基因，创造出自然界中本来没有的微生物种类。利用基因工程技术对菌种的改良，建立在对基因结构和功能深刻认识的基础之上，是从分子水平上对遗传物质的改造，比传统的杂交方法更为准确和高效。目前，基因工程技术在水处理工程的很多方面都有所应用。

硝化菌在污水生物脱氮过程中必不可少，很多研究者都通过基因工程技术来改良硝化菌，提高脱氮效率。有报道利用自养型硝化细菌为出发菌株，利用pET-28a载体构建含有硝化还原酶操纵子*nor*B的重组质粒，然后转化至表达菌株BL21，获得一株硝化基因工程菌PNB。验证表明，PNB的硝化速率较出发菌株有显著提高。还有研究者以铜绿假单胞菌PA01的基因组DNA为模板，应用PCR技术扩增*nir*S基因，经过双酶切和定向克隆，构建重组表达质粒pQE30-*nir*S。将重组表达质粒pQE30-*nir*S转化至表达菌株SG13009，获得脱氮基因工程菌PNS，使脱氮效率明显提高。

基因工程技术也可应用于重金属废水的治理。通过外源基因的导入，提高微生物细胞对重金属离子的富集容量，或者使微生物对于特定的重金属离子具有选择性。有报道采用基因工程技术构建的高选择性基因工程菌，在细胞内同时表达高特异性镉结合转运蛋白和豌豆金属硫蛋白。研究结果表明，基因工程菌M8表现了较强的镉离子富集能力，达63.78mg/g细胞干重，其富集能力比原始宿主菌增加56%。利用*nix*A基因和金属硫蛋白编码基因对大肠杆菌进行转化，获得的基因工程菌株可在细胞膜上产生对Ni^{2+}具有高亲和力的镍转运蛋白，在细胞质内产生对重金属离子有高结合容量的金属硫蛋白，对Ni^{2+}的富集能力比原始的宿主菌增加4倍多，且对pH值的变化呈现出更强的适应性。

对于难降解有机污染物来说，其最终降解需要不同降解菌之间的协同代谢或共代谢等复杂作用，这显然降低了污染物的降解效率。如果将这些细菌的降解基因进行重组，把分属于不同菌体中的污染物代谢途径组合起来以构建具有特殊降解功能的超级降解菌，就可以有效地提高微生物的降解能力。例如将pJP4质粒克隆到广泛宿主质粒pKT231上形成的重组质粒pD10，可以用于构建降解有毒物质氯代-*o*-硝基苯酚的工程菌。化工厂污水中的尼龙寡聚物难以被一般微生物分解，但在黄杆菌属、棒状杆菌属和产碱杆菌属中具有这种物质的质粒。将这种质粒转化到大肠杆菌细胞内，借助大肠杆菌能够在污水中大量生长繁殖的特性，就可以实现对污水中尼龙寡聚物的有效降解。

5.5 微生物菌种保藏及复壮

5.5.1 微生物菌种保藏

选育出来的微生物在自然环境中很容易受到其他杂菌的污染，其优良性状会逐渐丧失，直至死亡。为了避免这种情况发生，必须对选育出来的菌种进行妥善保藏。保藏的原理是根据微生物的生理生化特性，创造不利于微生物生长的条件，例如低温、干燥、缺氧等，使微生物处于代谢极缓慢的休眠状态，从而长久保持其优良性状。保藏方法主要有低温定期移植法、石蜡封藏法、沙土保藏法、自然基质保藏法、甘油保藏法、真空冷冻干燥法以及液氮超低温保藏法等。

5.5.1.1 低温定期移植法

将菌种接种在适宜的培养基上，在最适温度下培养，至生长出明显的菌落时，移入3～5℃的冰箱中保存。在培养和保存的过程中，由于代谢产物的累积而改变了原菌的生活条件，菌种个体会不断衰老和死亡，因此每1～4个月需重新移植一次。凡能人工培养的微生物都可用此法保存，但移植的具体间隔时间需根据菌种来确定。例如，肠道杆菌、葡萄球菌等一般细菌可接种于不含糖的普通琼脂斜面上，经35℃培养18～24h后，在4℃冰箱中保存，每月需移植一次。链球菌、肺炎链球菌应接种于血液琼脂斜面上，在4℃冰箱中保存，链球菌需半个月至1个月移种一次，而肺炎链球菌的新分离菌株需2～4d移种一次，以后逐渐延长移种时间，在适应后可延至半个月移种一次。该方法不需特殊设备，但操作烦琐，且经常移植容易引起菌种退化。

5.5.1.2 液体石蜡封藏法

将化学纯的液体石蜡分装于三角烧瓶内，塞上棉塞，并用牛皮纸包扎，高压蒸汽灭菌30min（103.4kPa，121.3℃），置于40℃恒温箱中蒸发其中的水分，至液体石蜡完全透明。用无菌操作的方法将处理好的液体石蜡注入带保藏的斜面试管中，使液面高出斜面约1cm。塞上橡皮塞，用固体石蜡封口，试管直立置于低温干燥处保藏。由于在斜面培养物上覆盖了一层石蜡油，能够隔绝空气，并且能防止培养基水分蒸发，保藏时间可长达一年以上，尤其适用于酵母菌和芽孢杆菌的保藏。这种方法的优点是操作简单，不需要经常移植，但保存时试管必须直立放置，需要占用一定空间。需要注意的是，液体石蜡不应对所保藏的菌种有毒害作用，且不易被菌种利用，也不能与培养基相溶。另外，从液体石蜡下面移取培养物后，在火焰上烧灼接种环时，培养物容易与残留的液体石蜡一起飞溅，应特别注意。

5.5.1.3 沙土保藏法

取河沙用水浸泡洗涤数次，过40目筛除去粗颗粒，用10%的稀盐酸浸泡2～4h，除去其中有机物质，再用水冲洗至流水的pH值达到中性，烘干备用。同时取不含腐殖质的黄土或红土，用水浸泡洗涤数次，使之呈中性，沉淀后弃去上清液，烘干碾细，用100目筛子过筛。将处理好的沙和土以（2～4）：1的比例混匀，用磁铁吸出其中的铁质，然后分装到小试管或安瓿内，每管装量0.5～2g，塞上棉塞，用纸包扎后高压蒸汽灭菌1h，再160℃干热灭菌2～3h。对灭菌完毕的沙土管进行抽样检查，将沙土倒入肉汤培养基中，37℃培养48h，若出现杂菌，则需全部重新灭菌，再做无菌试验，直至证明无菌方可使用。

将已形成孢子的斜面菌种，在无菌条件下注入无菌水3～5mL，将孢子洗下，制成孢子悬液。用无菌吸管吸取孢子悬液滴入沙土管中，以浸透沙土为止。将接种后的沙土管放入盛有干燥剂的真空干燥器内，用真空泵抽干沙土中的水分，抽干时间越短越好，最长不应超过12h。真空干燥操作需在孢子接入后48h内完成，以免孢子发芽。制备好的沙土管用石蜡封口，在低温下可保藏2～10年。此法多用于能产生孢子的微生物，例如霉菌和放线菌等，但应用于营养细胞效果不佳。

5.5.1.4 自然基质保藏法

自然基质有很多种，常用于微生物保藏的有麦粒和麸皮等。

（1）麦粒保藏法。取无瘪粒、无杂质的小麦淘洗干净，浸泡12～15h，加水煮沸15min，继续热浸15min，然后沥干水分摊开晾晒，使麦粒的含水量保持在25%左右。将碳酸钙、石膏与处理好的麦粒按照10kg：133g：33g的比例拌和均匀，然后装入试管，每管大约2～3g，塞上棉塞后，高压蒸汽灭菌。经无菌检查合格后备用。将待保藏微生物接种到麦粒试管中，在最适温度下培养，当菌丝长满基质后用石蜡涂封棉塞，置于低温干燥处保藏。大约2年需转接一次。

(2) 麸曲保藏法。取新鲜麸皮，过 60 目筛除去粗粒。将麸皮和自来水按 1∶1 比例拌匀，装入试管，每管约装 1/3 高度，加棉塞用纸包扎，高压蒸汽灭菌 30min，经无菌检查合格后备用。将生长在斜面培养基上的菌种接种至无菌麸曲管中，在适温下培养至菌丝长满麸皮后，将麸曲小管置于干燥器中，低温保藏。

自然基质保藏法的保藏时间长，且菌种容易复壮，但主要缺点是菌种易受到杂菌的污染，因此要特别注意灭菌。

5.5.1.5 甘油保藏法

将甘油与蒸馏水混合，配成 80％的甘油溶液，高压蒸汽灭菌后备用。将培养好的斜面菌种加入到无菌水中，配制成高浓度的菌悬液（10^8～10^{10}个/mL），分装到已灭菌的小试管中。取灭菌后的甘油溶液与菌悬液充分混匀，使甘油浓度约为 40％，置于－20℃下冻存。这种方法是利用了微生物在高浓度甘油中生长和代谢受到抑制的原理来达到长期保藏的目的，操作简便，无需特殊的设备，应用相当广泛。

5.5.1.6 真空冷冻干燥法

真空冷冻干燥法是在低温下快速将细胞冻结，然后在真空条件下干燥，使微生物的生长和酶活动停止，从而达到长期保藏的目的。真空冷冻干燥法需要使用真空冷冻干燥机和安瓿管。用于保藏微生物的安瓿管采用中性玻璃制造，壁厚 0.6～1.2mm，呈管状或长颈球形底状，使用前先用 2％盐酸浸泡 8～10h，再依次用自来水和蒸馏水洗涤后烘干。在管上标明菌号和日期，管口塞好棉塞，灭菌备用。由于细胞在冷冻和水分升华过程中会受到损害，因此要添加保护剂，通过所产生的氢键和离子键来稳定细胞成分。保护剂种类很多，有脱脂乳、葡萄糖、乳糖、血清、蛋白胨等，其效果也不尽相同。一般情况下，多数菌种可以用脱脂乳作为保护剂，但要注意控制脱脂乳的灭菌温度，以免破坏其成分。

冷冻干燥法的保藏时间很长，为了在多年以后的使用中不出差错，要特别注意菌种的菌龄和纯度。要求使用处于稳定期的微生物或新鲜的孢子，严格防止杂菌污染。一般来说，细菌要培养 24～48h，酵母需培养 3d，放线菌与丝状真菌则需培养 7～10d，如果微生物能够形成孢子，则宜保存孢子。将待保藏的菌体或孢子悬浮于灭菌的血清或脱脂奶中制成菌悬液，然后无菌操作下将菌悬液分装于灭菌的玻璃安瓿管中，每管约 0.3～0.5mL，然后用耐压橡皮管与真空冷冻干燥装置连接，安瓿管放在冷冻槽中于－40～－30℃迅速冷冻，并在冷冻状态下抽空干燥，将细胞的含水量控制在 1％～3％，然后在真空状态下熔封安瓿，置于-20℃冰箱中保存。

真空冷冻干燥保藏法兼具了低温、干燥、除氧三方面的因素，除不适用于丝状真菌的菌丝体外，对病毒、细菌、放线菌、酵母及丝状菌孢子等各类微生物都适用。真空冷冻干燥保存的菌种存活时间长、效果好，一般保藏时间都在 5 年以上，有的菌种甚至 15 年以上都不发生变异。此外，安瓿管还具有体积小、不易污染、便于运输的优点。在微生物的长期保藏上，真空冷冻干燥是首选方法，但目前真空冷冻干燥机较昂贵，是该方法的主要限制因素。

5.5.1.7 液氮超低温保藏法

当温度低于－130℃时，微生物的新陈代谢活动停止。液氮的温度为－196℃，微生物在其中可以长久保藏。液氮超低温保藏法也需要使用安瓿管，但对其耐受温度变化的要求更高，一般采用硼硅酸盐玻璃制造。如果用于保存细菌、酵母菌或霉菌孢子等容易分散的细胞时，则将空安瓿管塞上棉塞，在 103.4kPa，121.3℃灭菌 15min。如果保存霉菌菌丝体，则需在安瓿管内预先加入少量冷冻保护剂（10％的甘油蒸馏水溶液或 10％的二甲亚砜蒸馏水溶液），再灭菌 15min。将待保藏菌种移入安瓿管中，用火焰熔封。将已封口的安瓿管以每分钟下降 1℃的慢速冻结，以防止细胞内形成冰晶，破坏细胞组织，降低菌种存活率。将慢速冻结至－35℃的安瓿管立即放入液氮罐中保藏。

液氮超低温保藏法是近年推广使用的一种方法。对于大多数微生物，例如病毒、细菌、放线菌、丝状菌、酵母、立克次氏体、支原体、藻类和原生动物，特别是一些无法用冷冻干燥法保存的微生物，都可用此法长期保存。

上述方法普遍应用于微生物的保藏上，但对于基因工程菌来说，往往还需要使用选择剂。基因工程菌大都是通过载体质粒携带外源DNA片段来表达特殊的遗传性状，但这些质粒基因通常并不是细胞生长所必需的，细胞在生长和繁殖过程中很容易丢失质粒，导致菌种变异。这就需要加入一定量的选择剂来维持质粒及其相关基因的存在，抗生素就是常用的一种选择剂。由于微生物对抗生素的抗性基因大多是存在于质粒上，如果将低浓度的抗生素加入到培养基中，微生物就会受到一定的生长选择压力，质粒基因就不易丢失。这也就是说低浓度抗生素的加入能够帮助维持质粒复制与染色体复制的协调，促进携带质粒细胞的生长。因此，在基因工程菌保藏中所使用的培养基通常应含有低浓度的选择剂。

5.5.2 菌种的退化与复壮

微生物在培养或保藏过程中，由于自发突变的存在，出现某些原有优良生产性状的劣化、遗传标记的丢失等现象，称为退化（degeneration）。发生退化的微生物的细胞形态和菌落都会有所改变，而且生长速度变慢，对不良环境的抵抗能力也减弱。微生物的退化是遗传性状变异的体现，从本质上是基因突变的结果，而不利的保藏环境、频繁的传代是促使退化发生的外因。

为了克服退化带来的不利影响，人们采用一定的技术手段使退化的菌种恢复原来的优良性状，这就是复壮（rejuvenation）。复壮的概念有狭义和广义之分。狭义的复壮是指在微生物群体发生退化的情况下，通过纯种分离等方法找出未退化的个体，再进行培养，以恢复菌种的原有性状；广义的复壮是指在微生物群体未发生退化之前就有意识地进行纯种分离和生产性能测定工作，从而使菌种的生产性能逐步提高。这实际上是利用微生物的正向自发突变不断选种的过程。复壮的方法主要包括纯种分离、通过寄主进行复壮和淘汰衰退的个体。

5.5.2.1 纯种分离

纯种分离可以从两个水平上进行。一个是菌落纯化的水平，即通过稀释平板法、划线法、涂布法等常规操作，把仍保持原有优良性状的单菌落分离出来。这种方法操作简单，适用于菌种退化不太严重的情况。另一个是细胞纯化的水平，应用显微观察和操作技术，将生长良好的单细胞或单孢子分离出来，经培养后恢复原菌株的性状。在实际应用中，可以将两个水平的纯化方式结合起来，即先用菌落纯化获得单一的菌种，再用细胞纯化方法进一步分离。

5.5.2.2 通过寄主体进行复壮

一些寄生性的微生物，例如苏云金杆菌、白僵菌、多角体病毒等，长期使用会导致其毒力下降，杀虫效率降低等退化现象。此时可以将菌种接种到菜青虫幼虫上，令其感染发病，从致死的虫体上重新分离菌种。如此感染分离几次，就可以逐步恢复菌种的原有毒力。

5.5.2.3 淘汰衰退的个体

通过物理或化学的方法对菌种群体进行处理，例如采用高剂量的紫外辐射，已衰退的个体基本上都会死亡，存活下来的个体大多为生长健壮的细胞，可从中进一步筛选出优良菌种。

5.6 分子生物学技术及其在水处理工程中的应用

5.6.1 聚合酶链反应技术

聚合酶链反应（polymerase chain reaction，PCR）是一种基于DNA复制原理在体外进行的特异性DNA序列扩增方法，又称无细胞分子克隆技术。在分子生物学的定性和定量检测中往往需要较多的核酸分子，但生物细胞本身所含的核酸量极其少，尽管通过原核生物的繁殖扩增能够获得大量核酸分子，但操作烦琐费时，效率十分低下。PCR技术的出现从根本上解决了这一问题，可以将极微量的DNA在数小时内特异性的扩增上百万倍，大大提高了对核酸分子的分析和检测能力。因此，PCR技术被称为近20年来分子生物学领域中一项具有革命性的技术突破。

PCR 技术是由美国 Cetus 公司人类遗传研究室的科学家穆利斯（K. B. Mullis）发明的，其原理类似于 DNA 的天然复制过程。PCR 的特异性依赖于与靶 DNA 序列两端互补的寡核苷酸引物。整个扩增过程由“变性—退火—延伸”三个基本反应步骤构成：首先模板 DNA 双链经热变性处理后解离成为两条单链的 DNA 分子，然后在较低的温度下分别与相应的寡核苷酸引物互补配对结合，在 TaqDNA 聚合酶的作用下，以反应混合物中的 4 种脱氧核苷酸三磷酸（dNTPs）为反应原料，靶序列为模板，按碱基配对与半保留复制原理，合成一条新的与模板 DNA 链互补的半保留复制链。重复循环这一过程，就可获得更多的“半保留复制链”，而且这种新链又可成为下次循环的模板。因此，靶 DNA 片段就呈指数性扩增，在短时间内即可被放大几百万倍。图 5-6 为 PCR 基本原理示意。

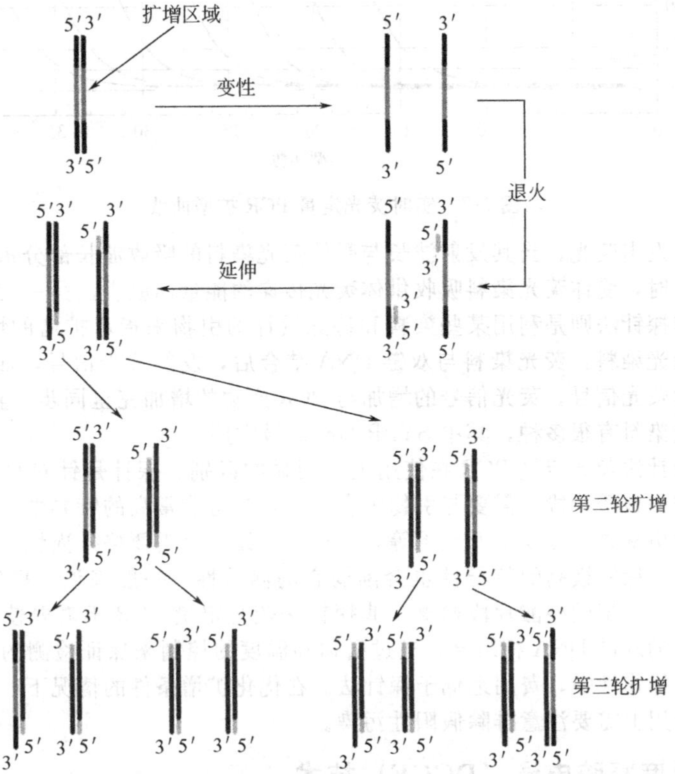

图 5-6　PCR 基本原理示意

PCR 技术首先被应用于人类 β-球蛋白基因的扩增及镰刀状红细胞贫血病的诊断。随着研究的不断深入，衍生出一系列技术，例如巢式 PCR、逆转录 PCR、原位 PCR、多重 PCR、反向 PCR、锚定 PCR 等一系列技术。如今 PCR 已成为分子生物学中的基本技术，在与分子生物学相关的各个领域内都有所应用，彰显了其灵敏度高、特异性强、高效快捷的特点。

实时荧光定量 PCR（real-time fluorescent quantitative PCR，FQ-PCR）是在 PCR 定性技术基础上发展起来的核酸定量技术，由美国 Applied Biosystems 公司在 1996 年首先推出。实时荧光定量 PCR 技术通过在 PCR 反应体系中加入荧光基团，利用荧光信号来实时监测整个 PCR 进程，最后使用标准曲线对未知模板浓度进行定量分析，解决了传统 PCR 技术利用终点法检测而无法准确定量的问题。典型的实时荧光定量 PCR 扩增曲线如图 5-7 所示。实时荧光定量 PCR 技术在 PCR 发展史上具有里程碑式的意义，不仅实现了对核酸的定量检测，而且灵敏度高、特异性强，可以进行实时动态连续监测，无复杂的产物后续处理过程，有效地减少了外源污染的风险。

从工作原理上来看，实时荧光定量 PCR 可分为探针法和非探针法。探针法实时荧光定量 PCR 是利用荧光共振能量转移（fluorescence resonance energy transfer，FRET）原理：外来光源

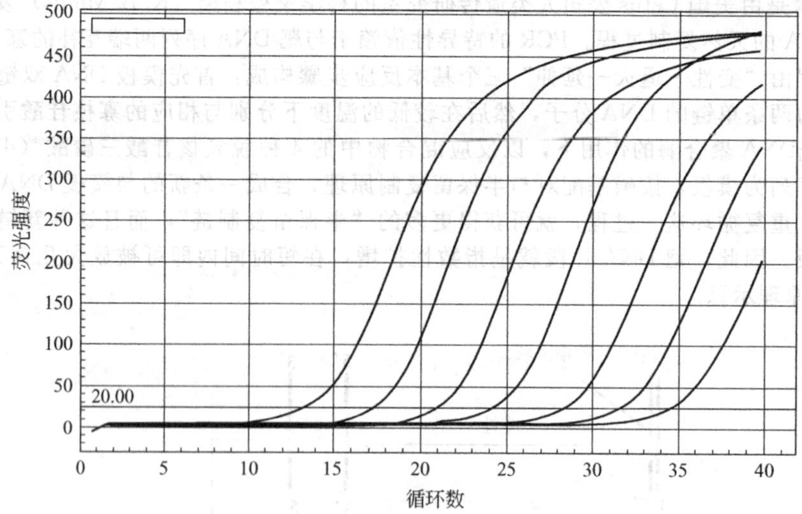

图 5-7　实时荧光定量 PCR 扩增曲线

激发供体荧光染料发出荧光，当其发射波长与受体荧光染料的吸收波长部分重叠，且两者距离很近（约 1～10nm）时，受体荧光染料吸收供体荧光传递的能量而激发出另一波长的荧光，同时将供体荧光淬灭。非探针法则是利用某些染料和特殊设计的引物来指示扩增的增加，在 PCR 反应体系中加入过量荧光染料，荧光染料与双链 DNA 结合后，发射荧光信号，而未与 DNA 结合的染料分子不会发射荧光信号。荧光信号的增加与 PCR 产物的增加完全同步。目前可与双链 DNA 结合的嵌入型荧光染料有很多种，其中 SYBR Green 最常用。

探针法和非探针法荧光定量 PCR 在使用上有明显的区别。探针是针对目标核酸序列定制的一段带有荧光标记的核酸片段，需要与引物配合使用，具有非常高的特异性。根据荧光标记种类的不同，探针的价格从数千元至上万元不等，在探针的设计上需要格外谨慎，微小的疏忽就会导致探针报废。此外，探针极高的特异性也会削弱它的涵盖性。一般来说，探针法荧光定量 PCR 方法特别适用于单一类型的核酸片段检测。非探针法荧光定量 PCR 不需要使用特制的探针，采用荧光染料与所有的双链 DNA 相结合，通过引物和温度的控制来保证检测的特异性。这种方法的通用性很好，可操作性强，费用远低于探针法。在优化扩增条件的情况下，检测灵敏度与探针法的相当，但在使用上需要注意排除假阳性污染。

5.6.2　变性梯度凝胶电泳（DGGE）技术

变性梯度凝胶电泳（Denaturing gradient gel electrophoresis，DGGE）是由 Fischer 和 Lerman 于 1979 年最先提出的用于检测 DNA 突变的一种电泳技术。1993 年，Muzyer 等人首次将 DGGE 技术应用于微生物生态学研究，并证实了这种技术在研究环境微生物群落的遗传多样性和种群差异方面具有明显的优越性。

DGGE 技术是通过使用不同浓度的变性剂，使不同的 DNA 分子在电泳过程中出现解链时间的差异，从而达到区分混合核酸产物的目的。尿素和甲酰胺是常用的变性剂，它们能够使 DNA 双链解开，发生空间构型上的变化。由于 DNA 双链之间是通过互补碱基形成的氢键连接的，长度相同而碱基组成不同的 DNA 分子解链时所需的变性剂浓度是有差别的。DNA 在含有变性剂梯度的聚丙烯酰胺凝胶中进行电泳，起初双链 DNA 以线状向正极移动，速度较快。随着变性剂浓度的增加，DNA 中具有低 GC 含量的序列的部分被打开，而高 GC 含量的部分仍保持双链。此时 DNA 分子会在端部开叉或中间成环，在聚丙烯酰胺凝胶中的电泳速度将会急剧下降，以至于停留在相应的含有一定变性剂浓度的位置上不再前进。电泳结束后进行染色，可以清楚地观察到 DNA 条带。如果将混合 DNA（例如 PCR 产物）照此方法进行电泳，不同碱基组成的 DNA 分子就停留在不同的变性剂浓度位置上，如此便能分辨具有相同或相近分子量而碱基序列有差异的片段。由于这些核酸片段往往是通过PCR扩增而获得的，因此DGGE技术常与PCR技术联用，成为分析核酸片段多态性的有力工具。

根据变性剂梯度和核酸电泳方向的关系，可以将用于DGGE的凝胶分为垂直凝胶和平行凝胶两种。通常，凝胶是夹在两块平整的玻璃之中，竖直放置。点样孔在凝胶的上端，核酸自上而下进行电泳。在垂直凝胶中，变性剂梯度增加的方向与电泳方向垂直，即从左到右（或从右到左）逐渐增加。在低变性剂浓度的一侧，核酸保持双链状态，迁移率较高；而在高变性剂浓度一侧，核酸发生解链，迁移率较低。在平行凝胶中，变性剂梯度增加的方向与电泳一致，即从上到下逐渐增加。这样在同一个泳道中，混合DNA样品经过长时间的电泳，其中所含的不同核酸片段就会停留在不同的变性剂浓度位置上，从而使混合样品发生分离。在DGGE的实际应用中，大多数使用平行凝胶。

随着研究的深入，DGGE技术也暴露出自身存在的一些缺点。(1) 只能分离较小的片段（一般不超过500bp)，对于大片段的分离效率下降。这给引物设计和系统发育分析带来一定困难。(2) 分离程度有限。DGGE的分离程度受到电泳时间、凝胶长度等多方面因素的限制，这可能导致无法彻底分离复杂的微生物群落。(3) DGGE通常只能显示群落中优势种类的核酸片段。一般来说，占整个群落微生物数量1%以下的类群就很难被检测到。

因此，在实际应用中，不仅需要摸索适合具体样品的PCR-DGGE条件，而且要注意与其他方法的联用。例如有时候传统的细菌培养技术能够发现PCR-DGGE中没有检测到的细菌，这就可能是由于PCR未能全面有效地扩增，使微生物信息丢失所导致的。克隆文库技术对于混杂核酸样品具有极好的区分性，如果与DGGE技术联合使用，可以在很大程度上克服DGGE分离程度不足的缺点。

5.6.3 荧光原位杂交技术

荧光原位杂交（Fluorescence in situ hybridization，FISH）技术是一种重要的核酸杂交技术，其基本原理是使用荧光染料或抗原、半抗原标记的DNA或RNA探针与细胞中的靶核酸片段杂交，洗脱未结合的探针后，在荧光显微镜下对荧光信号进行分析，从而获得有关靶核酸片段的数量、大小、定位和分布等信息。

从本质上来讲，FISH技术是一种特殊的核酸杂交技术。核酸杂交是分子生物学研究中的基本技术，根据杂交发生的介质不同可分为液相杂交和固相杂交两种。固相杂交还可以分为印迹杂交和原位杂交，前者主要包括用于检测DNA片段的Southern印迹杂交和检测RNA片段的Northern印迹杂交，这两种方法都可以证明样品中是否存在待测的核酸，但不能证明核酸片段在样品细胞中存在的部位。1969年，原位杂交技术的出现解决了这一难题，但最初原位杂交技术是使用放射性同位素来标记核酸探针，这不仅污染环境，对人体健康也有较大的危害。而荧光探针安全、无毒害，且比较稳定，灵敏度高。20世纪70年代后期，研究者们开始探索利用荧光标记来取代放射性同位素进行原位杂交。经过10多年的探索，在荧光探针的制备、杂交过程优化等方面都得到了长足的发展。1989年，DeLong首次使用荧光标记的寡核苷酸探针检测单个的微生物细胞，标志着FISH技术的应用取得了重要进展。进入21世纪以来，FISH技术更是在微生物学的诸多领域中都有广泛的应用。

在FISH的操作过程中，样品玻片的制备是试验是否能够成功的关键。在这里以处理活性污泥样品玻片的制备为例，进行简要的说明。

(1) 样品细胞固定。通常使用4%多聚甲醛（PFA）/磷酸盐缓冲液（PBS）作为固定剂，加入到已离心后的样品中，充分混匀，置于4℃放置数小时。离心弃去上清液，用PBS、无水乙醇分别洗涤。然后进行超声破碎，使凝聚成团的微生物细胞分散开来，固定好的样品可置于−20℃备用。

(2) 包埋。按照一定的比例，将低熔点琼脂、十二烷基磺酸钠（SDS)、PBS与固定好的样品混合。取微量的样品（一般为几微升）加入到经过疏水性处理的载玻片上。置于干燥箱，50℃烘干约5min。

(3) 脱水。将加好样品的载玻片依次置于50%、80%、99%的乙醇溶液中数分钟，然后在空气中风干。

(4) 杂交。使用已配制好的杂交缓冲液（主要成分有去离子甲酰胺、Tris-HCl、NaCl、SDS），按照一定比例与探针混合，加入到载玻片上。将载玻片放置到杂交箱中，46℃避光杂交3h。

(5) 淋洗。杂交完成后，将载玻片放入杂交缓冲液中，48℃水浴15min。用纯水浸泡载玻片，然后晾干。滴入少量抗荧光猝灭剂，加上盖玻片，将溢出的液体吸干，备用。

样品玻片制备好之后，就可以在荧光显微镜下进行检测了。目前有两种荧光标记的方法：一种是直标型探针，是在探针上共价连接着荧光素基团；另一种是间标型探针，探针先与某个半抗原连接，例如生物素或地高辛，然后半抗原再与荧光素基团连接形成一种类似"三明治"结构的复合物，这样可以提高检测的灵敏度。但直标型探针制备简单，而且特异性强，背景干扰较小，在FISH技术的应用中更为广泛。

与其他核酸杂交技术相比，FISH技术最大的优点是避免了因核酸异位提取、扩增而带来的偏差，能够直观展现靶核酸片段在样品中的分布情况，而且操作过程不会对人体造成伤害。因此，FISH技术在染色体分裂期DNA片段的定位、微生物多样性及种群变化的方面上的应用尤为重要。在水处理方面，传统的细菌培养技术由于其固有的缺陷，无法全面反映处理系统中微生物的种类和分布，而FISH技术的应用使人们逐渐掌握了在不同环境中微生物的组成和分布状况，为进一步优化工艺奠定了理论基础。

FISH技术具有广阔的发展前景。能够被激发出荧光的分子种类很多，具有不同的荧光特性，这为利用FISH技术进行多基因位点的同时检测提供了可能。很多学者都致力于以多种不同荧光标记的探针来同时检测多个靶核酸序列的多彩FISH技术的研究。在20世纪90年代已有使用七种不同标记探针进行FISH的报道，目前人们正努力开发更多色彩的FISH技术，同时进一步提高分辨率。FISH检测的样品也越来越复杂，从基因检测逐渐发展到基因组、活细胞的mRNA，甚至大型生物体。生物体组织在正常的生理或者病理状况下产生的自发荧光信号可以作为一种重要的诊断信号。此外，定量检测也是FISH技术发展的重要方向之一。荧光信号的重现性是FISH定量检测的关键，但背景或杂质的荧光信号往往会造成严重干扰。消除背景荧光干扰的方法主要有两种：一是在样品制备过程中，采用硼氢化钠等化学试剂来消除非特异性的荧光背景信号；另一种是在荧光图像采集之后，通过计算机对荧光图像的光谱进行分析，按照一定的算法来去除背景噪声。背景荧光信号的干扰来自多方面，例如样品成分、载玻片等，都有可能导致干扰。对于诸多情况，上述消除背景荧光的方法并不是完全有效，因此FISH技术用于定量检测还有待完善。

5.6.4 分子生物学技术在水处理中的应用

近年来，分子生物学技术在水处理中的应用研究日益受到人们的关注。事实上，分子生物学技术是一种特殊的技术手段，它能够极大地拓展人们对微观世界和生物本质的认识。利用分子生物学技术，可以实现微生物的快速定性和定量检测；可以依据微生物独特的遗传物质来揭示生态环境中微生物的群落组成和结构；可以帮助人们从基因水平上认识、控制和改造微生物；在掌握微生物的生理特性、存活和分布规律的基础上，降低有害微生物对人类健康和生态环境带来的风险，充分发挥微生物吸收降解污染物的作用，以期达到净化废水、保护水环境的目的。从应用方法和目的上来看，主要包括以下几个方面。

5.6.4.1 监测特定微生物的存活和分布

在生态环境中，有些微生物的存活和分布规律具有特殊意义。例如受污染水体中存在的沙门菌、肠道病毒等病原微生物，它们能够导致多种水传播疾病，给人类的健康造成巨大的危害。还有一些细菌，在特定的生态过程中起到重要作用。通过长期监测这些微生物的存活和分布状况，可以了解其特性，从而帮助人们趋利避害。然而，传统的微生物检测方法操作烦琐、费时费力，而且大多数微生物无法进行培养。以PCR为代表的分子生物学技术的出现，从根本上克服了这一问题。PCR技术的灵敏度高、特异性强，特别适用于微生物的快速检测。常见的应用是根据某种目标微生物的核酸序列设计特异性的引物，进行有针对性的检测。例如，沙门菌是一类典型的肠道病原菌，是导致食物中毒的主要病原体。Rahn等人根据沙门菌侵袭性基因*inv*A设计出了引物139和141，该引物对具有良好的特异性，并且几乎能够涵盖沙门菌属的2000多种血清型，经过各国研究者多年的反复应用，充分证明了其可靠性，被认为是沙门菌检测的最佳通用引物之一。荧光定量PCR技术在特定微生物的检测上具有更加突出的优势。例如，Guy等针对贾第虫β-giardin基因和隐孢子虫COWP基因分别设计了TaqMan探针，从而实现对“两虫”的单拷贝检测。还有研究者利用荧光定量PCR技术检测空肠弯曲杆菌、嗜肺军团菌、沙门菌等13种病原菌在污水处理系统中的分布状况，并对其风险进行了分析。

对于特定微生物的监测也常用于毒理学的研究之中。处于水生态系统食物链底层的生物，对于水体污染物的胁迫作用响应非常敏感。通过监测其存活状况，可以实现对污染物毒性的早期预报。这方面常用的模式生物包括普通小球藻、嗜热四膜虫等。Qian等利用普通小球藻进行了一系列的毒理学研究。通过定量PCR技术检测了其*psa*B、*psb*C和*rbc*L三个光合体系基因的转录水平，发现莠去津暴露能够明显降低这三个基因的转录水平。铜和镉的暴露能够降低了基因*psb*A和*rbc*L的转录水平，二者联合使用没有表现出协同效应；而两种金属联合暴露增加了基因*psb*B的转录水平，并表现出协同效应。壬基酚是一种典型的环境雌激素，它不仅能够影响普通小球藻光合作用相关基因的转录水平，而且会导致小球藻产生过多的活性氧，从而破坏其细胞结构。

5.6.4.2 研究环境微生物群落组成、结构及动态变化

利用分子生物学研究微生物群落组成和结构，事实上是分析群落的基因组成及结构。常用的方法是提取样品总DNA，然后使用通用引物进行PCR扩增。PCR产物再进行DGGE，对照分析不同实验条件下的DGGE谱图，就可以发现微生物群落的动态变化。如果需要进一步分析，就将分离得到的条带逐一进行切胶回收，重新扩增之后测序，就可以获得微生物群落中组成与结构的准确信息。

微生物的核糖体RNA（rRNA）基因是染色体上编码rRNA的核酸序列，具有高度的保守性，而且拷贝数很多，因此对rRNA基因指纹图谱的分析是判定微生物种属的有力工具。对于原核生物来说，主要分析16S rRNA基因，而对于真核生物主要分析23S rRNA基因。在微生物群落分析中，一般所使用的通用引物都是针对rRNA基因的。与其他种属鉴定方法相比，利用rRNA基因鉴定更为全面。目前，16S rRNA基因数据库已经包含了数千种原核生物的相关信息，随着数据库的不断完善，复杂群落的微生物种属鉴定将会更加方便、准确。

在自然环境生态系统中，微生物群落的多样性能够反映生态系统的状况。这方面的研究报道很多，例如在松花江苯污染事件爆发后，有关松花江中苯系物的迁移转化，以及给水生态系统带来的影响就成为人们关注的焦点。又如，有研究者利用DGGE技术探讨了硝基苯污染事件后松花江沉积物的微生物群落多样性变化，并对其中的重要菌落进行了分析。在生物处理系统中，微生物群落的种群结构和动态性分析对研究生物降解过程及污染物转化途径具有重要的意义，同时还能为优化工艺处理条件和提高处理效率提供可靠的理论依据。这方面的研究报道层出不穷。有研究者采用PCR-DGGE技术考察了膜生物反应器（MBR）和传统活性污泥反应器中生物的群落结构及其动态变化，对两种污水处理工艺进行对比研究。结果发现，在不同的试验条件下，MBR中的微生物种群数量始终高于传统活性污泥反应器的，说明MBR中的微生物群落具有更好地适应环境因素变化的能力，这为MBR具有较强的抗冲击负荷提供了一定的微观依据。还有研究者采用DGGE技术分析污水人工快速渗滤系统中微生物种群的分布，从快滤系统的砂层填料中按照一定间隔取样，然后对样品中微生物16S rRNA基因的V3可变区进行分析。结果表明，快滤系统上下砂层中的微生物种群多样性差异很大，随着深度的增加，微生物种类逐渐减少。在砂层填料的上层，主要是一些异养菌，承担COD降解的主要任务，而下部存在较强的硝化作用和厌氧的微环境，快滤系统中微生物种群空间分布状况的确定，为其处理效果的稳定和提高提供了理论基础。

FISH 技术在微生物群落结构的研究方面也有广泛的应用。由于其技术特征，可以更直观地显示出不同类群在空间中的分布情况，尤其适用于具有微观层面结构的生物聚集体或载体，例如生物膜、生物活性炭等。已报道的 FISH 探针有很多种，主要针对硝化细菌、氨氧化菌、聚磷菌、丝状菌等微生物，广泛地应用于活性污泥系统、硝化流化床反应器和膜生物反应器等污水处理系统的研究中，尤其对于颗粒污泥的研究报道甚多。颗粒污泥是由多种具有互营共生关系的微生物形成的复杂聚集体，众多研究者对其形成机理、微观结构、微生态等进行了大量研究。例如 Hermie 等采用 EUB338、ARC915、MX825 和 MG1200 等探针的不同组合，对来源于不同基质的颗粒污泥进行研究。结果表明以蔗糖为基质形成的颗粒污泥分为三层：外层为真细菌，中间层为产氢产乙酸细菌与产甲烷丝菌的共生体，而内层存在着较大空洞，有少量产甲烷细菌和无机物。而以混合挥发酸为基质的颗粒污泥只分为较明显的两层，外层是真细菌，内层则以产甲烷丝状菌为主。

5.6.4.3 构建基因工程菌株

构建基因工程菌株的目的是为了获得具有某种优良特性的新菌株。构建的方法主要是通过转化、接合、原生质体融合等手段，将含有特定基因的质粒转移到目的菌株上，形成一种具有相应特性的新菌株。基因工程菌株的构建集中体现了基因工程的理念和技术方法，其中尤以构建高效降解菌的研究报道最为常见。在化工、染料、矿山、冶金等废水处理中应用较多，这方面的例子在 5.4 中已有介绍，在此不再赘述。

5.7 微生物新技术的研究与应用

5.7.1 固定化技术及应用

微生物固定化技术是在 20 世纪 60 年代兴起的一项生物工程技术。它是利用化学或者物理的手段将游离细胞或酶定位在某一特定空间范围内，并保持其固有的催化活性，使之能够被重复和连续使用。该技术具有生物密度高、反应迅速、生物流失量少、反应控制容易的优点，主要应用于化工、制药、食品、环保等领域。采用微生物固定化技术的废水处理工艺可以明显提高反应器中的生物密度，从而提高处理负荷，减小反应器体积，对水质和 pH 值变化有较强的耐受性，而且污泥产生量少，固液分离效果好。因此，微生物固定化技术在废水处理中越来越受到关注，特别是在难降解和有毒废水处理中表现出更大的潜力。

5.7.1.1 微生物固定化方法

微生物固定化技术主要涉及两个方面的内容，一是菌种的培育和选择，二是固定化方法和载体选择。前者在 5.4 中已有阐述，这里主要介绍微生物的固定化方法。从原理上来看，固定化方法包括吸附法、共价结合法、交联法、包埋法和自身固定法五大类。

(1) 吸附法。吸附法是通过微生物与载体表面发生的物理吸附或离子键合作用，将微生物固定在载体表面。传统的吸附载体有硅藻土、活性炭、硅胶、石英砂、聚氨酯泡沫等，它们都是与微生物体发生物理吸附作用，结合不牢固。一些离子交换剂，如 DEAE-纤维素，可以通过调节 pH 值使之带有与微生物细胞相异的电荷，通过静电引力的作用固定微生物细胞，这样在使用过程中细胞就不容易脱落。总的来说，吸附法的操作简单，反应条件温和，微生物固定过程对细胞活性的影响小，但牢固性较低，固定的微生物数量受载体种类及其表面积的限制。

(2) 共价结合法。共价结合法是利用微生物细胞或酶表面功能团与固相支持物表面的反应基团之间形成化学共价键连接，从而固定微生物细胞或酶。该法细胞或酶与载体之间的连接键很牢固，使用过程中不会发生脱落，结合紧密，稳定性良好，但是反应剧烈，且反应条件苛刻，可操作性差。

(3) 交联法。交联法是利用微生物与具有两个以上官能团的试剂进行反应，使微生物菌体表面的氨基、羟基等基团与试剂的官能团相互连接成网状结构，从而达到固定微生物的目的。常见的交联剂有戊二醛、乙醇二异氰酸酯、双重氮联苯胺、乙烯-马来酸酐共聚物等。交联法固定的微生物结合强度高，稳定性好，对pH值和温度冲击的耐受性较强。但是，交联固定法的化学反应激烈，会降低微生物的活性，而且交联剂价格昂贵。在实际应用中，往往是与其他方法联用，以提高其牢固性。

(4) 包埋法。包埋法是使微生物细胞限制在载体内部的微小空间内，小分子的底物能够渗入载体，酶和代谢产物也能够扩散出来，但微生物细胞却不能移动。包埋法常用的载体材料有海藻酸钠、琼脂、卡拉胶、聚丙烯酰胺、聚乙烯醇等。包埋法的操作简单，对固定的微生物毒害小，制成的固定化球体颗粒强度高，因此是研究应用最多的一类微生物固定化技术。但包埋材料会在一定程度上阻碍底物和氧分子的扩散，对大分子底物并不适用。

(5) 自身固定法。自身固定法是通过严格控制生物处理反应器的运行负荷、水力学条件等影响因素，依靠微生物自身的絮凝作用而形成的球状聚集体。自身固定法不需要使用载体，但固定化的时间较长，且受环境因素的影响大。颗粒污泥即属于微生物的自身固定化的产物，目前在高浓度厌氧废水的处理中备受关注。

5.7.1.2 微生物固定化技术的应用

(1) 处理难降解有机废水。利用传统的生物处理法处理含有酚类、芳香类化合物等难降解有机物的废水时，往往效率较低。主要原因是降解这类物质的微生物世代期较长，所以难以在常规反应器中大量存在。利用微生物固定化技术可以将优势菌群固定到载体上连续使用，从而达到高效降解的目的。有研究者使用由假单胞菌、产碱菌、黄杆菌及不动杆菌组成的混合菌来处理含酚废水，考察了海藻酸钠、明胶、PVA-硼酸等不同的包埋方法，最终选择以PVA-海藻酸钠包埋法对混合细菌进行固定化。对含酚废水的降解试验表明，当进水酚含量为422mg/L时，固定化的混合菌对酚的去除率可达83.6%，比使用游离菌的去除率高29.4%。韩力平等采用微生物固定技术处理喹啉废水，从焦化废水处理厂分离到一株能够利用喹啉作为唯一碳源、氮源和能源的革兰阴性菌——皮氏伯克霍尔德菌（*Burkholderia pickerrii*）。采用PVA-硼酸-纱布法将其进行固定化，然后投加到流化床反应器中处理喹啉废水。当喹啉初始浓度为100mg/L、350mg/L和500mg/L时，分别在2.5h、6h和12h内喹啉即可被完全去除。

(2) 处理重金属废水。重金属废水主要来源于冶金、电镀等行业，给人体健康和生态环境带来了巨大威胁。常用的处理方法包括化学沉淀法、活性炭吸附法、离子交换法、电化学法、膜分离法等，但这些方法都存在试剂和设备费用高，易造成二次污染等缺点，尤其是在处理10～100mg/L低浓度重金属废水时效率十分低下。利用微生物对重金属离子的吸附作用，可以有效地降低废水中重金属离子的浓度，大大节省了运行成本。但由于细胞体积微小，采用传统的微生物处理方法难以进行固液分离。而固定化技术则可以克服这一缺点，并且能够显著提高吸附效率和对毒性物质的耐受能力，具有良好的工业应用前景。目前，很多研究者都在进行这方面的研究探索。例如采用海藻酸钠-PVA包埋法固定酵母菌，对Pb^{2+}、Cu^{2+}、Zn^{2+}混合溶液进行吸附。在pH值2.5～5.5的酸性条件下，固定化的酵母菌对三种重金属离子的吸附率都在80%以上。在酵母菌浓度为18g/L，吸附温度为25℃的最佳条件下，对初始浓度均为100mg/L的Pb^{2+}、Cu^{2+}、Zn^{2+}的吸附率分别为97.95%、81.07%和84.34%。藻类对于重金属离子的吸附容量较大而且易于生长、成本低廉，尤其适用于处理低浓度重金属废水。近年来，固定化藻类处理重金属废水得到了国内外研究者的广泛关注。

(3) 污水脱氮。污水的脱氮一直是水处理领域的核心问题。尽管目前利用生物脱氮的技术日趋成熟，但如何进一步提高脱氮效率仍是众多研究者孜孜以求的方向。很多研究表明，对于使用同样的硝化菌或反硝化菌，固定化的比游离的更能够耐受温度和基质浓度的变化，稳定性更强。此外，有研究者巧妙地利用微生物固定技术来实现好氧硝化和厌氧反硝化的高效结合。曹国民等采用固定化细胞膜反应器来进行单级生物脱氮。利用PVA为载体形成一种特殊的膜结构，将硝化菌和反硝化菌分别固定在内外两侧。膜的两侧分别与好氧的氨氮废水，缺氧的乙醇碳源接触，固定于膜中的硝化菌将氨氧化为亚硝氮和硝氮，随后即被同膜中的反硝化菌还原为氮气。采用这种方法可以将氨氧化速率提高为单独使用硝化菌的2倍。

此外，微生物固定化技术在印染废水、造纸废水、啤酒废水等的处理上也有广泛应用，在此不一一列举。

5.7.2 水处理工程中生物强化技术与应用

生物强化技术（bioaugmentation），也称为生物增强技术，是通过投加具有特定功能的微生物、基质类似物或营养物，增强生物处理系统对特定污染物的降解能力。随着现代化学工业的发展，大量新型化合物进入工业废水和城市污水之中。这无疑对污水生物处理系统提出了更高的要求，生物强化技术在此情况下应运而生。与传统的污水生物处理工艺相比，生物强化技术可有效提高对有毒有害物质的去除效果，改善污泥性能，增强系统稳定性、提高耐负荷冲击能力。目前，有关生物强化技术在水处理工程中的研究应用日益受到人们的关注。

5.7.2.1 生物强化技术的途径和机制

实施生物强化技术主要有三条途径：一是投加土著优势菌种，从当地自然环境中经过筛选、驯化，可以得到具有高效降解能力的优势菌种；二是投加基因工程菌，通过基因工程构建具有特殊降解功能的工程菌，尤其适用于处理难降解物质；三是投加基质类似物和营养物，通过提供代谢过程所需要的物质，以提高降解效率。

在生物处理系统中直接投加对目标污染物具有高效降解能力的微生物，是生物强化技术应用最为普遍的方式。通过驯化、筛选、诱变和基因重组等生物技术手段可以得到以目标降解物质为主要碳源和能源的高效微生物菌种，经培养繁殖后就可以投放应用。但是外源的高效菌种往往难以适应污水处理系统的环境，在投放初期会大量死亡的现象，这是该途径在实施过程中面临的最大问题。

对于污水中的一些难降解物质，微生物无法直接将其作为碳源及能源生长，但能够在一定条件下将其降解。例如微生物可以利用初级基质作为能源或碳源，代谢产生特定的酶，再通过酶来实现对难降解物质的代谢利用。于是，适当补充微生物所需的初级基质就可以达到促进降解的目的。此外，有些污染物的降解需要依靠两种或多种微生物的协同作用。一种微生物的代谢产物，会被另一种微生物作为底物加以利用，最终完成对污染物的彻底降解。在这一过程中，污染物、各级代谢产物与不同的微生物之间往往具有十分复杂的联系。

5.7.2.2 生物强化技术在水处理工程的应用

生物强化技术在不同类型的工业废水的处理中都有广泛的研究应用。例如，石油化工行业的碱渣废水是由乙烯、柴油、汽油、液化气等产品碱洗精制、酸化提酚后所产生的，这类废水不仅含盐量高，而且污染物种类多、浓度高，其中还有很多硫化物、酚类等有毒有害物质。通常采用焚烧法、湿式氧化法等常规方法进行处理，但存在设备投资大，处理费用高，运行不稳定，易产生二次污染等缺点。采用高效生物处理技术（Quick Bioreactor，QBR）可以很好地克服以上不足，它通过向废水生物处理单元植入特效微生物菌群并持续投加适合特效微生物菌群生长繁殖的专用营养液，实现对废水中目标污染物的充分生物降解，从而提高废水中污染物的可生物降解水平和系统的处理效率。QBR 技术的处理负荷高达 4～15kgCOD/(m^3 · d)，是普通生物处理方法的 10 倍以上。采用 QBR 技术的生物处理系统启动时间大大缩短，通常在植入特效微生物菌群 2～3d 后即可以实现满负荷正常运行，而传统处理方法系统启动时间则长达 1～2 个月。QBR 技术还可以有效改善污泥沉淀性能，抑制污泥膨胀，增强系统抗冲击负荷的能力，提高处理系统的稳定性。印染废水含有多种染料及其他难降解化合物，用单一的传统处理工艺难以达到满意的处理效果。有研究表明采用厌氧消化—接触氧化—活性炭吸附三级串联工艺系统处理印染废水。通过将高效染料脱色降解菌和聚乙烯醇降解菌的联合接种，能够加快生物膜形成，提高处理效率和运行稳定性。

随着人们生活水平的提高和工商业的发展，城市污水的成分越来越复杂。生物强化技术的应用能够显著提升生物处理系统对油脂、阴离子表面活性剂、1-萘胺、氯酚等存在于城市污水中的难降解或生物抑制性物质的降解效果。生物强化技术可以提高城市污水处理系统的耐冲击负荷能力，降低运行成本，增强系统的稳定性，此外在资源化回收方面也具有相当的优越性。因此在城市污水处理厂扩建和改造中，生物强化是被重点考虑的技术之一。例如，强化生物除磷（EBPR）技术能够将污水中的磷有效地富集于污泥中，所得污泥含磷量可达5%～7%（干重），而传统方法则能获得1%～2%含磷量的污泥。富含磷的污泥可以通过多种途径进行磷的回收利用，例如投加化学药剂使磷以磷酸铁或鸟粪石结晶析出，污泥稳定化后直接进行土地利用等。

生物强化技术在城市内河污染治理和修复方面也有应用。天津大学的研究小组从受污染的河道底泥中分离出高效有机物降解菌CCTD 601，研究了规模化生产方法，将大规模培养得到的菌液按照2‰的比例以喷灌的形式投加到河道中，对原河水的COD去除率为33%，总氮去除率为41%，氨氮去除率为18%，成本仅为0.12元/m^3河水，具有良好的推广应用前景。

生物强化技术因其独有的特点，其应用领域正在逐渐扩展。今后这方面的研究和应用的重点，不仅仅是筛选培育优势菌种，投放方法以及运行条件的维护也十分重要。只有这样才能充分发挥生物强化技术的作用。

5.7.3 微生物制剂的开发和应用

目前，对于微生物制剂尚无明确的概念。一般来说，具有特殊功能的微生物，以及由微生物分泌产生的高分子物质都可以被认为是微生物制剂。微生物制剂在废水处理、污染水体修复等方面应用十分广泛。微生物制剂可以根据研究目的的不同进行具体划分，其中微生物絮凝剂和微生物表面活性剂是最主要的两类。

5.7.3.1 微生物絮凝剂的开发利用

微生物絮凝剂（bioflocculant）是一类由微生物产生的，具有高效絮凝功能的高分子有机物，主要成分有糖蛋白、蛋白质、多糖、核酸等，相对分子质量一般都在几十万以上。按照来源，微生物絮凝剂可以分为三类。一是直接利用微生物细胞，例如大量存在于土壤、活性污泥和沉积物中的细菌、霉菌、放线菌和酵母菌等，它们本身就可作为絮凝剂使用。二是微生物细胞壁提取物，例如从酵母菌细胞壁提取葡聚糖、甘露聚糖和*N*-乙酰葡萄糖胺等成分都可以用作絮凝剂。第三类是微生物的代谢产物，有些具有絮凝活性的代谢产物可以被分泌到细胞外，贴附在细胞表面，或者游离于培养液中。能够分泌絮凝剂的微生物称为絮凝剂产生菌，至今已发现并鉴定了数十种这类微生物，在细菌、真菌、放线菌、藻类中都有分布。典型的絮凝剂产生菌有酱油曲霉（*Aspergillus sojae*）、拟青霉属菌（*Paecilomyces* sp.）、红平红球菌（*Rhodococcus etythropolis*），它们对于污水中的悬浮无机颗粒、细菌等均有良好的絮凝效果。

微生物絮凝剂借助离子键、氢键和范德华力吸附多个悬浮颗粒，在它们之间进行“架桥”作用。絮凝剂表面具有负电荷，当它靠近悬浮颗粒时，会中和掉颗粒表面的部分电荷，降低其表面电位，使悬浮颗粒之间的静电斥力减少，从而发生碰撞而凝聚。当投加一定量的微生物絮凝剂时，可以迅速发生网捕卷扫作用，使水中悬浮颗粒形成沉淀，从而达到絮凝沉降的目的。尽管在絮凝机理上与其他阴离子高分子絮凝剂类似，但微生物絮凝剂具有一些独特的优点：絮凝效率高，形成的絮体较大，容易分离；安全无毒，不会造成二次污染；应用范围广，有些絮凝剂还具有脱色效果。研究发现，微生物絮凝剂的产生及活性与碳源、氮源、温度、pH值以及阳离子等因素有关。阳离子的存在会影响絮凝剂的产生，但因产生菌的不同而差异显著。例如Ca^{2+}对菌株HHE-P21产生絮凝剂有强烈抑制作用，但却能使菌株HHE-A26的絮凝率提高37.4%。

微生物絮凝剂在给水处理和各种污水处理上都有广泛的应用。研究报道表明，采用MB-FA9、M-127等微生物絮凝剂处理河水等自来水水源，效果明显优于PAM等常规絮凝剂。对于高浓度有机废水，微生物物絮凝剂能够发挥显著的优势。利用微生物絮凝剂处理畜产废水、屠宰废水、啤酒废水、染料废水等的研究报道层出不穷，而且大都体现出优于传统化学絮凝剂的特性。在一些特殊废水的处理上，微生物絮凝剂也有较好的效果。例如，炸药废水的COD高、毒性大，一直是处理的难题之一。武春艳等从环境中筛选出来一种对单体猛炸药六硝基芪生产废水具有较高降解能力并且絮凝活性较高的MBF4菌，在最佳条件下，利用其絮凝能力能够将六硝基芪生产废水的色度、浊度、COD分别降低93.33%、51.13%和73.08%，为六硝基芪生产废水的后续处理提供了有利条件。此外，还有一些研究者将微生物絮凝剂应用于富营养化湖泊和城市景观水体的修复方面，对于降低水体的浊度，提高溶解氧，去除水体中的有机物，消除恶臭等均有显著效果。

与传统絮凝剂相比，微生物絮凝剂具有应用范围广、絮凝活性高、安全无毒、无二次污染等特点，具有广泛的应用前景。然而，目前微生物絮凝剂的应用大多还停留在实验室研究阶段，真正进行工程应用的并不多。主要原因在于微生物絮凝剂的生产和使用成本较高，微生物絮凝剂是由微生物自身合成产生的，产量较小，而且培养基的价格高。在实际使用中的投药量较大，贮存稳定性差，这些局限性在很大程度上限制了微生物絮凝剂的推广应用。解决这些问题的途径主要有两种：一是改进微生物絮凝剂的产生条件，选用容易取得的、低廉的培养基，降低生产成本；另一种是降低微生物絮凝剂的使用成本，主要是通过与化学絮凝剂复配使用，实现优势互补，在保证良好絮凝效率的前提下降低微生物絮凝剂的投药量。在这方面，我国已经设立了 863 专项研究课题，以期能够研制出具有我国自主知识产权的绿色“微生物复合絮凝剂”，并通过示范工程建立其产业化和规模化应用的关键技术指标体系，这对于饮用水安全保障、水环境污染治理和污水回用都具有重要的实用价值。

5.7.3.2 生物表面活性剂的开发利用

生物表面活性剂（biosurfactant）是微生物代谢合成的具有亲水性和亲油性的一种高分子物质。依据其化学组成，可以将生物表面活性剂分为六大类：糖脂、中性脂/脂肪酸、含氨基酸类脂、磷脂、聚合物、特殊型（全细胞、膜载体和纤毛）。细菌是合成生物表面活性剂的主力军，但也有一些生物表面活性剂是由酵母和真菌合成的，目前已经发现有多种微生物可以合成不同类型的生物表面活性剂。表 5-1 列出了生物表面活性剂的主要类型及其微生物来源。

表 5-1 生物表面活性剂的主要类型及其微生物来源

分类	典型代表	主要生产菌
糖脂	鼠李糖脂	假单胞菌(*Pseudomonas* sp.)
	海藻糖脂	诺卡菌(*Nocardia* sp.) 红球菌(*Rhodococcus* sp.) 分枝杆菌(*Mycobacteria* sp.)
	槐糖脂	假丝酵母(*Candida* sp.)
	霉菌酸酯	节细菌(*Arthrobacter* sp.)
中性脂/脂肪酸	甘油酯	梭状芽孢杆菌(*Clostridia* sp.)
	脂肪酸	诺卡菌(*Nocardia* sp.)
含氨基酸类脂	脂肽	芽孢杆菌(*Bacillus* sp.)
	脂氨基酸	沙雷菌(*Serratia* sp.)
磷脂	磷脂酰乙醇胺	硫杆菌(*Thiobacillus* sp.) 棒状杆菌(*Corynebacteria* sp.)
聚合物	脂杂多糖	节细菌(*Arthrobacter* sp.)
	脂多糖复合物	不动杆菌(*Acinetobacter* sp.)
	蛋白质-多糖复合物	假丝酵母(*Candida* sp.)
特殊型	全细胞	节细菌(*Arthrobacter* sp.)
	生物破乳剂	红球菌(*Rhodococcus* sp.)

生物表面活性剂来源于微生物代谢活动，在化学结构、理化性质等方面都与化学合成的表面活性剂有明显的区别。生物表面活性剂的分子比较庞大，结构也更为复杂，其表面活性通常要强于化学合成的表面活性剂。丰富多样的产生菌决定了生物表面活性剂的多样性，来源于不同种属微生物的生物表面活性剂通常具有不同的性质，在实际应用中的可选择性较强。生物表面活性剂

是通过发酵过程进行生产的，工艺条件控制相对简单，一般无需高温高压的条件。微生物培养液的原料多为天然的农副产品，例如葡萄糖、蔗糖、氨基酸、脂肪酸等，这些原料易于取得、价格低廉，甚至一些农业废物或工业废料也可以被利用，充分实现了资源的循环利用。此外，生物表面活性剂无毒，易被生物降解，因此其使用不会造成二次污染，是一种环境友好型功能材料。

20世纪60年代后期研究者在以“碳氢化合物”为原料的“石油发酵”中发现微生物可以合成并分泌出具有一定表面活性的代谢产物，从而揭开了生物表面活性剂的研究序幕。近年来，各国的研究者们相继从土壤、海洋、湖泊等环境中分离出许多能够产生生物表面活性剂的菌株，并发展了高效生产和提取工艺。此外，生物表面活性剂因其优良特性，在水处理领域内也有广泛的应用。

生物表面活性剂应用的主要方面是强化污染物在相际间的转移，促进受污染水体的生态修复。生物表面活性剂具有乳化作用，能够将疏水性的化合物分散成小液滴，增大这些物质与水相的接触面积，从而提升传质效率；同时生物表面活性剂还能改变一些微生物细胞的表面性质，增大细胞的疏水性，从而增强微生物细胞与疏水性化合物之间的亲和力，有利于细胞摄取和生物转化。研究发现，使用生物表面活性剂可以加速油类物质的降解，提高芳香烃类化合物的溶解度，这对于修复石油类污染的水体具有重要的实用价值。

生物表面活性剂在去除水中重金属离子方面也有重要的作用。传统的重金属离子捕集剂主要有黄原酸酯类和二硫代氨基甲酸盐类衍生物类，但它们存在螯合容量小、溶解性差、捕集重金属后难以从水中分离等缺点。因此，近年来研发了一些生物表面活性剂来替代化学捕获剂来去除废水中的重金属离子，不仅提高了去除效率，而且也避免了对水生物的毒害作用。

近年来，生物表面活性剂的研发和应用受到了越来越多的关注，但对于其产生方式和作用机理等还缺乏深入研究。随着分子生物学技术的迅速发展，运用基因工程技术对产生菌进行定向改造，提高生物表面活性剂的产量，降低生产成本将是生物表面活性剂研究开发的重要方向。此外，开发快速有效的分离纯化工艺，对于生物表面活性剂大规模应用也具有显著的实用价值。

参 考 文 献

[1] 任南琪，马放，杨基先等. 污染控制微生物学. 哈尔滨：哈尔滨工业大学出版社，2007.

[2] 李艳红，解庆林，申泰铭等. 紫外诱变选育除油细菌处理采油废水的试验. 环境科学与技术，2009，32（2）：164-167.

[3] 肖湘政，张志红，秦艳梅. 胶质芽孢杆菌HM8841紫外线诱变育种研究. 微生物学，2006，26（1）：36-39.

[4] 冯栩，李旭东，曾抗美等. 紫外线诱变提高特效菌的降解性能. 中国环境科学，2008，28（9）：807-812.

[5] Ferencezy L，Kevei F，Zsoh J. Fusion of fungal protoplast. Nature，1974，248：793-794.

[6] 王春平，韦强，鲍国连等. 微生物原生质体融合技术研究进展. 动物医学进展，2008，29（5）：64-67.

[7] 陈梅娟. 自养硝化细菌的分离、鉴定及norB基因工程菌的构建：[学位论文]. 北京：北京化工大学，2010.

[8] 徐健. 脱氮基因工程菌PNS的构建及其应用研究：[学位论文]. 重庆：重庆医科大学，2007.

[9] 蔡颖，赵肖为，邓旭等. 基因工程菌生物富集废水中重金属镉. 水处理技术，2006，32（1）：26-29.

[10] 赵肖为，李清彪，卢英华等. 高选择性基因工程菌 *E. coli* SE5000 生物富集水体中的镍离子. 环境科学学报，2004，24（2）：231-236.

[11] Muyzer G，De Waal E，Uitterlinden A G. Profiling of complex microbial populations by denaturing gradient gel electrophoresis analysis of polymerase chain reaction-amplified genes coding for 16S rRNA. Applied and Environmental Microbiology，1993，59（3）：695-700.

[12] 陈坚，刘和，李秀芬等. 环境微生物实验技术. 北京：化学工业出版社，2008.

[13] 王爱杰，任南琪. 环境中的分子生物学诊断技术. 北京：化学工业出版社，2004.

[14] Rahn A，De Grandis S A，Clarke R C，et al. Amplification of an invA gene sequence of Salmonella typhimurium by polymerase chain reaction as a specific method of detection of Salmonella. Molecular and Cellular Probes，1992，（6）：271-279.

[15] Malorny B，Hoorfar J，Bunge C，Helmuth R. Multicenter validation of the analytical accuracy of Salmonella PCR：towards an international standard. Applied and Environmental Microbiology，2003，69（1）：290-296.

[16] Guy R A，Payment P，Krull U J，Horgen P A. Real-time PCR for quantification of Giardia and Cryptosporidium in environmental water samples and sewage. Applied and Environmental Microbiology，2003，69（9）：5178-5185.

[17] Shannon K E，Lee D Y，Trevors J T，Beaudette L A. Application of real-time quantitative PCR for the detection of

selected bacterial pathogens during municipal wastewater treatment. Science of the Total Environment，2007，382：121-129.

[18] Qian H F，Sheng G D，Liu W P，et al. Inhibitory effects of atrazine on Chlorella vulgaris as assessed by real-time polymerase chain reaction. Environmental Toxicology and Chemistry，2008，27（1）：182-187.

[19] Qian H F，Li J J，Chen W，et al. Combined effect of copper and cadmium on Chlorella vulgaris growth and photosynthesis related gene transcription. Aquatic Toxicology，2009，94（1）：56-61.

[20] Qian H F，Pan X G，Shi S T，et al. Effect of nonylphenol on response of physiology and photosynthesis-related gene transcription of Chlorella vulgaris. Environmental Monitoring and Assessment，2011，182（1-4），61-69.

[21] Li D，Yang M，Li Z L，et al. Change of bacterial communities in sediments along Songhua River in Northeastern China after a nitrobenzene pollution event. FEMS Microbiology Ecology，2008，65（3）：494-503.

[22] 姜昕，马鸣超，李俊等. 用DGGE技术分析污水人工快速渗滤系统中微生物种群分布. 微生物学通报，2007，34（6）：1179-1183.

[23] Hermie J，Harmsen M，Harry M P，et al. Detect ion and localization of syntrophic propionate- oxidizing bact eria in granular sludge by in situ hybridization using 16S rRNA based oligonuleotide probes. Appl. Environ. Microbiol，2006，62：1656-1663.

[24] 王洁，韩融冰，高静梅等. 固定化降酚细菌及应用研究. 甘肃科学学报，2007，19（4）：37-39.

[25] 韩力平，王建龙，刘恒等. 固定化细胞流化床反应器处理难降解有机物喹啉的试验研究. 环境科学，2001，22（1）：78-80.

[26] 赵瑞雪，薛丹，高达等. 固定化酵母菌吸附混合重金属离子的研究. 长春理工大学学报（自然科学版），2010，33（4）：161-163.

[27] 曹国民，赵庆祥. 新型固定化细胞膜反应器脱氮研究. 环境科学学报，2001，21（2）：189-193.

[28] 肖学梅，李杰，路斌. 生物强化技术处理化工碱渣废水. 辽宁化工，2011，40（8）：813-816.

[29] 鲜海军，贾省芬，杨惠芳等. 用高效染料脱色菌和PVA降解菌混合培养液处理印染废水. 环境科学学报，1993，13（4）：420-427.

[30] 成文，黄晓武，胡勇有. 影响微生物絮凝剂产生的因素研究. 华南师范大学学报，2006，8（3）：81-86.

[31] 武春艳，柴涛，林凡聪等. 降解六硝基芪废水用复合型微生物絮凝剂产生菌的筛选及应用. 水处理技术，2011，37（1）：58-61.

[32] 高宝玉. 水和废水处理用复合高分子絮凝剂的研究进展. 环境化学，2011，30（1）：337-345.

[33] Zouboulis A I，Matis K A，Lazaridis N K，et al. The use of biosurfactants in flotation：Application for the removal of metal ions. Minerals Engineering，2003，（16）：1231-1236.

第6章 微生物的生态系统

6.1 水处理生态系统的基本概念及特征

6.1.1 生态系统及其基本结构

生态系统（ecosystem）是指一定时间和空间范围内栖居的所有生物与非生物的环境之间由于不停地进行物质循环和能量流动而形成的一个相互影响、相互作用，并具有自我调节功能的自然整体。

在自然界中，只要在一定空间内存在生物和非生物两种成分，并能相互作用达到某种功能上的稳定性，哪怕是短暂的，这个整体就可视为一个生态系统。因此，在我们居住的这个地球上有许多大大小小的生态系统，大至生物圈（或者生态圈）、海洋、陆地，小至森林、草原、湖泊和小池塘。除了自然生态系统以外，还有很多人工生态系统，如农田、果园、自给自足的宇宙飞船和用于验证生态学原理的各种封闭的微宇宙，它们可看做自然界的基本功能单位。

任何一个生态系统都是由两大部分组成，即理化环境和生物群落。

生态系统中的理化环境，即非生物部分包括：物质循环的各种无机物，如氧、氮、二氧化碳、水和各种植物营养素（无机盐）；有机化合物，包括生物残体（如落叶、秸秆、动物和微生物的尸体）及其分解产生的有机质，如蛋白质、糖类、脂类和腐殖质等；气候因素，如温度、湿度、风和潮汐等。理化环境除了给活的生物提供能量和养分之外，还为生物提供其生命活动所需要的媒质，如水、空气和土壤。而活的生物群落是构成生态系统精密有序结构和使其充满活力的关键因素，各种生物在生态系统的生命舞台上各有角色。

生态系统中的生物群落按其在生态系统中的作用划分为生产者、消费者和分解者。它们分别由不同种类的生物充当。

生产者包括所有绿色植物、蓝绿藻和少数化能合成细菌等自养生物，这些生物大都可以吸收太阳能并利用无机营养元素（C、H、O、N等）合成碳水化合物、蛋白质和脂肪等有机物，将吸收的一部分太阳能转化为化学能，贮存在合成有机物的分子键中。由于这些生物能够直接吸收太阳能和利用无机营养成分合成构成自身有机体的各种有机物，故称它们为自养生物（autotroph）。生产者通过光合作用不仅为本身的生存、生长和繁殖提供营养物质和能量，而且它所制造的有机物质也是消费者和分解者唯一的能量和物质来源。生产者是生态系统中最基本和最关键的生物成分。太阳能只有通过生产者的光合作用才能源源不断地输入生态系统，然后被其他生物所利用。

消费者是直接或间接地利用生产者所制造的有机物作为食物和能源，而不能直接地利用太阳能和无机态的营养元素的生物，包括草食动物、肉食动物、寄生生物和腐食生物。消费者以动物为主。消费者按其取食的对象可以分为几个等级。如陆地生态系统中，直接吃植物的动物叫植食动物，为一级消费者（如蝗虫、兔、马等）；以植食动物为食的动物叫肉食动物，为次级消费者（二级消费者或三级消费者等）。既吃植物也吃动物的杂食动物既是一级消费者，又是次级消费者。在水生生态系统中，有些鱼类是杂食性的，它们吃水草、水藻，也吃水生无脊椎动物。许多动物的食性随着季节和年龄而变化，如麻雀在秋季和冬季以吃植物为主，但是到了夏季生殖季节就以吃昆虫为主，所有这些食性较杂的动物都是消费者。食碎屑者也应属于消费者，它们的特点是只吃死的动植物残体。消费者还应包括寄生生物。寄生生物靠取食其他生物的组织营养物和分泌物为生。

分解者是指所有能够把有机物分解为简单无机物的生物，它们主要是各种细菌和部分真菌。在生态系统中的基本功能是把动植物死亡后的残体分解为比较简单的化合物，最终分解为最简单的无机物，并把它们释放到环境中去，供生产者重新吸收和利用。由于分解过程对于能量流动和物质循环具有非常重要的意义，所以分解者在任何生态系统中都是不可缺少的组成部分。如果生态系统中没有分解者，动植物遗体和残余有机物很快就会堵积起来，影响物质的再循环过程，生态系统中的各种营养物质很快就会发生短缺，并导致整个生态系统的瓦解和崩溃。有机物质的分解过程是一个复杂的逐步降解的过程，除了细菌和真菌两类主要的分解者之外，其他大大小小以动植物残体和腐殖质为食的各种动物在物质分解的总过程中都在不同程度地发挥作用，如专吃兽尸的兀鹫，食朽木、粪便和腐烂物质的甲虫，白蚁，皮囊，粪金龟子，蚯蚓和软体动物等。有人把这些动物称为大分解者，而把细菌和真菌称为小分解者。消费者和分解者都不能直接利用太阳能和理化环境中的无机营养元素，故称它们为异养生物（heterotroph)。值得特别指出的是，理化环境（太阳能、水、空气、无机营养元素）、生产者和分解者是生态系统缺一不可的组成部分，而消费者则可有可无。

6.1.2 生态系统的功能

生态系统是生态学上一个主要的结构和功能单位，不论是自然的还是人工的，都具有一些基本功能。能量流动和物质循环是生态系统的两大功能。能量流动是单方向的，物质流动是循环的。生物群落同其生存环境之间以及生物群落内不同种群生物之间不断进行着物质交换和能量流动，并处于相互作用和相互影响的动态平衡之中。

6.1.2.1 生态系统的物质循环

在生态系统中，物质从理化环境开始，经生产者、消费者和分解者，又回到理化环境，完成一个由简单无机物到各种高能有机化合物，最终又还原为简单无机物的生态循环。通过该循环，生物得以生存和繁衍，理化环境得到更新并变得越来越适应生物生存的需要。在这个物质的生态循环过程中，太阳能以化学能的形式被固定在有机物中，供食物链上的各种生物利用。

碳、氮和磷等元素的循环是生态系统中最重要和最有代表性的物质循环。有关碳、氮、磷等元素的生态循环模式以及微生物在其中的作用，将在6.5中讨论。

6.1.2.2 生态系统的能量流动

推动生态圈和各级生态系统物质循环的动力，是能量在食物链中的传递，即能量流。与物质循环的运动不同的是，能量流是单向的，它从植物吸收太阳能开始，通过食物链逐级传递，直至食物链的最后一环。在每一环的能量转移过程中都有一部分能量被有机物用于推动自身的生命活动（新陈代谢），随后变为热能耗散在理化环境中。

为了反映一个生态系统利用太阳能的情况，常使用生态系统总产量这一概念。一个生态系统的总产量是指该生态系统内食物链各个环节在一年时间里合成有机物质的总量。它可以用能量、生物量表示。

生态系统中的生产者在一年里合成的有机物质的总量称为该生态系统的初级总产量。在有利的理化环境条件下，绿色植物对太阳能的利用率一般在1%左右。生物圈的初级总量约 4.24×10^{21} J/年，其中海洋生产者的总产量约 1.83×10^{21} J/年，陆地的约为 2.41×10^{21} J/年。总产量的一半以上被植物的呼吸作用所消耗，剩下的称为净初级产量。各级消费者之间的能量利用率也不高，平均约为10%，即每经过食物链的一个环节，能量的净转移率平均只有1/10左右。

因此，生态系统中各种生物按照能量流的方向沿食物链递减，处在最基层的绿色植物的量最多，其次是植食动物，再次为各级肉食动物，处在顶层的生物的量最少。形成一个生态金字塔。

只有当生态系统的能量与消耗的能量大致相等时，生态系统的结构才能处于相对稳定的状态，否则生态系统的结构就会发生剧烈变化。

6.1.2.3 生态系统的信息传递

生态系统的信息传递在沟通生物群落与其生活环境之间、生物群落内各种群生物之间的关系上有重要意义。生态系统的信息包括营养信息、化学信息、物理信息和行为信息。这些信息最终都是经过基因和酶的作用并以激素和神经系统为中介体现出来的。它们对生态系统的调节具有重要作用。

6.1.2.4 生态系统的自我调节功能

生态系统具有自动调节恢复稳定态的能力。系统的组成成分愈多样，能量流和物质循环愈复杂，这种调节能力就愈强；反之，成分愈单调，结构愈简单，则调节能力就愈小。然而这种调节能力也是有一定幅度的，超过这个幅度就不再有调节作用，从而使生态系统遭到破坏。

使生态系统失去调节能力的主要因素有三种。一是种群成分的改变。例如由于人类的干预，使一种控制植食动物的肉食动物消失，从而引起植食动物大量繁殖，最后导致该生态系统的破坏。单一种植业的农田生态系统也正是由于缺乏多样性而易受昆虫破坏。二是环境因素的变化，例如湖泊富营养化可使水质变坏，同时由于藻类过度生长所产生的毒素，以及藻类残体分解时消耗大量的溶解氧，使水中的溶解氧大大减少，从而会引起鱼类及其他水生生物死亡。三是信息系统的破坏。例如石油污染导致回游性鱼类的信息系统遭到破坏，无法溯流产卵，以致影响回游性鱼类的繁殖，从而破坏了鱼类资源。

研究生态系统的自动调节能力，可为制定环境标准和对环境进行科学管理提供依据。

一般来说，一个成熟的生态系统具有下列特征：(1) 具有稳定的理化条件，也就是说在物质循环过程中，各种物质的消耗和产生是基本平衡的；(2) 生物群落组成和功能稳定，多样性强；(3) 抵抗外来干扰的能力强；(4) 受到外来干扰后，具有较强的修复能力，恢复快。

6.1.3 水生态系统的基本特征与类型

6.1.3.1 水生生态系统的基本特征

与陆地生态系统的环境相比，水生生态系统因其以水作为系统的环境因素而又具有一些明显特征，这些特征在很大程度上都与水的理化特性有关。

(1) 水生生态系统的环境特点。水的密度大于空气，许多小型生物如浮游生物可以悬浮在水中，借助水的浮力度过它们的一生。水的密度大还决定了水生生物在构造上的许多特点。水的比热容较大，传热系数小，因此水温的升降变化比较缓慢，温度相对稳定，通常不会出现陆地那样强烈的温度变化。在海洋中至今还保留着原始的软骨鱼类和有活化石之称的矛尾鱼等古老的生物类群，这与海洋的水温均匀和环境较稳定有关。水生生态系统中理化环境有3～4个自然体，如水、沉积土壤、大气和冰盖，而陆地通常仅有土壤和空气两个自然体。水域生态系统生境有垂直分层，而陆地不明显。

(2) 水生生态系统的营养结构特点。水生生态系统的生产者在其生态特征上与陆地差别很大，除一部分水生高等植物外，各类水域的生产者主要是体型微小但数量惊人的浮游植物。这类生产者的特征是代谢率高、繁殖速度快、种群更新周期短、能量的大部分用于新个体的繁殖。生物圈中最大的生态系统是海洋，固定的能量占生物圈各类生态系统总量的30%左右，但生产者的个体小，寿命短，其生物量还不及陆地森林生态系统的1/500，总量也只有33亿吨。消费者层次的组成状况在淡水和海洋两类生态系统中的差别较大。在淡水水域，消费者一般是体型较小、生物学分类地位较低的变温动物，新陈代谢过程中所需热量比常温动物少，热能代谢受外界环境变化的影响较大。

(3) 水生生态系统的功能特点。与陆生生态系统相比，水生生态系统初级生产者对光能的利用率比较低。据奥德姆对佛罗里达中部某银泉的能流研究，太阳总有效能中75.9%不能为初级生产者所利用，22.88%呈不稳定状态，而实际用于总生产力的有效太阳能仅有1.22%，除去生产者自身呼吸消耗的0.7%，初级生产者净生产力所利用的光能只有0.52%。水中物质循环速度比陆地快，藻类所形成的全部有机质都是较易利用的成分，陆地植物则有木质部，只有少数动物可利用。

6.1.3.2 水生生态系统的类型

(1) 淡水生态系统。淡水生态系统可根据水的流速分为流水型和静水型两种类型的生态系统。

流动水主要是河流、溪流、水渠等水体。其特点是，水的流动性受落差垂直变化的影响，流速受流量及河床大小之间比率的影响。在流水型水生生态系统中，初级生产者为藻类构成的黏附性群落、水生植物等，另外陆地植物叶片的凋落物也是水生生态系统重要的物质和能量来源。在这样的生态系统中，消费者主要是一些昆虫、无脊椎动物、两栖类以及鱼类。其食物链的基本形式是：水生植物→无脊椎动物→鱼类。

静水型生态系统是指陆地上的淡水湖泊、沼泽、池塘和水库等不流动的水体所形成的生态系统。所谓静水是相对的，任何一个湖泊、沼泽、池塘和水库的水，都有一定的流动，只不过这种流动和水的更换非常缓慢。湖泊生态系统是一个典型的静水型生态系统（图 6-1）。

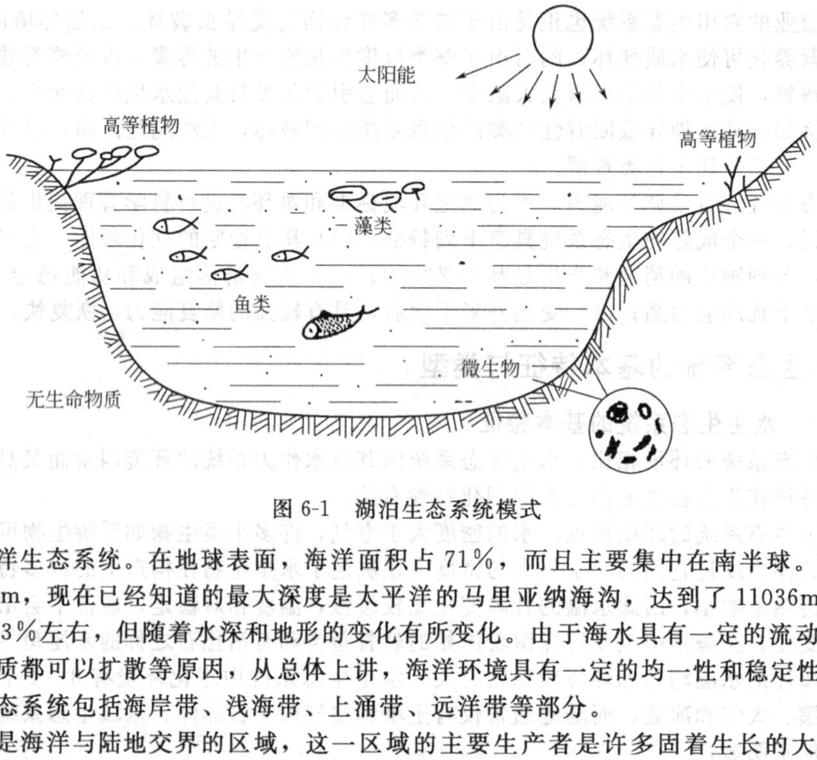

图 6-1 湖泊生态系统模式

(2) 海洋生态系统。在地球表面，海洋面积占71%，而且主要集中在南半球。海洋的平均深度是3750m，现在已经知道的最大深度是太平洋的马里亚纳海沟，达到了11036m。海洋的平均含盐量为3%左右，但随着水深和地形的变化有所变化。由于海水具有一定的流动性，且溶于水中所有物质都可以扩散等原因，从总体上讲，海洋环境具有一定的均一性和稳定性。

海洋生态系统包括海岸带、浅海带、上涌带、远洋带等部分。

海岸带是海洋与陆地交界的区域，这一区域的主要生产者是许多固着生长的大型多细胞藻类，如海带、裙带菜以及紫菜等。它们固着在岩石等其他物体上，形成水下植被，有时也称“海底森林”。消费者是许多食固着生长的大型植物的海洋动物和滤食性动物。

浅海带水深在200m左右，主要是大陆架。这里接受河流带来的大量有机物，光线充足，温度适宜，栖息着大量生物，是海洋生命最活跃的地带。浅海带中的主要生产者是大量的单细胞浮游藻类，如各种绿藻、硅藻等。第一级消费者是草食性的浮游动物。浮游植物和草食性浮游动物为其他更高营养级上的动物提供了充足的食物。

上涌带可以将许多矿物质带到浅海带或远海带的表层，常见的是群生硅藻形成的大胶团和长丝状体，许多滤食性鱼类直接取食这些浮游植物。

远洋带包括了表层、中层、深层和极深的海底。含有大量的碎屑食物，所以固着生长的动物比任何陆生和水生生态系统的动物数量都多。这些动物各自占领着一定的深度，分层生活，并发展出一系列的适应特征，如发光器官、口腔扩大、承受压力大等。它们都属于肉食性动物，有的吞食活动物，有的专门吃动物的尸体。下层动物吃上层动物，一层吃一层，形成一条长长的食物链，在这里，食物链常常长达5～6级。海洋生态系统的消费者通常分布在海底。

(3) 湿地生态系统。湿地生态系统是指地表过湿或常年积水，生长着湿地植物的地区。湿地是开放水域与陆地之间过渡性的生态系统，它兼有水域和陆地生态系统的特点，具有其独特的结构和功能。

全世界湿地约有5.14亿公顷（1公顷$=10^4m^2$，下同），约占陆地总面积的6%。湿地在世界上的分布，北半球多于南半球，而且多分布在北半球的欧亚大陆和北美洲的亚北极、寒带和温带地区。南半球湿地面积小，主要分布在热带和部分温带地区。加拿大湿地居世界之首，约1.27亿公顷，占世界湿地面积的24%，美国有湿地1.11亿公顷，再其次是俄罗斯、中国、印度等。中国湿地面积约占世界湿地面积的11.9%，居亚洲第一位，世界第四位。

湿地生态系统，无论是淡水湿地还是滨海湿地都被认为是一种具有独特功能的系统。重要性体现在生物多样性的保护和蓄水、调节气候等方面。

① 天然的基因库，潜在的资源。湿地独特的生态环境为多种植物群落提供了基地。我国湿生植物100余种、湿生药用植物250余种之多。湿地生态系统也是许多粮食植物重要的生境。生长在水淹土壤中的水稻是世界50%以上人口的粮食，占世界总耕地的11%。湿地中还有一部分是可以开辟为耕地、林地或者牧场。

② 湿地的净化功能。实践证明，湿地生态系统绝不是污水坑，而是有重要的净化水源的功能，被誉为自然界的“肾脏”。主要通过以下途径发挥作用。

a. 排除水中营养物质。进入湿地生态系统的氮可通过植物、微生物的聚集、沉积作用、脱氮作用而将其从水中排除。水生植物吸收水域中氮、磷等营养物质，并可富集金属及一些有毒物质，连同植物体一起，堆积在沉积物中，因而可使营养物质滞留较长时间。

b. 阻截悬浮物。湿地生态系统通过吸附、植物的吸收、沉降等作用阻截悬浮物而使水体得到改善。这一过程也起到除细菌、除病毒作用，并可将水中金属物质一同消除。如$1m^2$的芦苇可吸收2～3kg的氮，以此净化了水源。

c. 降解有机物。湿地的pH值都偏低，有助于酸催化水解有机物。浅水湿地为污染物的降解提供了良好的环境。湿地的厌氧环境又为某些有机污染的降解提供了可能。

③ 气候和水文调节等功能。湿地地表积水，底部有良好的持水性，是一个巨大的贮水库。湿地生态系统通过强烈蒸发和蒸腾作用，把大量水分送回大气，调节降水，使局部气温和湿度等气候条件得到改善。湿地释放的甲烷、硫化氢、氧化亚氮和二氧化碳等微量气体，对全球变化具有重要意义。湿地具有削减洪峰，蓄纳洪水，调节径流的功能，在防御洪水和提供旅游资源等方面均起到了重要作用。

湿地兼具水生生态系统和陆生生态系统的特点，蕴藏着丰富的微生物资源。微生物是湿地生态系统重要的组成部分，参与湿地生态系统的物质代谢和循环，在污染物降解以及影响温室气体释放的过程中发挥重要作用。

在湿地生态系统中细菌群落结构多样性高于真菌，大部分属于α-变形菌、放线菌和拟杆菌。真菌主要属于子囊菌门，也有少数属于担子菌门。马来西亚热带森林泥炭沼泽湿地中的微生物主要属于土壤酸杆菌门和泉古菌门。巴西很多热带湖泊沉积物中存在大量产生甲烷气体的古菌。英国自然湿地生态系统中的主要菌群是变形菌门和酸杆菌门中的细菌。人工稻田湿地生态系统中生活着大量的甲烷氧化细菌和固氮菌。不同地域、不同环境、不同类型湿地生态系统中，微生物群落结构多样性差异很大，湿地生态系统中微生物受多种因素的影响。

6.1.4 微生物在生态系统中的作用

微生物是生态系统的重要成员，特别是作为分解者分解系统中的有机物，对生态系统乃至整个生物圈的能量流动、物质循环发挥着独特的、不可替代的作用。特别是近几十年，人类活动的增强、科学技术和社会经济的迅速发展带来了环境污染和生态破坏，微生物分解污染物的巨大潜力在污染控制和环境修复中发挥了重要的作用。

(1) 微生物是有机物的主要分解者。微生物参与多种生化反应过程，是有机物的主要分解者，在生态系统养分循环中扮演着重要角色。它们能够分解生物圈内的动物、植物和微生物残骸等复杂有机物质，并最后将其转化成最简单的无机物，再供初级生产者利用。因此，微生物作为分解者在生态系统中的作用是不可缺少的。

一般来说，生态系统中有机质的分解速率受到该生态系统内微生物种类、数量和活性的影响。恶劣的环境条件不利于微生物的生长。比如，土壤微生物活性的变化会影响温室气体的释放和整个陆地生态系统的碳库，因为微生物能够在其生命活动过程中不断同化环境中的有机碳，同时又向外界释放碳素。

微生物在生态系统的有机质分解中发挥着重要的作用，同时生态系统中营养元素的含量以及营养的平衡对微生物的生长也非常重要。养分的输入通常会对食物链中吸收营养的群体（细菌、真菌、藻类）产生潜在的或直接的影响。

(2) 微生物是生态系统中物质循环的重要成员。微生物在自然界中参与了碳、氮、磷、氧、硫、铁和氢等物质的转化和循环作用，大部分元素及化合物的循环过程都受到微生物的作用。在一些物质的循环中，微生物是主要成员，起主要作用；有些循环过程只有依靠微生物才能进行，这时微生物起独特作用，比如某些纤维素的降解、氮气的固定和某些特殊化合物的分解等。这些循环、转化和分解作用对于保持生态系统平衡起着非常重要的作用。

有机质经过微生物的分解还可被植物再次利用，提供植物生长所需的养分，在碳、氮等元素循环过程中具有重要意义。而且，微生物对碳、氮等养分的有效性及其在生态系统中的循环特征方面起着调控作用。

(3) 微生物是生态系统的初级生产者。光能自养和化合自养型微生物是生态系统的初级生产者，它们具有初级生产者所具有的两个明显特征，即可直接利用太阳能、无机物的化学能作为能量来源，另一方面其积累下来的能量又可以在食物链、食物网中流动。

(4) 微生物是物质和能量的蓄存者。微生物和动物、植物一样，也是由物质组成和由能量维持的生命有机体。在土壤、水体中有大量的微生物，蓄存着大量的物质和能量。

(5) 微生物是地球生物演化中的先锋种类。微生物是最早出现的生物体，并进化成后来的动植物。藻类的产氧作用，改变大气圈中的化学组成，为后来动植物的出现打下基础。

6.2 微生物在各生态系统中的分布

由于微生物本身的特征，如营养类型多、基质来源广、适应性强，又能形成芽孢、孢囊、菌核、无性孢子、有性孢子等各种各样的休眠体，所以可以在自然环境中长时间存活。另外，微生物个体微小，易随水流、气流或以其他方式迅速而广泛传播。因此，微生物在自然环境中的分布极为广泛。从海洋深处到高山之巅，从土壤到空中，从室内到室外，除了人为的无菌区域和火山口中心外，到处可以发现有微生物的存在。许多微生物种不仅是区域性的甚至是世界性的，也有部分微生物因其本身的特殊生理特征而局限分布于某些特定环境或极端条件的环境中。

6.2.1 水体微生物生态

6.2.1.1 水体的基本特性

水体是人类赖以生存的重要环境。地球表面71%为海洋，贮存了地球上97%的水。其余2%的水贮于冰川与两级，0.009%存于湖泊中，0.00009%存于河流，还有少量存于地下水。水是一种很好的溶剂，是地球上生命重要的介质，是水环境中能量和物质自然循环的载体，也是支撑某些生物的基质。水中溶有或悬浮着各种无机和有机物质，可供微生物生命活动之需。凡有水的地方都会有微生物的存在。

水体的液体性、特殊热化学性、光照的吸收穿透性等特点，决定着水体生物区系的广泛性和复杂性。水体的热能量主要来源于太阳的光能，水体温度生态幅变化较大，如海洋远海区域水温在5℃以下，温带地区淡水水体的温度变化多在0～30℃，河口的温度受季节影响大。温泉的水温可在70℃以上，有些典型温泉可高达100℃左右。水域生态系统中，氧是最重要的限制因子之一，氧在水中的溶解度较小，易被好氧微生物和自氧生物的呼吸作用耗尽，这在养殖池塘和静水湖泊内较为明显。而江河水域，由于水的流动可不断有氧溶入。淡水水体pH值变化范围在4～11之间，江河、湖泊及池塘的pH值在7～8.5范围内，比较适合水生微生物的生长。但由于各水体中所含的有机物和无机物种类和数量以及酸碱度、渗透压、温度等的差异，各水域中发育的微生物种类和数量各不相同。

6.2.1.2 淡水水体中的微生物区系

淡水微生物特点在自然界、水的循环过程中是人们可以直接观察并感受到的。由于淡水区域的自然环境多靠近陆地，而且还存在水体与底泥界面的交换作用，因此，淡水中的微生物主要来源于土壤种类迁移，空气微生物在水气界面的交换，随工业生产废物、废水及生活污水的流入或动植物尸体的带入等，特别是土壤中的微生物，常随同地表径流水进入江河、湖泊之中，使得水体微生物区系较为丰富。可以说水体含有土壤微生物区系的所有细菌、放线菌和真菌的大部分种类。

静态池塘水体（尤其是从事水产养殖的池塘），被污染的江、河、湖泊水体，以及下水道的沟水中，有机物含量高，微生物的种类和数量非常高，每毫升一般在千万个以上，甚至达到几亿个。其中以能分解各种有机物的一些腐生型细菌、真菌、耐受污染的藻类和原生动物为主。但这些微生物往往又是进行水质处理的良好种类。

(1) 细菌。细菌是淡水生态系统最主要的分解者，种类最多。由于化学反应速率受温度的影响，所以细菌的代谢也受温度的影响。细菌在最适生长温度繁殖最快，但最适生长温度不一定是所有酶最佳的作用温度。从较长的时间尺度看，细菌和其他生物一样，其最适生长温度是长期演化的结果。

水体中的氧气不仅限制了分解反应的速度，也决定了分解反应的类型。根据细菌对氧气的需求可将其分为五类。

① 需氧菌。要有氧气存在才能生长。降解糖类等高能分子时，使用氧作为最终的电子接受者。

② 微需氧菌。只能生存于氧气含量低的环境，氧气浓度过高则酶无法作用而死亡。

③ 专性厌氧菌。无氧环境才能生长，若生存于有氧环境，因不具有超氧化物歧化酶（SOD，Super Oxygen Dehydrogenises）和过氧化氢酶（Catalase），将因为无法代谢有毒产物而死亡。

④ 耐氧性厌氧菌。不使用氧气作为最终的电子接受者（发酵），因此不需要氧气，但因为具有超氧化物歧化酶和过氧化氢酶，所以在有氧环境可以代谢有毒产物。

⑤ 兼性厌氧菌。有氧时倾向于进行呼吸作用，无氧时进行发酵作用（利用NO_3^-和SO_4^{2-}作为最终的电子接受者)。

(2) 真菌。真菌是淡水生态系统中另一类重要的分解者。形态和生理特性是进行真菌鉴定的重要依据。目前已知淡水水域中的真菌是非常多的，比如Gessner和Kohlmeyer（1976）在水域生态系统发现了100多种丝状真菌，其中，有的是水生态系统特有的，而很多都是广布种。

(3) 原生动物。不同水体生境中，每单位体积物质中原生动物的数量分布有很大差异。对沉积物的研究表明，纤毛虫和鞭毛虫在数量上是优势种，是水体中初级生产力的重要潜在消费者。

微生物在较深水体（如湖泊）中具有垂直层次分布的特点。在光线和氧气充足的沿岸带、浅水区分布着大量光合藻类和好氧微生物，如假单胞菌、噬纤维素菌、柄杆菌和生丝微菌等。深水区位于光补偿水平面以下，光线少，溶氧低，可见紫色和绿色硫细菌及其他碱性厌氧性菌。湖底区是厌氧的沉积物，分布着大量厌氧微生物，主要有脱硫弧菌、产甲烷菌、芽孢杆菌和梭菌。

6.2.1.3 海洋水体中的微生物区系

海洋生态系统的显著特征是温度变化幅度不大、高浓度盐分、高渗透压。因此海水中生活的微生物，除了一些从流域的河流、降雨及沿岸潮间带污水等带来的临时种类外，绝大多数是嗜、耐受高渗透压的种类，如盐生盐杆菌，在饱和盐水中亦能正常生长。深海和海洋底泥还分布有耐高压的微生物，如假单胞菌属某些种类能在400～500个大气压下能进行生长繁殖。

海水中常见的细菌主要有假单胞菌、枝动菌、弧菌、螺菌、硫细菌、硝化菌和蓝细菌中的一些种；酵母菌有色串孢和酵母属中的一些种；霉菌比细菌少。

总体而言，水体中的微生物无论种类还是数量，均比土壤中的少，微生物在水中的分布常受营养元素、溶解氧、光照、温度、酸碱度等环境因子的限制。水体特点差异决定了它们在水平分布、垂直分布和季节分布等时空上的差异非常明显。如，有机质含量高的水体，微生物的物种多样性和丰度较大；温带水体内的微生物数量比极地极端环境水体的微生物多；水表区好氧微生物多、厌氧微生物少。相反地，水层内和水底区好氧微生物较少，厌氧微生物较多。池塘沿岸带、河流河口地带和海洋潮间带微生物种类和生物量远比敞水区和远海多。如河口海水中，每毫升细菌可以达到10万个以上，远洋的海水中，每毫升不到1000个。

在水域生态系统中，微生物的作用主要有：(1) 微生物在水体自净中起着重要作用，是重要的外来有机物的降解者；(2) 微生物可提高水体生物生产力；(3) 微生物可作为水质检测和监测生物；(4) 微生物对碳、氮等其他元素的转化和循环起着关键作用；(5) 微生物在水体污染严重的情况下可引起水体富营养化或导致水体发臭。因此，研究水生微生物生态系统具有重要的社会、环境和经济意义。

6.2.2 土壤微生物生态

6.2.2.1 土壤的环境条件

土壤具有绝大多数微生物生活所需的各种条件，是自然界微生物生长繁殖的良好基地。其原因在于土壤含有丰富的动植物和微生物残体，可供微生物作为碳源、氮源和能源。土壤含有大量而全面的矿质元素，供微生物生命活动所需。土壤中的水分可满足微生物对水分的需求。不论通气条件如何，都可适宜某些微生物类群的生长。通气条件好可为好氧性微生物创造生活条件；通气条件差，处于厌氧状态时又成了厌氧性微生物发育的理想环境。土壤的通气状况变化时，生活在其间的微生物各类群之间的相对数量也会随之变化。土壤的pH值范围在3.5～10.0之间，多数在3.5～8.5之间。而大多数微生物的适宜生长pH值也在这一范围。即使在较酸或较碱性的土壤中，也有耐酸、喜酸或耐碱、喜碱的微生物发育繁殖。土壤温度变化幅度小而缓慢，这一特性对微生物的生长极为有利，其温度范围恰是中温性和低温性微生物生长的适宜范围。

因此，土壤是微生物资源的巨大宝库，事实上，许多对人类有重大影响的微生物种大多是从土壤中分离获得的，如大多数产生抗生素的放线菌都分离自土壤。

6.2.2.2 土壤中微生物的数量和分布

土壤中微生物的类群、数量与分布，由于土壤质地、发育母质、发育历史、肥力、季节、作物种植状况、土壤深度和层次等等不同而有很大差别。如肥沃的菜园土，常可含有10^8个/g土的微生物，甚至更多；而在贫瘠土壤，如生荒土中仅有10^3～10^7个/g土的微生物，甚至更低。

我国主要土壤微生物调查结果表明，在有机质含量丰富的黑土、草甸土、磷质石灰土、某些森林土或其他植被茂盛的土壤中微生物数量多；而西北干旱地区的栗钙土、盐碱土及华中、华南地区的红壤土、砖红壤土中微生物数量较少。

不同深度土壤中微生物的含量也有很大不同。从土壤的不同断面采样，用间接法进行分离、培养研究，发现微生物数量按表层向里的次序减少，种类也因土壤的深度和层次而异，且分布极不均匀。

土壤微生物中细菌最多，大部分细菌为革兰阳性细菌，且革兰阳性细菌的数目要比淡水和海洋生境中高。细菌的作用强度和影响最大，放线菌和真菌次之，藻类和原生动物等数量较少，影响也小。

(1) 细菌。土壤中细菌可占微生物总量的70%～90%，占土壤有机质的1%左右。它们数量大、个体小，与土壤接触的表面积特别大，是土壤中最大的生命活动面，也是土壤中最活跃的生物因素，推动着土壤中各种物质循环。

土壤中的细菌大多为异养型细菌，少数为自养型细菌。土壤细菌有许多不同的生理类群。如固氮细菌、氨化细菌、纤维分解细菌、硝化菌、反硝化菌、硫酸盐还原细菌、产甲烷菌等在土壤中都存在。常见的细菌属包括不动杆菌、农杆菌、产碱杆菌、节杆菌、芽孢杆菌、短杆菌、茎杆菌、纤维单胞菌、梭状芽孢杆菌、棒杆菌、黄杆菌、微球菌、分枝杆菌、假单胞菌、葡萄球菌和黄单胞菌等，但是它们在不同的土壤中相对比例有很大的不同。

细菌在土壤中一般黏附于土壤团粒表面，形成菌落或菌团，也有一部分散于土壤溶液中，且大多数处于代谢活动活跃的营养体状态。但由于它们本身的特点和土壤状况不一样，其分布也很不一样。

细菌积极参与着有机物的分解、腐殖质的合成和各种矿质元素的转化。

(2) 放线菌。土壤中放线菌的数量仅次于细菌，它们以分枝丝状营养体缠绕于有机物或土粒表面，并伸展于土壤孔隙中。1g 土壤中的放线菌孢子可达 10^7～10^8 个，占土壤微生物总数的 5%～30%，在有机物含量丰富和偏碱性土壤中这个比例更高。由于单个放线菌菌丝体的生物量较单个细菌大得多，因此尽管其数量上少些，但放线菌总生物量与细菌的总生物量相当。

土壤中放线菌的种类十分繁多，其中链霉菌和诺卡菌在土壤放线菌中所占的比例最大，其次是微单胞菌属、放线菌属和其他放线菌。

放线菌对于干燥条件抗性比较大，并能在沙漠土壤中生存。目前已知的放线菌种大多是分离自土壤。放线菌主要分布在耕作层中，随土壤深度增加其数量、种类减少。

(3) 真菌。在土壤中可以找到大多数真菌，并广泛分布于土壤耕作层，在 30cm 处以下很难找到真菌。在土壤中真菌的生物量相当大，如果土壤含有大量的氧气，那么真菌的量就很大。1g 土壤中含有 10^4～10^5 个真菌。土壤中的真菌有藻状菌、子囊菌、担子菌和半知菌类，其中以半知菌类最多。

真菌中霉菌的菌丝体像放线菌一样，发育缠绕在有机物碎片和土粒表面，向四周伸展，蔓延于土壤孔隙中，并形成有性或无性孢子。

土壤菌类为好氧微生物，一般分布于土壤表层，深层较少发育。且较耐酸，在 pH 值为 5.0 左右的土壤中，由于细菌和放线菌的发育受到限制而使得土壤真菌在土壤微生物总量中占有较高的比例。

真菌菌丝比放线菌菌丝宽几倍至几十倍，因此土壤真菌的生物量并不比细菌或放线菌少。据估计，每克土壤中真菌菌丝长度可达 40m，以平均直径 5mm 计，则每克土壤中的真菌鲜重为 0.6mg 左右。

土壤中酵母菌含量较少，每克土壤在 10～10^3 个，但在果园、养蜂场土壤中含量较高，每克果园土可含 10^5 个酵母菌。

大部分土壤真菌可以代谢碳水化合物，包括多糖，甚至进入土壤的外来真菌也可以生长并降解植物残体的大部分组分，少数几种真菌还会降解木质素。

(4) 藻类。土壤中藻类的数量远较其他微生物类群少，在土壤微生物总量中不足 1%。在潮湿的土壤表面和近表土层中，发育有许多大多为单细胞的硅藻或呈丝状的绿藻和裸藻，偶见有金藻和黄藻。在温暖季节的积水土面可发育有衣藻、原球藻、小球藻、丝藻、绿球藻等绿藻和黄褐色的硅藻，水田中还有水网藻和水绵等丝状绿藻。这些藻类为光合型微生物，因此易受阳光和水分的影响，但它们能将 CO_2 转化为有机物，可为土壤积累有机质。

土层表面的土著藻类可以进入土壤的亚表层，这时这些藻类又成为外来藻类，并有可能被其他微生物吞噬。

(5) 原生动物。大部分原生动物往往只存在于土壤的表面 15cm 处，因为它们需要相对高浓度的氧气。土壤中原生动物的数量变化很大，每克有 10～10^5 个。在富含有机质的土壤中含量较高。具体种类有纤毛虫、鞭毛虫和根足虫等单细胞能运动的原生动物。它们的形态和大小差异都很大，主要以分裂方式进行无性繁殖。原生动物吞食有机物残片和土壤中的细菌、单细胞藻类、放线菌和真菌的孢子，因此原生动物的生存数量往往会影响土壤中其他微生物的生物量。原生动物对于土壤有机物质的分解具有显著作用。

6.2.2.3 土壤微生物的区系

土壤微生物区系是指某一特定环境和生态条件下，土壤中所存在的微生物种类、数量以及残余物质循环的代谢活动强度。

在研究微生物区系时，应该注意到没有一种培养基或选择性培养基能够同时培养出土壤中所有的微生物种类。任何一种培养基都是选择性培养基，只是各种培养基的选择范围和选择对象不同。应用分子生物学技术研究表明，运用微生物学传统方法分离培养的种类仅仅占土壤等环境微生物种类总量的1%左右，而大量的仍是至今不可培养的未知种类。

研究不同土壤微生物区系的特征，可以反映土壤生态环境的综合特点，如土壤的熟化程度和生态环境等。例如圆褐固氮菌可以作为土壤熟化程度的指示微生物。它们在各种生荒土壤中基本分离不到，而在耕种后的土壤中就能分离到，而且耕作年限越长，每克土壤中的圆褐固氮菌数量越多。纤维分解菌的优势种在不同熟化程度的土壤中不一样。在生荒土中主要是丛霉；在有机质矿化作用强，含氮量较高的土壤中主要是毛壳霉和镰刀霉；在熟化土壤中的优势菌是堆囊黏细菌和生孢食纤维菌；而在使用有机肥和无机氮肥的土壤中，纤维弧菌为优势菌。

土壤微生物区系中的微生物种类、数量以及活动强度等特点随着季节变化（包括温度、湿度和有机物质的进入等）而发生显著的年周期变化。根据土壤微生物各类种群在土壤中的发育特点，可以分为土著性区系和发酵性区系两类。

土著性微生物区系是那些对新鲜有机物质不很敏感、常年维持在某一数量水平上，即使由于有机物质的加入或温度、湿度变化而引起的数量变化，其变化幅度也较小的那些微生物。如革兰阳性球菌类、色杆菌、芽孢杆菌、节杆菌、分枝杆菌、放线菌、青霉、曲霉、丛霉等。

发酵性微生物区系是那些对新鲜有机物质很敏感，在有新鲜动植物残体存在时可爆发性地旺盛发育，而在新鲜残体消失后又很快消退的微生物区系。包括各类革兰阴性无芽孢杆菌、酵母菌以及芽孢杆菌、链霉菌、根霉、曲霉、木霉、镰刀霉等。发酵性微生物区系数量变幅很大。因此在土壤中有新鲜有机残体时，发酵性微生物大量发育占优势；而新鲜有机残体被分解后，发酵性微生物衰退，土著性微生物占优势。

在土壤生态系统中，微生物的作用主要有：(1) 合成土壤腐殖质，增强土壤肥力；(2) 增加土壤有机物质；(3) 促进营养物质的转化；(4) 其他作用，土壤中的微生物除了上述的几个作用外，还有一些其他的有益之处。如土壤中的真菌有许多能分解纤维素、木质素和果胶等，对自然界物质循环起重要作用。真菌菌丝的积累，能使土壤的物理结构得到改善。总之，土壤中的微生物对增加土壤肥力、改善土壤结构、促进自然界的物质循环具有重要作用。

6.2.3 空气微生物生态

空气中并不具备微生物生长所必需的营养物质和生存条件，因此空气并不是微生物生长繁殖的良好场所。虽然空气不具有稳定的微生物群落，但空气中仍存在有细菌、病毒、放线菌、真菌、藻类、原生动物等各类微生物。所以空气中的微生物几乎全部是外源性的，它们来源于被风吹起的地面尘土和水面小水滴，以及人、动物体表的干燥脱落物、呼吸道分泌物和排泄物等。

空气环境分为室内和室外环境，二者的微生物分布具有不同的特点。

室外空气中的微生物数量既取决于地区植被情况、地表水形成气溶胶的可能性，也取决于人和动物的密度及活动情况。室外空气中的微生物，主要有各种球菌、芽孢杆菌、产色素细菌及对干燥和射线有抵抗力的真菌孢子等。空气中常见的真菌有半知菌类、枝孢属和担子菌属纲的掷孢酵母。另外，空气中担子菌孢子浓度也非常大。霉菌有曲霉、青霉、木霉、根霉、毛霉、白地霉等，酵母有圆球酵母、红色圆球酵母等。细菌主要来自土壤，如芽孢杆菌属的许多种。

空气中微生物的地域分布差异很大，凡含尘埃越多的空气，其中所含的微生物种类和数量也就越多。因此，灰尘可被称作“微生物的飞行器”。城市上空中的微生物密度大大高于农村，无植被地表上空中的微生物密度高于有植被覆盖的地表上空，陆地上空高于海洋上空，室内空气又高于室外空气（表6-1）。微生物在空气中滞留的时间与气流流速、空气温度和附着粒子的大小密切相关。低气流速、高温和大粒子都可导致微生物下沉、跌落至地面。

表 6-1 不同监测地点上空空气中的细菌数

监测地点	空气含菌数/(个/m^3)
畜舍	$(1\sim2)\times10^6$
学生宿舍	20000
城市综合公园	5000
公园	200
海面上	1～2
北极	0～1

室内空气中也有真菌，但不如室外的多。室内空气中的主要真菌有腐生菌，如青霉、曲霉和其他能在食物和潮湿墙壁上生长的微生物。在农村的干草房、动物的饲养房，真菌和放线菌的数目是相当多的，长时间待在这些房间会导致人的肺部发生过敏反应。

在正常生活条件下，室内空气中的微生物来源主要有两个方面。一是随室外空气进入室内的室外空气微生物，所以室内空气微生物群包括室外空气微生物，室内空气卫生质量受室外空气卫生质量影响。二是来自人皮肤碎屑、唾液飞沫和尘埃等，所以室内空气质量受房间用途影响，家庭、办公室、娱乐场所室内空气质量具有明显差异。但是，不管何种室内环境，其空气中的致病菌所占的比例都比室外空气中大。室内空气中检出率较高的微生物有葡萄球菌，另外还有芽孢杆菌、产气荚膜梭菌等。在室内空气中病原菌虽然生存时间短，但因为室内空间小，所以很容易造成感染。因此，应经常通风，以保持室内空气新鲜，防止流行病的传播。

除了上述环境，在高温、低温、高压、高碱、高酸、高盐环境，还有高卤环境，高辐射环境和厌氧环境中，也有某些特殊生物和特殊微生物生存。这些环境被称为极端环境，一般生物难以生存而只有部分生物才能生存，如温泉、热泉、堆肥、火山喷发口、冷泉、酸性热泉、盐湖、碱湖、海洋深处、矿尾酸水池、某些工厂的高热和特异性废水排出口等处都是极端环境。能在极端环境中生存的微生物被称为极端环境微生物（extreme microorganisms）。这些极端微生物包括嗜冷菌（*Psychrophiles*）、嗜热菌（*Thermophiles*）、嗜盐菌（*Halophiles*）、嗜压菌（*Barophiles*）、嗜酸菌（*Acidophiles*）、嗜碱菌（*Alkalophiles*）以及抗辐射、抗干旱、抗低营养浓度和高浓度重金属离子的微生物。这些微生物对极端环境的适应是长期自然选择的结果。极端环境微生物细胞内的蛋白质、核酸、脂肪等分子结构、细胞膜的结构与功能、酶的特性、代谢途径等许多方面，都有区别于其他普通环境微生物的特点。

6.3 微生物的生物群落

6.3.1 生物群落及其基本特征

6.3.1.1 生物群落的概念

一个物种在一定空间范围内的所有个体的总和在生态学中称为种群（population），所有不同种的生物的总和称为群落（community）。

生物群落是指在一定时间内，生活在一定区域和生境内的各种生物种群相互联系、相互影响的有规律的一种结构单元。相邻的生物群落优势界限分明，有时则混合难分。生物群落可简单地分为植物群落、动物群落和微生物群落。

6.3.1.2 生物群落的特征

(1) 群落的物种组成是群落的一个重要特征。任何群落都是由一定生物组成的，每种生物都有其结构和功能上的独特性，它们对生存环境各有要求和反应，在群落中的地位和作用也不相同，但群落中所有生物种是彼此相互依赖、相互作用而共同生活在同一生境中的有机整体。

(2) 群落的物种有多样性。

(3) 群落的优势种群。群落中的所有物种，并不具有相等的重要性，其中有少数几种，或因个体大，或因数量多，或因活动能力强而在群落中发挥控制作用，这就是群落的优势种群。优势种群是鉴别群落的主要特征之一。

(4) 种间关联和相似性是反映群落特征的又一重要指标。种间关联反映的是群落各物种之间是如何联系的。有些物种趋向于一起出现，相互之间出现正相关；而另一些物种，由于竞争或对环境、资源要求的明显差异而相互排斥，呈现出负相关状态。相似性是指不同群落在特征上的相似或区别，是比较分析不同生物群落特征的重要指标之一。

6.3.2 微生物群落的演替

6.3.2.1 生态系统的生态演替

在同一环境内，原有的生物群落可暂时或永久消失，由新生的群落所代替，这种交替现象称为生态演替或生态消长。即群落经过一定的发展时期及生境内生态因子改变，而从一个群落类型转变成另一类型的顺序过程，或是一个群落被另一个群落所取代的过程。群落在物种组成上的动态变化是必然的，而在结构上的稳定则是相对的。现存的生态系统是自然历史发展、演替的产物，今后它还会随时间的变迁而发生变化。生物（包括人类）的行为对生态系统的演变有显著的影响，因此人类必须考虑自己的一切活动对生态系统所起的影响。

生物群落常随环境因素或时间的变迁而发生变化。研究生态演替不仅可判明群落动态的机理及推断群落的未来状况，而且可利用各种群落中常存在的某些特定生物（即指示性生物）来了解自然环境条件。这是因为生态演替具有一定的方向性，随着生态环境中各生物因子的变化，群落也必然随之按一定的顺序演变，某些种群的出现代替了原有种群结构。群落的演替是群落发展的必然结果。

6.3.2.2 顶级群落

群落由多种生物种群组成，而各种生物的生存状态和彼此之间的联系均要受到环境因素的制约。某一群落在其栖息地最初是适宜的，但随着生态环境的改变，群落中某些种群或大多数种群已不适应这种环境，取而代之的是对改变了的生境较为适宜的种群。随着演替的不断进行，群落结构逐渐趋于稳定，最后达到一个相对稳定的顶级期，此时期的群落称为顶级群落。顶级群落与其所处环境的物化条件维持平衡，并具有相对的稳定性和持久性。所以，相对稳定是顶级群落最突出的特征。

生态系统的生态演替是随群落中种类成分的变化和时间的推移，群落有规律的发展过程。从理论上讲，这种演替是朝着一个方向连续的变化过程，因此能够预测其变化。如果外来的影响很小时，这种变化往往是由于优势种自身的代谢活动而造成它自身不能忍受的环境所致。但由于微生物世代时间很短，生长会引起巨大的种群波动，使群落变化不具有一定的方向性，一般也不发生新种的定向代替。因此，微生物群落的演替在许多场合都与顶级概念不相符。

对于新建的或重建的污水生物处理系统，在运行之初，一般都要对新引入的污泥进行培养或驯化，其目的就是需要培植能够适应新水、新工艺情况的微生物类群。一旦活性污泥微生物群落结构在一定水质和水量等条件下达到相对稳定，活性污泥驯化运行也就基本完成，此时的活性污泥，应该具有较高的生物活性、良好的沉淀性能和较高的污染物去除能力。

6.3.2.3 微生物群落演替的动力

在一个新的生态系统中，微生物群落的变化是微生物承受外界压力和微生物之间相互作用、协调发展的结果。无论在哪种条件下，微生物群落的演替，一般都经历以下过程。

(1) 自然选择过程。自然选择是一种适者生存的自然淘汰现象，是固定的基因组与变化了的条件互相作用的结果。也就是说，是群落中由于基因组所控制的生理特性不具备在新的环境中生活的种群，因而失去生殖繁衍能力，或与其他微生物竞争中处于劣势的种群最后被淘汰或降低其在生态系统中地位的过程；也是对新环境适应者快速发展的过程，最适者成为优势种群的过程。

(2) 微生物对环境的适应过程。在一个新的或重建的环境中，严重不适的微生物种类，其种群中的多数会因环境变化超出了共生存的极限条件而死亡，但其中也可能有少数个体发生遗传性适应，因而迅速发展为群落中的新成员。同时，也存在某些微生物的生理适应过程。

6.3.3 微生物群落的基本特征

生物群落是生态系统中充满生机和活力的部分，其中微生物又是生物群落中最活跃的生物类群。在生态系统中，微生物群落是指在一定空间内相互松散结合的各种微生物的总称。这种结构虽然松散，但并非杂乱地堆积，而是有规律地结合。每个种群，甚至每个个体都有其自身的形态和生理特性，并占有一定的生态位，共同构成一个表现一定特性的功能单位——微生物群落。

微生物群落常具有以下特性：(1) 具有一定的种类组成和总生物量；(2) 在一定生态位上具有自己的垂直结构；(3) 每个群落都有自己的优势种；(4) 具有一定的功能，并且与其环境时刻都在发生着相互作用。

微生物群落的演替总是发生在新建的未成熟生态系统中和成熟生态系统受到较大的外部干扰后。在上述生态系统中的各种微生物都失去了它们原来生活所依赖的环境条件，因此都有一个对新的生态系统适应的过程。

例如：一个清洁的湖泊，经过长期理化条件与其生物群落的作用，形成了自身特有的生物群落。当它受到污染时，就改变了其物质组成，同时随污水进入湖泊的污水生物也改变了其原有的生活环境。这时湖泊理化条件发生了变化；同时，由湖泊生物和污水生物就组成了一个新的生物群落。在这个新群落中的成员，由于对新的环境条件适应能力不同，有的被淘汰，有些生存下来成为群落中的成员，最适应者就发展成优势种群，并形成污染湖泊中的初级微生物群落。在这个新的生态系统中，由于生物与其环境中理化因子的相互作用，其中理化条件不断变化，又会形成一系列的中间群落；最后通过物质循环和转化，使这一系统中的理化条件达到一种相对的动态平衡，生物群落也就发展为顶级生物群落，形成一个新的成熟的生态系统。

由此可知，微生物群落演替，是在一个生态系统中由初级群落，经中间群落发展为一个顶级微生物群落的演化过程。

6.4 微生物之间的相互关系

在自然界中，微生物物种之间，微生物与高等动物、植物之间的关系都是非常复杂多样化的，它们彼此相互制约，相互影响，共同促进了整个生物界的发展和进化。它们之间的相互关系，归纳起来基本上可分为互生（mutualism）、共生（symbiosis）、拮抗（对抗）（antagonism）和寄生（parasitism）四种。下面着重讨论微生物之间的这四种关系。

6.4.1 互生

两种不同的生物，当其生活在一起时，可以由一方为另一方提供或创造有利的生活条件，这种关系称为互生关系。

在污水生物处理过程中，普遍存在着互生关系。例如，石油炼油厂的废水中含有硫、硫化氢、氨、酚等。硫化氢对一般微生物是有毒的。当采用生物法去处理酚时，分解酚的细菌为什么不会中毒呢？一方面是因为分解酚的细菌经过驯化能耐受一定限度的硫化氢，另一方面因为处理系统中的硫磺细菌能将硫化氢氧化分解成对一般细菌非但无毒而且是营养元素的硫。

又如，天然水体或生物处理构筑物中的氨化菌、氨氧化菌（亚硝酸菌）和亚硝酸菌氧化菌（硝酸菌）之间也存在着互生关系。水中溶解的有机物会抑制氨氧化菌的发育，甚至导致氨氧化菌的死亡。由于与氨氧化菌生活在一起的氨化菌能将溶解的有机氮化物分解成氨或铵盐，这样既为氨氧化菌解了毒，又为氨氧化菌提供给了氮素养料。氨对亚硝酸菌氧化菌有抑制作用，可是由于氨氧化菌能把氨氧化成亚硝酸，就为亚硝酸菌氧化菌解了毒，还提供了养料。以上都是单方面有利的互生关系。

互生关系除了单方面有利作用外，有时也可以是双方面的。如氧化塘中藻类与细菌之间的关系就是双方面互利的例子。藻类利用光能，并以水中CO_2为碳源进行光合作用，放出氧气。它既能除了对好氧菌有害的CO_2，又将它的代谢产物（氧）供给好氧菌。好氧菌利用氧去氧化分解有机污染物质，同时放出CO_2供给藻类做营养。这种互生关系在自然界也大量存在。

又如，当好氧性自生固氮菌与纤维素分解细菌生活在一起时，后者能分解纤维素产生各种含碳有机物，可供前者作为碳素养料和能源，使后者能大量繁殖，顺利地进行固氮作用，改善土壤中氮素养料条件，而好氧性自生固氮菌可以满足纤维素分解菌对氮素养料的需要。固氮菌和纤维素分解菌互生时对纤维素分解作用的影响见表6-2。

表6-2 固氮菌和纤维素分解菌互生时对纤维素分解作用的影响

试验项目	纤维素含量/g		分解率/%
	试验前	试验后	
纤维弧菌	1.82	1.53	15.93
固氮菌+纤维弧菌	1.82	1.32	27.47
纤维黏菌	1.82	1.12	38.46
固氮菌+纤维黏菌	1.82	1.00	45.05

微生物与动植物之间也存在着互生关系。在植物根部生长的根际微生物与高等植物之间的相互关系为互生关系。人体肠道中正常菌群可以完成多种代谢反应，对人体生长发育有重要意义，而人体的肠道则为微生物提供了良好的生存环境，两者之间的相互关系也是互生关系。

6.4.2 共生

两种不同种的生物共同生活在一起，互相依赖并彼此取得一定利益。有的时候，它们甚至相互依存，不能分开独自生活，形成了一定的分工。生物的这种关系称为共生关系。地衣就是微生物间共生的典型例子，它是真菌和蓝细菌或藻类的共生体。在地衣中，藻类和蓝细菌进行光合作用合成有机物，作为真菌生长繁殖所需的碳源，而真菌则起保护光合微生物的作用，在某些情况下，真菌还能向光合微生物提供生长因子和必需的矿质养料。蓝细菌和真菌的共生体是一种互惠共生的关系，对双方都有利。某些环境条件的变化能够破坏地衣中的互惠共生关系，如地衣对工业废气中的污染物特别敏感，这是由于大气中的SO_2对地衣的生长有抑制作用，SO_2可以使叶绿素变色，从而抑制光合微生物的生长，结果是真菌过量生长，地衣之间的互惠共生关系消失；或者真菌无法单独生活，它们便从这一生境中消失。人们常常利用地衣监测环境中SO_2的污染状况。

另一个共生关系的例子是原生动物草履虫和藻类（淡水中多为绿藻，海水中多为甲藻和金藻）的共生。每个草履虫中含有几十至百个以上藻细胞，能够为草履虫提供有机养料和氧气，使其能在缺氧环境中生活；草履虫则为藻细胞提供保护性场所、运动性、CO_2以及某些生长因子。最近发现，产甲烷菌可以生活在蟑螂后肠中寄生的原生动物卵形肠肾虫体内。产甲烷菌和原生动物共生关系的生理学基础是氢的代谢。这类共生关系在许多厌氧生态系统中可能是很普遍的现象。另外，藻类和蓝细菌之间，某些原生动物与细菌之间都可以建立互惠共生关系。

不仅微生物间存在着共生关系，微生物与动植物之间也存在着共生关系。根瘤菌与豆科植物形成共生体，是微生物与高等植物共生的典型例子。根瘤菌固定大气中的氮气，为植物提供氮素养料，而豆科植物根的分泌物能刺激根瘤菌的生长，同时，还为根瘤菌提供保护和稳定的生长条件。许多真菌能在一些植物根上发育，菌丝体包围在根外面或侵入根内形成了两者的共生体，称为菌根。一些植物，例如兰科植物的种子若无菌根菌的共生就无法发芽，杜鹃科植物的幼苗若无菌根菌的共生就不能存活。微生物与动物互惠共生的例子也很多，例如，牛、羊、鹿、骆驼等反刍动物，吃的草料为它们胃中的微生物提供了丰富的营养物质，但这些动物本身却不能分解纤维素，食草动物瘤胃中的微生物能够将纤维素分解，为动物提供碳源。所以，反刍动物为瘤胃菌提供了纤维素形式的养料、水分、无机元素、合适的 pH 值、温度以及良好的搅拌条件和厌氧环境；而瘤胃中微生物的生理活动则为动物提供了有机酸和必需的养料，这是一种典型的共生关系。

6.4.3 寄生

一个生物生活在另一个生物体内，摄取营养以满足其生长和繁殖，使后者受到损害，这种关系称为寄生关系。即从活体上获取营养为寄生，前者称为寄生者，后者称为寄主或宿主。寄生关系总是对寄生者有利，而损害寄主的利益。例如，噬菌体寄生于细菌细胞内；蛭弧菌寄生于寄主细菌细胞内；动植物体表或体内寄生的病毒、细菌、真菌等。寄生于人和有益动物或者经济作物体表或体内的微生物危害寄主的生长及繁殖，固然是有害的，但如果寄生于有害生物体内，对人类有利，则可加以利用。

寄生物从寄主体内摄取营养成分，有的寄生物完全依赖寄主提供营养来源，一旦脱离寄主就不能存活，称为专性寄生，如病毒。有的仅将寄生作为一种获取营养的方式，它们能营腐生生活，当遇到合适的寄主和适合的环境条件时，也能侵入寄主营寄生生活，这种方式称为兼性寄生，许多外寄生的微生物属于这一类。寄生物包括病毒、细菌、真菌和原生动物，它们的寄主包括细菌、真菌、原生动物和藻类。寄生物和寄主之间的关系具有种属特异性，有的甚至有菌株特异性。寄生物和寄主的关系是特异的，其特异性是由寄主表面与寄生物相适应的受体所决定的。在某些情况下，这种特异性还取决于寄主细胞表面的物理化学特性，因为寄主细胞表面的特性可以影响寄生物吸附到寄主细胞的表面上。

寄生物对于控制宿主群体的大小和节省自然界微生物所需的营养物质有重大作用。宿主群体密度增大，受到寄生物攻击的可能性也增大，寄生物在宿主群体中繁殖导致宿主群体密度下降，从而使自然界中许多营养物节省下来。宿主群体密度下降反过来也导致许多寄生物死亡或处于休眠状态。

6.4.4 拮抗

生物之间并非都是友好相处，也有矛盾和争斗，甚至生死相拼。拮抗是指一种微生物在其生命活动中，产生某种代谢产物或改变环境条件，从而抑制其他微生物的生长繁殖，甚至杀死其他微生物的现象。这些代谢产物能改变微生物的生长环境条件，如改变 pH 值等，造成不适合某些微生物生长的环境。这些代谢产物也可能是毒素或其他物质，能干扰其他生物的代谢作用，以致抑制其生长和繁殖或造成死亡。微生物之间的这种关系称为拮抗或对抗关系。拮抗作用的结果，有有利的一面，也有不利的一面。

在制造泡菜、青贮饲料时，乳酸杆菌产生大量乳酸，导致环境 pH 值下降，抑制了其他微生物的生长，这属于非特异性的拮抗作用。拮抗的另一种形式则是特异性的，即一种微生物在生活过程中，产生一种特殊的物质去抑制另一种微生物的生长，杀死它们，甚至使它们的细胞溶解。这种特殊物质叫做抗生素。例如青霉菌产生的青霉素能抑制一些革兰阳性细菌，链霉菌产生的制霉菌素能够抑制酵母菌和霉菌等。这些微生物在其生命活动过程中，分泌抗生素都是为了抑制或杀死其他微生物而使它们自己得以优势发展。这种特异性的拮抗关系在污水生物处理过程中尚未很好地研究。

在天然水体对有机物质的净化（无机化）过程中，各种微生物的相互关系也在交替演变着。优势种的发展总是遵循一个固定的规律。当水体刚受到污染时，细菌数目开始增多，但数量还不大，这时可发现较多的鞭毛虫。在一般天然情况下，清洁的水中不可能发现数目很大的鞭毛虫，新污染的水中则可发现一定数量的肉足虫。植物性鞭毛虫常与细菌争夺溶解有机物，但是它们竞争不过细菌。动物性鞭毛虫较植物性鞭毛虫的条件优越，因为它们以细菌为食料。但是，动物性鞭毛虫掠食的能力又不如游泳型的纤毛虫，因此它也只得让位给游泳型纤毛虫。游泳型的纤毛虫的数量随着细菌数目变化而变化。随着细菌数目减少，游泳型纤毛虫也逐渐减少，而让位给固定型的纤毛虫，如各种钟虫。固着型纤毛虫只需要较低的能量，所以它们可以生存于细菌很少的环境中。水中细菌等物质愈来愈少，最后固着型纤毛虫也得不到必需的能量。这时，水中生存的微型生物主要是轮虫等后生动物了。它们都是以有机残渣、死的细菌等为食料的。这种现象不但在被污染的水体的净化过程中如此，在生物处理构筑物中污水的无机化过程中也遵循着相似的规律。

6.4.5 捕食

捕食关系是一种微生物直接捕捉、吞食另一种微生物以满足其营养需要的相互关系，捕食者可以从被捕食者中获取营养物，并降低被捕食者的群体密度。一般情况下，捕食者和被捕食者之间相互作用的时间持续很短，并且捕食者个体大于被捕食者。但是在微生物世界中，这种大小的区别并不是很明显。

捕食现象经常可见，如在污水生物处理系统中，原生动物可以吞食细菌、真菌和藻类。它们主要以细菌和真菌等为食料，吃掉一部分细菌等微生物和一些有机颗粒，并促进生物的凝聚作用，从而使出水更加澄清。所以说原生动物吞食细菌和藻类的捕食关系在污水净化和生态系统的食物链中都具有重要意义。但对污水净化起主要作用的是细菌，如细菌被吃掉过多或活性污泥的结构被破坏过大，就会产生不利影响。Alexander 等（1975）却有另外一种看法，他们用原生动物和根瘤菌做试验，无论在土壤里或在溶液中，原生动物均不能完全消灭细菌，而有相当数量的细菌（10^5～10^6个/mL）存活。他们认为这不是因为有什么保护机制（在溶液中），也不是由于被捕食者可迅速增长（土壤中未增加可利用的有机质）。因此他们提出一个能量平衡的假说，即当被捕食者降低至某一水平时，捕食者为捕食残存的猎物所消耗的能量等于从被捕食者所获得的能量。

不仅原生动物和细菌之间，原生动物和原生动物之间以及后生动物和原生动物之间也存在着捕食关系。但是，这种捕食是无选择性的，是强的吃弱的，大的吃小的，是非特异性的。

捕食关系在控制种群密度、组成生态系统食物链中，具有重要的意义。

6.5 微生物与自然界的物质循环

自然界中的物质循环是指地球上存在的各种形式的化合物，通过生物的和非生物的作用不断地消耗转化和产生的过程。推动物质消耗、转化和产生过程不断进行的既有物理作用、化学作用，也有生物化学作用。生物圈内各种化合物的现存量是有限的，但是生命的延续和发展是无尽止的，在生物的发展过程中，它们必须不断地从环境中摄取其所需物质（营养）。如果生物的营养物质只有消耗而无再生，生物生长繁殖所需物质的供用就会产生矛盾，生物的生存也就会产生严重问题。因此，各种化合物，尤其是组成生物体的碳、氮、硫、磷、氢、氧等主要元素就必须不断地改变它们的形态、价态和与元素的化合形式，使生物所需各种化合物不断地消耗和再生，以满足生物生命活动的需要。元素和化合物的这些变化过程，在多数情况下是依靠有生物参加的物质生物地球化学循环过程完成的。

微生物在自然界的物质循环中连续不断地进行分解作用，把复杂的有机物质逐步地分解成为无机物。最终以无机物的形式返还给自然界，供自养生物作为营养物质。每种天然存在的有机物质都能被已存在于自然界中的微生物所分解。由于微生物的生命活动，使自然界数量有限的植物营养元素成分能够周而复始地循环利用，在自然界的碳素、氮素以及各种矿质元素的循环中微生物起着重要的作用。

6.5.1 碳素循环

6.5.1.1 碳素循环及其主要特点

碳的主要循环是在空气和水（以溶解的和碳酸盐两种形式）与生物体之间进行的。其主要形式是伴随着光合作用和能量流动的过程而进行。在这种循环中，碳迅速地周转着；但若与碳酸盐沉积物和有机化石沉积物中的含碳量相比，碳周转一次的总量是很小的。绿色植物通过光合作用，将大气中的CO_2固定在有机物中，包括合成多糖、脂肪、蛋白质，而贮存在植物体中。绿色植物每年通过光合作用将大气里的CO_2含的1500亿吨碳，变成有机物贮存于植物体内。在这个过程中，部分碳通过植物的呼吸作用又回到大气中，另一部分碳通过食物链转化为动物体组分、动物排泄物和动植物遗体中的碳，通过微生物分解为CO_2，再返回到大气中，并可被植物重新利用。同样，海洋中的浮游植物将海水中的CO_2固定转化为糖类，通过海洋食物链转移，海洋动植物的呼吸作用又释放CO_2到环境中。需要注意的是，不管是陆地还是海洋中合成的有机物，如果生物在腐败之前被保存在海洋、沼泽和湖泊的沉积物中，那么其中含有的碳就会在相当长的一段时间内以化石有机物质（如煤）形式暂时离开碳循环。只有当它们被开采利用时，才重新进入新的循环。

陆地上的碳酸盐（主要是$CaCO_3$）被缓慢地淋溶，并被水流带入海洋。但相反的过程也在进行，这就是碳酸盐沉降下来，形成海底沉积物。珊瑚虫和红藻从水中吸收CO_2，并形成不溶解的化合物，如珊瑚的骨骼。所有的这些交换会使各种循环的营养库趋于稳定，然而如果系统一旦发生变化，要恢复到原来的状况就需要很长的时间。

生态系统中的碳素循环过程如图6-2所示。绿色植物和微生物通过光合作用固定自然界的CO_2，合成有机碳化合物，进而转化为各种有机物质；植物和微生物进行呼吸作用获得能量，同时放出CO_2。动物以植物和微生物为食物，并在呼吸作用中释放CO_2。当动物、植物、微生物尸体等有机碳化合物被微生物分解时，产生大量CO_2，于是整个碳素循环完成。

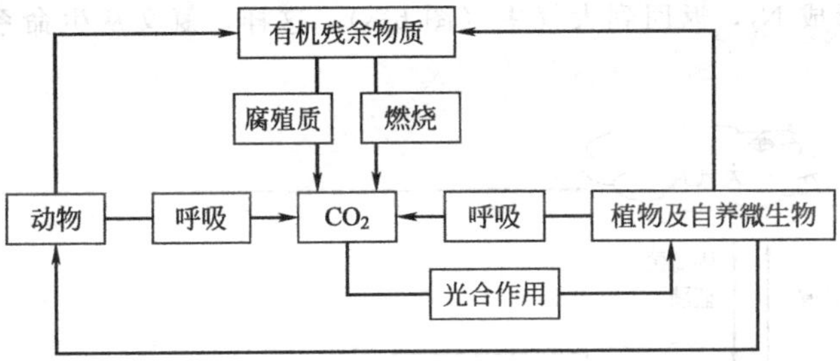

图6-2　生态系统中的碳素循环过程

6.5.1.2　微生物在碳素循环中的作用

（1）光合作用。参与光合作用的微生物主要是藻类、蓝细菌和光合细菌，它们通过光合作用，将大气中和水体中的CO_2合成为有机物。特别是在大多数水生环境中，主要的光合生物是微生物，在有氧区域蓝细菌和藻类占优势，而在无氧区域光合细菌占优势。

（2）分解作用

① 有机物质的好氧分解。进入环境的含碳有机物与微生物接触，在有氧条件下，这些有机物成为好氧微生物的营养基质而被氧化分解。由于进入生境的有机物质结构和性质的不同，使该微生物区系的优势种组成随之相应地发生变化。如纤维素含量增加，则纤维素分解菌就会大量地增殖。

进入环境中的大分子物质，首先在各类微生物所产生的酶的作用下降解为小分子有机物，如多糖变为单糖类，脂肪类分解为甘油和脂肪酸，木质素转变为芳香族单体等，这些小分子有机物被好氧微生物继续氧化分解，通过不同途径进入三羧酸循环，最终分解成CO_2、水、氨等简单的无机物。

② 有机碳化物的厌氧分解。当大量有机物进入环境时，由于好氧细菌的活动消耗大量氧气，造成了局部的厌氧环境，使厌氧微生物取代好氧微生物，而对有机物进行厌氧分解。

6.5.2　氮素循环

氮是氨基酸、蛋白质和核酸的重要成分，是构成一切生命体的重要元素之一。氮主要以氮气

(N_2)的形式存在于大气中，约占大气体积的78%。N_2是惰性气体，气态氮不能被绿色植物直接利用。因此，大气中氮的贮存量对于生态系统来说意义不大，必须通过固氮作用将氮与氧结合成为亚硝酸盐和硝酸盐，或与氢结合成NH_3，才能为大部分生物所利用，参与蛋白质合成，才能进入生态系统，参与循环。

6.5.2.1 氮素循环及其特点

气态氮转变成氨、硝酸盐和亚硝酸盐的过程，叫固氮作用。自然界中的固氮作用有高能固氮、生物固氮和工业固氮三条途径。高能固氮是指通过闪电、宇宙线、陨星、火山活动等的固氮作用，其所形成的氨或硝酸盐随着降水到达地球表面。据估计，高能固氮每年可固氮8.9kg/hm^2，其中2/3为氨，1/3为硝酸盐形态。生物固氮每年可达100～200kg/hm^2，约占地球上每年固氮量的90%。固氮的生物有自生固氮和共生固氮两大类。自生固氮生物能利用土壤中的有机物或通过光合作用来合成各种有机成分，并能将分子氮变成氨态氮。共生固氮生物在独立生活时，没有固氮能力，当它们侵入豆科等宿主植物并形成根瘤后，从宿主植物吸收碳源和能源即能进行固氮作用，并供给宿主以氮源。细菌、蓝绿藻等能固氮的约有12000种。固氮生物广泛分布于自然界中，甚至海藻和地衣中也有共生的固氮菌。工业固氮是以气体、液体燃料为原料生产合成氨，氨经一系列氧化可生成多种多样的化肥。

进入植物体的硝酸盐和铵盐与植物体中的碳结合，形成氨基酸，进而形成蛋白质和核酸，这些物质再和其他化合物共同组成植物有机体。植食动物摄食后利用植物蛋白质合成动物蛋白质，氮随之转入并结合在动物的机体中。动物和植物死亡后，机体中的蛋白质被微生物分解成简单的氨基酸，进而被分解成氨、硝酸盐等无机态氮，进入土壤中重新被植物所利用，继续参与循环。也可经反硝化作用形成N_2，返回到大气中（图6-3）。这样，氮又从生命系统中回到无机环境中去。

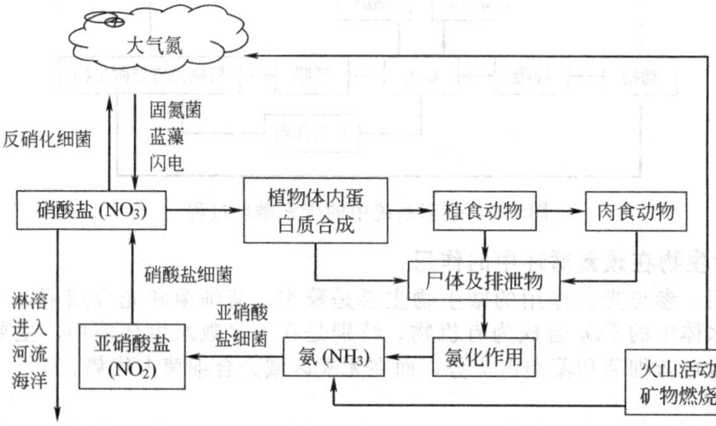

图6-3 生态系统中的氮素循环

硝酸盐的另一循环途径是从土壤中淋溶，然后经过河流、湖泊，最后到达海洋，并在海洋中沉积。在向海洋的迁移过程中，氮素还会参与生物循环，或部分发生沉积，积累于贮存库中，这样就暂时离开了循环。这部分氮的损失由火山喷放到空气中的气体来补偿。

6.5.2.2 微生物在氮素循环中的作用

微生物在氮素循环中的作用有固氮作用、氨化作用、硝化作用、反硝化作用，以及植物和微生物的同化作用。微生物参与氮素循环的所有过程，并在每个过程中都起着主要作用。

氮素循环中的四种基本生物化学过程如下。

(1) 固氮作用。它是固氮生物（或高能）将大气中的氮固定并还原成氨的过程，由固氯微生物（或高能）完成。

(2) 氨化作用。它是将蛋白质、氨基酸、尿素以及其他有机含氮化合物转变成氨和氮化合物的过程。由氨化细菌、真菌和放线菌完成。如许多动物、植物和细菌可把氨基酸分解成氨。

(3) 硝化作用。它是将氨化物和氨转变成亚硝酸盐、硝酸盐的过程。第一步从铵离子氧化为亚硝酸盐，主要由亚硝酸盐细菌参与，第二步从亚硝酸盐氧化为硝酸盐，主要由硝酸盐菌完成。

(4) 反硝化作用。又称脱氮作用，指反硝化细菌将硝酸盐还原为 N_2、N_2O 或 NO，回到大气的过程。

在自然生态系统中，各种固氮作用使氮进入物质循环，又通过反硝化作用使氮不断返回大气，从而使氮的循环处于平衡。

6.5.3 硫素循环

硫是蛋白质和氨基酸的基本成分，是植物生长不可缺少的元素。在地壳中硫的含量只有0.052%，但是其分布很广。在自然界中，硫以元素形态、无机化合态、有机化合态三种形式存在。无机化合态硫有硫酸盐、亚硫酸盐和硫代硫酸盐等，有机化合态硫有胱氨酸、蛋氨酸、硫胺素、甲基硫醇、硫脲等。在这三种状态的转变中，微生物起着重大作用。

6.5.3.1 硫素循环过程及其特点

图 6-4 列出了硫素循环过程。自然界的硫和硫化氢，经微生物氧化成 SO_4^{2-}；SO_4^{2-} 被植物和微生物同化还原成有机硫化物，组成其本身；动物食用植物和微生物，将其转变成动物有机硫化物；当动物、植物和微生物尸体中的有机硫化物，主要是含硫蛋白质，被微生物分解时，以 H_2S 和 S 的形式返回自然界，整个硫素循环完成。另外，SO_4^{2-} 在缺氧环境中也可被微生物还原成 H_2S。

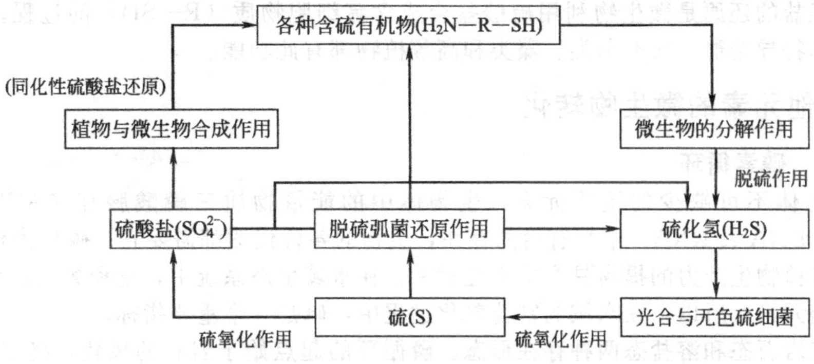

图 6-4 生态系统中的硫素循环

岩石圈中的有机、无机沉积物中的硫，通过风化和分解作用而释放，以盐溶液的形式进入陆地和水体。溶解态的硫被植物吸收利用，转化为氨基酸的成分，并通过食物链被动物利用，最后随着动物排泄物和动植物残体的腐烂、分解，硫又被释放出来，回到土壤或水体中被植物重新利用。另外一部分硫以 H_2S 或 SO_2 气态形式进入大气参与循环。硫进入大气的途径有：化石燃料燃烧、火山爆发、海面挥发和在分解过程中释放气体等。煤和石油中都含有较多的硫，燃烧时硫被氧化成 SO_2 进入大气。每燃烧 1t 煤就产生 60kg SO_2。硫多以硫化氢形态进入大气，但很快就氧化成 SO_2。SO_2 可溶于水成为硫酸盐，并随降水到达地面，氧化态的硫在化学和微生物作用下，变成还原态的硫，还原态的硫也可以实现相反转化。在循环过程中部分硫会沉积于海底，再次进入岩石圈。

硫在大气中停留的时间比较短。如果在对流层，停留时间一般不会超过几天；如果在平流层，可停留 1～2 年，由于硫在大气中滞留的时间短，全年大气收支可以认为是平衡的。然而，硫循环的非气体部分目前还处在不完全平衡的状态，因为经有机沉积物的埋藏进入岩石圈的硫少于从岩石圈输出的硫。

6.5.3.2 微生物在硫素循环中的作用

微生物参与硫素循环的全过程，并在其中起着很重要的作用。

（1）有机硫化物的分解作用（硫素的矿化）。蛋白质和含硫氨基酸等有机硫化物在异养微生物的作用下，分解形成简单硫化物的过程，称为硫素的矿化。分解有机硫化物的微生物主要有梭状芽孢杆菌、假单胞杆菌等。

土壤中能分解含硫有机物质的微生物种类很多，一般能引起含氮有机化合物分解的氨化微生物，都能分解有机硫化物产生 H_2S，含硫氨基酸能将胱氨酸分解为氨及 H_2S。动物、植物和微生物尸体中的有机硫化物，被微生物降解成无机硫的过程，称为分解作用。异养微生物在降解有机碳化合物时往往同时放出其中含硫的组分，这一过程并不具有专一性。由于含硫有机物中大多含氮，所以脱硫氢基作用与脱氨基作用往往是同时进行的。

（2）无机硫的同化作用。生物利用 SO_4^{2-} 和 H_2S，组成自身细胞物质的过程称为同化作用。大多数的微生物都能像植物一样利用硫酸盐作为唯一硫源，把它转变为含硫氢基的蛋白质等有机物，即由正六价氧化态转变为负二价的还原态。只有少数微生物能同化 H_2S，大多数情况下元素硫和 H_2S 等都需先转变为硫酸盐，再固定为有机硫化合物。

（3）硫化作用（硫及还原性硫化物的氧化）。还原态无机硫化物如 H_2S、元素 S 或 FeS_2、硫代硫酸盐等在微生物作用下进行氧化，最后生成硫酸及其盐类的过程，称为硫化作用。凡能将还原态硫化物氧化为氧化态硫化合物的细菌称为硫化细菌。具有硫化作用的细菌种类较多，主要可分为化能自养型细菌类、厌氧光合自养细菌类和极端嗜酸嗜热的古细菌类。

（4）反硫化作用（硫酸盐的微生物还原）。在土壤淹水或黏重土壤的厌氧条件下，微生物将硫酸盐还原为 H_2S 的过程称为反硫化作用（异化硫酸盐的还原作用）。参与这一过程的微生物称为硫酸盐还原菌或反硫化细菌。

同化硫酸盐的还原是微生物利用硫酸盐合成含硫细胞物质（R—SH）的过程。具有这种作用的生物并非特异菌群，所有菌类、藻类和高等植物都有此功能。

6.5.4 其他元素的微生物转化

6.5.4.1 磷素循环

磷是生物体不可缺少的重要元素，生物体中的能量物质三磷酸腺苷（ATP）和遗传物质——核酸（DNA 或 RNA）中都有磷的存在，生物的各种代谢都需要它。磷作为作物三大营养要素之一，对植物生产力的提高具有决定性意义。在水域生态系统中，它和氮往往是形成藻类过度生长的关键元素。所以，在水域的富营养化过程中，磷是一个重要指标。

磷主要有岩石态和溶盐态两种存在形态。磷循环的起点始于岩石的风化，终于水中的沉积，是典型的沉积型循环。岩石和沉积物中的磷酸盐通过风化、侵蚀和人类的开采，磷被释放出来，成为可溶性磷酸盐（PO_4^{3-}）。植物吸收可溶性磷酸盐，合成自身原生质，然后通过植食动物、肉食动物在生态系统中循环，再经动物排泄物和动植物残体的分解，又重新回到环境中，再被植物吸收。溶解的磷酸盐也可随着水流进入江河、湖泊和海洋，它溶于水但不挥发，所以磷由于降水从岩石圈淋溶到水圈里，形成可溶性的磷酸盐，而被生物吸收，并沉积在海底。其中一部分通过成岩作用成为岩石。

陆地生态系统中，磷的有机化合物被细菌分解为磷酸盐，再经过一系列消费者利用，将其含磷的枯死物、有机化合物归还到土壤。通过还原者一系列的分解作用，转变为可溶性磷酸盐，又供有机体使用。生物体所需要的磷是比较大的，有些磷在循环中被分解者所利用，成了生物体的一部分；但是不溶性的磷酸盐，一般是留在土壤表层，常常被侵蚀，随水流进入湖泊和海洋。因此许多地区磷含量很低，以致影响某些生态系统的发展。当它们进入大海后，就不能再参与陆地的循环了。被捕获的海鱼可将一部分的磷重返陆地，但数量很少。

在淡水和海洋生态系统中，浮游植物吸收无机磷的速率很快，而浮游植物又被浮游动物和食腐屑者所取食。浮游动物每天排出的磷几乎与贮存在体内的磷一样多。在水域生态系统中，死亡的动植物体沉入水底，其体内磷的大部分以钙盐的形式长期沉积下来，离开了循环。所以，磷循环是不完全的循环。很多磷进入海底沉积起来，重新返回的磷不足以补偿其丢失的量，使陆地的磷损失越来越大。磷参与循环的数量正在减少，磷将成为人类和陆地生物生命活动的限制因子。

6.5.4.2 重金属元素循环

重金属污染物在环境中不能被微生物降解，但其各种形态之间可发生相互转化，在环境中还会发生分散和富集的过程。从重金属的毒性及其对生物的危害方面看，重金属污染有下列特点：(1) 在环境中只要有微量重金属即可产生毒性效应，一般重金属产生毒性的范围，在水体中为1～10mg/L，毒性较强的金属如汞、镉产生毒性的浓度范围在0.001～0.01mg/L；(2) 环境中的某些重金属可在微生物作用下转化为毒性更强的重金属化合物，如汞的甲基化；(3) 生物从环境中摄取的重金属可以经过食物链的生物放大作用，逐级在较高级的生物体内成千上万倍地富集起来，然后通过食物进入人体，在人体的某些器官中累积造成慢性中毒。所以，重金属污染已成为人类面临的严重环境问题之一。

汞循环是重金属元素在生态系统中循环的典型代表。汞通过火山爆发、岩石风化、岩熔等自然运动和人类活动，如开采、冶炼、农药使用等途径进入生态系统。目前，世界上大约有80多种工业把汞作为原料之一或作为辅助原料，每年通过工业释放至环境中的汞约1.5万～3万吨，超过火山喷发和岩石风化等天然释放量的4.5～9倍。

环境中的汞有三种价态：单质汞（Hg）、一价汞和二价汞，其中主要是单质汞和二价汞。汞在土壤中的行为主要是土壤对汞的固定和释放作用。由于土壤对汞有强的固定作用，大部分汞被固定在土壤中，因此，环境中的可溶性汞含量很低。从各污染源排放的汞也是富集在排污口附近的底泥和土壤中。部分可溶性汞经植物吸收后进入食物链或进入水体。进入食物链的汞经由排泄系统或生物分解，返回到非生物环境，参与再循环。

进入水体的汞可随水的流动而运动，沉降于水底并吸附在底泥中。在微生物的作用下，金属汞和二价离子汞等无机汞会转化成甲基汞和二甲基汞，这种转化称为汞的生物甲基化作用。汞的甲基化可在厌氧条件下发生，也可在有氧条件下发生。在厌氧条件下，主要转化为二甲基汞。二甲基汞具有挥发性，易于逸散到大气中。进入大气分解成甲烷、乙烷和汞，其中元素汞又沉降到土壤或水域中。在有氧条件下，主要转化为一甲基汞。一甲基汞是水溶性的，易于被生物吸收而进入食物链。甲基汞易被人体吸收，而且毒性大。因为甲基汞易溶于脂类中，其毒性比无机汞高100倍；汞在生物体内不易分解，由于其分子结构中所形成的碳—汞键（C—Hg）不易切断。

汞循环的另一重要途径是生物富集作用，研究证明，水域中藻类对汞和甲基汞的浓缩系数高达5000～10000倍。在食物链顶位鱼体内汞的含量可高达50～60mg/kg，比原来水体中的浓度高万倍以上，比食物链低位鱼体内汞含量亦高900多倍。在日本水俣病事件中，螃蟹体内含有24mg/kg汞，受害人体肾中含汞14mg/kg，而鱼的正常允许水平为0.5mg/kg以下。

参 考 文 献

[1] 李博. 生态学. 北京：高等教育出版社，2000.
[2] 胡荣桂. 环境生态学. 武汉：华中科技大学出版社，2010.
[3] 文祯中，陆健健. 应用生态学. 第2版. 上海：上海教育出版社，2004.
[4] 顾夏声，胡洪营，文湘华等. 水处理生物学，第5版. 北京：中国建筑工业出版社，2011.
[5] 邹冬生，高志强. 生态学概论. 长沙：湖南科学技术出版社，2007.
[6] 柳劲松，王丽华等. 环境生态学基础. 北京：化学工业出版社，2003.
[7] 刁治民，周富强，高晓杰等. 农业微生物生态学. 成都：西南交通大学出版社，2008.
[8] 董双林，赵文. 养殖水域生态学. 北京：中国农业出版社，2004.
[9] 杨家新. 微生物生态学. 北京：化学工业出版社，2004.
[10] 何志辉. 淡水生态学. 北京：中国农业出版社，2000.
[11] 李文华，赵景柱. 生态学研究回顾与展望. 北京：气象出版社，2004.
[12] 张鸿雁，李敏，孙冬梅. 微生态学. 哈尔滨：哈尔滨工程大学出版社，2010.
[13] 周凤霞，白京生. 环境微生物. 第2版. 北京：化学工业出版社，2008.
[14] 李建政，任南琪. 污染控制微生物生态学. 哈尔滨：哈尔滨工业大学出版社，2005.
[15] 周德庆. 微生物学教程. 北京：高等教育出版社，2001.
[16] 戈峰. 现代生态学. 北京：科学出版社，2002.
[17] 梅汝鸿，徐维敏. 植物微生态学. 北京：中国农业出版社，1998.
[18] 韦革宏，王卫卫. 微生物学. 北京：科学出版社，2008.

[19] 陈文新．土壤和环境微生物学．北京：北京农业大学出版社，1989.
[20] 李阜棣，胡正嘉．微生物学．第2版．北京：中国农业大学出版社，2007.
[21] 康白．微生态学．大连：大连出版社，1988.
[22] 熊德鑫．现代微生态学．北京：科学出版社，2000.
[23] 康白．微生态学原理．大连：大连出版社，2002.
[24] 陆健健．河口生态学．北京：海洋出版社，2003.
[25] 郑春雨，王光华．湿地生态系统中主要功能微生物研究进展．湿地科学，2012，10 (2)：243-249.
[26] 蒋婧，宋明华．植物与土壤微生物在调控生态系统养分循环中的作用．植物生态学报，2010，34 (8)：979-988.
[27] 康白，袁杰利．微生态大循环是生命发生发展的根本条件．中国微生态学杂志，2005，17 (1).
[28] 中国科学院水生生物研究所第六室．全国水生态及环境微生物学术会议论文集．北京：科学出版社，1984.
[29] 张洪勋，庄绪亮．微生物生态学研究进展——第五届微生物生态学术研讨会论文集．北京：气象出版社，2003.
[30] Charles J. Krebs. Ecology. Fifth Edition. Beijing: Science Press, 2003.
[31] Buesing N, Filippini M, Bürgmann H, et al. Microbial communities in contrasting freshwater marsh microhabitats. FEMS Microbiol. Ecol., 2009, 69: 84-97.
[32] Jackson C R, Liew K C, Yule C M. Structural and Functional Changes with Depth in Microbial Communities in a Tropical Malaysian Peat Swamp Forest. Microb. Ecol., 2009, 57: 402-412.
[33] Conrad R, Noll M, Claus P, et al. Stable carbon isotope discrimination and microbiology of methane formation in tropical anoxiclake sediments. Biogeosciences Discuss, 2010, (7): 8619-8661.
[34] Claudia Lüke, Sascha Krause, Stefano Cavigiolo, et al. Biogeographyof wetland rice methanotrophs. Environmental Microbiology, 2010, 12 (4): 862-872.

第7章 水环境中的微生物污染

7.1 水体中的微生物来源及相关的水污染

7.1.1 水体中的微生物来源

微生物广泛存在于各种水体之中，在海洋、湖泊、河流、水库、运河、池塘、污水处理系统中都可以发现它们的踪迹。由于不同的水生环境在营养物质、光照、温度、溶解氧、pH值、盐分等方面差别很大，因此其中生活的微生物种类和数量也有明显的差异。例如，海洋中的微生物大都是耐盐或嗜盐的，它们能够在含盐量30g/L以上的海水中正常生存，而淡水中的微生物不具备这一特性。污水中大肠菌群的含量往往高达10^9个/L，而在保护良好的水源水则不超过10^3个/L。由此可见，微生物的种类和数量与所在水环境是密切相关的。水体中的微生物主要有以下四类来源。

7.1.1.1 水中的土著微生物

有些微生物是水体中的“原住民”，也被称为水中的土著微生物。在洁净的湖泊和水库中的有机物含量很低，其中存在的微生物主要是化能自养微生物和光能自养微生物，它们能够利用CO_2、碳酸盐、阳光作为碳源和能源，合成自身生长所需要的物质。硫细菌、铁细菌、蓝细菌、绿硫细菌和紫细菌等都属于这一类。色杆菌属、无色杆菌属和微球菌属等少数腐生性细菌和部分水生性的霉菌，在含有少量有机物的水体中也能够存活。军团菌、铜绿假单胞菌等病原菌或条件致病菌也是水中的土著微生物，它们会对人体健康构成一定威胁。

7.1.1.2 来自土壤的微生物

由于雨水和径流冲刷作用，土壤为水体中提供了丰富的有机物和无机物。与此同时，土壤中的微生物也被带到水体中。土壤是微生物在自然界中的大本营，所含的微生物数量最多、类型最广。细菌是土壤中数量最多的一类微生物，大约占总数量的70%～90%。大多数细菌是自养菌，还有一些随着动物尸体进入土壤的腐物寄生菌，需要复杂的化合物作为代谢底物才能存活。而随着动植物尸体或其排泄物进入土壤的致病菌，由于营养要求严格，一般在土壤中很快就死亡了，只有能形成芽孢的细菌才能长期存在。土壤中的放线菌数量也很多，多生长于耕作层土壤中，数量随着土壤深度增加而减少。常见的种类有链霉菌属、诺卡菌属、小单胞菌属和高温放线菌属。土壤中的真菌是以菌丝体和孢子形式存在，常见的种类有酵母菌、毛霉属、根霉属、青霉属、曲霉属、木霉属、头孢霉属、念珠霉属等。由此可见，土壤中的大部分微生物都是非致病性的，但一些病原微生物的侵入会使土壤受到污染，从而间接造成水体的病原性污染。

7.1.1.3 来自空气中的微生物

空气中缺乏微生物可直接利用的营养物质，微生物不能独立地在空气中生长繁殖。因此，空气中并没有固定的微生物种群，其中的微生物主要是通过土壤尘埃、水滴、人和动物体表的干燥脱落物、呼吸道的排泄物等方式被带入到空气中的。这些微生物附着在灰尘或液滴上，随气流在空气中传播。细小的悬浮颗粒物是微生物的主要载体，通常含尘埃越多的空气，所含的微生物种类和数量也就越多。尘埃的飘散性极强，即使在距离地面几十千米的高空还存在着微生物，但由于尘埃的自然沉降，越接近地面的空气其含菌量就越高。在人类聚居区、牲畜养殖场、污水处理厂的空气中，微生物含量都比较高。自然界中的水体与空气是相互接触的，因此尘埃的自然沉降和降水过程，都会将空气中的微生物带入水体。空气中的微生物大部分为非致病性微生物，常见的有芽孢杆菌属、无色杆菌属以及一些放线菌和霉菌等。

7.1.1.4 来自人类活动的微生物

自然界的河流和湖泊是很多废物的主要受纳环境之一。随着社会的发展和人口的激增，生活污水和工业废水的排放对水体中的微生物种类和数量的影响越来越显著。这些污水中的微生物主要是无芽孢的革兰阴性菌，例如变形杆菌、肠杆菌、弧菌等。它们特别适应有机物浓度高、溶解氧低的污水环境，能够大量繁殖，而其他种类的微生物逐渐消亡。因此在受污染严重的水体中，微生物种群类型往往也比较少。流经城市、乡村的河流，往往会接纳大量含有人畜排泄物的污水。粪便中的细菌含量极高，其中还有很多病原菌。例如痢疾患者的每克排泄物中志贺菌的数量高达 10^9 个。这些病原微生物随着水体流动而迁移，遇到合适的环境就会定居下来并大量繁殖，从而造成疾病的流行。

7.1.2 与微生物相关的水污染

与微生物相关的水污染主要是指水体的病原微生物污染。病原微生物种类繁多，能够引起很多种疾病，对人体健康构成严重威胁。事实上，自从有历史记载以来，人类就一直遭受着水传播疾病的危害。通过水传播而引起的霍乱、伤寒、骨髓灰质炎、甲型病毒性肝炎等疾病，曾夺走了千百万人的生命。时至今日，由于水传播而引起的病原微生物感染仍是世界上危害范围最广的环境问题。1995 年，世界卫生组织（WHO）估计大约有 300 万人死于由于病原微生物污染的水、食物导致的传染病。根据美国疾病控制中心的资料，美国在 1980 年到 1996 年里，共爆发了 402 起水传播疾病，患者多达 50 万人。在发展中国家和一些贫困地区，水体病原性污染的问题更加严重。大约有 12 亿人无法得到安全的饮用水，霍乱、伤寒、脊髓灰质炎等疾病不断爆发。例如，2005 年西非爆发了大范围的霍乱疫情，9 个国家受到霍乱的影响，4 万余人发病，788 人死亡。2006 年安哥拉爆发霍乱，短短 4 个月内就有 1893 人死亡。正如联合国环境与发展大会上通过的《21 世纪议程》中所指出的："与水相关的疾病仍然是一个重大的健康问题，特别在发展中国家，80%的疾病和三分之一的死亡率与受过污染的水有关。"

还有一类水污染也和微生物相关。1998 年 9 月 18 日至 10 月 3 日，渤海锦州湾东部发生赤潮，面积达 $3000km^2$；天津新港外发生赤潮，面积达 $800km^2$。据统计，该次赤潮灾害给沿岸省市海洋水产业造成的直接经济损失约为 5.61 亿元。2007 年 5 月 29 日，太湖水域爆发蓝藻，形成大面积的水华，导致无锡市大部分地区自来水发臭无法饮用，对当地的生产和生活造成了严重影响。

赤潮（red tide）是指海洋中某些微小的浮游藻类、原生动物或细菌，在一定的条件下爆发性繁殖或突然性聚集，引起水体变成红褐色的现象。淡水中的藻类（主要是蓝藻）大规模爆发，在水面形成一层蓝绿色而有腥臭味的浮沫的现象称之为水华（water blooms）。近年来，有关赤潮和水华的报道屡见不鲜，不仅在渤海、太湖，在黄海、东海、巢湖、滇池、武汉东湖等水域都有类似的现象发生，这充分说明了此类水污染问题的普遍性。浮游藻类的大规模爆发，会大量消耗水中的溶解氧，造成其他水生生物的大量死亡。更为严重的是，蓝藻中有些种类，例如微囊藻，能够产生一种叫做"藻毒素"的物质，会造成贝类、鱼类、虾蟹中毒死亡，对人畜也有强烈的毒害作用，是肝癌的重要诱因。藻毒素极为稳定，即使在 300℃下也不会分解，如果在食物链中被吸收富集，将造成不堪设想的后果。

研究表明，藻类的生长繁殖需要 25～30 种元素，其中碳、氮、磷是合成核酸、蛋白质必备的基础元素。与碳元素相比，自然水体中的氮磷含量较少，因此就成为制约藻类繁殖的重要因素。一般来说，当水体中硝态氮浓度为 0.3mg/L，磷酸盐浓度为 0.02mg/L 时，水体就可能发生藻类爆发。此外，藻类大量繁殖和持续时间与气温、光照和水文气象等外部条件也密切相关。

调查发现，赤潮几乎都是出现在人口居住较稠密的沿海水域，水华也都出现在严重污染的水体中。这说明人类活动与这类污染现象的发生密不可分。尽管赤潮和水华发生的具体原因十分复杂，但总的来说，水体的富营养化是其发生的根源。造成水富营养化的物质主要来源于工业、农业和生活废水。据估算，每年排入渤海湾的污水量高达数十亿吨，其中含有大量的氮、磷元素，为藻类的大规模爆发提供了物质基础。因此，解决赤潮、水华等污染问题的根本在于控制污水排放，降低受纳水体中的氮、磷含量，防止富营养化的形成。

7.2 水中病原微生物的种类和特性

病原微生物污染是影响人类用水安全最主要的因素之一。据统计，美国在1971～2006年期间，共有780起由于饮用水污染导致疾病爆发的事件。其中，生物性污染事件占43.9%（病毒污染占8.2%，细菌污染占16.6%，寄生虫污染占18.3%，混合因素占0.8%），不明原因占44.6%，而化学污染事件仅占11.5%。由于流行病的迅速蔓延，使生物性污染所造成的危害更加明显。例如，在上述统计数据中，与生物性污染事件相关的病例竟高达491014个，远高于化学性污染事件的3901个病例。在城市集中供水覆盖范围以外，人们的生产生活主要依靠井水。但很多地区都存在地下水被过度开发，管理和保护缺失的问题，浅层地下水被病原微生物污染的情况也时有发生。此外，随着污水再生回用和城市水景观建设的兴起，水中的病原微生物对人类健康的威胁不容忽视。水中的病原微生物种类极其繁多，大多数是细菌和病毒，还有一部分属于原生动物和藻类。

7.2.1 病原菌

从危害程度和来源上看，水中的病原菌大体可以分为两类：一类是典型病原菌，例如沙门菌、志贺菌、空肠弯曲杆菌等，它们基本上都来自人或动物的排泄物，主要通过污水排放进入水环境；另一类是条件致病菌，例如铜绿假单胞菌、军团菌、不动杆菌、气单胞菌等。它们之中很多都是水中的土著细菌，对于正常的人群并不会构成明显的危害，但对于免疫力低下或免疫缺陷的人群，例如新生儿、老人、孕妇、癌症病人、艾滋病患者等，却可能是致命的。

7.2.1.1 典型病原菌

(1) 沙门菌（*Salmonella* spp.）。沙门菌是一大类属于肠杆菌科的革兰阴性杆菌，无芽孢和荚膜，周身有鞭毛，不能发酵乳糖，大多数可通过糖类发酵产生硫化氢或其他气体。按照它们的菌体抗原（O抗原）和鞭毛抗原（H抗原）可以分成2000余种血清型，均是对人类有致病性的。

按照致病性的强弱，沙门菌可以分为两组：伤寒种和非伤寒种，前者中包括伤寒沙门菌（*Salmonella typhi*）和副伤寒沙门菌（*Salmonella paratyphi*）。它们通常只感染人类，所导致的伤寒和副伤寒是致命性的急性传染病。全世界每年有3300万以上的伤寒病例，大约有50万人死于伤寒。典型的症状为持续高烧、腹泻、肝脾肿大、身体出现玫瑰疹等，死亡率约为10%。有些患者还可能变成无症状的带菌者，成为重要的传染源，“伤寒玛丽”就是典型的例子。非伤寒种的沙门菌导致的疾病主要是急性胃肠炎，在患者摄入被污染了的水和食物6～72h之内出现症状，会持续腹泻3～5d，同时伴有发热和腹痛，但这种疾病通常是自限性的。

沙门菌在环境中分布广泛，人类、牲畜、鸟类、爬行动物等都可以成为它们的宿主，但是沙门菌的某些种却表现出宿主特异性。伤寒沙门菌和副伤寒沙门菌的宿主主要是人类，在极少数情况下副伤寒沙门菌也会感染牲畜。沙门菌通过粪-口途径传播，世界上有很多伤寒或副伤寒爆发性流行的事件，大多数都是与饮用水源被污水或粪便污染有关。沙门菌对于不良环境的抵抗力并不强，在水中能够存活2～3周，但在5%石炭酸或1∶500升汞溶液中5min即被杀死。因此，水处理中可以用消毒方法来杀灭沙门菌。另外要对水源地进行有效的保护，严防受到污水或粪便的污染，这对于从根本上预防伤寒的水传播爆发流行是十分重要的。

(2) 志贺菌（*Shigella* spp.）。志贺菌属也是肠杆菌科的一员，革兰阴性，无芽孢和鞭毛，呈短杆状，兼性厌氧。根据生化反应和抗原结构的差别，可将志贺氏菌属分为痢疾志贺菌（*Shigella dysenteriae*）、福氏志贺菌（*Shigella flexneri*）、鲍氏志贺菌（*Shigella boydii*）和宋内氏志贺菌（*Shigella sonnei*）四个群。

志贺菌能引起许多严重的肠道疾病，主要是细菌性痢疾。每年有 200 万以上的人被感染，其中有 60 万人死亡，大多数患者是 10 岁以下的儿童，这种状况在发展中国家尤为严重。志贺菌具有很强的侵袭力，而且能够产生内毒素或外毒素，通常摄入 10～100 个志贺菌就会引起感染，比其他大多数肠道细菌的感染剂量小得多。在四种志贺菌中，痢疾志贺菌引起的症状最为严重，患者会出现出血性腹泻，伤口还可能会溃烂。宋内氏志贺菌所致疾病相对较为缓和，并且是自限性的。

人类和其他灵长类动物是志贺菌的天然宿主。志贺菌也是通过粪-口途径传播，借助菌毛及相关结构黏附在肠道黏膜上皮细胞表面，继而穿入并大量增殖，引发肠黏膜溃疡、坏死。菌寄生在宿主的肠道上皮细胞中。志贺菌引起的疾病大都发生在人口密度大、卫生条件差的地区，主要与摄入受污染的饮用水和食物有关，苍蝇是志贺菌病的传播载体。世界范围内，志贺菌已经引起过多次大规模疾病的爆发。志贺菌在外环境中的存活能力很弱，在低温的淡水中大约只能存活 1～2d，因此，志贺菌在水中的出现就意味着水体最近受到过人类粪便的污染。

(3) 病原性大肠埃希菌（*pathogenic Escherichia coli*）。大肠埃希菌也被称为大肠杆菌，属于肠杆菌科埃希菌属。它们中大多数是人和动物肠道内的正常寄生菌群，通常不会致病。但病原性的大肠埃希菌却是典型的肠道病原菌，根据它们致病因子的不同，可以分为五类：肠出血性大肠埃希菌（enterohemorrhagic *E. coli*，EHEC）、肠产毒性大肠埃希菌（enterotoxigenic *E. coli*，ETEC）、肠致病性大肠埃希菌（enteropathogenic *E. coli*，EPEC）、肠侵袭性大肠埃希菌（enteroinvasive *E. coli*，EIEC）、肠黏附性大肠埃希菌（enteroadherent *E. coli*，EAEC）。

在这五类病原性大肠埃希氏菌中，EHEC 的致病性最强，只要摄入 100 个这种细菌就能引起感染。2011 年 5 月，“毒黄瓜”事件席卷西班牙、德国、瑞典、丹麦、英国等多个欧洲国家，上千人感染患病，至少 16 人丧生，其元凶就是 EHEC。EHEC 典型的血清型有 O157∶H7 和 O111，所产生的志贺样毒素（SLT）是主要的致病因子。EHEC 感染能引起腹部绞痛和不同程度的腹泻，大约有 2%～7%的病例会发展成为溶血性尿毒症综合征（HUS）。这是一种致命性的疾病，其特点是急性肾功能衰竭和溶血性贫血，部分患者会发生癫痫、中风或昏迷，病死率大约为 3%～5%。5 岁以下儿童发展成 HUS 的可能性最大。ETEC 和其他四类病原性大肠埃希菌有明显的区别：它一般不会侵入细胞内部增殖，但能够产生耐热肠毒素（heat-stabile enterotoxin，ST）和不耐热肠毒素（heat-labile enterotoxin，LT）。ETEC 是旅游者腹泻和婴幼儿腹泻的常见病原体，在热带地区尤为普遍。EPEC 是导致 1 岁以下婴儿腹泻最主要的病原体，是新生儿死亡的重要原因。从上世纪 60 年代以后 EPEC 在发达国家的感染很少见，但在非洲、亚洲以及南美洲的一些发展中国家至今仍比较常见。EIEC 与志贺菌具有共同的抗原，在感染症状上也非常相似。患者会出现腹部痛性痉挛、水泻和发热，人群的易患性没有年龄差别。

人类是病原性大肠埃希菌的主要宿主，但牛、羊、猪、鸡等也是 EHEC 的主要传染源。这些病原性的大肠埃希菌在很多环境水体中都能够被监测到，人与人、人与动物接触，摄食被污染了的食物和水都是感染的途径。有很多报道证实了病原性大肠埃希菌能够通过水传播导致疾病爆发流行。最著名的案例发生在 2000 年 5 月，加拿大安大略省 Walkerton 农业社区中爆发了一起由大肠埃希菌 O157∶H7 和空肠弯曲杆菌引起的流行病，有 2300 人患病，7 人死亡。后来调查表明，原因是含有牛粪的雨水径流污染了该社区的饮用水源。目前还没有证据表明病原性大肠埃希菌对于水处理的反应和其他大肠杆菌相比有明显的不同，因此可以通过消毒手段有效地控制水中病原性大肠埃希菌的含量。

(4) 空肠弯曲杆菌（*Campylobacter jejuni*）。弯曲杆菌是一类微需氧、嗜二氧化碳的革兰阴性菌。菌体呈弯曲螺旋杆状，有单极的无鞘鞭毛。在与人类疾病关系密切的弯曲杆菌中，空肠弯曲杆菌是导致急性腹泻最常见的菌种。空肠弯曲杆菌的感染性较强，典型的临床症状是腹痛、腹泻和呕吐，有些患者会出现反应性关节炎和脑膜炎，还有报道表明空肠弯曲菌感染与 Guillain-

Barré 综合征（一种急性外周神经脱髓鞘病）有关。

空肠弯曲杆菌是禽类肠道中正常的寄生菌，事实上各种鸟类、家畜、宠物，甚至苍蝇都是空肠弯曲杆菌的宿主。研究表明，大部分空肠弯曲杆菌的感染是偶发的。通常是人类摄食动物产品而被感染，肉类、尤其是家禽肉和未经巴氏消毒的牛奶是重要的传染源。而被污染的饮用水会导致疾病的大规模爆发，主要是与饮用水水源受到鸟类污染，或者消毒不充分有关。空肠弯曲杆菌对于环境胁迫（例如干燥、加热、消毒剂等）的耐受力差，氯消毒可以有效地杀灭这种细菌。此外，在水源地和供水过程中防止动物粪便污染，尤其是鸟粪的污染对于空肠弯曲杆菌的风险控制来说尤为重要。

(5) 霍乱弧菌（*Vibrio cholerae*）。霍乱弧菌是革兰阴性菌，菌体如弧状，有单极鞭毛，运动能力强。根据O抗原的不同，可将霍乱弧菌分为139个血清群，其中O1群和O139群能引起霍乱。根据表型特征，O1血清群又可以分成古典型和El Tor型。古典型被认为是引起世界上六次霍乱大爆发的罪魁，而El Tor型则引起了1961年的第七次霍乱爆发。霍乱是烈性传染病，病死率高达60%以上，至今在拉丁美洲、亚洲和非洲的一些地方仍时常流行。O1群和O139群霍乱弧菌的致病机理是通过菌株产生的霍乱肠毒素来改变肠道黏膜的离子通量，使患者产生严重的腹泻，排出带有黏液斑点的“米汤样”粪便，导致体内水分和电解质大量丧失，最终出现循环衰竭而死亡。

霍乱一般通过粪-口途径传播，感染主要是由于食用了被粪便污染了的水和食物引起的。由于卫生条件差而使水受到污染是疾病传播的主要原因。饮用水供水系统中如果存在霍乱弧菌，会对公众健康产生极大的威胁，甚至影响该地区的经济发展。尽管霍乱造成的危害非常严重，但霍乱弧菌对于不良环境的抵抗力比较差，对酸尤为敏感。因此，可以通过消毒手段来有效地控制霍乱弧菌的潜在风险。

(6) 耶尔森菌（*Yersinia* spp.）。耶尔森菌是一类革兰阴性的小杆菌，现已知的有11种，其中鼠疫耶尔森菌（*Yersinia pestis*）、小肠结肠炎耶尔森菌（*Yersinia enterocolitica*）和假结核耶尔森菌（*Yersinia enterocolitica*）与人类的疾病有关。鼠疫耶尔森菌是烈性传染病鼠疫的病原菌，由啮齿类动物及其身上的跳蚤传播，而小肠结肠炎耶尔森菌和假结核耶尔森菌则可以通过被污染的水或食物而感染人类。小肠结肠炎耶尔森菌能够穿透肠黏膜细胞，引起回肠终端溃疡，临床症状通常表现为腹泻、发热和腹痛，有些患者还会出现炎性淋巴腺肿。

耶尔森菌通常寄生在家畜和野生动物的肠道内。猪是病原性小肠结肠炎耶尔森菌的主要宿主，而啮齿类动物是假结核耶尔森菌的宿主。动物粪便是地表水中病原性耶尔森菌的主要来源，耶尔森菌对于消毒很敏感，但某些菌株能够在自然水环境中存活较长时间。

(7) 幽门螺杆菌（*Helicobacter pylori*）。幽门螺杆菌是一类微好氧的革兰阴性菌，菌体呈螺旋状。幽门螺杆菌主要存在于人的胃中，尽管大多数幽门螺杆菌的感染都是无症状的，但研究表明它与慢性胃炎有关，并可导致十二指肠溃疡，甚至胃癌。大多数人感染幽门螺杆菌都是源于童年时期，逐渐发展成慢性病。这种情况在发展中国家很常见，与过分拥挤的生活条件有关，而且家族性发病很常见。

除了人类之外，家猫也可能成为幽门螺杆菌的宿主。有证据表明幽门螺杆菌对于胆汁盐敏感，这就减少了由粪便排泄来传播幽门螺杆菌的可能性，然而，已经从小孩的粪便中分离到了这种细菌，在水中也检测到了幽门螺杆菌。尽管幽门螺杆菌的特性决定了它对自然环境的耐受力较低，但有研究发现它们能够在生物膜上存活3周，在地表水中能存活20～30d。在美国的大多数地表水和浅层地下水中都发现了幽门螺杆菌，其污染来源可能主要是人类的排泄物和呕吐物。家庭成员中通过口-口传播已经被确认为导致幽门螺杆菌感染最可能的途径，粪-口传播途径也被认为是可能存在的。被污染了的饮用水可能成为潜在的感染源，但目前还缺乏相关的研究证据。

(8) 肾脏钩端螺旋体（*Leptospira interrogans*）。钩端螺旋体属是一类细长柔软、弯曲呈螺旋状、运动活泼的好氧原核微生物，长约5～15μm，宽0.1～0.2μm。该属中只有肾脏钩端螺旋体有致病性，它可导致一种严重的人畜共患病——钩端螺旋体病。肾脏钩端螺旋体侵入宿主机体后，会随血流扩散至全身，产生菌血症，引起肝、脾、肾、肺、心、淋巴结和中枢神经系统等组织器官严重的损害。

钩端螺旋体病是自然疫源性疾病，鼠和猪是钩端螺旋体的重要贮存宿主。与之前所讲过的病原微生物显著不同的是，肾脏钩端螺旋体感染人体的方式并不是通过饮水或食物，而是通过皮肤接触感染。钩端螺旋体可在宿主的肾小管中增殖，然后随尿液排出，污染水体和土壤。肾脏钩端螺旋体具有很强的侵袭力，人在水田耕作、捕鱼时如果接触到含有肾脏钩端螺旋体的“疫水”，即会受到感染，它通常是穿过咽喉、鼻腔、口腔、眼结膜等处的黏膜组织进入人体，损伤的皮肤也会成为感染的门户。人群对肾脏钩端螺旋体普遍易感，在夏秋季节的发病率较高。此时多雨，且鼠类活动频繁，加之农忙，人们与疫水接触机会较多。对钩端螺旋体病的控制主要在于加强预防，保护好水源，避免受到鼠类等动物排泄物污染。钩端螺旋体在水中可存活数月，但对消毒剂很敏感，通常使用苯酚或漂白粉即可杀灭。

7.2.1.2 条件致病菌

（1）铜绿假单胞菌（*Pseudomonas aeruginosa*）。铜绿假单胞菌是一种革兰阴性杆菌，有单极鞭毛，好氧，运动活泼。该菌在生长过程中会产生绿色水溶性色素，故此得名。铜绿假单胞菌是一种典型的条件致病菌，对于健康人群几乎没有什么危害，但对于一些病人来说却可能是致命的。铜绿假单胞菌能够入侵受损的机体，例如烧伤或机械性创伤的皮肤、有潜在疾患的呼吸道和受损的眼睛。它们从这些受损的部分侵入人体内部，造成败血症、脑膜炎、肺炎等多种疾病。烧伤患者、胞囊纤维症患者以及服用免疫抑制药剂的癌症病人是该菌感染的高危人群。

绿脓假单胞菌在自然界中分布十分广泛，不仅存在于土壤、粪便、清洁水和污水中，从浴缸、热水系统、淋浴器和温泉池等人工环境中也可以找到它们。明显的伤口或者易感组织与被污染了的水或者器具接触而造成的感染是铜绿假单胞菌最主要的感染途径，铜绿假单胞菌感染的爆发流行基本上都是与游泳或洗浴有关。降低水体中的有机碳、缩短配水系统中的水力停留时间、维持消毒余量都可以有效的控制铜绿假单胞菌在配水系统中的滋生。

（2）军团菌（*Legionella* spp.）。军团菌是一类无芽孢的革兰阴性杆菌，至少有42个种，主要致病菌为嗜肺军团菌（*Legionella pneumophila*）。1976年7月在美国费城召开全美退伍军人大会，期间爆发了一种不明原因的严重传染性肺炎，导致34死亡，当时就以会议名称将这种疾病命名为军团病。后来从死者肺组织中分离出一种病菌，即嗜肺军团菌。就目前所知，军团菌引起的疾病有两种临床表现：军团病和庞提亚科热。军团病又称肺炎型，潜伏期为3～6d，表现为高热、寒颤、胸痛、干咳、腹泻等症状。X射线胸片可见肺部点状和结节状浸润，患者可因休克、呼吸衰竭、肾功能衰竭而死亡。男性比女性更易感染，大多数患者的年龄为40～70岁，病死率可达16%。庞提亚科热也称流感样型，从感染到发病时间很短（5h～3d），症状与流感相似，是一种自限性的疾病。经过血清样本的调查表明，实际上很多感染都是无症状的。

军团菌是水体中固有的微生物，在清洁的河流和池塘中都可以找到，但在这些水体中它们的数量相对较少。水中的生物膜、污泥以及沉积物等都有助于军团菌的生长。军团菌还可以被棘阿米巴等原生动物吞噬，但不会被杀灭，反而能在其空泡内繁殖，这为军团菌在水环境中长期存活提供了保障。军团菌生长繁殖需要合适的温度（25～50℃），因此在特定的人造水环境中它们能够旺盛地生长。譬如与空调系统连接的水冷装置以及热水配水系统，都是军团菌生长繁殖的乐园。这些设备中军团菌的增殖与军团病的爆发有密切关系。大量滋生军团菌的冷却塔、热水淋浴头、加湿器、喷泉等，都会产生含有军团菌的气溶胶，人们在日常生活中很容易吸入这些气溶胶，从而造成感染。

由于军团菌特殊的传播途径，所以我们应该充分重视对供水和冷却系统中军团菌的控制，尤其在使用中央空调的大型建筑物中更要特别关注。军团菌对消毒剂敏感，尤其是氯胺，因此可以通过消毒来杀灭它们。此外，还可以充分利用军团菌的生长特性来对其进行控制。一方面可以控制水温，将水温尽可能在保持在25℃以下，或者50℃以上。另一方面要限制生物膜的生长，应尽量使用那些不易滋生生物膜的材料制作管道。定期清理供水系统，防止污泥、水垢、铁锈、藻类的积累，使水体充分流动起来，这些措施都可以有效地阻止军团菌的生长。

(3) 不动杆菌（*Acinetobacter* spp.）。不动杆菌是一类革兰阴性菌，无氧化酶，没有自动能力，外形呈短而圆的杆状。不动杆菌是条件致病菌，可以引起尿道感染、肺炎、菌血症和继发性脑膜炎。恶性肿瘤患者、烧伤病人、接受大型外形手术的患者以及免疫系统衰弱的新生儿和老人容易受到该菌的感染。

不动杆菌在土壤、天然水体和污水中广泛存在，97%的天然地表水水样中均可检测出高达100个/mL的不动杆菌。在美国的一项研究表明，38%的地下水中均可检测出该菌，而且在致病因子方面与临床分离出来的菌株并没有明显的差别。创伤或烧伤的伤口接触到被污染的器具，或者易感人群吸入不动杆菌是导致感染的最普遍的途径。在饮用水中经常可以检测到不动杆菌，虽然目前还没有证据表明普通人群中摄入含有不动杆菌的饮用水会导致胃肠道感染，但通过饮用水导致易感人群感染却存在很大的可能性，尤其对于在医院接受治疗的患者而言风险更为显著。可以通过降低水中的有机物，缩短水力停留时间，保持消毒剂余量等方式来限制不动杆菌在配水系统中的生长。

(4) 气单胞菌（*Aeromonas* spp.）。气单胞菌属弧菌科，是革兰阴性无芽孢的兼性厌氧菌。气单胞菌可以分为两大菌群：一类是嗜冷菌群，只单一性的感染冷血脊椎动物，对人类没有致病性；另一类是嗜温菌群，能够引起人体感染。服用免疫抑制剂的患者，以及伤口感染和呼吸道感染的病人是易感人群。

气单胞菌存在于水体、土壤和食物，尤其是肉、鱼和牛奶之中。在大多数清洁的水体中都能找到，甚至在处理过的饮用水中也能检测到气单胞菌。有机物、温度、水力停留时间和余氯量等因素都会影响气单胞菌在供水系统中的数量。与被污染的土壤接触，或者进行与水接触的活动，如游泳、跳水、划船及捕鱼等活动都可能导致气单胞菌感染。

7.2.2 病毒

目前已知水环境中的病毒有140种以上，绝大部分都是肠病毒（*Enteric Virus*），泛指那些引起人类胃肠道感染并主要通过粪-口途径传播的病毒。已知的肠病毒有100多种，主要包括肠道病毒、轮状病毒、星状病毒等，能够导致多种疾病，在全世界范围内都是导致疾病和死亡的主要原因。

(1) 肠道病毒（*Enteroviruses*）。肠道病毒属是小RNA病毒科（Picornaviruses）的成员，包括69个可感染人类的血清型：脊髓灰质炎病毒1-3型，柯萨奇病毒A1-A24型，柯萨奇病毒B1-B6型，埃可病毒1-33型和编号的肠道病毒EV68-EV73型。肠道病毒是已知的最小的病毒之一，由一条单链RNA和无包膜的直径20～30nm的正二十面体衣壳组成。

肠道病毒是人类感染的最常见病原体之一。据估计，在美国每年大约有3000万人受到肠道病毒感染，非脊髓灰质炎肠道病毒导致的感染病例就有1000万～1500万。肠道病毒可导致疾病范围非常广泛，从轻微的发热性疾病到心肌炎，无菌性脑膜炎，脊髓灰质炎，疱疹性咽颊炎，手-足-口病以及新生儿多器官功能衰竭等，近年来还发现肠道病毒感染与糖尿病有关。大多数感染尤其是儿童无症状感染，可排出大量病毒，这些病毒能够引起其他个体的临床疾病。

肠道病毒分布广泛，是水环境中最常见的病毒。在污水、地表水、地下水、海水以及饮用水中都有检出肠道病毒的报道。水体在肠道病毒的传播中具有重要的作用，但被流行病学研究证实的病例很少，都与在湖水中游泳或洗澡有关。肠道病毒的临床症状非常多样，很多人还会出现频繁的无症状感染，这些因素的存在使得利用流行病学证实肠道病毒的水传播变得非常困难。肠道病毒对消毒的抵抗性很强，在符合处理消毒和常规的生物指示标准的供给饮用水中有检出肠道病毒的报道。因此，对于肠道病毒的杀灭需要加大消毒剂量，或者使用臭氧等更为强效的消毒剂。降低肠道病毒危害风险的根本方法还是做好水源保护，在供水过程中也要注意防止污染。

(2) 轮状病毒（*Rotavirus*）。轮状病毒是球形无包膜的双链RNA病毒，直径大约80nm。因其具有无包膜的正二十面体双层衣壳，呈现出车轮状的外形，故此得名。根据血清学可将轮状病毒分成A～G共7组，A～C组都能感染人类，其中A组是最重要的人类病原体。野生型的轮状病毒A组毒株很难通过细胞培养来繁殖，但是可以采用PCR的方法来检测。

轮状病毒是世界上导致婴儿病死的最重要的单一因素。在全世界范围内，在因急性胃肠炎住院治疗的儿童患者当中大约有50%～60%是由轮状病毒导致的。在非洲、亚洲和拉丁美洲，每年都有上百万的儿童因轮状病毒感染而死亡。轮状病毒感染小肠上皮绒毛细胞，导致钠、葡萄糖的吸收受阻。急性感染的症状是突然发病，发热伴有严重的水泻、腹痛和呕吐；还可能发展成为脱水和代谢性酸中毒。若不及时治疗，则会致死。轮状病毒通过患者的粪便排出，每克粪便中含有的病毒颗粒可高达10^{11}个。粪-口途径是轮状病毒最主要的传播途径，此外吸入含病毒的气溶胶也可导致感染。轮状病毒感染主要发生在秋冬季，在城市废水、湖水、河水、地下水和自来水中都曾发现该病毒。轮状病毒对消毒具有很强的抵抗性，如果供水水源被污染，并且没有经过充分消毒，就很可能导致轮状病毒水传播疾病的暴发。例如在1982～1983年，我国有两次轮状病毒疾病的暴发与受污染的供水有关。

(3) 甲型肝炎病毒（*Hepatitis A Virus*）。甲型肝炎病毒属于小RNA病毒科肝病毒属（*Hepatovirus*）。甲型肝炎病毒的形态结构与肠道病毒相似，无包膜，二十面体立体对称，直径约27nm。甲型肝炎病毒有很强的感染性，能够通过饮食进入胃肠道，并感染肠道的上皮细胞，然后进入血液抵达肝脏，导致严重的肝细胞损伤，即出现甲型肝炎。甲型肝炎的潜伏期相对较长，平均28～30d，然后突然发病，其症状有发热、乏力、恶心、呕吐、腹泻，有时会出现黄疸。由于严重的肝损伤，患者需要休养6周或者更长的时间，对于50岁以上的患者，致死率较高。

甲型肝炎病毒在全世界范围内广泛存在，但其临床疾病的流行却有典型的地域特征。它由感染患者从粪便中排出。现在已经有明确的流行病学证据表明受到粪便污染的食物和水是甲型肝炎病毒的普遍来源。在卫生条件差的地区，儿童在很小的时候就受到感染，产生终生免疫而无临床症状。而在卫生条件好的地区，甲肝病毒感染的患者的年龄则要大一些。美国在1980～1996年间，共爆发了13起由甲肝病毒引起的水传播病，患者412人。1978年，我国宁波市发生一起由食用泥蚶所致的甲肝爆发，35d内发生1265例甲肝病例。1983年和1988年，上海发生两起由于生食被甲肝病毒污染的毛蚶而导致的甲肝大流行，前一次发病人数2万人，后一次发病人数达31万多人。

(4) 戊型肝炎病毒（*Hepatitis E Virus*）。戊型肝炎病毒由一条单链RNA和直径27～34nm的无包膜的正二十面体衣壳构成。它和很多种病毒都有相同的特性，所以对它的分类比较困难。戊型肝炎病毒最初被称为流行性非甲非乙型肝炎病毒，曾经被划分到杯状病毒科，但最近被认为应属于一个独立的病毒科。戊型肝炎病毒可能有抗原变异的迹象，很难通过传统的细胞培养方法来观测研究。戊型肝炎的临床症状与甲型肝炎相似，主要是腹部疼痛、发热、长期没有食欲，但潜伏期更长，平均可达40d。戊型肝炎的患者多是青少年和中年人，死亡率仅为0.1%～1%，但对于孕妇却有高达25%的致死率。从全球范围来看，戊型肝炎病毒感染和发病有明显的地域特征。在某些发展中国家，例如印度、尼泊尔、中亚地区、墨西哥以及非洲地区，该病毒都是引起病毒性肝炎的主要原因；但在日本、南非、英国、北美和南美、澳大利亚和欧洲中部等地，尽管戊型肝炎病毒的血清阳性率很高，但疾病暴发产生临床症状却很少。

戊型肝炎病毒通过粪-口途径传播，患者通过粪便排出病毒，可持续1个月以上。据报道，由水传播导致的戊型肝炎爆发有几千次，在中南美洲、亚洲、非洲、澳大利亚等地区都有戊型肝炎爆发的记录。1954年在印度德里，患者近40000人；1991年在印度坎普尔，有79000人患病；1986～1988年，我国新疆南部地区发生戊型肝炎流行，约12万人发病，700余人死亡，是迄今世界上最大的一次戊型肝炎流行。

(5) 星状病毒（*Astrovirus*）。星状病毒由一条单链RNA和直径28nm的无包膜的正二十面体的衣壳组成，部分病毒颗粒可在电镜下观察到表面清晰的星形结构。目前已经发现八种不同的人类星状病毒血清型，其中星状病毒1型最为常见。星状病毒在全世界都有发现，会引起以腹泻为主要症状的胃肠炎，患者多为五岁以下的儿童，疾病为自限性，持续期短，冬季高发。但对于患有艾滋病的免疫缺陷患者，星状病毒却能造成严重的损伤，且病程的持续时间也较长。星状病毒通过粪-口途径传播，污染的水或食物是重要感染源。该病毒曾在水中被检出过，偶尔和水传播疾病的爆发有关。

(6) 杯状病毒 (*Calicivirus*)。杯状病毒由单链 RNA 和无包膜的衣壳 (35～40nm) 组成。该科包括四个属，其中诺如病毒属 (*Norovirus*) 和札如病毒属 (*Sapovirus*) 对人类致病。诺瓦克病毒 (*Norwalk Viruses*) 是诺如病毒属的原型代表株，最早是从 1968 年在美国诺瓦克市爆发的一次急性腹泻的患者粪便中分离出来的。此后世界各地陆续自胃肠炎患者粪便中分离出多种形态与之相似但抗原性略异的病毒样颗粒。杯状病毒主要能引起各年龄段人群的急性病毒性胃肠炎，症状包括恶心、呕吐和腹部绞痛。大约 40% 的感染者出现腹泻，部分出现发热、寒战、头痛、肌痛症状。由于一部分病例只出现呕吐而无腹泻，这种情况也被叫做"冬季呕吐病"。

杯状病毒通过感染者粪便排出，可存在于日常生活废水和被污染的食物和水中。有很多相关疾病爆发的报道都是与娱乐场所的饮用水，冰及水被污染有关，此外从污染水中捕获的贝类也是传染源之一。

(7) 腺病毒 (*Adenovirus*)。绝大多数水传播病毒的核酸都是 RNA，而腺病毒却不同。它是由一条双链 DNA 链和无包膜的正二十面体衣壳组成，直径大约 80nm。根据腺病毒的理化性质和生物特性，可将其分为 A～F 六个群，共有约 100 个血清型，至少有 47 个血清型可以感染人类。腺病毒可以感染人体的多种器官和组织，产生不同的临床症状，主要包括消化道感染 (胃肠炎)，呼吸道感染 (急性呼吸系统疾病、肺炎、咽结膜热)，尿道感染 (宫颈炎、尿道炎、出血性膀胱炎) 和眼部感染 (流行性角结膜炎)。不同血清型的腺病毒所导致的疾病往往也不相同，例如腺病毒 8 型和 19 型主要导致流行性角结膜炎，而腺病毒 40 型和 41 型则是引起儿童病毒性胃肠炎的第二大病因，发病率仅次于轮状病毒引起的胃肠炎。

腺病毒可以感染消化道、呼吸道、眼结膜、尿道，因此其传播途径也十分多样，主要通过粪-口、口-口、手眼接触以及通过被污染的器具传播。腺病毒对消毒有一定的抵抗性，尤其对紫外线照射。腺病毒可随患者的粪便大量排出，在城市污水处理厂的原污水和初级污泥中往往是含量最高的病毒。

7.2.3 病原性原生动物

原生动物是造成人类感染主要病原体，它们通常个体较大，在不利环境下可以形成包囊或卵囊长期存活于水体之中，对常用的消毒处理具有较强的抵抗性。一些原生动物具有复杂的生活周期或致病机理，人类对其认识还并不是很充分。

(1) 贾第虫 (*Giadia*)。贾第虫是一类带鞭毛的原生动物，基于其宿主的特异性可以分为三类：两栖类贾第虫 (amphibian *Giardia*)、鼠贾第虫 (*Giardia muris*) 和蓝氏贾第虫 (*Giardia lamblia*)。人类的贾第虫病主要是与蓝伯氏贾第虫有关。贾第虫以两种形式存在，一种是能够在肠道中增殖的滋养体 (trophozoite)，另一种是具有感染性的包囊 (cyst)。滋养体呈双侧对称的椭圆体状，带有鞭毛，而包囊呈卵圆形，宽度大约 7.6～9.9μm，长度 10.6～14μm。

贾第虫的包囊具有极强的感染性，健康人摄入不到 10 个包囊就可导致感染。包囊被摄入后，借助胃酸、胰腺分泌物以及 CO_2 脱囊形成滋养体，附着于十二指肠或近端空肠处的肠黏膜表面，营二分裂繁殖，随着上皮细胞脱落混入粪便而被排出体外。贾第虫病通常的症状是腹泻和腹部痉挛，这是由于贾第虫对小肠上皮细胞的黏附作用阻碍了小肠对水分和营养物质的吸收而造成的。患者会感觉腹胀、嗳气，产生恶臭、带油脂的稀粪便。年龄较小的儿童感染有可能出现营养吸收不良的情况。贾第虫病通常是自限性的疾病，在某些人的身上也可能会持续 1 年之久，但也有很多儿童和成人是无症状的感染。有研究表明，幼儿园中大约 20% 的儿童都携带贾第虫，并排泄出包囊，但却无任何症状。

贾第虫能在包括人在内的很多动物体内增殖，并随粪便进入环境中。贾第虫在生活污水中的含量可高达 88000 个/L，在地表水中的含量为 240 个/L。这些包囊能在清洁的水体中存活几周到数月。贾第虫病遍及全世界，被包囊污染的食物和饮用水都是重要的传染源。美国每年的贾第虫相关病例高达 250 万，而全世界每年则有 1 亿例较缓和的贾第虫病和 100 万例严重的贾第虫病。由于贾第虫的包囊较大，采用常规过滤的方法就能有效地去除，但其对氧化性消毒剂、紫外线照射具有较强的抵抗力。例如对氯消毒的抵抗力比肠道细菌更强，在余氯1mg/L时，灭活90%的贾第虫包囊需要大约25～30min。

(2) 隐孢子虫 (*Cryptosporidium*)。隐孢子虫是一种营专性细胞内寄生的球虫，目前已知有20多个种，对人类致病的主要是微小隐孢子虫 (*Cryptosporidium parvum*)。卵囊 (Oosyst) 是隐孢子虫复杂生活周期中的一个存在阶段，也是它传播的主要形式，其直径为4～6μm。

隐孢子虫的生活周期可分为裂体增殖、配子生殖和孢子生殖三个阶段。当卵囊被宿主吞食后，在消化液的作用下卵囊中的子孢子被释放出来，先附着于肠黏膜的上皮细胞，然后侵入其中，通过无性繁殖发育成为Ⅰ型裂殖体。成熟的Ⅰ型裂殖体含有8个第一代裂殖子，裂殖子被释出后侵入其他肠黏膜上皮细胞，发育为Ⅱ型裂殖体。成熟的Ⅱ型裂殖体含4个第二代裂殖子，被释出后侵入未感染的肠黏膜肠上皮细胞，发育成为雌、雄配子母细胞。雌、雄配子母细胞分别形成雌配子和雄配子，然后结合形成合子，合子发育为卵囊。子孢子可以在卵囊中逐渐产生。卵囊有薄壁和厚壁两种类型，其中薄壁卵囊数量约占20%，容易破裂，其子孢子逸出后直接侵入宿主肠上皮细胞，继续无性繁殖，造成宿主自身体内重复感染；而厚壁卵囊数量约占80%，具有厚且坚硬的外壁，从细胞表面脱落后即可随宿主粪便排出体外。由此可见，隐孢子虫的生活史是比较复杂的，一个完整的周期大约需要5～11d。

人类和大部分动物都是隐孢子虫的易感宿主，因此隐孢子虫病是一种人畜共患病。患者的主要症状是腹泻，有时可伴有恶心、呕吐和发热。一般患者通常可在一周内痊愈，也有持续1个月以上的情况，但对于免疫低下的人群（例如艾滋病患者），隐孢子虫病则可能危及生命。

大量的隐孢子虫卵囊可随人类和牲畜的粪便排到水环境中，例如牛每天可排泄出10^{10}个卵囊。一项在日本的调查发现，47%的水源水都含有隐孢子虫，甚至在饮用水中也有检出。隐孢子虫通过粪-口途径传播，被污染的饮用水和食物等都与水传播隐孢子虫病的爆发有关。1993年，在美国密尔沃基市，由于供应的饮用水被污染，爆发了有记录以来最大的一次隐孢子虫病，超过400000人被感染，至少50人死亡，造成的经济损失高达9620万美元。

隐孢子虫与贾第虫是水传播疾病中最主要的两类原生动物，经常被称为“两虫”。与贾第虫相比，隐孢子虫的卵囊也同样具有很强的感染性，也能够在清洁的水体中存活数周，而且对消毒剂的抵抗力更强，能够耐受常规的氯消毒处理，需加大余氯量或者使用臭氧、二氧化氯等消毒剂才能有效杀灭卵囊。此外，由于卵囊尺寸较小，传统的颗粒状介质过滤很难有效地去除，采用膜过滤方法是比较好的选择。

(3) 棘阿米巴 (*Acanthamoeba*)。棘阿米巴属是一类自由生活的变形虫，直径10～50μm，在水环境中和土壤中很常见。该属包括20个种，其中主要是卡氏棘阿米巴 (*Acanthamoeba castellanii*)、卡伯特森氏棘阿米巴 (*Acanthamoeba culbertsoni*) 和多食棘阿米巴 (*Acanthamoeba polyphaga*) 对人类有致病作用。棘阿米巴入侵人体的途径尚不完全清楚，目前已知它能够从皮肤伤口、损伤的眼结膜或角膜、呼吸道、生殖道等进入人体，大多数寄生于脑、眼、皮肤等部位，从而导致疾病。

棘阿米巴有滋养体和包囊两种存在形式。滋养体呈长椭圆形，直径为15～45μm，依靠从表面伸出的棘状伪足来移动和捕食。当环境条件不适宜时，滋养体变小，分泌生成厚的双层囊壁，形成直径10～25μm的包囊。包囊对外界环境的抵抗力极强，对一般抗菌药物、氯化物、化学消毒剂等均不敏感，能够在自然环境下生存数年。

卡氏棘阿米巴和多食棘阿米巴则会引起棘阿米巴性角膜炎和棘阿米巴性葡萄膜炎。棘阿米巴性角膜炎的症状主要表现是：眼睛红肿疼痛、多泪、视力模糊、对光敏感。佩戴隐形眼镜的人群罹患该疾病的风险较大，严重患者会出现永久性的失明以及眼球摘除。卡伯特森氏棘阿米巴可导致肉芽肿性阿米巴脑炎，这是一种致死性的脑部疾病，通常仅见于身体虚弱的患者和免疫力低下的患者。症状包括剧烈头痛、颈部僵直、恶心、呕吐、思维混乱、精神状态改变、复视、瘫痪、嗜睡、癫痫和昏迷等，患者在第一次症状出现一周到一年的时间内，都可能死亡。

棘阿米巴在自然环境中广泛存在，使得土壤、空气中的灰尘和水体都成为潜在的传染源。在地表水、自来水、游泳池水中，都可发现棘阿米巴。棘阿米巴能够在较大的温度范围内生存，滋养体可在水体中存在和繁殖，以细菌、酵母菌和其他微生物为食。对于致病性的棘阿米巴最佳的存活温度是30℃，因此发生在热带地区的感染最为常见。使用被污染了的自来水清洗隐形眼镜，或者在受污染的水中游泳都可能罹患棘阿米巴性角膜炎。棘阿米巴相对较大，可以使用过滤的方式从水中去除。棘阿米巴对消毒有较强的抵抗力，但在供水系统中可以通过清除生物膜来减少棘阿米巴的食物来源，从而控制其生长。

(4) 溶组织内阿米巴（*Entamoeba histolytica*）。溶组织内阿米巴是最常见的病原性肠道原生动物之一，其的生活周期也分为滋养体期和包囊期。滋养体直径为10～60μm，能够运动和复制，而包囊的直径约为10～20μm，具有感染性。

当包囊被摄入人体后，囊内的虫体会慢慢脱囊而出，发育成滋养体附着在肠黏膜细胞上进行捕食和增殖，生成的新包囊会随着宿主的粪便排出体外。溶组织内阿米巴导致的临床症状是由于阿米巴滋养体穿透了肠道上皮细胞所引起的，大约有10%的患者会出现痢疾或者结肠炎。溶组织内阿米巴还可以侵犯人体其他部位，如肝、肺和脑，这有时是致命性的。急性肠道阿米巴病的潜伏期大约为1～14周，大约有85%～95%的人感染溶组织内阿米巴后并无症状。

人类是溶组织内阿米巴的宿主。在感染的急性期，病人只排泄出没有感染性的滋养体。而慢性和无症状的携带者的粪便含有感染性的包囊则是更为重要的传染源，每天可排出多达1.5×10^7个包囊。溶组织内阿米巴在污水中和被污染的水体中都存在，相关的水传播疾病在热带地区出现较多，那些地区的携带者有时可超过50%，而其他地区的携带者却少于10%。人与人接触、饮用被粪便污染了的水体以及食用污染水灌溉的农作物都是溶组织内阿米巴的传播方式。

(5) 福氏纳格里虫（*Naegleria fowleri*）。纳格里虫是一类在水环境中广泛分布的自由生活的变形鞭毛虫。纳格里虫有三种存在形态：滋养体，鞭毛虫和包囊。滋养体是纳格里虫的主要存在形态，外形与阿米巴虫相似，大小约为10～20μm，通过伪足运动，以捕食细菌为生。滋养体可以进行二分裂繁殖，在水温超过35℃时，会转变成带有两个前鞭毛的鞭毛虫。在不利条件下，滋养体可转化成直径约7～15μm的包囊。

纳格里虫有很多种，其中福氏纳格里虫是导致人类感染最主要的种类。它能够侵入人体的鼻黏膜，在鼻内增殖后沿嗅神经上行，穿过筛状板进入颅内增殖，引起脑组织损伤，即原发性阿米巴脑膜脑炎。这种疾病十分凶险，患者首先出现突发高热，单颞侧或双侧头痛并伴有恶心呕吐，1～2d后出现脑水肿症状，随后即出现瘫痪、谵妄、昏迷，病人通常在5～10d内死亡。这种疾病尚无有效的治疗方法，绝大多数患者的生存希望十分渺茫。第一例阿米巴性脑膜炎于1965年在澳大利亚和佛罗里达被确诊，至今全世界大约有200例。尽管感染很少见，但几乎每年都有新的病例出现。

福氏纳格里虫广泛分布于湖泊、水库、温泉、游泳池中，它们有嗜热的特性，可在45℃的温度下生长。与福氏纳格里虫有关的感染几乎都是由于鼻腔暴露于污染的水中而引起的。在炎热的夏季发病率最高，此时水温适合这种微生物生长，也正是很多人参加水中娱乐活动的时候。在供水系统中应注意对福氏纳格里虫的控制，尤其是温度较高的环境中，在水中保持0.5mg/L以上的余氯量，及时清除生物膜，都可以限制其生长。

(6) 卡宴环孢子虫（*Cyclospora cayetanensis*）。环孢子虫是一种专性细胞内寄生的单细胞球虫，属于艾美虫科（Eimeriidae）。它对人类的致病性直到20世纪90年代之后才最终被确认，是一种新型的水传播疾病病原体。目前已报道的环孢子虫19种，宿主范围十分宽广，但只有卡宴环孢子虫能够感染人类。环孢子虫可形成直径8～10μm的厚壁卵囊，随粪便排出体外。卵囊必须要孢子化才具有感染性。根据环境条件，这一过程可在7～12d内完成。当孢子化的卵囊被宿主摄入后，即可释放出子孢子，寄生于小肠上皮细胞中。环孢子虫病的症状包括水样腹泻、腹部痉挛、体重下降、厌食、全身无力和偶尔的呕吐或发热，病程持续9～11周，且经常反复发作。

环孢子虫通过粪-口途径传播，由于卵囊的孢子化过程需要在体外环境下完成，因此人与人直接传播从理论上来说是不可能的，最主要的暴露途径是被污染了的水和食物。环孢子虫感染呈明显季节性，多在温暖湿润的雨季暴发。20世纪90年代之前，环孢子虫病一直被认为是海地、尼泊尔、秘鲁等地区旅游者所特有的寄生虫病，但随着研究的深入，在世界各国都不断有环孢子虫病的报道出现。我国是在1995年福建福清县出现了首个环孢子虫病例，此后在南京、西安、温州等地均有病例报道。据美国疾病预防控制中心估计，世界范围内每年将会有16264个环孢子虫感染病例，实际感染人数可能是其38倍之多。环孢子虫卵囊在紫外线照射下卵囊能够自发荧光，这为其检测提供了便利。

(7) 等孢球虫（*Isopora*）。等孢球虫是一种球形单细胞的寄生性原生动物，与隐孢子虫和环孢子虫有亲缘关系。感染人类的等孢球虫有贝氏等孢球虫（*Isospora belli*）和纳氏等孢球虫（*Isospora natalensis*）两种，但后者感染极其罕见。

等孢球虫的生活史以及引起的疾病与环孢子虫的很相似，也是通过孢子化的卵囊感染人体，受到粪便污染的食物和水是最主要的感染源。疾病的主要症状是腹痛、腹泻，通常可在1～2周内恢复。但对于免疫力低下的患者可能会转为慢性病，导致吸收不良和体重下降。全世界范围内都有等孢球虫感染的报道，但热带和亚热带地区更为常见。

(8) 微孢子虫（*Microsporidia*）。微孢子虫是非分类术语，泛指属于微孢子目的寄生性原生动物，已知的有100多个属，大约1000个种，宿主几乎涵盖了所有主要的动物种类。至少有5个属与人类有关，分别是匹里虫属（*Pleistophora*）、小孢子虫属（*Nosema*）、脑炎微孢子虫属（*Encephalitozoon*）、肠上皮细胞微孢子虫属（*Enterocytozoon*）和微孢子虫属（*Microsporidium*）。

微孢子虫的成熟孢子为卵圆形，其大小约为（0.8～1μm）×（1.2～1.6μm），它可以通过螺旋形极丝将具有感染性的孢子质注入宿主细胞而导致其感染。在被感染的细胞中发生复杂的增殖过程，产生的新孢子可以从粪便、尿液、呼吸道分泌物和其他体液中排出。微孢子虫可以感染人体多种器官和组织，包括肠道、眼睛、肝脏、肾脏、心脏以及中枢神经系统，艾滋病患者是主要易感人群，慢性腹泻、脱水和体重下降是最常见的症状。

7.2.4 蠕虫

蠕虫（helminth）泛指那些依靠身体的肌肉收缩而做蠕形运动的多细胞无脊椎动物。从生物分类学上看，蠕虫主要归属于线形动物门、扁形动物门和棘头动物门。蠕虫寄生在宿主体内可导致蠕虫病，根据寄生部位、蠕虫数量、寄生时间以及宿主免疫机制的不同，有多种多样的临床症状。蠕虫在全世界范围内都有分布，很多都是以人类和高等动物为宿主。蠕虫病在气候温暖、潮湿及卫生条件差的地区特别容易传播流行，对人类及动物造成很大危害。尽管很多蠕虫的成虫个体都比较大，但其所产的卵却十分微小，能够顺利地通过粪-口途径传播，自然水体和饮用水在其中起到了重要作用。能够感染人类的蠕虫有250多种，主要有线虫、吸虫、绦虫以及棘头虫等，这里着重介绍两种与水传播密切相关的典型蠕虫：血吸虫和麦地那龙线虫。

(1) 血吸虫（Schistosoma）。血吸虫也称裂体吸虫，是一类寄生在宿主静脉中的扁形动物。血吸虫能够感染大多数脊椎动物，对人类危害较大的主要是日本血吸虫、曼氏血吸虫和埃及血吸虫。血吸虫分布于亚洲、非洲及拉丁美洲的76个国家和地区，估计有5亿～6亿人口受威胁，患病人数达2亿，每年可造成上百万人死亡。在我国长江流域及其以南地区主要流行的是日本血吸虫。

血吸虫的生活周期可以分为成虫、虫卵、毛蚴、母胞蚴、子胞蚴、尾蚴及童虫七个阶段。成虫产出的虫卵随血流进入肝脏，部分随粪便排出进入自然水体。虫卵在水中孵化成毛蚴，毛蚴钻入钉螺体内发育成母胞蚴、子胞蚴，直至尾蚴。尾蚴从螺体释放到水中，一旦遇到人和哺乳动物，即钻入皮肤变为童虫，然后进入静脉或淋巴管，移行至肠系膜静脉中寄生发育为成虫。成虫排出的大量虫卵，会沉着在宿主的肝及结肠肠壁上，引起肉芽肿和纤维化病变等一系列疾病。由此可见，血吸虫对宿主的感染方式与之前提到的肾脏钩端螺旋体有相似之处，但是侵袭力更强。研究表明，血吸虫的尾蚴能够在10s之内穿过正常的皮肤进入人体。

水环境在血吸虫的生长和传播过程中起到了重要作用，虫卵的孵化离不开水体，毛蚴也必须寄生在钉螺体内才能发育成尾蚴，而钉螺的生存环境也离不开水田和湖沼。通过切断血吸虫的生活周期链，即消灭其寄生宿主钉螺，可以有效地控制血吸虫病的流行。

(2) 麦地那龙线虫（Dracunculus medinensis）。麦地那龙线虫是一种线形原生动物，成虫形似一根粗白线，前端钝圆，体表密布纤细环纹。雌虫长约60～120cm，宽约0.9～2.0mm，雄虫长约12～40mm，宽约0.4mm，幼虫很小，大约为636μm×8.9μm。麦地那龙线虫能够寄生于人类和多种哺乳动物体内，主要感染宿主的四肢，引起运动功能障碍，甚至残疾。

麦地那龙线虫是通过饮用水传播的最典型的病原性蠕虫。感染了该虫的患者足部或下肢会出现水疱或溃疡，当此部位与水接触时，就会有大量幼虫被释放出来。幼虫在水中能够存活大约3d，在此期间可被剑水蚤吞食。幼虫在剑水蚤体内发育成为具有感染性的尾蚴。如果饮用了含有这种剑水蚤的水，麦地那龙线虫的尾蚴就会在胃中释放出来，穿过小肠和腹壁，寄生于深部结缔组织发育为成虫并交配。受精后的雌虫游走到宿主的四肢或背部的皮下组织，通过形成皮肤溃疡来产出幼虫。剑水蚤是麦地那龙线虫的主要中间宿主，有研究表明还可能存在其他中间宿主，例如蝌蚪、青蛙以及泥鳅等。

麦地那龙线虫病主要发生在缺乏安全水源的贫困农村地区，消灭剑水蚤、防止感染者接触水源是主要的控制措施。在世界各国的共同努力下，根除麦地那龙线虫病的全球运动近年来取得了重要进展，病例数从20世纪80年代早期的350多万例下降到2011年的1058例，降低了99.9%以上。1995年WHO成立了根除麦地那龙线虫病国际认证委员，已经有189个国家被认证为无麦地那龙线虫病国家。截止到2011年，只有乍得、埃塞俄比亚、马里和南苏丹还有病例出现。随着各国的不懈努力，相信在不久的将来，麦地那龙线虫病将成为在全世界范围内首个被根除的人类寄生虫病。

7.2.5 蓝绿藻

蓝绿藻（Blue-Green Algae）是一大类能够进行光合作用的原始藻类的统称。蓝绿藻的细胞壁含肽聚糖，没有完整的细胞核，也可以进行二分裂繁殖，这些特点与细菌相似，因此它们也常被称为蓝细菌（*Cyanobacteria*）。

蓝绿藻是地球上最原始的生命之一，大约出现在距今35亿年前。它们体内含有叶绿素a、叶黄素、胡萝卜素以及藻胆素等色素，色素种类和比例的不同决定了其外观颜色。除了蓝绿色之外，还有棕黄色和红色的蓝绿藻。蓝绿藻广泛分布于淡水、海水、土壤环境中，大约有四分之三的蓝绿藻是在淡水中生活。在水中的藻体形式有单细胞体、多细胞聚集体和丝状体，有些种属漂浮在水面上，形成“水华”，还有些则生长于水体中部或底部。蓝绿藻的生长受环境因素的影响很大，水体中营养物质含量的增加、温暖的气候、缓慢的水流、适宜的日照都能够促进其生长。

与其他病原微生物明显不同的是，蓝绿藻对人类的致病作用是通过释放出的藻毒素来实现的，其细胞本身并不会在人体内生长繁殖，因此蓝绿藻所导致的疾病并没有传染性。有很多蓝绿藻能够产生藻毒素，如鱼腥藻、束丝藻、胶刺藻、节球藻、微囊藻、颤藻和鞘丝藻等。藻毒素是一类大分子有机物，其来源、结构和毒性各有不同（表7-1）。饮用含有藻毒素的水或者在爆发水华的水中游泳都可引起中毒。急性中毒的症状主要有胃肠功能紊乱、呕吐、发热、皮肤和呼吸道刺激等，而长期摄入藻毒素则会引起肝损伤甚至肝癌，例如微囊藻毒素已经被确认为毒性很强的肝癌促进剂。

表7-1 藻毒素的种类、来源和毒性

藻毒素类型	主要来源	毒　性
鱼腥藻毒素-a	鱼腥藻，束丝藻，微囊藻	神经毒素，神经肌肉阻断因子
鱼腥藻毒素-a(s)	水华鱼腥藻	神经毒素，强烈抑制乙酰胆碱酶
微囊藻毒素	微囊藻，念珠藻，颤藻	肝毒素，抑制蛋白磷酸酶
节球藻毒素	节球藻	肝毒素，抑制蛋白磷酸酶
柱孢藻毒素	柱孢藻，弯型尖头藻	损伤DNA，诱导细胞凋亡
石房蛤毒素	束丝藻，柱孢藻，鞘丝藻	麻痹性贝类毒素，阻断钠离子通道
短裸甲藻毒素	短裸甲藻	神经贝类毒素，阻断钠离子通道
脂多糖内毒素	裂须藻，微囊藻，颤藻	诱发全身炎症和肝脏损伤

7.3 水中病原微生物的存活、分布和传播

7.3.1 病原微生物在水中存活的影响因素

自然水环境中的病原微生物大多数都是随人畜排泄物流入的外源微生物，只有少数是水体或土壤中的土著微生物。土著微生物在水中可以长期存活并繁殖，但很多都是条件致病菌，对普通人群的危害较小。随粪便、尿液进入水体的病原微生物往往具有很强的致病性，但它们只能在宿主体内生长繁殖。因此，尽管随粪便进入到水体中的病原微生物数量极多，但它们终究无法在外界水环境中增殖，其总数量会随时间延长而逐渐减少。由于不同病原微生物的生理特性差异很大，所处的水环境情况也会有差别，这些都影响到它们在水中存活的时间。总的来说，病原微生物在水中存活的影响因素有很多种，可以将其归纳为物理因素、化学因素以及生物因素。

7.3.1.1 物理因素

(1) 温度。温度是影响病原微生物存活最主要的物理因素。大多数病原微生物适宜的存活温度是20～30℃。温度较高的水体通常不利于病原微生物的存活。例如甲型副伤寒沙门菌在27℃以下海水中可存活3～5d，而在27℃以上的海水中仅能存活1～2d。志贺菌在13℃的海水中可生存25d，而水温达到37℃时则仅可生存4d。病毒在温度较高的水体中也不易存活，因为水温并未高到使病毒蛋白质衣壳变性的程度，因此病毒的灭活更有可能是由于水温升高加快溶解氧氧化速率，减小病毒对悬浮物的吸附能力而导致的。只有极少数的病原微生物有嗜热的特性，例如福氏纳格里虫可在45℃下生长，军团菌能够在50℃以内的水体中增殖。

当水温很低时，病原菌通常会进入一种休眠状态，能够延长其在水中的存活时间。有研究发现志贺菌在冰冻的河流中竟可以生存47d之久。病毒对低温有极强的耐受能力，即使在－80℃的环境中，病毒也不会被灭活。因此，低温水体对病毒的存活没有任何影响。

(2) 光照。日光对于大多数病原微生物都有杀灭作用，但适宜的光照却能促进蓝绿藻的生长。日光对微生物灭活作用主要是依靠其中的紫外线，紫外线照射能够促使胸腺嘧啶形成二聚体，尿嘧啶发生水合作用，使DNA分子内部和分子间发生交联，阻碍分子的解链和复制。蛋白质暴露与紫外线下也会发生不可逆的变性。

与细菌和原生动物相比，病毒的结构十分简单，日光中的紫外辐射对其灭活作用也更为显著。海水中的脊髓灰质炎病毒在阳光照射的情况下24h后有99.9%被灭活，而在黑暗情况下的灭活率仅为90%。有研究表明，日光对病毒的灭活可能是通过直接和间接两种途径来进行的。前者是紫外光被蛋白质和核酸吸收，直接导致蛋白质结构改变和核酸裂解而使病毒灭活；后者则是通过阳光照射水体中的一些分子形成活性氧化剂来间接灭活病毒。一些原生动物和病原菌能够形成厚壁卵囊或芽孢，对紫外辐射具有较强的抵抗力，仅依靠日光难以有效杀灭。因此在实际的水处理工程中，更多的是采用可以控制剂量的人工紫外辐射来进行消毒杀菌。

(3) 悬浮颗粒物。水中的悬浮颗粒物往往是病原微生物吸附和聚集的对象，这一行为可以延长它们在水体中的存活时间。这些悬浮颗粒物还会削弱消毒剂对病原微生物的杀灭作用。此外，人们发现水体的浊度与病原微生物浓度之间具有一定联系。浊度较高的水中通常也会有较多的病原微生物。例如密尔沃基市大规模水传播疾病的爆发是由于暴雨径流携带病原微生物污染了饮用水水源所导致的，当时自来水厂的原水浊度有明显升高的情况。还有一些研究者采集水源水进行了定量分析，结果表明贾第虫和隐孢子虫的浓度与水体浊度呈正相关。

(4) 静水压力。高压环境不仅能够使微生物细胞体积形态和细胞组分发生变化，还可以使微生物的基因表达和核酸结构及其生物学功能发生改变。大多数细菌在100MPa以上的静水压力下都会迅速死亡，但仍有极少数细菌能够耐受这种环境而存活下来。因此，高压环境不仅能够用来进行牛奶等食品的灭菌，也可以作为环境胁迫因子用来诱导筛选耐压突变菌株。

病原微生物基本上都无法耐受高压环境，因此它们很少能够深层承压地下水中生存。病毒在

高静水压力环境中，其衣壳蛋白亚甲基会发生解离和聚合，造成结构上的改变，从而使病毒失去原有的感染力，但仍可保持免疫原性。Silva 等人在 1992 年研究水疱性口炎病毒时首先发现了这一现象，随后其他研究者发现轮状病毒、人类免疫缺陷病毒、口蹄疫病毒的感染性也会在高压环境下迅速降低，而病毒的整体结构并未发生明显变化。采用高静水压灭活病毒制备疫苗有可能成为一种有效的新技术。

7.3.1.2 化学因素

(1) pH 值。水体的 pH 值对于病原微生物的存活有重要影响，这主要是通过改变其表面蛋白质所带的电荷来实现的。蛋白质是细菌和病毒表面重要的组成成分，它具有两性电离的特点，因此决定了各种细菌和病毒都有特定的等电点。大多数细菌的等电点为 2～5，水传播疾病病毒的等电点也大都在 6 以下。病原微生物所带的电荷与其悬浮介质的 pH 值有很大关系，当悬浮介质的 pH 值在等电点以上时，病原微生物就带负电，反之则带正电。天然水的 pH 值一般在 7.2～8.5 之间，因此在外界水环境中病原微生物基本上都带负电荷。细菌和病毒的体积十分微小，静电力对其吸附、凝聚和沉淀有着重要作用，如果水环境的 pH 值发生变化，就会改变病原微生物的吸附、聚集和迁移能力，从而影响其存活。此外，pH 值的变化还能够使病毒衣壳蛋白的构型发生改变，影响病毒的感染性以及对某些蛋白水解酶的敏感性，从而直接灭活病毒。

(2) 溶解氧。水中的病原菌基本上都是好氧或兼性厌氧的，只有空肠弯曲杆菌是个例外，它属于微需氧菌，在氧含量超过 5%的环境中就会很快死亡。目前并没有证据表明水中的溶解氧会对病原菌存活有直接的影响，但有研究证实了水中的溶解氧可以灭活病毒。

溶解氧对病原微生物存活的影响更多地体现在间接作用上，溶解氧量的增加可以加速有机物的分解，促进水中土著微生物群落的活性，在一定程度上抑制外源微生物的生长。由于大多数病原微生物总是与人畜排泄物相伴的，这些有机物会消耗掉水中大量的溶解氧，因此在含有大量病原微生物的污水中溶解氧量也通常很低，但这并不意味着在高溶解氧量的水中就不含病原微生物。

(3) 金属离子。金属离子的种类繁多，其中钠、钾、镁、钙是所有微生物生长所必需的，它们在酶的催化、蛋白质形成、分子转运、渗透压控制等方面都发挥着重要作用。很多微生物在维持其代谢过程中通常还需要铁、铜、锰、锌、钴、钼、钒、镍、钨中的一种或多种元素。虽然这些元素对于微生物的生长和代谢是必不可少的，但如果浓度过高也会显示出毒性。还有一些重金属元素（如汞、铅、铬、镉等）并没有基本的生物功能，但有很强的毒性，并且会被微生物吸收和积累，能够对微生物造成多方面的损害。金属离子带有正电荷，可以通过静电力很容易的与带负电的微生物表面结合，这在微生物的吸附和凝聚过程中也起到了重要作用。

水中金属离子对病毒存活的影响十分复杂，不仅与金属离子的种类、浓度有关，有时还与病毒的种类有密切关系。普遍认为病毒在盐水中比在蒸馏水中灭活更快，甚至还存在最佳灭活的盐浓度。还有研究表明，Mg^{2+} 和 Ca^{2+} 对无包膜的 RNA 病毒起热稳定作用，而其他病毒在 1mol/L 的 Mg^{2+} 溶液中 50℃就被迅速灭活。

(4) 有机物。天然水体中的有机物主要是腐殖酸类物质，以及生物的代谢产物及残骸，但由于化学合成工业的发展和人类活动的加剧，污水和废水中的有机物种类却极其繁多。有些有机物具有较好的生物可利用性，它们的存在为病原微生物提供了营养物质，延长了其在水中的存活的时间。还有些有机物能够直接与病原微生物进行相互作用。例如表面活性剂能够改变某些病毒的脂质包膜，还能够与衣壳蛋白质结合。此外，一些复杂有机物（例如腐殖酸类）具有大量的官能团，能够与金属离子、无机悬浮颗粒物以及微生物表面之间进行复杂的作用。

(5) 氧化剂。氧化剂主要包括氯、二氧化氯、氯胺、次氯酸盐以及臭氧等。它们通过强烈的氧化作用来杀灭病原微生物。这些氧化剂基本上都是人工制取的，在天然水体中并不存在。不同种类的病原微生物对氧化剂的抵抗力有很大差别，例如采用氯消毒灭活 99.9%的细菌，氯剂量 ($C_R t$) 大约为 0.4～0.6mg·min/L；而要灭活同样比例的病毒，则需要 1～4mg·min/L；对于原生动物则需要 60mg·min/L 以上。

7.3.1.3 生物因素

很多研究都证实了病原微生物在灭菌水中的存活时间比在天然水体中的长。当自然水体中的某些微生物大量繁殖时，肠病毒的数量会迅速下降。在其他条件都相同的情况下，脊髓灰质炎病毒Ⅰ型和柯萨奇病毒 A6 型在天然湖水中比在灭菌的湖水中灭活得更快。病毒在海水中会很快失活，但如果将海水加热处理或者经 0.22μm 滤膜过滤之后，病毒就可以在其中保持较长时间的活性。这些都说明了在天然水体中存在一些抵抗外源微生物的细菌、藻类等土著微生物，正是它们对外源微生物产生的拮抗作用加速病原微生物的衰亡。目前对于微生物拮抗的作用机制还不是很明确，大概与土著微生物的某些代谢产物有关。例如铜绿假单胞菌可以产生一种相对分子质量大约为 1500 的酶来灭活柯萨奇病毒 A9 型。

7.3.2 病原微生物在水环境中的分布

病原微生物在自然水环境中的分布极广，在沟渠、池塘、河、湖、海洋以及地下水中都可以发现它们的踪迹。病原微生物大都与人畜的排泄物相关，生活污水和畜牧养殖场废水是水中病原微生物的主要来源。污水中病原微生物的种类和数量并不是固定不变的，不同国家和地区的污水在这些方面的差异可能非常大，这主要是与社会发展水平、生活习惯、医疗卫生条件等因素有关。图 7-1 显示了未经处理的原污水中主要微生物的浓度范围。

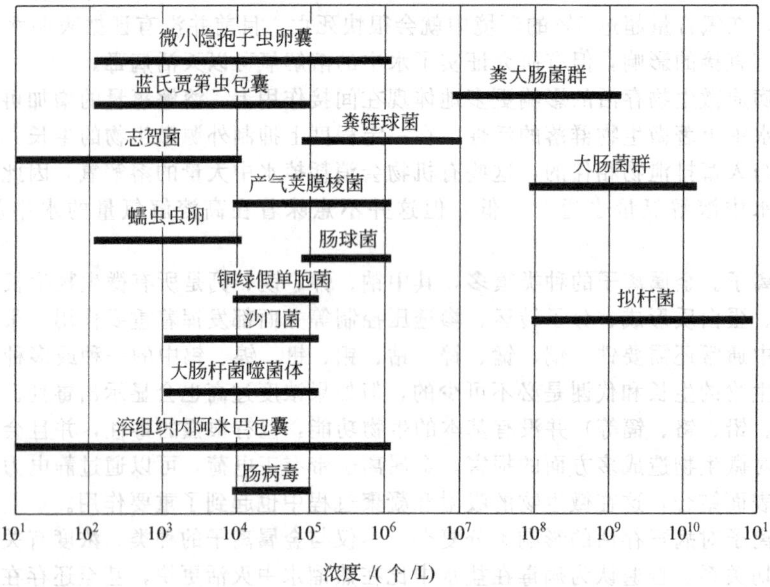

图 7-1 污水中主要微生物的浓度范围

由于自然水循环径流现象的存在，溪流、河湖等各种地表水与地下水之间有着千丝万缕的联系。微小的病原微生物不仅可以在水中对流、扩散，而且很容易随水流而迁移，导致更大范围的水体污染。

(1) 污水中的病原微生物。粪便直接进入污水系统，造成原污水中的病原微生物含量相当高。沙门菌是污水中最常见的病原菌，美国的污水中的沙门菌浓度为 10^3～10^5CFU/L，而在某些发展中国家，污水中沙门菌的含量竟高达 10^{10}CFU/L。在传染病医院、综合性医院和专科医院的未处理污水中均可检出沙门菌和志贺菌。污水中病毒的种类和含量与当地社会经济水平、生活卫生条件、疾病流行情况和病例数、带毒者数量以及疫苗的使用等情况有关，未经处理的原污水中病毒含量可高达 10^5PFU/L。

尽管目前很多城市都设置了污水处理厂，对污水进行二级处理之后再排放到邻近的水体中。但二级出水中的病原微生物的种类和数量都十分可观。有研究表明，城市污水处理厂的二级出水中肠道病毒、沙门菌、大肠埃希菌的浓度都服从对数正态分布规律。

(2) 地表水中的病原微生物。各类地表水直接或间接的接纳大量的污水和废物，不可避免地受到病原微生物的污染。据资料表明，在取自美国菲尼克斯的地表水样品中，9.4%的样品贾第虫呈阳性。南非河流中总大肠菌、粪大肠菌、粪球菌等超标严重，在一些水体中还分离到了沙门菌、志贺菌以及霍乱弧菌等病原菌。病毒的分布更为广泛，在世界各地的河流和湖泊中几乎都检出了病毒，例如英国泰晤士河的病毒阳性率在46%～56%之间，病毒浓度为4～22PFU/L，法国塞纳河的病毒阳性率为24%、浓度为0.3～173PFU/L，德国鲁尔河、约旦河和美国伊利诺斯河的病毒阳性率分别为26%、9%和27%。我国长江武汉段水中的病毒浓度为$1.2\times10^2\sim1.7\times10^3$PFU/L，且夏秋季病毒量较多。

(3) 饮用水中的病原微生物。许多研究表明，常用的水处理工艺并不能有效地去除水中的肠病毒和一些原生动物，这种状况在本来源水污染严重且饮用水处理技术相对落后的发展中国家则更为普遍和严重。随着检测技术的提高，在经过处理的饮用水中发现病毒的报道也不断出现。以色列、印度、墨西哥、美国、加拿大、韩国、芬兰等国家都从处理过的饮用水中分离到了肠病毒。

(4) 海水和地下水中的病原体。由于受到陆源排放废水的污染，海水也受到一定程度的病原性污染，尤其在近海区域病毒的含量相对较高，这对于水产养殖以及海滨娱乐都会造成一定的影响。地下水的病原体污染主要来自于人类的活动，虽然土壤中固有的病原菌会随着雨水渗透而进入地下水层造成污染，但这和由于化粪池沥出液、污水渗漏所造成的地下水病原体污染相比是微不足道的。病毒能够穿透土壤并通过蓄水层横向移动，因此在远离污染源的地方也可以检测出病毒。

7.3.3 水中病原微生物的传播及控制

由于水和人类的生活息息相关，病原微生物可以通过水流进行大范围的传播扩散，从而导致大规模的疾病爆发。正确认识病原微生物在水中的传播途径和规律对于控制水传播疾病具有重要的意义。

病原微生物通过水传播并导致人群爆发疾病必须具备以下三个条件：(1) 水中有一定浓度的病原微生物；(2) 人体与受到污染的水接触；(3) 病原微生物进入人体中存活并繁殖，导致感染发病。条件 (1) 的满足主要涉及两个方面：首先是水体受到病原微生物的污染，污水的排放是主要的污染来源；其次，病原微生物要能够在水体中生存繁殖。对于大多数水体而言，病原微生物都是外源物种，它们很难像土著微生物一样很好地适应陌生的水环境。微生物之间的拮抗作用，以及水体的自净作用，会加速外源微生物的消亡。通常情况下，病原微生物不可能在自然水体中长期大量存活，这就在很大程度上降低了水传播疾病发生的可能。由于在生产、生活的方方面面，人类都离不开水，因此条件 (2) 是比较容易满足的。从疾病预防和控制的角度上来看，这给水处理工作者提出了严格的要求：必须对供水中的病原微生物进行有效的杀灭。最常见的措施就是消毒，这不仅是饮用水处理中必不可少的步骤，而且在污水处理排放中也广泛应用。条件 (3) 是十分复杂的，涉及微生物的感染剂量和人体的免疫情况。早期的研究认为摄入的病原微生物必须达到一定的数量才能感染人类，而在此水平以下的微生物即便被摄入也不存在风险。然而，随着微生物定量风险评价（Quantitative Microbial Risk Assessment，QMRA）研究的深入，这种“最小感染剂量”的观点被“单击理论（single-hit theroy）”所替代，该理论认为只要有病原微生物被人体摄入，就存在感染的风险。也就是说即使摄入一个微生物也能会患病，尽管这种情况发生的概率很低。依据单击理论，可以将病原微生物暴露分析、剂量反应关系等方面有机契合，对病原微生物带来的健康风险进行定量评价。人体的免疫机能和疾病的发生密不可分。人体的免疫机能的影响因素有很多，包括年龄、性别、生活习惯等，而且在个体上还存在一定的差异。这就意味着在同样感染剂量的条件下，有些人会产生严重的症状，而有些人却不会发病。例如，铜绿假单胞菌、白假丝酵母菌等条件致病菌对正常人不会构成威胁，但对于免疫缺陷患者却是致命的。由于免疫机能差异性的存在，使准确评价对于一个复杂人群的微生物感染风险变得愈加困难。

大多数病原微生物都是随着人畜粪便排泄到水环境中的，它们喜好富含有机物的污水，能够在其中大量繁殖，即使在缺乏营养的条件下，它们也能够存活一段时间。当人类饮用了含有这些病原微生物的水，它们就会通过消化道进入人体，感染小肠上皮黏膜细胞，然后增殖、产生毒素，导致腹泻、痢疾等多种疾病。这些微生物的感染途径是与肠道有关，因此它们也常被称为肠道病原微生物。典型的肠道病原微生物有沙门菌、致病性大肠埃希菌、志贺菌、贾第虫、隐孢子虫、各种肠道病毒等，大多数水传播疾病都是它们导致的。这些病原微生物的传播途径比较简单，可以称之为"粪-口途径"。从广义上来讲，粪-口传播途径并不一定需要水的存在，病原微生物可以通过受粪便污染的食物来进行传播，但如果有水作为介质，则传播范围容易扩大。对于这些病原微生物的控制，一方面是从污水排放控制入手，避免无序排放，同时加强消毒处理；另一方面应注意饮食卫生，避免饮水和食物受到污染。

还有一些病原微生物比较特殊，它们具有十分独特的生活史。血吸虫是其中典型的代表，它是血吸虫病的病原体。据 WHO 于 1995 年估计，全球有 75 个国家和地区有血吸虫病的流行，受威胁人口约 6.25 亿，感染血吸虫病者 1.93 亿。我国是全世界血吸虫病危害最严重的国家之一，主要流行于长江流域及其南部地区，受威胁的人口高达 1 亿。血吸虫的生活史主要由以下几个环节组成：血吸虫的虫卵随患者或病畜的粪便或尿液排入水中，在适宜的温度下孵化为毛蚴。毛蚴钻入钉螺体内，发育成尾蚴，然后从钉螺体内释放出来重新进入水体。当人或牛、羊等动物接触这种水体时，尾蚴就会通过皮肤迅速钻入宿主体内，随血流到达肠系膜血管，发育为成虫并在此寄生，可引起肝硬化、腹水，危及生命。成虫每天会产生大量虫卵，部分虫卵被排出体外，从而引起新的感染。血吸虫毛蚴的孵化、尾蚴的感染都离不开水，作为中间宿主的钉螺也生活在湖沼、水田周围。由此可见，血吸虫感染和传播途径是比较复杂的，水是不可或缺的介质。与之类似的还有麦地那龙线虫，它的成虫将卵排至水中，感染中间宿主剑水蚤，当人误饮含有剑水蚤的水后就会被感染。

自然水体中生活的水生生物也可能成为病原微生物传播的载体。例如，双壳类软体动物是肠道病原微生物传播的重要媒介，例如牡蛎、蚬子、蛤和蚌等，它们都是通过滤食水中的浮游动物为生，如果水体受到污染，它们能够将微生物成千上万倍地浓缩在自己的体内。大量的研究表明，甲型肝炎病毒、诺沃克病毒、志贺菌、致病性大肠埃希菌等多种病原微生物都可以在双壳类软体动物的体内找到。很多与这些病原体相关的疾病暴发都归结于食用未煮熟的双壳类软体动物。例如，1988 年上海甲肝大流行导致 31 万人患病，47 人死亡，其原因就是食用了受到甲肝病毒污染的毛蚶。军团菌是水中常见的致病菌，进入人体后会引起军团菌病，出现上呼吸道感染及发热的症状，严重者可导致呼吸衰竭和肾衰竭。军团菌本身对于不良环境并没有很强的抵抗力，水中的某些阿米巴原虫会吞入军团菌，但军团菌能够避免被溶酶体消化而长期维持其胞内生长活性，在偶然情况下还会导致宿主细胞的裂解。因此，阿米巴虫的吞入反而会对军团菌起到保护作用，这对该菌在水环境中的持续存在起了一定的作用。还有很多水传播疾病是通过某些昆虫进行传播的，例如蚊子可以传播痢疾、丝虫病，苍蝇能够传播霍乱、伤寒、副伤寒、脊髓灰质炎、肝炎等多种疾病。对于这些生活史比较复杂，在生存或传播过程中需要借助水生生物作为中间宿主或者昆虫作为传播载体的病原微生物，主要是通过消灭关键的中间宿主、清除昆虫繁殖场所来切断其传播途径进行控制。例如，血吸虫的毛蚴必须要找到钉螺寄生才能发育成尾蚴，否则它在水中只能存活 1~3d。因此，通过消灭钉螺就可以有效地控制血吸虫。

7.3.4 指示微生物及其水质卫生学意义

水中存在的病原微生物是对人体健康的潜在威胁。为了保证供水的水质安全，理论上应该对每种病原微生物都进行检测，但由于病原微生物种类太过繁杂，逐一进行检测不仅非常困难，而且也无法及时准确地得到结果，这显然在实际上是不可行的。能否通过检测一种指标来反映病原微生物的污染状况呢？多少年来，研究者们一直在努力寻求这一问题的答案。

7.3.4.1 异养菌平皿计数

异养菌平皿计数（heterotrophic plate counts，HPC）也常被称为细菌总数测定，但事实上这种方法测定出来的并不是水样中所有的细菌。HPC能够检测到的微生物都是异养性的好氧微生物，确切地说是那些在有氧环境中，在特定的温度下经过一定时间培养之后能够在营养丰富且不含抑制性或选择性成分的培养基上生长的微生物。国际上对该方法使用的培养基类型、培养温度和时间并没有统一的规定。在我国常用的HPC方法是利用营养琼脂培养基，将1mL水样在37℃下培养24h以后计数生长出来的菌落个数，即为1mL水样中异养菌的个数。

HPC能够检测到的微生物涉及细菌和真菌，既有病原性微生物，也有水体中固有的非病原性的微生物。一般来说，HPC检测结果的数值越大，就说明水样中含有的微生物数量越多，病原微生物的含量很可能会比较高。但需要注意的是，有些病原微生物的培养条件很苛刻，采用HPC并不能检测出它们。因此，HPC的检测结果不能准确指示病原微生物的存在，更无法反映病原微生物的含量。

尽管HPC在指示病原微生物上的作用不大，但这种方法无需精密昂贵的实验仪器，且操作简便，因此在水质卫生学的常规监测上经常使用。我国在《生活饮用水卫生标准》（GB 5749—2006）中对生活饮用水的该指标规定为每毫升水样中不得超过100个菌落形成单位（CFU）。

7.3.4.2 大肠菌群和粪大肠菌群

粪便是水中病原微生物的主要来源，于是人们很自然地想到通过指示粪便污染的微生物来反映病原微生物的污染状况。大肠菌群（coliforms）是最早被应用的水质卫生学指标，至今已有上百年的历史。大肠菌群是一大类需氧及兼性厌氧的，在37℃生长时能使乳糖发酵，在24h内产酸产气的革兰阴性无芽孢杆菌。该菌群包括柠檬酸菌属、肠杆菌属、克雷伯菌属以及大肠埃希菌属，还有一些沙雷菌等。大肠菌群大量存在于人和温血动物的粪便中，含量可高达10^7个/g以上，因此它们也是污水中主要的菌群之一。

大肠菌群并非仅在人和动物的肠道内生存，在土壤、水等自然环境中也有广泛的分布，因此并不能很确切地反映粪便污染。但是人们发现，在自然环境中生活的大肠菌群适宜生长的温度为25℃，在37℃下仍可生长，但如果温度达到44.5℃则不再生长，而来自粪便大肠菌群却能够在此温度下正常生长，使乳糖发酵而产酸、产气。因此可以通过提高培养温度的方法将自然环境中的大肠菌群与粪便中的大肠菌群区分开来，把那些在44.5℃仍能够生长的大肠菌群称为粪大肠菌群（fecal coliforms），而包含自然环境来源和粪便来源的大肠菌群也常被称为总大肠菌群（total coliforms）。粪大肠菌群比大肠菌群能更好地指示出水体是否受到粪便的污染。

大肠菌群和粪大肠菌群的检测方法非常相似，常用的检测方法有两种：多管发酵法和滤膜法。多管发酵法是根据大肠菌群能够发酵乳糖、产酸产气，以及其具有革兰染色阴性和不生芽孢的特点，通过初发酵、平板分离和复发酵三个步骤进行检测。最后利用数理统计原理，计算出每升水样中大肠菌群或粪大肠菌群的最大可能数（most probable number，MPN）。这种检测方法步骤比较多，操作起来较为烦琐费时。滤膜法的流程则大为简化，它使用一种孔径为0.45μm的滤膜过滤一定体积的水样，细菌被截留在滤膜上，将滤膜贴在特定的选择性培养基上培养24h，就会有菌落生长出来，计数那些符合相应特征的菌落就可以求出单位体积水样中的大肠菌群或粪大肠菌群。

大肠菌群和粪大肠菌群在水质检测上有广泛的应用，我国的《地表水环境质量标准》（GB 3838—2002）中对Ⅰ～Ⅴ类水体都规定了相应的粪大肠菌群限值，在《生活饮用水水源水质标准》（GJ 3020—93）中规定一级水源水的大肠菌群不得超过1000个/L，二级水源水的大肠菌群也需在10000个/L以内。在《城镇污水处理厂污染物排放标准》（GB 18918—2002）中规定达到一级A标准的处理出水粪大肠菌群应在1000个/L以内，二级标准的处理出水粪大肠菌群不超过10000个/L。

长期以来，大肠菌群和粪大肠菌群一直作为水体粪便污染的指示物，但近年来的研究发现，这两种传统的指示微生物在指示水环境中的病原微生物方面并不可靠。大肠菌群对氯消毒非常敏感，而隐孢子虫、贾第虫以及病毒等则具有较强的抵抗力，因此利用大肠菌群或粪大肠菌群指示这些病原微生物时经常会出现假阴性情况。

7.3.4.3 粪链球菌（粪肠球菌）

根据最新的分类原则，粪链球菌也叫做粪肠球菌。根据兰氏（Lancefield）血清学分类，粪链球菌属于链球菌D群。D群链球菌又分为肠球菌和非肠球菌两类。前者包括粪链球菌（*Streptococcus faecalis*）、屎链球菌（*S. faecium*）和坚忍链球菌（*S. durans*），后者有牛链球菌（*S. bovis*）和马肠链球菌（*S. equinus*）。

如果粪大肠菌/粪链球菌（FC/FS）的比值为4或更大，就意味着污染源来自人类；相应地，比值小于0.7，则表明是动物性污染。只有最近24h内的粪便污染能用该比值初步判别，FC/FS的有效性还有待进一步研究。粪链球菌在人类粪便中的数量仅次于大肠菌群，且抵抗力和耐受力较强，但其在自然界中的分布范围很广，在无粪便污染的环境中也有存在，因此即便检测出粪链球菌也不能说明有粪便污染，或者有肠道病原菌的存在。

7.3.4.4 噬菌体

直接检测水中的病毒，操作复杂并且安全性差，因此常利用噬菌体作为病毒的指示微生物。噬菌体在污水中普遍存在，其数量高于肠道病毒；对自然条件及水处理过程的抗性高于细菌，接近或超过动物病毒；噬菌体对人没有致病性，可以进行高浓度接种和进行现场试验。美国环保局提出用大肠杆菌噬菌体作为病毒指示微生物。常用于水质评价的噬菌体包括SC噬菌体、F-RNA噬菌体和脆弱拟杆菌噬菌体。

(1) SC噬菌体。SC噬菌体是一类通过细胞膜感染大肠杆菌宿主菌的DNA病毒。SC噬菌体在污水中普遍存在，数量多并且容易定量测定，被认为是检测自然水体病原微生物污染和水中肠道病毒的良好指示微生物。尤其作为水中粪便污染的指示物时，与指示细菌的检测相比，能够减少分析样品和缩短测定时间，获得比细菌更加稳定可靠的结果。

(2) F-噬菌体。F-噬菌体是一类通过菌毛感染雄性大肠杆菌的DNA或RNA细菌病毒，包括单链RNA噬菌体（也称F-RNA噬菌体）和单链DNA噬菌体（也称F-DNA噬菌体）。该雄性大肠杆菌的性菌毛由 *E. coli* K12的F质粒或其他incF不相容群质粒编码，当大肠杆菌的F因子传递到沙门菌、志贺菌或变形杆菌，则使它们也获得了对F-噬菌体的敏感性，因此也称为FSC噬菌体（F-specific coliphages）。

F-RNA噬菌体中的MS2亚群，在许多物理、化学特性方面与肠道病毒类似，如与肠道病毒的传统指示生物脊髓灰质炎病毒（*poliovirus*）相似，都是单链线性RNA噬菌体，具有20面体立方体结构，在pH值为3～10时稳定，在水环境中不能复制。Havelaar等检测了不同类型污水包括贮水槽中的雨水、过滤塔、过滤饮用水、凝结水、絮凝和氯消毒出水、紫外消毒出水、娱乐水和其他地表水中可培养肠道病毒和F-RNA噬菌体，两者在数量上有很好的对应关系，指出F-RNA噬菌体可以作为水中肠道病毒的指示生物。MS2亚群中的MS2和f2噬菌体作为F-RNA噬菌体的典型代表，常被用于研究水和土壤中肠道病毒的分布、吸附、转移和去除特性。

(3) 脆弱拟杆菌噬菌体。脆弱拟杆菌噬菌体是能够感染脆弱拟杆菌（*Bacteroides fragilis*）的一类噬菌体，该噬菌体仅在人类粪便中被分离出来，其数量范围 $0 \sim 2.4 \times 10^{8}$ PFU/g，在其他动物粪便中未被分出。脆弱拟杆菌噬菌体在各种水体中的数量均低于SC噬菌体，但是对自然条件和水处理过程的抗性高于F-噬菌体和SC噬菌体，因此可专门作为人类粪便污染的指标。B40-8是这类噬菌体的典型代表。

7.3.4.5 指示微生物的探索

由于传统指示微生物对于某些病原微生物指示能力不足，寻求替代指示物也就成为研究的热点。理想的指示微生物应该具备以下基本条件：(1) 生理特性与病原微生物相似，而且在外界环境中的存活能力基本一致；(2) 存在于排泄物或受病原微生物污染的环境中，并且具有很高的数量；(3) 在自然环境中不增殖，对人类没有致病性，易于检测。

迄今为止，已经有很多指示微生物被人们提出，主要包括肠球菌、粪链球菌、产气荚膜梭菌、拟杆菌、大肠杆菌噬菌体、脆弱拟杆菌噬菌体等，然而它们都不能完全具备理想指示微生物的条件。因此，目前还没有发现任何一种微生物能够准确地指示水环境中的各种病原微生物。人们在寻找新型指示微生物时，除了基本要求之外，还期望能够利用它们来进一步判定粪便污染的来源，这方面的研究是环境微生物学的前沿课题之一，分子生物学技术的发展在很大程度上推动了研究的进程，相信在不久的将来科研人员就会收获丰硕的成果。

参考文献

[1] American Water Works Association. Water Quality & Treatment Handbook. 5th edition. New York: McGraw-Hill Professional, 1999.

[2] Craun G F, Brunkard J M, Yoder J S, et al. Causes of outbreaks associated with drinking water in the United States from 1971 to 2006. Clinical Microbial Reviews, 2010, 23 (3); 507-528.

[3] 徐锡权. 现代水传播病学. 北京：军事医学科学出版社，2002.

[4] 戚中田. 医学微生物学. 北京：科学出版社，2003.

[5] World Health Organization. Guidelines for Drinking-Water Quality. 3rd edition. Geneva: WHO, 2004.

[6] Zaoutis T, Klein J D. Enterovirus infections. Pediatrics Rev. 1998. 19: 183-191.

[7] McMinn P C. An overview of the evolution of enterovirus 71 and its clinical and public health significance. FEMS Microbiology Reviews, 2002, 26 (1): 91-107.

[8] MäkeläM, Vaarala O, Hermann R, et al. Enteral virus infections in early childhood and an enhanced type Idiabetes-associated antibody response to dietary insulin. J Autoimmunity, 2006, 27 (1): 54-61.

[9] Vantarakis A, Papapetropoulou M. Detection of enteroviruses, adenoviruses and hepatitis A viruses in raw sewage and treated effluents by nested-PCR. Water, Air, and Soil Pollution, 1999, 114 (1-2): 85-93.

[10] Jiang S C, Chu W. PCR detection of pathogenic viruses in southern California urban rivers. J Appl Microbiol, 2004, 97: 17-28.

[11] Noble R T, Fuhrman J A. Enteroviruses detected by reverse transcriptase polymerase chain reaction from the coastal waters of Santa Monica Bay, California: low correlation to bacterial indicator levels. Hydrobiologia, 2001, 460 (1-3): 175-184.

[12] Borchardt M A, Bertz P D, Spencer S K, et al. Incidence of Enteric Viruses in Groundwater from Household Wells in Wisconsin. Appl Environ Microbiol, 2003, 69 (2): 172-1180.

[13] Vivier J C, Ehlers M M, Grabow W O K. Detection of enteroviruses in treated drinking water. Wat Res, 2004, 38 (11): 2699-2705.

[14] Mast E E, Krawczynski K. Hepatitis E: An Overview. Ann Rev Med, 1996, 47: 257-266.

[15] Pinto R M, Abad F X, Gajardo R. Detection of infectious astroviruses in water. Appl. Environ. Microbiol. 1996, 62: 1811-1813.

[16] Hashimoto A, Kunikane S, Hirata T. Prevalence of Cryptosporidium oocysts and Giarida cysts in the drinking water supply in Japan. Water Res, 2002, 36: 519-526.

[17] 周洋，王强，吕彪等. 环孢子虫流行病学、分类及其遗传特征的研究进展. 中国人兽共患病学报，2009，25 (3)：283-287.

[18] Shields J M, Olson B H. Cyclospora cayetanensis: a review of an emerging parasitic coccidian. Int J Parasitol, 2003, 33: 371-391.

[19] 郑官增，陈忠妙，裘丹红等. 甲型副伤寒沙门菌外环境中存活力研究. 中国公共卫生，2006，22 (2)：167-168.

[20] Johnson D C, Enriquez C E, Pepper I L, et al. Survival of Giardia, Cryptosporidium, poliovirus and salmonella in marine waters. Water Sci Tech, 1997, 35: 261-268.

[21] Huang M R, SHU IM W. Modeling the occurrence of Giardia and Cryptosporidium spp. in Taiwan drinking water supplies. Emerging Infectious Diseases, 2003, 9 (4): 55-65.

[22] Atherholt T B, Lechevallier M W, Norton W D, et al. Effect of rainfall on Giardia and Cryptosporidium. JAWWA, 1998, 90 (9): 66-80.

[23] Silva J L, Luan P, Glaser M, et al . Effects of hydrostatic pressure on a membrane enveloped virus: High immunogenic of the pressure indicated virus. Journal of Virology, 1992, 66: 2111-2117.

[24] 张甲耀，宋碧玉，陈兰州等. 环境微生物学（下册）. 武汉：武汉大学出版社，2008.

[25] 郑耀通. 环境病毒学. 北京：化学工业出版社，2006.

[26] Asano T, Burton F, Leverenz H L, et al. Water Reuse: Issues, Technologies, and Applications. NewYork: McGraw-Hill, 2007.

[27] Shuval H I, Tompson A, Fattal B, et al. Natural virus inactivation processes in seawater, In: Proc. Natl. Specialty Conf. Disinfect. New York: American Society of Chemical Engineers, 1971.

[28] Jimenez B, Chavez A. Chlorine disinfection of advanced primary effluent for reuse in irrigation in Mexico. AWWA Wa-

ter Reuse Conf. Proc., 2000.
[29] Buras N. Concentration of enteric viruses in wastewater and effluent: a two year study. Wat Res, 1976, 10: 295.
[30] 张崇淼. 水环境中肠道病原体的PCR检测方法与健康风险评价:[学位论文]. 西安:西安建筑科技大学, 2008.
[31] Ryu H. Microbial quality and risk assessment in various water cycles in the southwestern united states. Tempe: Arizona State University, 2003.
[32] Obi C L, Potgieter N, Bessong P O, et al. Scope of potential bacterial agents of diarrhoea and microbial assessment of quality of river water sources in rural Venda communities in South Africa. Wat Sci Tech, 2003, 47 (3): 59-64.
[33] Berg G. Viral Pollution of The Environment. Boca Raton: CRC Press Inc, 1983.
[34] 李劲, 李丕芬, 王祖卿等. 长江武汉段水中病毒污染的研究. 环境科学学报, 1987, 7 (2): 231-236.

第8章 水处理工程中好氧生物处理的原理及应用

8.1 好氧生物处理的基本原理

自然界中很多微生物有分解与转化污染物的能力。利用微生物的氧化分解作用来处理污水的方法叫做生物处理法。目前生物处理法主要是用来除去污水中溶解的和胶体的有机污染物质以及氮、磷等营养物质，亦可用于某些重金属离子和无机盐离子的处理。

根据在处理过程中起作用的微生物对氧气要求的不同，污水的生物处理可分为好氧生物处理和厌氧生物处理两类。好氧生物处理是在有氧的情况下，借好氧微生物的作用来进行的。在处理过程中，污水中的溶解性有机物质透过细菌的细胞壁和细胞膜而为细菌所吸收；固体的和胶体的有机物先附着在细菌细胞体外，由细菌所分泌的胞外酶分解为溶解性物质后再渗入细胞。

细菌通过自身的生命活动——氧化、还原、合成等过程，把一部分被吸收的有机物氧化成简单的无机物，并放出细菌生长、活动所需要的能量，而把另一部分有机物转化为生物体所必需的营养物质，组成新的细胞物质，于是细菌逐渐生长繁殖，产生更多的细菌。其他微生物摄取营养后，在它们体内也发生相同的生物化学反应。

当污水中有机物较多时（超过微生物生活所需时），合成部分增大，微生物总量增加较快；当污水中有机物不足时，一部分微生物就会因饥饿而死亡，它们的尸体将成为另一部分微生物的“食料”，微生物的总量将减少。微生物的细胞物质虽然也是有机物质，但微生物是以悬浮的状态存在于水中的，相对地说，个体比较大，也比较容易凝聚，可以同污水中的其他一些物质（包括一些被吸附的有机物和某些无机的氧化产物以及菌体的排泄物等）通过物理凝聚作用在沉淀池中一起沉淀下来。

由此可见，好氧生物处理法特别适用于处理溶解的和胶体的有机物，因为这部分有机物不能直接利用沉淀法除去，而利用生物法则可把它们的一部分转化成无机物，另一部分转化成微生物的细胞物质从而与污水分离。但必须注意，沉淀下来的污泥（其中含有大量微生物）在缺氧的情况下容易腐化，应做适当的处置。

用好氧法处理污水，基本上没有臭气，处理所需的时间比较短，如果条件适宜，一般可除去80%～90%左右的BOD_5，有时甚至可达95%以上。除上面所提到的活性污泥法外，生物滤池、生物转盘、污水灌溉和稳定塘等也都是污水好氧处理的方法。习惯上，把污水的好氧生物处理称为生物处理。

8.2 活性污泥法

8.2.1 好氧活性污泥中的微生物群落

8.2.1.1 活性污泥生态学及常见微生物

(1) 好氧活性污泥的组成和性质

① 好氧活性污泥的组成。好氧活性污泥是由多种多样的好氧微生物和兼性厌氧微生物（兼有少量的厌氧微生物）与污水中有机和无机固体物质混凝交织在一起，形成的絮状体或称绒粒（floe）。

② 好氧活性污泥的性质。各种活性污泥有各自的颜色，含水率在99%左右；其相对密度为1.002～1.006，混合液和回流污泥略有差异，前者为1.002～1.003，后者为1.004～1.006；具有沉降性能；有生物活性，有吸附、氧化有机物的能力；胞外酶在水溶液中，将污水中的大分子物质水解为小分子，进而吸收到体内而被氧化分解；有自我繁殖的能力；绒粒大小为0.02～0.2mm，比表面积为20～100cm^2/mL；呈弱酸性（pH值约6.7），当进水改变时，对进水pH值的变化有一定的承受能力。

(2) 好氧活性污泥的存在状态。好氧活性污泥在完全混合式的曝气池内，因曝气搅动始终与污水完全混合，总以悬浮状态存在，均匀分布在曝气池内并处于激烈运动之中。从曝气池的任何一点取出的活性污泥其微生物群落基本相同。在推流式的曝气池内各区段之间的微生物种群和数量有差异，随推流方向微生物种类依次增多。而在每一区段中的任何一点，其活性污泥微生物群落基本相同。

(3) 好氧活性污泥中的微生物群落。好氧活性污泥（绒粒）的结构和功能中心是能起絮凝作用的细菌形成的细菌团块，称菌胶团。在其上生长着其他微生物，如酵母菌、霉菌、放线菌、藻类、原生动物和某些微型后生动物（轮虫及线虫等）。因此，曝气池内的活性污泥是在不同的营养、供氧、温度及pH值等条件下，形成由最适宜增殖的絮凝细菌为中心，与多种多样的其他微生物集居所组成的一个生态系统。由于不断的人工充氧和污泥回流，使曝气池不适于某些水生生物生存，特别是那些比轮虫和线虫更大型的种群和那些长生命周期的微生物。活性污泥中主要生物种群是细菌、原生动物和线虫。其他种群如剑水蚤属（*Cyclops*），甚至某些双翅目（Dipterans）的幼虫也偶尔可见。在混合液中也可见藻类，但很难生长。

活性污泥（绒粒）的主体细菌（优势菌）来源于土壤、河水、下水道污水和空气中的微生物。它们多数是革兰阴性菌，如动胶菌属（*Zoogloea*）和丛毛单胞菌属（*Comamonas*），可占70%，还有其他的革兰阴性菌和革兰阳性菌。好氧活性污泥的细菌能迅速稳定污水中的有机污染物，有良好的自我凝聚能力和沉降性能。巴特菲尔德从活性污泥中分离出形成绒粒的动胶菌属的细菌。麦金尼除分离到动胶菌属外，还分离到大肠杆菌和假单胞菌属等数种能形成绒粒的细菌，并发现许多细菌都具有凝聚、绒粒化的性能。

活性污泥的微生物种群相对稳定，但当营养条件（污水种类、化学组成、浓度）、温度、供氧、pH值等环境条件改变，会导致主要细菌种群（优势菌）改变。处理生活污水和医院污水的活性污泥中还会有致病细菌、致病真菌、致病性阿米巴（变形虫）、病毒、立克次氏体、支原体、衣原体、螺旋体等病原微生物。

(4) 好氧活性污泥中微生物的浓度和数量。好氧活性污泥中微生物的浓度常用1L活性污泥混合液中含有多少毫克恒重的干固体即MLSS（混合液悬浮固体，包括无机的和有机的固体）表示，或用1L活性污泥混合液中含有多少毫克恒重、干的挥发性固体即MLVSS（混合液挥发性悬浮固体，即代表有机固体——微生物）表示。在一般的城市污水处理中，MLVSS与MLSS的比值以0.7～0.8为宜。MLSS保持在2000～3000mg/L。工业废水生物处理中，MLSS保持在3000mg/L左右。高浓度工业废水生物处理的MLSS保持在3000～5000mg/L。1mL好氧活性污泥中的细菌有10^7～10^8个。

8.2.1.2 好氧活性污泥净化污水的作用机理

好氧活性污泥的净化作用类似于水处理工程中混凝剂的作用，它能絮凝有机和无机固体污染物，有“生物絮凝剂”之称。它还能同时吸收和分解水中溶解性污染物。因为它是由有生命的微生物组成，能自我繁殖，有生物“活性”，可以连续反复使用，而化学混凝剂只能一次使用，故活性污泥比化学混凝剂优越。好氧活性污泥的净化作用机理见图8-1。

由图8-1可知，活性污泥绒粒中微生物之间的关系是食物链的关系。好氧活性污泥绒粒吸附和生物降解有机物的过程分为3步。第1步是在有氧的条件下，活性污泥绒粒中的絮凝性微生物吸附污水中的有机物。第2步是活性污泥绒粒中的水解性细菌水解大分子有机物为小分子有机

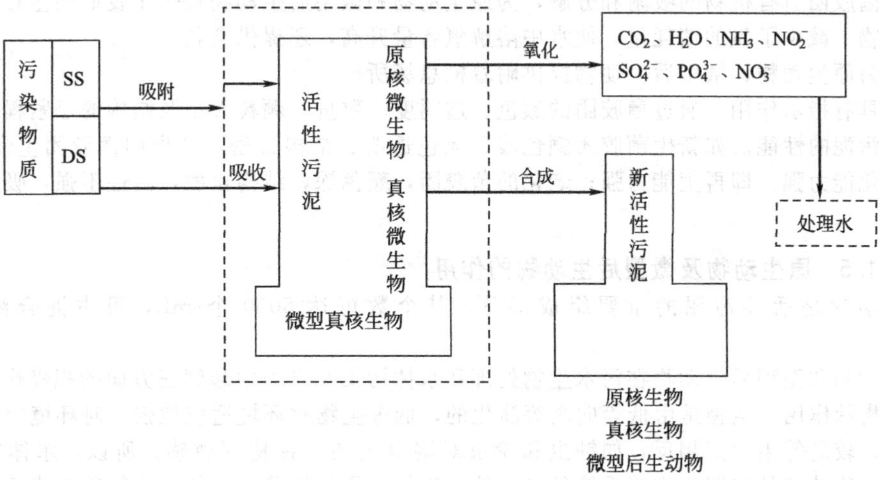

图 8-1　好氧活性污泥的净化作用机理示意

物，同时，微生物合细胞。污水中的溶解性有机物直接被细菌吸收，在细菌体内氧化分解，其中间代谢产物被另一群细菌吸收，进而无机化。第 3 步是原生动物和微型后生动物吸收或吞食未分解彻底的有机物及游离细菌。

8.2.1.3　活性污泥法的基本流程

活性污泥法处理流程包括曝气池、沉淀池、污泥回流及剩余污泥排除系统等基本组成部分，见图 8-2。

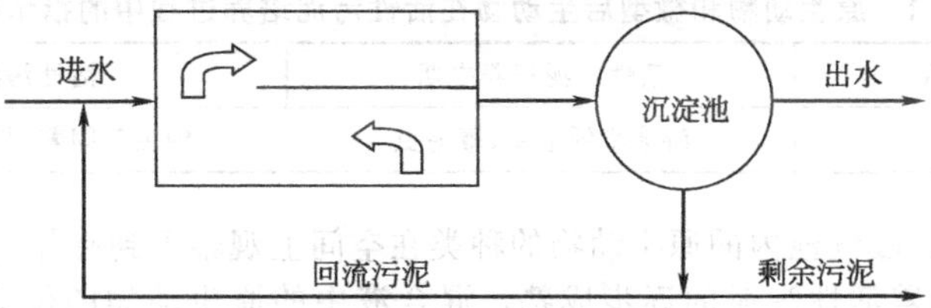

图 8-2　活性污泥法处理流程示意

污水和回流的活性污泥一起进入曝气池形成混合液。曝气池是一个生物反应器，通过曝气设备充入空气，空气中的氧气溶入污水使活性污泥混合液产生好氧代谢反应。曝气设备不仅传递氧气进入混合液，同时起搅拌作用使混合液呈悬浮状态（某些曝气场合另外增设有搅拌设备）。这样，污水中的有机物、氧气与微生物能充分进行传质和反应。随后混合液流入沉淀池，混合液中的悬浮固体在沉淀池中进行固液分离，流出沉淀池的就是净化水。沉淀池中的污泥大部分回流至曝气池，称为回流污泥，回流污泥的目的是使曝气池内保持一定的悬浮固体浓度，也就是保持一定的微生物浓度。曝气池中的生化反应导致微生物的增殖，增殖的微生物通常从沉淀池底泥中排除，以维持活性污泥系统的稳定运行，从系统中排出的污泥叫剩余污泥。剩余污泥含有大量的微生物，排放环境前应进行有效处理和处置，防止污染环境。

8.2.1.4　菌胶团的作用

在微生物学领域里，习惯将动胶菌属形成的细菌团块称为菌胶团。在水处理工程领域内，则将所有具有荚膜或黏液或明胶质的絮凝性细菌互相絮凝聚集成的细菌团块也称为菌胶团，这是广义的菌胶团。如上所述，菌胶团是活性污泥（绒粒）的结构和功能的中心，表现在数量上占绝对优势（丝状膨胀的活性污泥除外），是活性污泥的基本组分。它的作用表现在以下方面。

(1) 有很强的生物絮凝、吸附能力和氧化分解有物的能力。一旦菌胶团受到各种因素的影响和破坏，则对有机物去除率明显下降，甚至无去除能力。

（2）菌胶团对有机物的吸附和分解，为原生动物和微型后生动物提供了良好的生存环境，例如去除毒物，减少了氧的消耗量，使水中溶解氧含量升高，还提供食料。

（3）为原生动物、微型后生动物提供附着栖息场所。

（4）具有指示作用。通过菌胶团的颜色、透明度、数量、颗粒大小及结构的松紧程度可衡量好氧活性污泥的性能。如新生菌胶团颜色浅、无色透明、结构紧密，则说明菌胶团生命力旺盛，吸附和氧化能力强，即再生能力强；老化的菌胶团，颜色深，结构松散，活性不强，吸附和氧化能力差。

8.2.1.5 原生动物及微型后生动物的作用

原生动物是活性污泥的重要组成部分，其个数可达5000个/mL，可占混合液干重的5%～12%。

原生动物和微型后生动物在污水生物处理和水体污染及自净中起到三方面的积极作用。

（1）指示作用。生物是由低等向高等演化的，低等生物对环境适应性强，对环境因素的改变不甚敏感。较高等生物则相反，如钟虫和轮虫对溶解氧和毒物特别敏感。所以，水体中的排污口、污水生物处理的初期或推流系统的进水处，生长大量的细菌，其他微生物很少或不出现。随着污水净化和水体自净程度的增高，相应出现许多较高级的微生物。原生动物及微型后生动物出现的先后次序是：细菌一植物性鞭毛虫-肉足类（变形虫）—动物性鞭毛虫—游泳型纤毛虫、吸管虫—固着型纤毛虫—轮虫。

原生动物及微型后生动物的指示作用表现在以下方面。

① 可根据上述原生动物和微型后生动物的演替，根据它们的活动规律判断水质和污水处理程度，还可判断活性污泥培养的成熟程度。原生动物、微型后生动物与活性污泥培养成熟程度的关系如表8-1所列。

表8-1 原生动物和微型后生动物在活性污泥培养过程中的指示作用

活性污泥培养初期	活性污泥培养中期	活性污泥培养成熟期
鞭毛虫、变形虫	游泳型纤毛虫、鞭毛虫	钟虫等固着型纤毛虫、楯纤虫、轮虫

完全混合活性污泥曝气池内的原生动物的种类在空间上观察不到有什么差别（在生物滤池中纵向是有差别的）。随着活性污泥的逐步成熟，混合液中的原生动物的优势种类也会顺序变化，从肉足类、鞭毛类优势动物开始，依次出现游泳型纤毛虫、爬行型纤毛虫、固着型纤毛虫。

② 根据原生动物种类判断活性污泥和处理水质的好与坏。爬行型纤毛虫和固着型纤毛虫与活性污泥絮体紧密连接，一旦达到一定密度就会随着二沉池中沉淀的回流活性污泥返回曝气池，而被冲洗掉的大部分是鞭毛类优势动物和游泳型纤毛虫。

当活性污泥达到成熟期，其原生动物发展到一定数量后，出水水质则明显改善。新运行的曝气池或运行得不好的曝气池，池中主要含鞭毛类原生动物和根足虫类（*Rhizopods*），只有少量纤毛虫；相反的，出水水质好的曝气池混合液中，主要含纤毛虫，只有少量鞭毛型原生动物和变形虫。纤毛虫成为优势种，常见的例如斜管虫属（*Chilodonclla* spp.）、豆形虫属（*Colpidium* spp.）、楯纤毛虫属（*Aspidisca* spp.）、某些独缩虫属（*Carchesium* spp.）以及钟虫属（*Vorticella* spp.）等。这种污泥状态和出水水质与微生物种类的连带关系是利用原生动物指示活性污泥处理厂出水水质的理论基础。

固着型纤毛虫中的钟虫属、累枝虫属、盖纤虫属、聚缩虫属、独缩虫属、楯纤虫属、吸管虫属、漫游虫属、内管虫属及轮虫等出现，说明活性污泥正常，出水水质好。当豆形虫属、草履虫属、四膜虫属、屋滴虫属、眼虫属等出现，说明活性污泥结构松散，出水水质差。线虫出现说明缺氧。

Curds和Cockbum根据大量实测数据，找出了原生动物种类与出水水质的相关关系。他们根据出水BOD_5判定水质优劣，将出水水质分为四类：优（0～10mg/L）、良（11～20mg/L）、中（21～30mg/L）和差（>30mg/L），各个种类在活性污泥污水处理厂采样中出现的频率（以百分数表示）都记录下来，求出在4个档次中出现频率的记录的总和，设这一总和共得10分，再根据个别种在每个档次中出现的比例给予“得分值”。表8-2为活性污泥处理厂中某些常见原生动物与出水水质及在4个BOD_5档次中得分值的关系。表中的数字为在某一档次的出现频率记录数，括号中为该档次的得分值。

表 8-2 活性污泥处理厂某些常见原生动物出现频率与出水水质的关系 单位：%

原生动物	BOD_5			
	0～10mg/L	11～20mg/L	21～30mg/L	>30mg/L
沟钟虫(*Vorticella convallaria*)	63(3)	73(4)	37(2)	22(1)
法帽钟虫(*Vorticella fromenteli*)	38(5)	33(4)	12(1)	0(0)
螅状独缩虫(*Carchesium polypinum*)	19(3)	47(5)	12(2)	0(0)
有肋楯纤虫(*Aspidisca costata*)	75(3)	80(3)	50(2)	56(2)
盘状游仆虫(*Euplotes patella*)	38(4)	25(3)	24(3)	0(0)
有鞭毛的原生动物	0(0)	0(0)	37(4)	45(6)

表8-3中列出Curds和Cockburn研究的结果。表中纵向数字代表得分数。例如：当出水BOD_5为11～20mg/L时，各种类得分之和为43，得分愈高，出水水质愈好。

表 8-3 活性污泥污水处理厂的出水质量与原生动物种类及其得分数的关系

污泥中的原生动物	出水BOD_5			
	0～10mg/L	11～20mg/L	21～30mg/L	>30mg/L
卑怯管叶虫(*Trachelophyllum pusillum*)	3	3	3	1
纺锤半眉虫(*Hemiophrys fusidens*)	3	4	3	0
僧帽斜管虫(*Chilodonella cucullulus*)	4	4	1	1
旋毛草履虫(*Paramecium trichium*)	4	3	2	1
社钟虫(*Vorticella commums*)	10	0	0	0
沟钟虫(*Vorticella convallaria*)	3	4	2	1
法帽钟虫(*Vorticella fromenteli*)	5	4	1	0
小口钟虫(*Vorticella microstoma*)	2	4	2	2
集盖虫(*Opercularia coarctata*)	2	2	3	2
螅状独缩虫(*Carchesium polypinum*)	3	5	2	0
霉聚缩虫(*Zoothamnium mucedo*)	10	0	0	0
有肋楯纤虫(*Aspidisca costata*)	3	3	2	2
亲游仆虫(*Euplotes affinis*)	6	4	0	0
盘状游仆虫(*Euplotes patella*)	4	3	3	0
总分值	62	43	24	10

可以根据低倍显微镜观察到的原生动物的类群与得分判断污水处理厂出水的水质。Curbs和Cockburn又用另外的34个污水处理厂的实测值去验证他们的研究结果。根据观察原生动物去判断出水水质时，有85%是正确的。后续研究发现有时判断出水水质的成功率较低。但是，通过按照个别种的混合液中出现的规律而权衡其得分数，会提高判断的成功率。例如，在质量很好的活性污泥中观察到的代表优质出水的指示生物的种应该比观察到少量代表较差水质的指示生物更重要（应忽略代表较差水质的指示微生物）。以上方法操作方便，可节省时间。但也有两点局限

性：首先是鉴别纤毛虫种类的技术要求较高，检验人员必须有较高的业务水平；其次是这种方法的检验结果只能是估计出水的BOD值。

③ 还可根据原生动物遇恶劣环境改变个体形态及其变化过程判断进水水质变化和运行中出现的问题。以钟虫为例：当溶解氧不足或其他环境条件恶劣时，则出现钟虫由正常虫体向胞囊演变的一系列变态变化。钟虫的尾柄先脱落，随后虫体后端长出次生纤毛环呈游泳生活状态（通常叫游泳钟虫），或虫体变形，甚至呈长圆柱形，前端闭锁，纤毛环缩到体内，依靠次生纤毛环向着相反方向游动。如果污水水质不加以改善，虫体将会越变越长，最后缩成圆形胞囊，如果污水水质改善，虫体可恢复原状，恢复活性。

在污水生物处理正常运行时，常由于进水流量、有机物浓度、溶解氧、温度、pH值、毒物等的突然变化影响了正常的处理效果，使出水水质达不到排放标准。通过水质测定可以知道水质的变化，但有机物浓度和有毒物质等的测定时间较长，故经常性测定不易做到。根据原生动物消长的规律性初步判断污水净化程度，或根据原生动物的个体形态、生长状况的变化预报进水水质和运行条件正常与否。一旦发现原生动物形态、生长状况异常，要及时分析是哪方面的问题，及时予以解决。

（2）净化作用。1mL正常好氧活性污泥的混合液中有5000～20000个原生动物，其中70%～80%是纤毛虫，尤其是小口钟虫、沟钟虫、有肋楯纤虫、漫游虫出现频率高，起重要作用，轮虫则100～200个。有的污水中轮虫优势生长繁殖，1mL混合液中达到500～1000个。轮虫有旋轮虫属、轮虫属、椎轮虫属等。原生动物的营养类型多样，腐生性营养的鞭毛虫通过渗透作用吸收污水中的溶解性有机物。大多数原生动物是动物性营养，它们吞食有机颗粒和游离细菌及其他微小的生物，对净化水质起积极作用。原生动物的数量和代谢途径次于菌胶团，净化作用不及菌胶团大。然而，原生动物和微型后生动物吞食食物是无选择的，它们除吞食有机颗粒外，也吞食菌胶团，由于它们的吞食量不影响整体的净化效果，所以，它们不会危及净化作用。相反，由于原生动物的存在，尤其是纤毛虫对出水水质有明显改善。纤毛虫在污水生物处理中的净化作用见表8-4。

表 8-4　纤毛虫在污水生物处理中的净化作用

项　　目	未加纤毛虫	加入纤毛虫
出水平均 BOD_5/(mg/L)	54～70	7～24
过滤后 BOD_5/(mg/L)	30～35	3～9
平均有机氮/(mg/L)	31～50	14～25
悬浮物/(mg/L)	50～73	17～58
沉降30min后的悬浮物/(mg/L)	37～56	10～36
100μm时的光密度	0.340～0.517	0.051～0.219
活细菌数/(10^6个/L)	292～422	91～121

有试验证明原生动物有摄取溶解性有机物的作用，对水质起到了净化作用。

（3）促进絮凝作用和沉淀作用。污水生物处理中主要靠细菌起净化作用和絮凝作用。然而有的细菌需要一定量的原生动物存在，由原生动物分泌一定的黏液物质协同和促使细菌发生絮凝作用。例如，在弯豆形虫的量较低时，细菌起絮凝作用，当弯豆形虫的量增加到4mg/L（含2.5×10^3个/mL）时，细菌产生絮凝作用。弯豆形虫的量增加到10mg/L（含6×10^3个/mL）时，就形成很大的细菌絮体（500μm左右）。另外，钟虫等固着型原生动物的尾柄周围也分泌有黏性物质，许多尾柄交织黏集在一起和细菌凝聚成大的絮体。由此看出，原生动物能促使细菌发生絮凝作用。固着型纤毛虫本身有沉降性能，加上和细菌形成絮体，更有利于二沉池的泥水分离作用。

8.2.1.6　好氧活性污泥的培养

生产装置中活性污泥的培养方式有间歇式曝气培养和连续曝气培养。

（1）间歇式曝气培养

① 菌种来源。取自污水处理厂的活性污泥，取自不同水质污水处理厂的活性污泥，取自相同水质污水处理厂的活性污泥，取本厂集水池或沉淀池的下脚污泥，或本厂污水长期流经的河流淤泥经扩大培养后备用。

② 驯化。凡是采用与本厂不同水质污水处理厂的活性污泥作菌种都要先经驯化后才能使用，用间歇式曝气培养法驯化。先进低浓度污水培养，曝气23h，沉淀1h，倾去上清液，再进同浓度的新鲜污水，继续曝气培养。每一浓度运行3～7d，通过镜检观察到活性污泥生长量增加。可调高一个浓度，同前一个浓度的操作方法运行。以后逐级提高污水浓度，一直提高到原污水浓度为止。驯化初期，活性污泥结构松散，游离细菌较多，出现鞭毛虫和游泳型纤毛虫。此时的活性污泥有一定的沉降效果。在驯化过程中，通过镜检可看到原生动物由低级向高级演替。驯化后期以游泳型纤毛虫为主，出现少量的、有一定耐污能力的纤毛虫如累枝虫。活性污泥沉降性能较好，上清液与沉降污泥可看出界限，且较清，驯化结束。但进水流量仍未达到设计值。

③ 培养。将驯化好的活性污泥改用连续曝气培养法继续培养。此时期可通过镜检和化学测定的指标分析、衡量活性污泥培养的进度和成熟程度：当看到活性污泥全面形成大颗粒絮团，其沉降性能良好，曝气池混合液在1L量筒中30min的体积沉降比（SV_{30}）达50%以上，污泥体积指数（SVI，是衡量活性污泥沉降性能的指标）在100mL/g左右；镜检看到菌胶团结构紧密，游离细菌少；原生动物大量出现，以钟虫等固着型纤毛虫为主，相继出现楯纤虫、漫游虫、轮虫等；曝气池内活性污泥的MLSS达到2000mg/L左右，进水达到了设计流量时，经化学指标测定，出水COD和BOD_5有明显的减少，此时活性污泥培养进入成熟期，可以转入正式运行阶段。若是处理工业废水，其进水BOD_5在200～300mg/L时，MLSS维持在3000mg/L左右，溶解氧维持在2～3mg/L为宜。

（2）连续曝气培养。除间歇式培养外，还可用连续培养。在处理生活污水和工业废水时，凡取现成的与本厂相同水质处理厂的活性污泥作菌种时，都可直接用连续曝气培养法培养活性污泥。活性污泥的接种量按曝气池有效体积的5%～10%投入，启动的最初几天可先闷曝，溶解氧维持在1mg/L左右，然后以小流量进水，每调整一个流量梯度要维持约一周的运行时间。随着进水流量逐渐增大，溶解氧的浓度逐渐提高。当进水流量达到设计流量时，若工业废水的进水BOD_5在200～300mg/L，MLSS维持在3000mg/L左右，溶解氧要维持在2～3mg/L。若生活污水的进水BOD_5在150～250mg/L，曝气池内的MLSS维持在2000mg/L左右，溶解氧可维持在1～2mg/L。

判断活性污泥是否培养成熟，还要依靠镜检和化学测定分析指标。镜检判断方法也是看培养初期活性污泥的生长状况，在向成熟阶段过渡的进程中，菌胶团的结构是否由松散向紧密演变，原生动物是否由低级向高级演替。当进水流量达到设计值时，若菌胶团结构紧密，形成大的絮状颗粒，并且原生动物中钟虫等固着型纤毛虫大量出现，相继出现楯纤虫、漫游虫、轮虫等，即进入成熟期。

8.2.1.7 活性污泥法运行中微生物造成的问题

活性污泥在运行中最常见的故障是在二沉池中泥水的分离问题。造成污泥沉降问题的原因是污泥膨胀、不絮凝、微小絮体、起泡沫和反硝化。这只是从效果上分类，实际上不是很精确，而且有些重叠。所有的活性污泥沉降性问题，其起因皆为污泥絮体的结构不正常造成的。活性污泥颗粒的尺寸的差别很大，其幅度从游离的个体细菌的0.5～5.0μm，直到直径超过1000μm（1mm）的絮体。絮体最大尺寸取决于它的黏聚强度和曝气池中紊流剪切作用的大小。

絮体结构分为两类：微结构与宏结构（Sezqin et al，1978）。微结构是较小絮体（直径<75μm），球形，较密实但相对地较易破裂。此类絮体多由絮体形成菌组成。在曝气池紊流条件下易被剪切成小颗粒。虽然这种絮体能很快沉淀，但从大凝聚体被剪切下的小颗粒需较长的沉淀时间，可能随沉淀池出水排出，使最终出水的BOD_5值上升，并使浊度大幅度上升。当丝状微生物出现时，即出现宏结构絮体，微生物凝聚在丝状微生物周围，形成较大的不规则絮体，这种絮体具有较强的抗剪切强度。

下面重点说明污泥膨胀的形成及对策，并简要说明其他造成污泥沉降问题的原因。

(1) 不凝聚。不凝聚是一种微结构絮体造成的现象。这是因为絮体变得不稳定而碎裂，或者因过度曝气形成的紊流将絮体剪切成碎块而造成的运行问题。也可能是细菌不能凝聚成絮体，微生物成为游离个体或非常小的丛生块。它们在沉淀池中呈悬浮态，并随出水连续流出。一般认为不凝聚是由于溶解氧浓度低、pH 值低或冲击负荷（Pipes，1979）。污泥负荷应大于 0.4kg/(kg·d)，否则将发生不凝聚问题。某些有毒废水也可形成微小凝聚体。自由游泳型原生物，如肾形虫属（未定种）（*Colpoda* sp.）和草履虫属（未定种）（*Paramecium* sp.），数量很多时，虽未影响污泥沉降性能，但也可使最终出水出现浑浊。

(2) 微小絮体（Pin-point floc）。前已述及微结构絮体的形成原因及造成的运行问题。含微小絮体的污泥不会在出水中形成高浓度，因为其颗粒比不凝聚污泥要大得多。用肉眼在出水中可观察到离散的絮体。微小絮体往往由于长泥龄（>5～6d）和低有机负荷[<0.2kg/(kg·d)]而形成的（Pipes，1979）。因此，这种问题往往发生在延时曝气系统。

(3) 起泡沫。自从使用了不降解的“硬”洗涤剂以来，常常在曝气池中出现很厚的白色泡沫。微生物造成的泡沫是另外一种很密实的、棕色的泡沫，有时在曝气池中出现。这种类型的泡沫是由于某些诺卡菌属的丝状微生物超量生长，曝气系统的气泡又进入其群体而形成的。这种泡沫以一种密实稳定的泡沫或者一层厚浮渣的形式浮在池面上。气泡使污泥上浮还可能是反硝化造成的。

气泡附着于诺卡菌属的机理是相当复杂的。在有些情况下，虽然这种丝状微生物在混合液中的种群密度也很高，但不会造成污泥沉降质量问题。其原因是诺卡菌属产生许多分枝（图 8-3），使絮体成为很坚固的宏结构，生成一种大而牢固、很容易沉降的絮体。

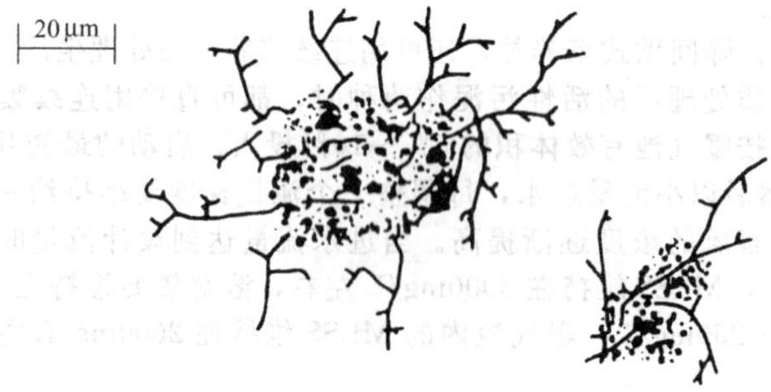

图 8-3 丝状菌诺卡菌属（*Nocardia* sp.）（未定种）

在某污水处理厂泡沫中诺卡菌属的群体密度曾升高至 10^{12} 个/mL，而在混合液中仅为 10^6 个/mL（Wheeler and Rule，1980）。假如污泥需消化，诺卡菌属会随之在消化池中产生泡沫（Jenkins et al.，1984）。

促使诺卡菌属生长的原因尚不甚清楚。有利于它生长的因素有高温（>18℃）、高负荷和长泥龄（>9d）。在活性污泥法处理厂中广泛应用的控制诺卡菌属生长的方法是减少泥龄，用增加剩余污泥量的方法将诺卡菌属冲洗出处理系统。泥龄是温度的函数，水温愈高则要求泥龄愈低。

(4) 丝状菌引起的污泥膨胀。在曝气池运行过程中，有时会出现污泥结构松散，沉降性能恶化，随水漂浮，溢出池外的异常现象，称为污泥膨胀。开始时，尽管膨胀污泥比正常活性污泥的沉速慢，但出水水质仍然很好。即使污泥膨胀已较严重，仍能有清澈的上清液，因为延伸的丝状菌会过滤掉形成浊度的细小颗粒。只有当沉降性很差，泥面上升，以致大的絮体也溢出沉淀池，最终出水中 SS 和 BOD 升高。主要问题是污泥膨胀使污泥压缩性能变差，其结果是很多稀薄污泥回流到曝气池，使池中 MLSS 下降，进而造成出水水质达不到要求而使曝气池运行失败。

理想絮体的沉降性能好；最终出水中 SS 和浊度极低；丝状菌与絮体形成均保持平衡；丝状菌都留在絮体中，从而使絮体强度增加并保护固定的结构。即使有少数丝状菌伸出污泥絮体，它们皆使长度缩得足够短小而不会影响污泥沉降。与此相反，膨胀污泥有大量丝状菌伸出絮体。

可辨别的膨胀污泥絮体有两种类型：第一类是具有长丝状菌从絮体中伸出，此类丝状菌将各个絮体连接（或称搭桥），形成丝状菌和絮体网；第二类是具有更开放（或扩散）的结构，由细菌沿丝状菌凝聚，形成相当细长的絮体。絮体形成，对沉淀的影响等皆取决于丝状微生物的种类。

已知大约有25种丝状细菌可造成活性污泥膨胀。尚未发现在活性污泥中藻类能造成污泥膨胀。根据美国、南非、荷兰和德国已检测的结果，可排出最常见的10种丝状微生物，见表8-5。

表8-5　南非、美国、荷兰和德国的活性污泥法处理厂常见的10种形成污泥膨胀的丝状微生物

排序	南非	美国	荷兰	德国
1	021N型	0092型	*Nocardia*	*M. parvicella*
2	*M. parvicella*	0041型	1701型	021N型
3	0041型	0675型	021N型	*H. hydrossis*
4	*S. natans*	*Nocardia* sp.	0041型	0092型
5	*Nocardia* sp.	*M. parvicella*	*Thiothrix* sp.	1701型
6	*H. hydrossis*	1851型	*S. natans*	0041型
7	*N. limicola*	0914型	*M. parvicella*	*S. natans*
8	1701型	0803型	0092型	0581型
9	0961型	*N. limicola*	*H. hydrossis*	0803型
10	0803型	021N型	0675型	0961型

造成膨胀的主要原因是DO浓度低、污泥负荷率低、曝气池进水含较多化粪池出水、营养不足和低pH值（<6.5）。Strom和Uenkins研究了污泥膨胀原因与微生物相的关系。这些关系的拟合结果非常好，见表8-6。

表8-6　以形成污泥膨胀的微生物优势种为条件的指示生物

形成条件	指示性丝状菌类型
低DO	1701型，*S. Natans*，*H. hydrossis*
低F/M	*M. parvicella*，*H. hydrossis*，*Nocardia* sp.，021N型，0041、0675、0092、0581、0961和0803型
化粪池出水/硫化物	*Thiothrix* sp.，*Beggiatoa*，021N型
营养不足	*Thiothrix* sp.，*S. Natans*，021N型，并可能有*H. hydrossis*和0041、0675型
低pH值	真菌

即使已知丝状微生物的种属，目前也找不到控制优势种的有效、实用方法。所以，操作人员需根据指示性丝状微生物的出现，采用控制运行条件的方法来运转曝气池，直至问题消失。主要的方法如下。

① 控制污泥负荷。污水处理厂的一般处理系统的正常负荷为0.2～0.45kg/(kg·d)，发生污泥膨胀时可能超出此范围。为防止膨胀，应经常将污泥负荷率控制在正常负荷范围内。

② 控制营养比例。一般曝气池正常的碳（以BOD_5表示）、氮和磷的比例为BOD_5：N：P＝100：5：1。当BOD_5：P偏高时，丝状微生物能将多余部分贮存在体内。当营养浓度不足时，丝状微生物仍有贮存，这就增强了丝状微生物对絮体形成细菌的竞争性。

③ 控制DO浓度。为防止丝状微生物的猛增，一般应将池中DO控制在2.0mg/L以上。因为防止污泥膨胀的最低DO浓度是污泥负荷F/M的函数，所以当F/M增加时，应相应地增加最低DO浓度。

④ 加氯、臭氧或过氧化氢。这些化学剂是用于有选择地控制丝状微生物的过量增长。

⑤ 投加混凝剂。可投加石灰、三氯化铁或高分子絮凝剂以改善污泥的絮凝，同时也会增加

絮体的强度。

(5) 非丝状菌引起的污泥膨胀。有时在不出现丝状微生物时也会出现污泥膨胀。这种膨胀与散凝作用有关，当游离细菌产生菌胶团基质时，就会导致污泥膨胀，通常称这种膨胀为菌胶团膨胀或黏性膨胀。这种失败是由于絮体微结构中产生了大量胞外多聚物（ECP，extracellular polymer），它具有糊状或果冻样的外观，可以用印度墨水反染色法清楚地区别它与正常絮体的不同。正常絮体染色后，墨水会深深贯入絮体，而具有胞外多聚物的絮体则能抗拒浸染贯穿。

8.2.2 活性污泥法的各种演变及应用

活性污泥法自发明以来，根据反应时间、进水方式、曝气设备、氧的来源、反应池型等的不同，已经发展出多种变型，常见的有传统推流式活性污泥法、渐减曝气活性污泥法、阶段曝气活性污泥法、高负荷曝气活性污泥法、延时曝气活性污泥法、吸附再生活性污泥法、完全混合活性污泥法、深层曝气活性污泥法、纯氧曝气活性污泥法、吸附生物降解工艺、序批式活性污泥法、氧化沟等。这些变型方式有的还在广泛应用，同时新开发的处理工艺还在工程中接受实践的考验，采用时需因地因时地加以选择。

8.2.2.1 传统推流式活性污泥法

传统推流式活性污泥法工艺，污水和回流污泥在曝气池的前端进入，在池内呈推流形式流动至池的末端，由鼓风机通过扩散设备或机械曝气机曝气并搅拌，因为廊道的长宽比要求在5～10，所以一般采用3～5条廊道。在曝气池内进行吸附、絮凝和有机污染物的氧化分解，最后进入二沉池进行处理后的污水和活性污泥的分离，部分污泥回流至曝气池，部分污泥作为剩余污泥排放。传统推流式运行中存在的主要问题，一是池内流态呈推流式，首端有机污染物负荷高，耗氧速率高；二是污水和回流污泥进入曝气池后，不能立即与整个曝气池混合液充分混合，易受冲击负荷影响，适应水质、水量变化的能力差；三是混合液的需氧量在长度方向是逐步下降的，而充氧设备通常沿池长是均匀布置的，这样会出现前半段供氧不足，后半段供氧超过需要的现象。

8.2.2.2 渐减曝气活性污泥法

为了改变传统推流式活性污泥法供氧和需氧的差距，可以采用渐减曝气方式，充氧设备的布置沿池长方向与需氧量匹配，使布气沿程逐步递减，使其接近需氧速率，而总的空气用量有所减少，从而可以节省能耗，提高处理效率。

8.2.2.3 阶段曝气活性污泥法

降低传统推流式曝气池中进水端需氧量峰值要求，还可以采用分段进水方式，入流污水在曝气池中分3～4点进入，均衡了曝气池内有机污染物负荷及需氧率，提高了曝气池对水质、水量冲击负荷的能力。阶段曝气推流式曝气池一般采用3条或更多廊道，在第一个进水点后，混合液的MLSS浓度可高达5000～9000mg/L，后面廊道污泥浓度随着污水多点进入而降低。在池体容积相同情况下，与传统推流式相比，阶段曝气活性污泥系统可以拥有更高的污泥总量，从而污泥龄可以更高。

8.2.2.4 高负荷曝气法

高负荷曝气法（又称改良曝气法）在系统与曝气池构造方面与传统推流式活性污泥法相同，但曝气停留时间仅1.5～3.0h，曝气池活性污泥处于生长旺盛期。本工艺的主要特点是有机物容积负荷或污泥负荷高，曝气时间短，但处理效果低，一般BOD_5去除率不超过70%～75%，为了维护系统的稳定运行，必须保证充分的搅拌和曝气。

8.2.2.5 延时曝气法

延时曝气法与传统推流式类似，不同之处在于本工艺的活性污泥处于生长曲线的内源呼吸期，有机物负荷非常低，曝气反应时间长，一般多在24h以上，污泥龄长，SRT在20～30d，曝气系统的设计决定于系统的搅拌要求而不是需氧量。由于活性污泥在池内长期处于内源呼吸期，剩余污泥量少且稳定，剩余污泥主要是一些难以生物降解的微生物内源代谢残留物，因此也可以说该工艺是污水、污泥综合好氧处理系统。本工艺还具有处理过程稳定性高，对进水水质、水量变化适应性强，不需要初沉池等特点；但也存在需要池体容积大，基建费用和运行费用都较高等缺点，一般适用于小型污水处理系统。

8.2.2.6 吸附再生法

吸附再生法又名接触稳定法。传统活性污泥法把活性污泥对有机物的吸附凝聚和氧化分解混在同一曝气池内进行，适于处理溶解的有机物。对含有大量悬浮和胶体颗粒的废水，可充分利用活性污泥对其初期吸附量大的特点，将吸附凝聚和氧化分解分别在两个曝气池中进行，从而出现了吸附再生法。主要特点是将活性污泥法对有机污染物降解的两个过程-吸附、代谢稳定，分别在各自的反应器内进行。

曝气池被一分为二，废水先在吸附池内停留数十分钟，待有机物被充分吸附后，再进入二沉池进行泥水分离。分离出的活性污泥一部分作为剩余污泥排掉，另一部分回流入再生池继续曝气。再生池中只曝气不进废水，使活性污泥中吸附的有机物进一步氧化分解，然后返回吸附池。由于再生池仅对回流污泥进行曝气（剩余污泥不必再生），故节约了空气量，且可缩小池容。

8.2.2.7 完全混合法

污水与回流污泥进入曝气池后，立即与池内的混合液充分混合，池内的混合液是有待泥水分离的混合水。该工艺有如下特征。(1) 进入曝气池的污水很快被池内已存在的混合液所稀释、均化，入流出现冲击负荷时，池液的组成变化较小，因为骤然增加的负荷可为全池混合液所分担，而不是像推流中仅仅由部分回流污泥来承担，所以该工艺对冲击负荷有较强的适应能力，适用于处理工业废水，特别是浓度较高的工业废水。(2) 污水在曝气池内均匀分布，F/M值均等，各部分有机污染物降解工况相同，微生物群体的数量和组成几近一致，因此，有可能通过对F/M值的调整，将整个曝气池的工况控制在最佳条件，以更好地发挥活性污泥的净化功能。(3) 曝气池内混合液的需氧速率均衡。

完全混合活性污泥系统因为有机物负荷较低，微生物生长通常位于生长曲线的静止期或衰老期，活性污泥易于产生膨胀现象。

8.2.2.8 深层曝气法

曝气池的经济深度是按基建费用和运行费用来决定的。根据长期的经验，并经过多方面的技术经济比较，经济深度一般为5～6m，但随着城市的发展，普遍感到用地紧张，为了节约用地，发展了深层曝气法。

一般深层曝气池的水深可达10～20m，但超深层曝气池法，又称竖井或深井曝气，直径为1～6m，水深可达150～300m，大大节省了用地面积。同时由于水深大幅度增加，可以促进氧传递速率，处理功能几乎不受气候的影响。本工艺适用于处理高浓度有机废水。

深井曝气法的井中分隔成两个部分：下降管和上升管。污水及污泥从下降管导入，由上升管排出。在深井靠地面的井颈部分，局部扩大，以排除部分气体。经过处理后的混合液，先经真空脱气（也可以加一个小的曝气池代替真空脱气，并充分利用混合液中的溶解氧），再经二沉池固液分离。混合液也可用气浮法进行固液分离。

8.2.2.9 纯氧曝气活性污泥法

纯氧曝气活性污泥法又名富氧曝气活性污泥法，利用纯氧直接通入曝气池进行曝气，其优点是溶解氧饱和值较高，氧传递速率快，生物处理速度得以提高而曝气时间短，仅为1.5～3.0h，污泥浓度为400～8000mgMLSS/L，处理效果好。空气中的氧含量仅为21%，纯氧中的含氧量为90%～95%，氧分压比空气高4.4～4.7倍，用纯氧进行曝气能提高氧向混合液中传递的能力。纯氧曝气工艺分为密闭多段式、开放微气泡式和并流上升式等，其中尤以密闭多段式最为普遍。

8.2.2.10 吸附生物降解工艺

吸附生物降解工艺即AB工艺，是在传统两级活性污泥法和高负荷活性污泥法的基础上开发的一种新工艺，属超高负荷活性污泥法，与传统活性污泥法相比，具有负荷高、节能、对水质变化适应能力强等特点。

AB工艺为两段活性污泥法，通常不设初沉池，主要由A段曝气池、中间沉淀池、B段曝气池和二沉池等组成，两段的活性污泥各自回流。A段为生物吸附阶段，B段为生物降解阶段。A段为B段创造了良好的条件，使B段得以在较低负荷下运行。A段承受较高的有机负荷，其污泥负荷是普通活性污泥的50～100倍，水力停留时间只有30min左右，污泥龄短，只有0.3～0.4d。B段污泥负荷一般小于0.15kgBOD/(kgMLSS·d)，水力停留时间为2～4h，污泥龄为15～20d。

AB工艺的主要特点是通过水力停留时间的控制，使不同特性的微生物分居在不同反应器中，为其创造适宜的环境，使之得到良好的繁殖、生长，从而达到净化污水、提高负荷的目的。A段主要生长化能异养性细菌，世代时间长的真核微生物难以繁殖。这些细菌耐受高浓度有机负荷，对有毒化学物的抗性较高。A段的BOD去除作用主要是生物吸附，生物降解去除BOD所占比例较小，一般不超过1/3。

A段不仅能除去大部分有机物质，而且能起调节缓冲作用，为整个处理系统耐冲击、毒性和稳定运行提供了保障。由于A段的调节和缓冲，使B段的进水水质相当稳定，且负荷较低，因此，在B段中占优势的微生物主要是生长期较长，要求稳定环境的原生动物和后生动物，如钟虫、轮虫等，它们吞食由A段来的细菌和有机物颗粒，过滤、净化污水，并促使生物絮凝，提高出水水质。

8.2.2.11　序批式活性污泥法

序批式活性污泥法简称SBR工艺。工艺运行包括进水、反应、沉淀、排水、静置5个工序，反应器的运行特点是间歇操作，因此亦称为间歇式活性污泥法。在SBR工艺中，因污水一次性投入反应器，有机物浓度随时间变化而减少，至反应后期污染物浓度较低，这种变化能较好地抑制丝状细菌，而有利于菌胶团形成菌的生长。另外，SBR反应器中，通过控制曝气可实现厌氧和好氧交替的状态，可以抑制专性好氧丝状菌的过度繁殖。因此，SBR工艺能有效地防止污泥膨胀现象的发生，从而提高了污泥的沉降性能。

通过控制反应工序的曝气时间和其他工序的持续时间，在反应器内可以实现厌氧—缺氧—好氧条件的交替，又可获得脱氮除磷的效果。与传统活性污泥法相比，SBR工艺具有投资少、处理效率高等特点，适用于中、小水量的处理，具有广阔的应用前景。在我国，SBR工艺已经成功地应用于屠宰废水、苯胺废水、啤酒废水、化工废水、淀粉废水等的处理。

8.2.2.12　氧化沟

氧化沟又称循环曝气池，是20世纪50年代由荷兰的巴斯维尔所开发的一种污水活性污泥处理改良技术。氧化沟的构造形式多样、运行灵活，一般呈环形沟渠状，平面多为椭圆形、圆形或马蹄形，总长可达到几十米，甚至百米以上。在流态上，氧化沟介于完全混合和推流之间。这样有利于活性污泥的生物凝聚作用，而且可以将其划分为富氧区、缺氧区，用以进行硝化和反硝化，从而取得脱氮的效果。氧化沟工艺流程简单，本身兼作沉淀池，可不另设二沉池，构筑物少，运行管理方便。氧化沟同延时曝气法类似，BOD负荷低，对水温、水质、水量的变动有较强的适应性；污泥龄较长可达15～30d。可生长世代时间长、增殖速度慢的微生物，如硝化菌，故一般的氧化沟可使污水中的氨氮达到95%～99%的硝化程度。如果设计运行得当，还能具有反硝化脱氮的效果。活性污泥在氧化沟内的停留时间很长，排出的剩余污泥已得到高度稳定，因此只需进行浓缩和脱水处理，从而省去了污泥消化池。

8.3　生物膜法

生物膜法中最常用的形式为生物滤池。生物滤池（滴滤池）为附着型或固定膜型反应器。在这种反应器内微生物形成了生物膜附着在滤料上，用以处理污水。早期的生物滤池的处理负荷低即所谓低负荷生物滤池，后来提高了负荷就称为高负荷生物滤池，也简称生物滤池。近年来又发展了若干改进型固定膜反应器，如生物转盘、生物流化床等。各种固定膜反应器在微生物的种类及作用方面有类似之处。下面以生物滤池为代表，说明各种微生物的作用及生物滤池的生态学。

8.3.1 好氧生物膜中的微生物群落

8.3.1.1 好氧生物膜介绍

好氧生物膜是由多种多样的好氧微生物和兼性厌氧微生物黏附在生物滤池滤料上或黏附在生物转盘盘片上的一层黏性、薄膜状的微生物混合群体。它是生物膜法净化污水的工作主体。生物滤池建成后，就开始进水，不需要接种，因为污水中含有滤池生物膜需要的各种微生物。在夏天约3～4周就可在滤料上长成正常的生物膜；冬天约需2个月。生物膜上生长着一个复杂的生物群体。普通滤池的生物膜厚度约2～3mm，在BOD负荷大、水力负荷小时生物膜增厚，此时，生物膜的里层供氧不足，呈厌氧状态。当进水流速增大时，一部分脱落，在春、秋两季发生生物相的变化。微生物量通常以每平方米滤料上的生物膜干重表示，或每立方米滤料上的生物膜干重表示。

8.3.1.2 好氧生物膜中的微生物种群及其功能

普通滤池内生物膜的微生物群落有生物膜生物、生物膜面生物及滤池扫除生物。生物膜生物以细菌为主要组分，大多是革兰阴性菌，如无色杆菌、黄杆菌、极毛杆菌、产碱杆菌等，其中很多都能形成菌胶团，辅以浮游球衣菌、藻类等。它们起净化和稳定污水水质的功能。生物膜面生物是固着型纤毛虫（如钟虫、累枝虫、独缩虫等），游泳型纤毛虫（如楯纤虫、斜管虫、尖毛虫、豆形虫等）及微型后生动物，它们起促进滤池净化速度、提高滤池整体处理效率的功能。滤池扫除生物有轮虫、线虫、寡毛类的沙蚕、颗体虫等，它们起去除滤池内的污泥、防止污泥积聚和堵塞的功能。此外，还有一些其他种类的小型动物，如轮虫、蠕虫、昆虫的幼虫，甚至灰蝇等小动物也会在滤池（特别是低负荷滤池）内生长繁殖。灰蝇很小，能穿过纱窗、不咬人，但能飞进人或动物的耳、鼻、眼和口。它们飞行距离不超过数百米，有风时则可被带至较远地区。

8.3.1.3 好氧生物膜的结构

好氧生物膜（图8-4）在滤池内的分布不同于活性污泥，生物膜附着在滤料上不动，污水自上而下淋洒在生物膜上。就一滴水为例，水滴从上到下与生物膜接触，几分钟内污水中的有机和无机杂质逐级被生物膜吸附。滤池内不同高度（不同层次）的生物膜所得到的营养（有机物的组分和浓度）不同，致使不同高度的微生物种群和数量不同，微生物相是分层的。若把生物滤池分上、中、下三层，则上层营养物浓度高，生长的多为细菌，有少数鞭毛虫。中层微生物得到的除污水中的营养物外，还有上层微生物的代谢产物，微生物的种类比上层稍多，有菌胶团、浮游球衣菌、鞭毛虫、变形虫、豆形虫、肾形虫等。下层有机物浓度低，低分子有机物占多数，微生物种类更多，除菌胶团、浮游球衣菌外，还有以钟虫为主的固着型纤毛虫和少数游泳型纤毛虫，例如楯纤虫和漫游虫，还有轮虫等。

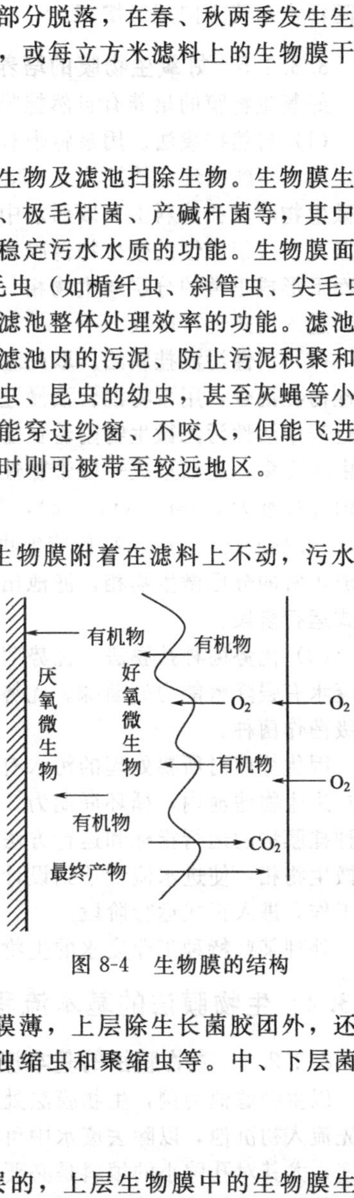

图8-4 生物膜的结构

若处理含低浓度有机物、高NH_3的微污染源水时，生物膜薄，上层除生长菌胶团外，还生长较多的藻类（因上层阳光充足）；有较多的钟虫、盖纤虫、独缩虫和聚缩虫等。中、下层菌胶团长势逐级下降。

8.3.1.4 好氧生物膜的净化作用机理

好氧生物膜的净化作用见图8-5。生物膜在滤池中是分层的，上层生物膜中的生物膜生物（絮凝性细菌及其他微生物）、生物膜面生物（固着型纤毛虫、游泳型纤毛虫）及微型后生动物吸附污水中的大分子有机物，将其水解为小分子有机物。同时生物膜生物吸收溶解性有机物和经水

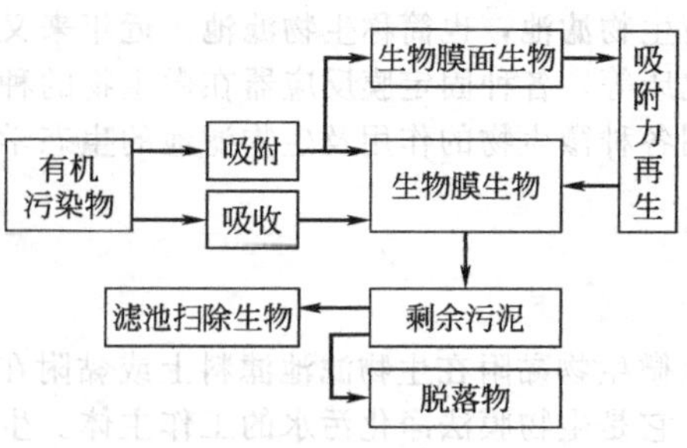

图 8-5　好氧生物膜净化作用模式

解的小分子有机物进入体内，并进行氧化分解，利用吸收的营养构建自身细胞。上一层生物膜的代谢产物流向下层，被下一层生物膜生物吸收，进一步被氧化分解为 CO_2 和 H_2O。老化的生物膜和游离细菌被滤池扫除生物（轮虫、线虫、颗体虫等）吞食。通过以上微生物化学和吞食作用，污水得到净化。

生物转盘的生物膜与生物滤池的基本相同，不同之处是：生物转盘是推流式，污水从始端流向末端，生物膜随盘片转动，盘片上的生物膜有 40%～50%浸没在污水中，其余部分与空气接触而获得氧，两半盘片上的生物膜与污水、空气交替接触。微生物的分布从始端向末端依次分级，微生物的种类随污水水流方向逐级增多。

8.3.1.5　好氧生物膜的培养

好氧生物膜的培养有自然挂膜法、活性污泥挂膜法和优势菌挂膜法。

(1) 自然挂膜法。用泵将带有自然菌种的污水慢速通入空的塔式生物滤池（或其他生物滤池）内，不断循环，周期为 3～7d，之后改为慢速连续进水。在此过程中污水中的自然菌种和空气微生物附着在滤料上，以污水中的有机物为营养，生长繁殖。滤料上的微生物量由少变多，逐渐形成一层带黏性的微生物薄膜，即生物膜。当进水流量或水力表面负荷达到设计值时，滤池自上而下形成正常的分层微生物相。当滤池出水的化学指标接近排放标准，即完成生物膜的培养工作，进入正式运行阶段。

(2) 活性污泥挂膜法。取处理生活污水或处理工业废水的活性污泥作菌种。用本厂的污水和活性污泥混合，用泵将混合液慢速打入滤池内，循环周期为 3～7d，之后改为慢速连续进水。在此过程中活性污泥微生物附着在滤料上，以污水中的有机物为营养，生长繁殖。滤料上的微生物量由少变多，逐渐形成一层带黏性的微生物薄膜，即生物膜。当进水流量或水力表面负荷达到设计值［标准为 $1\sim4m^3/(m^2\cdot d)$，高负荷生物滤池的表面负荷为 $20m^3/(m^2\cdot d)$］，BOD_5 负荷为 $0.1\sim0.4kg/(m^3\cdot d)$，高负荷生物滤池的 BOD_5 负荷为 $0.5\sim2.5kg/(m^3\cdot d)$ 时，滤池自上而下形成正常的分层微生物相。滤池出水的化学指标接近排放标准，即完成生物膜的培养工作，进入正式运行阶段。

(3) 优势菌种挂膜法。优势菌种是从自然环境或污水处理中筛选和分离而获得的、对某种工业废水有强降解能力的菌株。优势菌种也可通过遗传育种获得优良菌种，甚至通过基因工程构建超级菌作菌种。

因优势菌对所要处理的污水有强的降解能力，所以用污水和优势菌充分混合，用泵慢速将菌液打进生物滤池内，循环周期为 3～7d，使优势菌黏附于滤料上，然后以慢流速连续进水。优势菌种挂膜法的运行指标和运行方法与活性污泥挂膜法基本相同。当滤池内自上而下形成正常的分层微生物相，使进水流量达到设计值，滤池出水的化学指标接近排放标准时，即完成生物膜的培养工作，进入正式运行阶段。

处理某些特种工业废水的生物滤池挂膜最适合用优势菌种挂膜法。

8.3.2　生物膜法的基本流程及特征

8.3.2.1　生物膜法的基本流程

以生物滤池为例，生物膜法处理有机废水的基本流程由初沉池、生物滤池和二沉池组成。废水先流入初沉池，以除去废水中可能出现的悬浮固体，保证生物膜法的反应器——生物滤池不受堵塞，尤其对孔隙小的填料是必要的，并减轻其处理负荷。含有污染物的污水从上而下从长有丰富生物膜的滤料的空隙间流过，与生物膜中的微生物充分接触，其中的有机污染物被微生物吸附并进一步降解，使得污水得以净化，微生物利用有机物合成自身细胞物质。老化的生物膜不断脱落下来，随水流入二沉池被沉淀去除。与活性污泥工艺的流程不同的是，在生物滤池中常采用出水回流，而基本不会采用污泥回流，因此从二沉池排出的污泥全部作为剩余污泥进入污泥处理流程进一步处理。出水回流的主要作用是当进水浓度较大时，生物膜增长过快，采用出水回流，以稀释进水有机物浓度和提高生物膜反应器的水力负荷，加大水流对生物膜的冲刷作用，更新生物膜，避免生物膜的过量累积，从而维持良好的生物膜活性和合适的膜厚度，但出水回流并不是必不可少的。

8.3.2.2 生物膜法的特征

与传统活性污泥法相比，生物膜法处理污水技术因为操作方便、剩余污泥少、抗冲击负荷等特点，适合于中小型污水处理厂工程，在工艺上有如下几方面特征。

(1) 微生物方面的特征

① 微生物种类丰富，生物的食物链长。相对于活性污泥法，生物膜载体（滤料、填料）为微生物提供了固定生长的条件，以及较低的水流、气流搅拌冲击，利于微生物的生长增殖。因此，生物膜反应器为微生物的繁衍、增殖及生长栖息创造了更为适宜的生长环境，除大量细菌以及真菌生长外，线虫类、轮虫类及寡毛虫类等出现的频率也较高，还可能出现大量丝状菌，不仅不会发生污泥膨胀，还有利于提高处理效果。

另外，生物膜上能够栖息高营养本平的生物，在捕食性纤毛虫、轮虫类、线虫类之上，还栖息着寡毛虫和昆虫，在生物膜上形成长于活性污泥的食物链。

较多种类的微生物，较大的生物量，较长的食物链，有利于提高处理效果和单位体积的处理负荷，也有利于处理系统内剩余污泥量的减少。

② 存活世代时间较长的微生物，有利于不同功能的优势菌群分段运行。由于生物膜附着生长在固体载体上，其生物固体平均停留时间（污泥泥龄）较长，在生物膜上能够生长世代时间较长、增殖速率慢的微生物，如硝化菌、某些特殊污染物降解专属菌等，为生物处理分段运行及分段运行作用的提高创造了更为适宜的条件。

生物膜处理法多分段进行，每段繁衍与进入本段污水水质相适应的微生物，并形成优势菌群，有利于提高微生物对污染物的生物降解效率。硝化菌和亚硝化菌也可以繁殖生长，因此生物膜法具有一定的硝化功能，采取适当的运行方式，具有反硝化脱氮的功能。分段进行也有利于难降解污染物的降解去除。

(2) 处理工艺方面的特征

① 对水质、水量变动有较强的适应性。生物膜反应器内有较多的生物量，较长的食物链，使得各种工艺对水质、水量的变化都具有较强的适应性，耐冲击负荷能力较强，对毒性物质也有较好的抵抗性。一段时间中断进水或遭到冲击负荷破坏，处理功能不会受到致命的影响，恢复起来也较快。因此，生物膜法更适合于工业废水及其他水质水量波动较大的中小规模污水处理。

② 适合低浓度污水的处理。在处理水污染物浓度较低的情况下，载体上的生物膜及微生物能保持与水质一致的数量和种类，不会发生在活性污泥法处理系统中，污水浓度过低会影响活性污泥絮凝体的形成和增长的现象。生物膜处理法对低浓度污水，能够取得良好的处理效果，正常运行时可使 BOD_5 为 20～30mg/L（污水），出水 BOD_5 值降至 10mg/L 以下。所以，生物膜法更适用于低浓度污水处理和要求优质出水的场合。

③ 剩余污泥产量少。生物膜中较长的食物链，使剩余污泥量明显减少。特别在生物膜较厚时，厌氧层的厌氧菌能够降解好氧过程合成的剩余污泥，使剩余污泥量进一步减少，污泥处理与处置费用随之降低。通常，生物膜上脱落下来的污泥，相对密度较大，污泥颗粒个体也较大，沉沉性能较好，易于固液分离。

④ 运行管理方便。生物膜法中的微生物是附着生长，一般无需污泥回流，也不需要经常调整反应器内污泥量和剩余污泥排放量，且生物膜法没有丝状菌膨胀的潜在威胁，易于运行维护与管理。另外，生物转盘、生物滤池等工艺，动力消耗较低，单位污染物去除耗电量较少。

生物膜法的缺点在于滤料增加了工程建设投资，特别是处理规模较大的工程，滤料投资所占比例较大，还包括滤料的周期性更新费用。生物膜法工艺设计和运行不当可能发生滤料破损、堵塞等现象。

8.3.3 生物膜反应器

8.3.3.1 生物滤池

普通生物滤池（biological filter）又名滴滤池（trickling filiter），是生物滤池早期出现的一种类型，污水通过一层表面布满生物膜的滤料得以净化。填料一般采用碎石、卵石和炉渣，厚度为1.5～2m，多数采用自然通风。特点是结构简单，管理方便，但是卫生条件差，容易滋生蚊蝇，处理效果低。水力负荷一般为1～3m^3/(m^2·d)，BOD容积负荷一般小于0.3kg/(m^3·d)。

高负荷生物滤池是生物滤池的第二代工艺，是在改善普通生物滤池净化功能和克服运行中的实际弊端的基础上开创的。高负荷生物滤池大幅度地提高了滤池的负荷率，其BOD容积负荷率高于普通生物滤池6～8倍，水力负荷率则高达10倍。

塔式生物滤池内部通风情况良好，污水从上向下滴落，水流紊动强烈，污水、空气、滤料上的生物膜三者接触充分，充氧效果良好，污染物质传质速度快；塔式生物滤池内存在明显的分层现象，各层生长着适应该层污水特征的微生物群落，有利于微生物的增殖、代谢，这些都有助于对有机污染物的降解和去除，从而使塔式生物滤池具有独特优势。该工艺水力负荷可达80～200m^3/(m^2·d)，为一般高负荷生物滤池的2～10倍，BOD容积负荷率达到1～2kg/(m^3·d)。高有机物负荷率使生物膜生长迅速，高水力负荷又使生物膜受到强烈的水力冲刷，从而使生物膜不断脱落、更新。因此，塔式生物滤池内的生物膜能保持较好的活性。但是生物膜生长过快，容易产生滤料的堵塞，对此，进水的BOD_5应控制在500mg/L以下，否则需采取处理水回流稀释的措施。

曝气生物滤池（aerated biological filter）是20世纪80年代末和90年代初在欧美兴起的一种污水生物处理技术，起初用作三级处理，后发展成直接用于二级处理。其结构与普通生物滤池相似，但进行人工曝气，污水的流向可以是自上而下（下流式）也可以是自下而上（上流式）。BOD容积负荷率达到5kg/(m^3·d)。上流式曝气生物滤池的污水从滤池底部流入，滤池内水的流动性好，不易堵塞。下流式曝气生物滤池的污水从上部流入，通过填料进入排水系统，空气从排水系统上方进入滤池，空气的流向和污水的流向相反，提高了氧的传递速率和充氧效率。溶解性的有机物通过生物降解，而悬浮性物质通过滤层的过滤被去除。滤池需进行定期反冲洗以去除截留在滤料里的悬浮物，维持较高的生物活性。

8.3.3.2 生物转盘

生物转盘（rotating biological disk）由盘片、接触反应槽、转轴及驱动装置组成。接触反应槽内充满污水，转盘面积的40%左右浸在污水中，生物转盘以较低的速度在槽内转动，转盘交替地和空气与污水接触。经过一段时间后，转盘上附着一层栖息着大量微生物的生物膜。微生物种类组成逐渐稳定，其新陈代谢功能逐步发挥出来并达到稳定的程度，污水中的有机物就被生物膜所吸附降解。转盘离开污水与空气接触，生物膜上的固着水层从空气中吸收氧，并将其传递到生物膜和污水中，使槽内污水的溶解氧达到一定的浓度，甚至可达到饱和。在转盘上附着的生物膜与污水以及空气之间，除有机物和氧外，还进行着其他物质，如CO_2、NH_3等的传递。生物膜逐渐增厚，在内部形成厌氧层并开始老化。老化的生物膜在污水水流与盘面之间产生的剪切力作用下剥落，剥落的生物膜在二沉池内被截流。生物膜脱落形成的污泥，密度较高，易于沉淀。

近20年来出现了一些生物转盘新工艺，如空气驱动生物转盘。该工艺利用空气的浮力使转盘转动，特点是槽内溶解氧高，在相同负荷条件内，BOD的去除率较高；生物膜较薄，活性较强；通过调节空气量可改变转盘的转速，空气量调节装置可根据溶解氧的变化自动运行；易于维修管理等。

为了提高二级处理工艺的效率，节省用地，近年来还出现了将生物转盘和其他处理设施相结合的方案。如与沉淀池结合的生物转盘，适用于小型生活污水处理站；与曝气池组合的生物转盘能提高原有设备的处理效率，占地面积小，微生物增殖迅速，活性强，生物量高。处理效果稳定；污泥量少且易沉淀；负荷选择适宜并可取得硝化的效果。

藻类生物转盘加大了盘间距，增加受光面，接种经筛选的藻类，在盘面上形成了藻菌互生系统，使污水得到净化。藻类光合作用释放氧，提高了水中的溶解氧，为好氧菌提供了丰富的氧源，而异养微生物代谢产生的CO_2成为藻类主要的碳源，又促进了藻类的光合作用。

8.3.3.3 生物接触氧化法

生物接触氧化法（biological contact oxidation process）又称淹没式生物滤池，是介于活性污泥和生物滤池之间的一种工艺。接触氧化池内有填料，填料的表面生长着生物膜，还有一部分微生物以絮状污泥的形式生长于水中，因此兼具活性污泥和生物滤池的特点。该工艺使用多种形式的填料，有利于氧的转移；溶解氧丰富，适于微生物繁殖生长；既能生长出氧化能力较强的球衣菌属的丝状菌，又不会发生污泥膨胀；填料表面全为微生物所布满，由于丝状菌的大量滋生，却形成一立体结构的密集的生物网，起到类似过滤的作用，能有效地提高净化效果；生物膜表面不断接受曝气吹脱，宜于提高氧的利用率，也有利于保持生物膜的活性，抑制厌氧膜的增殖；污泥生成量少且颗粒较大易于沉淀。因此，生物接触氧化法能接受较高的有机负荷率，处理效率高，有利于缩小容积，减少占地面积，还可以作为三级处理用于脱氮。但如运行或设计不当，填料可能堵塞，布水、曝气不易均匀，可能在局部部位出现死角。

8.3.3.4 生物流化床

生物流化床（biological fluidized bed）是以砂、活性炭、焦炭一类的较小惰性颗粒为载体填充在反应器内，污水以一定的流速从下向上流动，使载体处于流化状态，是一种强化生物处理、提高微生物降解能力的高效工艺。在原理上，它通过载体表面的生物膜发挥去除作用，但又有别于生物滤池、生物转盘等生物膜反应器。在生物流化床中，生物膜随载体颗粒在水中呈悬浮状态，反应器内在游离生物膜和菌胶团，因此具备活性污泥的一些特征，使之在微生物浓度、传质条件、生化反应速率等方面有以下一些优势。

(1) 生物流化床采用较小粒径固体颗粒作载体，为微生物提供了栖息生长的巨大面积，因此反应器内生物量大，容积负荷高。微生物浓度可达到40～50g/L，BOD容积负荷可达3～6kg/(m^3·d)，甚至更高。

(2) 生物颗粒在流化床内不断相互摩擦和碰撞，使得生物膜厚度较薄，一般在0.2mm以下，且较均匀，生物膜的呼吸率约为活性污泥的两倍，可见其反应速率快，微生物的活性较高。

(3) 流化态的操作方式反应器创造了良好传质条件，气-固-液界面不断更新，氧与基质的传递速率明显提高，有利于微生物的吸附和降解。

(4) 由于生物浓度和传质效率都高，污水在床中的停留时间就短，因此耐荷冲击能力显著增加。设备小占地面积少，易于操作管理。

尽管生物流化床有上述诸多优点，但其应用范围和规模远不及活性污泥、生物接触氧化，也不及生物滤池，其中最主要的原因是流化床本身的特点使之对设计和管理技术要求较高，风险较大，这也是限制生物流化床普及的原因。

8.4 自然处理法

污水的稳定塘和土地处理技术具有处理成本低运行管理方便，可同时有效去除BOD、病原菌、重金属、有毒有机物及氮、磷营养物质的特点。该技术在面源污染和村镇污水的治理方面具有一定的优越性。

8.4.1 稳定塘

稳定塘（stabilization pond），又称氧化塘（oxidation pond），是一种天然的或经人工构筑的污水净化系统。污水在塘内经较长时间的停留、贮存，通过微生物（细菌、真菌、藻类、原生动物等）的代谢活动，以及相伴随的物理的、化学的、物理化学的过程，使污水中的有机污染物、营养素和其他污染物质进行多级转换、降解和去除，从而实现污水的无害化、资源化与再利用。

稳定塘既可作为二级生物处理，相当于传统的生物处理，也可作为二级生物处理出水的“精制”或“深度”处理工艺技术。实践证明，设计合理、运行正常的稳定塘系统，其出水水质常常相当甚至优于二级生物处理的出水。当然，在不理想的气候条件下，出水水质也会比生物法的出水差。不同类型、不同功能的稳定塘可以串联起来分别作预处理或后处理用。

生物稳定塘的主要优点是处理成本低，操作管理容易。此外，生物稳定塘不仅能取得良好的BOD去除效果，还可以有效地去除氮、磷营养物质及病原菌、重金属、有毒有机物。它的主要缺点是占地面积大，处理效果更受环境条件影响大，处理效率相对较低，可能产生臭味滋生蚊蝇，不宜建设在居住区附近。

稳定塘的主要生物有细菌、藻类、原生动物和微型后生动物、水生植物以及其他水生动物。分解有机污染物的异养细菌在该系统中具有关键的作用，藻类在光合作用中放出氧气，改善了水中的溶解氧条件，使得其他生物能够进行正常的生命活动；而其他水生植物和水生动物的生命活动从不同途径强化了系统的净化功能。

稳定塘按塘水中微生物优势群体类型和塘水的溶解氧状况可分为好氧塘、兼性塘、厌氧塘和曝气塘。按用途又可分为深度处理塘、强化塘、贮存塘和综合生物塘等。上述不同性质的塘组合成的塘称为复合稳定塘。此外，还可以用排放间歇或连续、污水进塘前的处理程度或塘的排放方式（如果用到多个塘的时候）来进行划分。

8.4.1.1 好氧塘

好氧塘（aerobic pond）是一类在有氧状态下净化污水的稳定塘，它完全依靠藻类光合作用和塘表面风力搅动自然复氧供氧。通常好氧塘都是一些很浅的池塘，塘深一般为15～50m，至多不大于1m，污水停留时间一般为2～6d。好氧塘一般适于处理BOD_5小于100mg/L的污水，多用于处理其他处理方法的出水，其出水溶解性BOD_5低而藻类固体含量高，因而往往需要补充除藻处理过程。好氧塘按有机负荷的高低又可分为高负荷好氧塘、普通好氧塘和深度处理好氧塘。

好氧塘内存在着细菌、藻类和原生动物的共生系统。有阳光照射时，塘内的藻类进行光合作用，释放出氧，同时，由于风力的搅动，塘表面还存在自然复氧，二者使塘水呈好氧状态。塘内的好氧型异养细菌利用水中的氧，通过好氧代谢氧化分解有机污染物并合成本身的细胞质（细胞增殖），其代谢产物CO_2则是藻类光合作用的碳源。藻类吸收光能，从CO_2、H_2O、无机盐合成其细胞质（大多数藻类需要CO_2形式的无机碳）。

藻类光合作用使塘水的溶解氧和pH值呈昼夜变化。在白昼，藻类光合作用释放的氧，超过细菌降解有机物的需氧量，此时塘水的溶解氧浓度很高，可达到饱和状态，塘水的pH值升高。夜间，藻类停止光合作用，且由于生物的呼吸消耗氧，水中的溶解氧浓度下降，pH值下降，凌晨时达到最低。阳光再照射后，溶解氧再逐渐上升。

好氧塘内的生物种群主要有细菌、藻类、原生动物、后生动物、水蚤等。细菌主要生存在水深0.5m的上层，浓度约为$1\times10^8\sim5\times10^9$个/mL，主要种属与活性污泥和生物膜相同。好氧塘的细菌绝大部分属兼性异养菌，这类细菌以有机物如碳水体合物、有机酸等作为碳源，并以这些物质分解过程中产生的能量维持其生理活动的能源，其营养氮源为含氮化合物。细菌对有机污染物的降解起主要作用。

藻类在好氧塘中起重要的作用，它可以进行光合作用，是塘水中溶解氧的主要提供者。藻类主要有绿藻、蓝绿藻两种，有时也会出现褐藻，但它一般不能成为优势藻类。藻类的种类和数量与塘的负荷有关，反映塘的运行状况和处理效果。若塘水营养物质浓度过高，会引起藻类异常繁殖，产生藻类水华，此时藻类聚结形成蓝绿色絮状体和胶团状体，使塘水浑浊。

原生动物和后生动物的种属数与个体数，均比活性污泥法和生物膜法少。水蚤捕食藻类和细菌，本身又是好的鱼饵，但过分增殖会影响塘内细菌和藻类的数量。

8.4.1.2 兼性塘

兼性塘（facultative pond）是指在上层有氧、下层无氧的条件下净化污水的稳定塘，是最常用的塘型，见图 8-6。其塘深通常为 1.0～2.0m。兼性塘上部有一个好氧层，下部是厌氧层，中层是兼性区。污泥在底部进行消化，常用水力停留时间为 5～30d。兼性塘运行效果主要取决于藻类光合作用产氧量和塘表面的复氧情况。

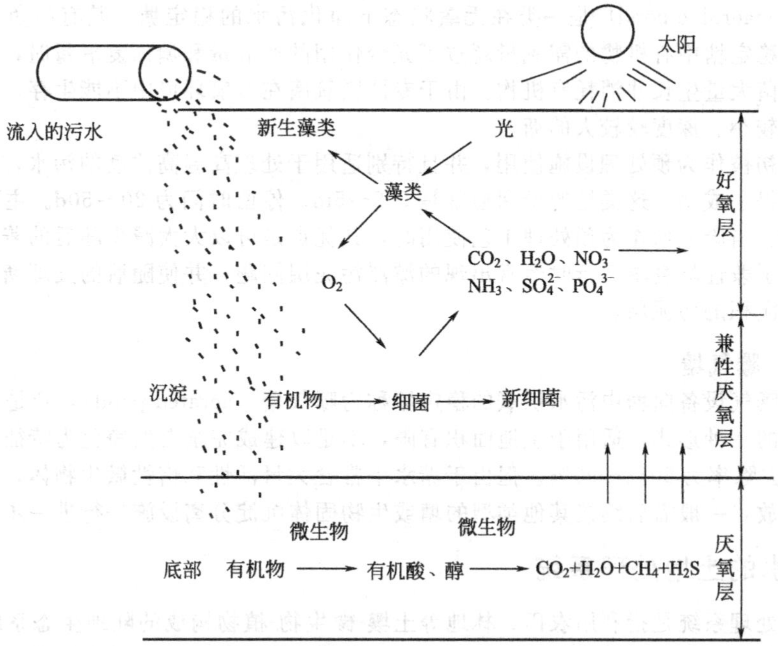

图 8-6　兼性塘处理污水的作用机理

兼性塘常被用于处理小城镇的原污水以及中小城市污水处理厂一级沉淀处理后出水或二级生物处理后的出水。处理工业废水时，可接在曝气塘或厌氧塘之后作为二级处理塘使用。兼性塘的运行管理极为方便，较长的污水力停留时间使它能经受污水水量、水质的较大波动而不致严重影响出水质量。此外，为了使 BOD 面积负荷保持在适宜的范围之内，兼性塘需要的土地面积很大。

兼性塘的好氧区对有机污染物的净化机理与好氧塘基本相同。在好氧区进行的各项反应与存活的生物相也基本与好氧塘相同。但由于污水的停留时间长，有可能生长繁殖多种种属的微生物，如硝化菌等，由此也会进行较为复杂的反应，如硝化反应等。

兼性区的塘水溶解氧较低，且时有时无。这里的微生物是异养型兼性细菌，它们既能利用水中的溶解氧氧化分解有机污染物，也能在无分子氧的条件下，以 NO_3^-、CO_3^{2-} 作为电子受体进行无氧代谢。

厌氧区没有溶解氧。可沉物质和死亡的藻类、菌类在此形成污泥层，污泥层中的有机质由厌氧微生物对其进行厌氧分解。与一般的厌氧发酵反应相同，其厌氧分解包括酸发酵和甲烷发酵两个过程。发酵过程中未被甲烷化的中间产物（如脂肪酸、醛、醇等）进入塘的上、中层，由好氧菌和兼性菌继续进行降解。CO_2、NH_3 等代谢产物进入好氧层，部分逸出水面，部分参与藻类的光合作用。

由于兼性塘的净化机理比较复杂，因此兼性塘去除污染物的范围比好氧处理系统广泛，它不仅可去除一般的有机污染物，还可有效地去除磷、氮等营养物质和某些难降解的有机污染物，如木质素、有机氯农药、合成洗涤剂、硝基芳烃等。它不仅用于处理城市污水，还被用于处理石油化工、有机化工、印染、造纸等工业废水。

兼性塘中的生物种群与好氧塘基本相同，但由于其存在兼性区和厌氧区，使产酸菌和厌氧菌得以生长。在缺氧条件下，属兼性异养菌的产酸菌可将有机物分解为乙酸、丙酸、丁酸等有机酸和醇类。产酸菌对温度及 pH 值的适应性较强，常存在于兼性塘的较深处。厌氧菌常见于兼性塘污泥区，产甲烷菌即是其中之一，它将有机酸转化为甲烷和 CO_2，但甲烷水溶性差，将很快地逸出水面，达到塘内有机物降解的目的，且污泥在此过程中也可以减量。在厌氧塘内常见的还有厌氧的脱硫弧菌，它能使硫酸盐还原成硫化氢。

8.4.1.3 厌氧塘

厌氧塘（anaerobic pond）是一类在无氧状态下净化污水的稳定塘，其有机负荷高、以厌氧反应为主。当稳定塘中有机物的需氧量超过了光合作用的产氧量和塘面复氧量时，该塘即处于厌氧条件，厌氧菌大量生长并消耗有机物。由于专性厌氧菌在有氧环境中不能生存，因而厌氧塘常是一些表面积较小、深度较较大的塘。

厌氧塘最初被作为预处理设施使用，并且特别适用于处理高温高浓度的污水，在处理城镇污水方面也已取得了成功。这类塘的塘深通常是2.5～5m，停留时间为20～50d。主要的反应是酸化和甲烷发酵。当厌氧塘作为预处理工艺使用时，其优点是可以大大减少随后的兼性塘、好氧塘的容积，消除了兼性塘夏季运行时经常出现的漂浮污泥层问题，并使随后的处理塘中不致形成大量导致塘最终淤积的污泥层。

8.4.1.4 曝气塘

通过人工曝气设备向塘中污水供氧的稳定塘称为曝气塘（aerated pond），乃是人工强化与自然净化相结合的一种形式，适用于土地面积有限，不足以建成完全自然净化为特征的塘系统。曝气塘 BOD_5 的去除率为50%～90%。但由于塘水中常含大量活性和惰性微生物体，因而曝气塘出水不宜直接排放，一般需后续接其他类型的塘或生物固体沉淀分离设施进行进一步处理。

8.4.2 污水的土地处理系统

污水土地处理系统是指利用农田、林地等土壤-微生物-植物构成的陆地生态系统对污染物进行净化处理的生态工程；它能在处理城镇污水及工业废水的同时，通过营养物质和水分的生物地球化学循环，促进绿色植物生长，实现污水的资源化与无害化。

污水土地处理系统具有明显的优点：(1) 促进污水中植物营养素的循环，污水中的有用物质通过作物的生长而获得再利用；(2) 可利用废劣土地、坑塘洼地处理污水，基建投资省；(3) 使用机电设备少，运行管理简便低廉，节省能源；(4) 绿化大地，增添风景美色，改善地区小气候，促进生态环境的良性循环；(5) 污泥能得到充分利用，二次污染小。

污水土地处理系统如果设计不当或管理不善，也会造成许多不良后果，如：(1) 污染土壤和地下水，特别是造成重金属污染、有机毒物污染等；(2) 导致农产品质量下降；(3) 散发臭味、蚊蝇滋生，危害人体健康等。

结构良好的表层土壤中存在土壤-水-空气三相体系。在这个体系中，土壤胶体和土壤微生物是土壤能够容纳、缓冲和分解多种污染物的关键因素。污水土地处理系统的净化过程包括物理过滤、物理吸附与沉积、物理化学吸附、化学反应与沉淀、微生物代谢与有机物的生物降解等过程，是一个十分复杂的净化过程。

根据处理目标和处理对象的不同，土地生态处理系统可分为慢速渗滤系统、快速渗滤系统、地表漫流系统、地下渗滤系统等几种。

8.4.2.1 慢速渗滤系统

慢速渗滤系统（slow rate infiltration system，SR系统）是将污水投配到种有作物的土壤表面，污水中的污染物在流经地表土壤-植物系统时得到充分净化的一种土地处理工艺系统。在慢速渗滤系统中，投配的污水部分被作物吸收，部分渗入地下，部分蒸发散失，流出处理场地的水量一般为零。污水的投配方式可采用畦灌、沟灌及可升降的或可移动的喷灌系统。

慢速渗滤系统适用于处理村镇生活污水和季节性排放的有机工业废水，通过收割系统种植的经济作物，可以取得一定的经济收入；由于投配污水的负荷低，污水通过土壤的渗滤速度慢，水质净化效果非常好。但由于其表面种植作物，所以慢速渗滤系统受季节和植物营养需求的影响很大；另外因为水力负荷小，土地面积需求量大。

8.4.2.2 快速渗滤系统

快速渗滤系统（rapid rate infiltration system，RI 系统）是将污水有控制地投配到具有良好渗滤性能的土壤如沙土、沙壤土表面，进行污水净化处理的高效土地处理工艺，其作用机理与间歇运行的生物砂滤池相似。投配到系统中的污水快速下渗，部分蒸发，部分渗入地下。快速渗滤系统通常淹水、干化交替运行，以使渗滤池处于厌氧和好氧交替运行状态，通过土壤及不同种群微生物对污水中组分的阻截、吸附及生物分解作用等，使污水中的有机物、氮、磷等物质得以去除。其水力负荷和有机负荷较其他类型的土地处理系统高得多。其处理出水可用于回用或回灌以补充地下水；但其对水文地质条件的要求较其他土地处理系统更为严格，场地和土壤条件决定了快速渗滤系统的适用性；而且它对总氮的去除率不高，处理出水中的硝态氮可能导致地下水污染。但其投资省，管理方便，土地面积需求量少，可常年运行。

8.4.2.3 地表漫流系统

地表漫流系统（overland flow system，OF 系统）是将污水有控制地投配到坡度和缓均匀、土壤渗透性低的坡面上，使污水在地表以薄层沿坡面缓慢流动过程中得到净化的土地处理工艺系统。坡面通常种植青草，防止土壤被冲刷流失和供微生物栖息。

地表漫流系统对污水预处理程度要求低，出水以地表径流收集为主，对地下水影响最小。处理过程中只有少部分水量因蒸发和入渗地下而损失掉，大部分径流水汇入集水沟。

地表漫流系统适用于处理分散居住地区的生活污水和季节性排放的有机工业废水。它对污水预处理程度要求低，处理出水可达到二级或高于二级处理的出水水质；投资省，管理简单；地表可种植经济作物，处理出水也可用于回用。但该系统受气候、作物需水量、地表坡度的影响大，气温降至冰点和雨季期间，其应用受到限制，通常还需要考虑出水在排入水体以前的消毒问题。

8.4.2.4 地下渗滤系统

地下渗滤系统（subsurface wastewater infiltration system，SWI 系统）是将污水有控制地投配到距地表一定深度、具有一定构造和良好扩散性能的土层中，使污水在土壤的毛细管浸润和渗滤作用下，向周围运动且达到净化污水要求的土地处理工艺系统。

地下渗滤系统属于就地处理的小规模土地处理系统。投配污水缓慢地通过布水管周围的碎石和沙层，在土壤毛细管作用下向附近土层中扩散。在土壤的过滤、吸附、生物氧化等作用下使污染物得到净化，其过程类似于污水慢速渗滤过程。由于负荷低，停留时间长，水质净化效果非常好，而且稳定。

地下渗滤系统的布水系统埋于地下，不影响地面景观，适用于分散的居住小区、度假村、疗养院、机关和学校等小规模的污水处理，并可与绿化和生态环境的建设相结合；运行管理简单；氮、磷去除能力强，处理出水水质好，处理出水可用于回用。其缺点是受场地和土壤条件的影响较大；如果负荷控制不当，土壤会堵塞；进、出水设施埋于地下，工程量较大，投资相对比其他土地处理类型要高一些。

参 考 文 献

[1] 顾夏声，胡洪营，文湘华，王慧等．水处理生物学．第 5 版．北京：中国建筑工业出版社，2011.
[2] 周群英，王士芬．环境工程微生物学．第 3 版．北京：高等教育出版社，2008.
[3] 张甲耀，宋碧玉，陈兰洲，郑连爽．环境微生物学．武汉：武汉大学出版社，2008.
[4] 高廷耀，顾国维，周琪．水污染控制工程．第 3 版．北京：高等教育出版社，2007.
[5] 李圭白，张杰．水质工程学．北京：中国建筑工业出版社，2005.
[6] 王家玲．环境微生物学．第 2 版．北京：高等教育出版社，2004.
[7] 韩伟，刘晓烨，李永峰．环境工程微生物学．哈尔滨：哈尔滨工业大学出版社，2010.
[8] 周凤霞，白京生．环境微生物．北京：化学工业出版社，2008.
[9] 王国惠．环境工程微生物学——原理与应用．第 2 版．北京：化学工业出版社，2010.

第9章 水处理工程中厌氧生物处理的原理及应用

废水厌氧生物处理技术发展至今，已有120多年的历史。早在1860年法国人Louis Mouras就把简易沉淀池改进作为污水污泥处理的构筑物使用。美国学者McCarty建议把1881年作为人工厌氧处理废水的开始，称Mouras是第一个应用厌氧消化处理的创始人。

厌氧生物处理技术经过100多年的研究和发展，被证明具有处理能力大、效率高、成本低等优点，尤其与好氧生物处理技术相比，更具有以下优势。

(1) 节省动力消耗。在厌氧处理过程中，细菌分解有机物因无分子氧呼吸，故无需向系统提供氧气，从而可节省大量电能。

(2) 可产生生物能。污泥消化和有机废水的厌氧发酵能产生大量沼气，而沼气的热值很高，可作为能源利用。

(3) 污泥产量少。有机物在好氧降解时，如碳水化合物约有2/3被合成为细胞，1/3被氧化分解提供能量。厌氧降解时，只有少量有机物被同化为细胞，而大部分被转化为CH_4和CO_2。所以，好氧处理产污泥量高，而厌氧处理产污泥量低，且污泥已稳定，可降低污泥处理费用。

(4) 对氮、磷的需要量较低。氮、磷等营养物质是组成细胞的重要元素。厌氧生物处理去除BOD_5所合成的细胞量远低于好氧生物处理，因此可减少氮和磷的需要量。对于缺乏氮、磷的有机废水采用厌氧生物处理可大大节省氮、磷的投加量，使运行费用降低。

(5) 厌氧消化对某些难降解的有机物有较好的降解能力。实践证明，一些难降解的有机工业废水，如炼焦废水、煤气洗涤废水、农业废水、印染废水等，采用常规的好氧生物处理工艺不能获得满意的处理效果，而采用厌氧生物处理则可获得较好的处理效果。近年来经研究发现，厌氧微生物具有某些脱毒和降解有害有机物的功效，而且还具有某些好氧微生物不具有的功能，如多氯链烃和芳烃的还原脱氯，芳香环还原成烷烃环结构或环的断裂等。

9.1 厌氧生物处理的微生物原理及生理特征

9.1.1 厌氧生物处理的原理

废水厌氧生物处理是环境工程中的一项重要技术，是有机废水强有力的处理方法之一。它是指在无分子氧条件下通过厌氧微生物（包括兼氧微生物）的作用，将废水中的各种复杂有机物分解转化为甲烷和CO_2等物质的过程，也称厌氧消化。它与好氧过程的根本区别在于不以分子态氧作为受氢体，而以化合态氧、碳、硫、氮等为受氢体。

9.1.1.1 两阶段理论

有机物厌氧消化过程是一个非常复杂的及多种微生物共同作用的生化过程。1930年Buswell和Neave肯定了Thumn和Reichie（1914）与Imhoff（1916）的看法，即有机物厌氧消化过程分为酸性发酵和碱性发酵两个阶段。两阶段学说可用图9-1表示。

在第一阶段，复杂的有机物，如糖类、脂类和蛋白质等，在产酸菌（厌氧和兼性厌氧菌）的

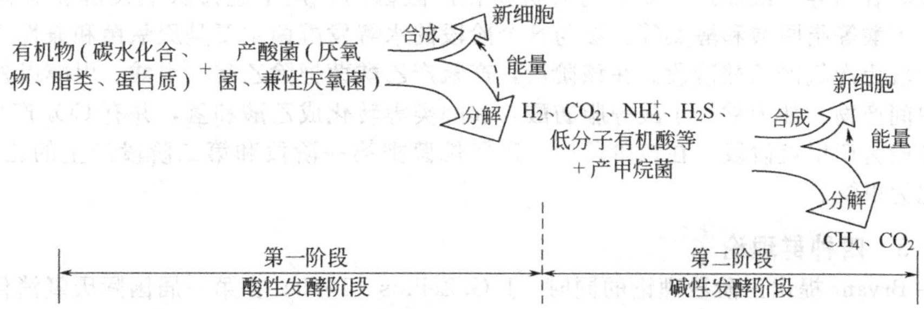

图 9-1　两阶段厌氧消化过程示意

作用下被分解成为低分子的中间产物，主要是一些低分子有机酸（如乙酸、丙酸、丁酸等）和醇类（如乙醇等），并有氢、CO_2、NH_4^+ 和 H_2S 等产生。因为该阶段中，有大量的脂肪酸产生，使发酵液的 pH 值降低，所以此阶段被称为酸性发酵阶段，或称产酸阶段。

在第二阶段，产甲烷菌（专性厌氧菌）将第一阶段产生的中间产物继续分解成甲烷和 CO_2 等。由于有机酸在第二阶段的不断被转化为甲烷和 CO_2，同时系统中有 NH_4^+ 的存在，使发酵液的 pH 值不断升高。所以，此阶段被称为碱性发酵阶段，或称产甲烷阶段。

在不同的厌氧消化阶段，随着有机物的降解，同时存在新细菌的生长。细菌生长与细菌的合成所需的能量由有机物分解过程中放出的能量提供。

因为有机物厌氧消化的最终产物主要为 CH_4 和 CO_2，而 CH_4 含有很高的能量，所以有机物厌氧降解过程放出的能量较少，即可提供给厌氧菌用于细胞合成的能量就较少，这一点恰好与厌氧菌尤其是产甲烷菌世代期较长和生长缓慢的特点相对应。

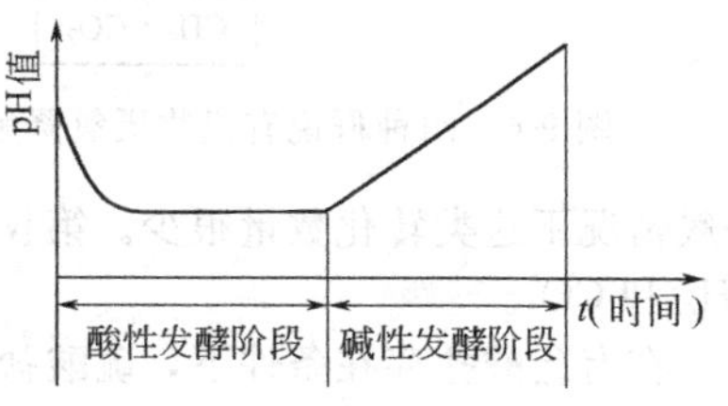

图 9-2　有机物厌氧消化过程 pH 值的变化

对于一个间歇厌氧消化反应器，消化过程中，发酵液的 pH 值变化可用图 9-2 表示。厌氧消化过程两阶段理论，几十年来一直占统治地位，在国内外有关厌氧消化的专著和教科书中一直被广泛应用。

9.1.1.2　三阶段理论

随着厌氧微生物学研究的不断进展，人们对厌氧消化的生物学过程和生化过程认识不断深化，厌氧消化理论得到不断发展。

M. P. Bryant (1979) 根据对产甲烷菌和产氢产乙酸菌的研究结果，认为两阶段理论不够完善，提出了三阶段理论。三阶段理论如图 9-3 所示。该理论认为产甲烷菌不能利用除乙酸、甲酸和甲醇等以外的有机酸和醇类，长链脂肪酸和醇类必须经过产氢产乙酸菌转化为乙酸、H_2 和 CO_2 等后，才能被产甲烷菌利用。

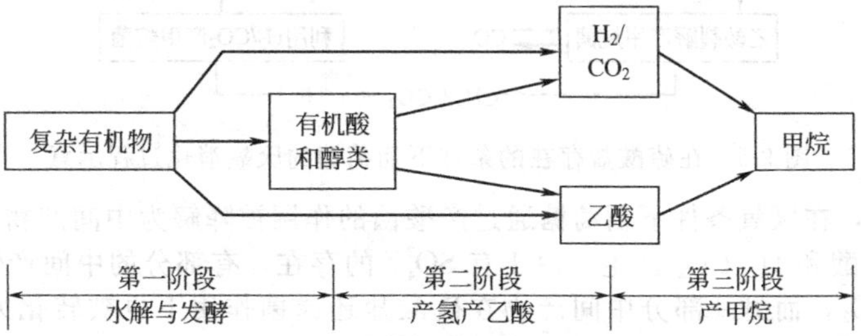

图 9-3　三阶段厌氧消化过程示意

第一阶段为水解发酵阶段。在该阶段，复杂的有机物在厌氧菌胞外酶的作用下，首先被分解成简单的有机物，如纤维素经水解转化成较简单的糖类；蛋白质转化成较简单的氨基酸；脂类转化成脂肪酸和甘油等。继而这些简单的有机物在产酸菌的作用下经过厌氧发酵和氧化转化成乙酸、丙酸、丁酸等脂肪酸和醇类等。参与这个阶段的水解发酵菌主要是厌氧菌和兼性厌氧菌。

第二阶段为产氢产乙酸阶段。在该阶段，产氢产乙酸菌把除乙酸、甲酸、甲醇以外的第一阶段产生的中间产物，如丙酸、丁酸等脂肪酸，和醇类等转化成乙酸和氢，并有 CO_2 产生。

第三阶段为产甲烷阶段。在该阶段中，产甲烷菌把第一阶段和第二阶段产生的乙酸、H_2 和 CO_2 等转化为甲烷。

9.1.1.3 四种群理论

几乎在 Bryant 提出三阶段理论的同时，J. G. Zeikus（1979）在第一届国际厌氧消化会议上提出了四种群说理论。该理论认为复杂有机物的厌氧消化过程有四种群厌氧微生物参与，这四种群是：水解发酵菌、产氢产乙酸菌、同型产乙酸菌（又称耗氢产乙酸菌）以及产甲烷菌。图 9-4 表达了四种群说关于复杂有机构的厌氧消化过程。

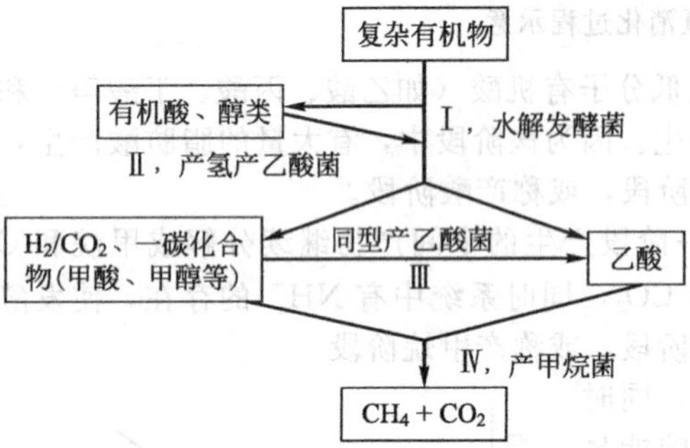

图 9-4　四种群说有机物厌氧降解示意

由图 9-4 可知，复杂有机物在第Ⅰ类种群水解发酵菌作用下被转化为有机酸和醇类。第Ⅱ类种群产氢产乙酸菌把有机酸和醇类转化为乙酸和一碳化合物（甲醇、甲酸等）。第Ⅲ类种群同型产乙酸菌能利用 H_2 和 CO_2 等转化为乙酸。一般情况下这类转化数量很少。第Ⅳ类种群产甲烷菌把乙酸和一碳化合物（甲醇、甲酸）转化为 CH_4 和 CO_2。

在有硫酸盐存在条件下，硫酸盐还原菌也将参与厌氧消化过程。图 9-5 示出了在硫酸盐存在的条件下葡萄糖的厌氧消化过程。

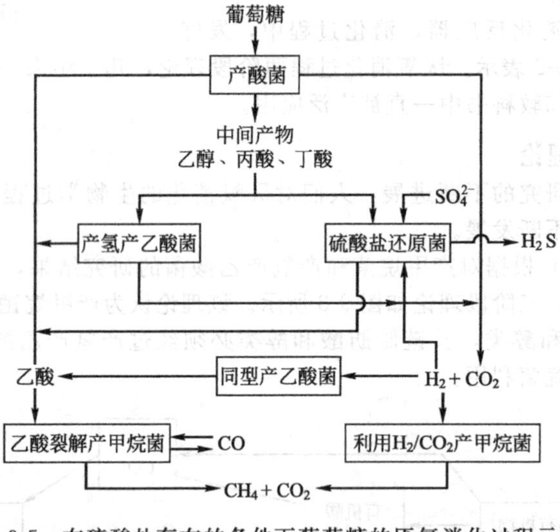

图 9-5　在硫酸盐存在的条件下葡萄糖的厌氧消化过程示意

由图 9-5 可知，在厌氧条件下葡萄糖通过产酸菌的作用被降解为中间产物如丙酸、丁酸和乙醇等，并有少量乙酸和 H_2/CO_2 产生。由于有 SO_4^{2-} 的存在，有部分的中间产物被产氢产乙酸菌转化为乙酸 H_2/CO_2，而另一部分中间产物在硫酸盐还原菌作用下也被转化为乙酸并有 H_2S 产生。硫酸盐还原菌也能利用乙酸或氢使 SO_4^{2-} 还原而产生 H_2S。同型产乙酸菌可把 H_2/CO_2 转化为乙酸。最后乙酸裂解产甲烷菌把乙酸和一碳化合物（甲醇、甲酸）转化为 CH_4 和 CO_2。

从两阶段说发展到三阶段说和四种群说过程，是人们对有机物厌氧消化不断深化认识的过程。这也从侧面反映出，有机物厌氧消化过程是一个由许多不同微生物菌群协同作用的结果，是一个极为复杂的生物化学过程。

9.1.2 厌氧生物处理的主要特征

厌氧生物处理能耗大大降低，而且还可以回收生物能（沼气）；污泥产量很低；厌氧微生物的增殖速率比好氧微生物低得多，产酸菌的产率 Y 为 0.15～0.34kgVSS/kgCOD，产甲烷菌的产率 Y 为 0.03kgVSS/kgCOD 左右，而好氧微生物的产率约为 0.25～0.6kgVSS/COD。厌氧微生物有可能对好氧微生物不能降解的一些有机物进行降解或部分降解，反应过程较为复杂。厌氧消化是由多种不同性质、不同功能的微生物协同工作的一个连续的微生物过程，对温度、pH 值等环境因素较敏感。但一般来说，存在处理出水水质较差，需进一步利用好氧法进行处理；气味较大；对氨氮的去除效果不好等缺点。厌氧生物处理技术是我国水污染控制的重要手段。我国高浓度有机工业废水排放量巨大，这些废水浓度高、多含有大量的碳水化合物、脂肪、蛋白质、纤维素等有机物。当前我国的水体污染物主要是有机污染物以及营养元素氮、磷的污染，而目前能源昂贵、土地价格剧增、剩余污泥的处理费用也越来越高。厌氧工艺的突出优点是：(1) 能将有机污染物转变成沼气并加以利用；(2) 运行能耗低；(3) 有机负荷高，占地面积少；(4) 污泥产量少，剩余污泥处理费用低；等等。厌氧工艺的综合效益表现在环境、能源、生态三个方面。

9.1.3 非产甲烷菌

有机物消化过程中，参与厌氧生物处理的主要微生物是细菌，可分为非产甲烷菌（产酸细菌）与产甲烷菌两大类。大分子有机物首先由产酸细菌将其转化为小分子量的有机酸、醇等物质。产甲烷菌再将这些物质进一步转变为 CO_2 和 CH_4。近年来的研究证明，产甲烷菌只能从一碳化合物（如 CO_2、HCOOH、CH_3OH）和乙酸与 H_2 产生甲烷。二碳以上的醇和三碳以上的酸首先必须在与产甲烷菌共生在一起的非甲烷菌作用下转变为一碳化合物、乙酸或 H_2，才能被产甲烷菌所利用。

在厌氧消化过程中的产酸阶段，参与有机物降解的微生物为厌氧产酸菌，主要由专性厌厌氧菌组成，大约有 18 个属，50 多种。其中专性厌氧菌主要有梭状芽孢杆菌属、拟杆菌属、双歧杆菌属、棒杆菌属、乳菌属、枝杆菌属和放线菌属等。兼性厌氧菌主要有变形菌属、假单胞菌属、芽孢杆菌属、链球菌、黄杆菌属、产碱杆菌属、埃希菌属、产气杆菌属、微球菌属和伪滴虫属等，而大肠菌群极少。克罗泽等人于 1975 年的资料指出，在产酸细菌中，专性厌氧菌的活菌数约有 10^8～10^9 个。

以上这些细菌虽然大量存在于消化池中，但被消化的有机废物不同，优势种群也有区别。这主要是因为各类细菌的酶系统及其他生物学性质不一样，因而所能利用的有机物也不同而造成的。一些研究资料表明，在富含纤维素的消化池内，可以分离出蜡状芽孢杆菌、巨大芽孢杆菌、粪产碱杆菌、普通变形菌、铜绿色假单胞菌、食爬虫假单胞菌、核黄素假单胞菌以及溶纤维丁酸弧菌、栖瘤胃拟杆菌等。在富含淀粉物质的消化池内，可以分离出变易微球菌、脲微球菌、亮白微球菌、巨大芽孢杆菌、蜡状芽孢杆菌以及假单胞菌属的某些种。在富含蛋白质的消化池内，可以分离出蜡状芽孢杆菌、环状芽孢杆菌、球形芽孢杆菌、枯草芽孢杆菌、变异微球菌、大肠杆菌、副大肠杆菌和假单胞菌属的一些种。在富含肉类罐头废物的消化池内，可以分离出脱氮假单胞菌、印度沙雷菌、克雷伯菌及其他细菌。在硫化物浓度较高的消化池内，专性厌氧的脱硫弧菌属可能上升为主要类群，而在充塞了生活污废物和养鸡场废物的消化池内，兼性厌氧的大肠杆菌和链球菌占绝对优势，有时可达种群的 50%。

从同一消化池内分离出来的细菌，其作用各不相同。产酸细菌在有机物质厌氧分解过程中的主要作用是将大分子有机物转变为乙酸、丙酸、丁酸、乳酸、琥珀酸和甲醇、乙醇等小分子中间产物以及 CO_2、H_2、H_2S、NH_3 等无机物。

产酸细菌由于大多数属于异养型兼性厌氧细菌群，故对 pH 值、有机酸、温度、氧气等环境条件的适应性较强。与产酸细菌同时存在于消化池内的产甲烷菌对上述环境条件的要求则很苛刻。一般情况下，只要满足了产甲烷菌的要求，产酸细菌的正常生长是没有什么问题的。与产甲烷菌相比，产酸细菌世代短，数十分钟到数小时即可繁殖1代；与好氧菌相比，大多数产酸细菌缺乏细胞色素，或细胞色素不完全。在专性厌氧菌中，还没有发现具有这种物质的细菌。

非产甲烷菌（产酸细菌）按在厌氧消化机理三阶段中的作用可分为发酵细菌群与产氢产乙酸菌以及同型乙酸菌。

（1）发酵细菌群。参与厌氧消化第一阶段的微生物，包括细菌、原生动物和真菌，统称水解与发酵细菌，大多数为专性厌氧菌，也有不少兼性厌氧菌。根据其代谢功能可分为以下几类。

① 纤维素分解菌。参与对纤维素的分解，纤维素的分解是厌氧消化的重要一步，对消化速度起着制约作用。这类细菌利用纤维素并将其转化为 CO_2、H_2、乙醇和乙酸。

② 碳水化合物分解菌。这类细菌的作用是水解碳水化合物成葡萄糖。以具有内生孢子的杆状菌占优势，丙酮丁醇梭菌能分解碳水化合物产生丙酮、乙醇、乙酸和氢，栖瘤胃拟杆菌具有水解淀粉的能力等。

③ 蛋白质分解菌。这类细菌的作用是水解蛋白质形成氨基酸，进一步分解成为硫醇、氨和硫化氢。有梭菌属和拟杆菌属，以梭菌占优势；非蛋白质的含氮化合物，如嘌呤、嘧啶等物质也能被其分解。

④ 脂肪分解菌。这类细菌的功能是将脂肪分解成简易脂肪酸。以弧菌占优势。

（2）产氢产乙酸菌以及同型乙酸菌。参与厌氧消化第二阶段的微生物是一群极为重要的菌种。国内外一些学者已从消化污泥中分离出产氢产乙酸菌的菌株，其中有专性厌氧菌和兼性厌氧菌。它们能够在厌氧条件下，将丙酮酸及其他脂肪酸转化为乙酸。而同型产乙酸菌能将甲酸、甲醇转化为乙酸。由于同型产乙酸菌的存在，可促进乙酸形成甲烷的进程。

9.1.4 产甲烷菌

产甲烷菌是一类严格厌氧的原核微生物，是有机物甲烷化作用中食物链的最后一组成员，其独特的厌氧代谢机制使其在自然界物质循环中起着重要作用。一方面，产甲烷菌是产生温室气体的主要因素，2005年全球甲烷的排放量每年大约是660万吨二氧化碳当量，其中74%是由产甲烷菌代谢产生的；另一方面，产甲烷菌在有机质的厌氧生物处理工业应用中发挥着关键的作用，如沼气发酵、煤层气开发等。因此，对产甲烷菌的研究具有重要的理论和实践意义。随着厌氧培养技术和微生物分子生态技术的发展，更多的实验室能对产甲烷菌进行多角度的研究。这些研究揭示出产甲烷菌分类地位的多样性，展示出不同生境下产甲烷菌的生态及生理特性的差异性，同时也为产甲烷菌的实际工业应用指明了方向。

产甲烷菌是一类能够将无机或有机化合物厌氧发酵转化成甲烷和 CO_2 的古细菌，它们生活在各种自然环境下，甚至在一些极端环境中。产甲烷菌是厌氧发酵过程的最后一个成员，甲烷的生物合成是自然界碳素循环的关键链条。由于产甲烷菌在有机废弃物处理、沼气发酵、动物瘤胃中有机物分解利用等过程中的重要作用，同时甲烷是导致全球变暖的第二大温室气体，因此产甲烷菌和甲烷产生机理的研究备受关注。特别是近几年对产甲烷菌基因组的研究，使人们从全基因组和进化的角度对甲烷生物合成机理、甲烷菌的生活习性、形态结构等方面获得更深刻的理解。20世纪60年代Hungate开创了严格厌氧微生物培养技术之后，对产甲烷细菌的研究得以广泛进行。

产甲烷菌的主要功能是将乙酸、甲酸和一碳化合物（甲醇、甲酸）转化为 CH_4 和 CO_2，使厌氧消化过程得以顺利进行；主要可分为两大类：乙酸营养型和 H_2 营养型产甲烷菌，或称为嗜乙酸产甲烷细菌和嗜氢产甲烷细菌。一般来说，在自然界中乙酸营养型产甲烷菌的种类较少，只有 *Methanosarcina*（产甲烷八叠球菌）和 *Methanothrix*（产甲烷丝状菌），但这两种产甲烷菌在厌氧反应器中居多，特别是后者，因为在厌氧反应器中乙酸是主要的产甲烷基质，一般来说有70%左右的甲烷是来自乙酸的氧化分解。

9.1.4.1 产甲烷菌的分类

1776年，Alessandro Volta首次发现了湖底的沉积物能产生甲烷，之后历经一个多世纪的研究，利用有机物产甲烷的厌氧微生物才大致被分为两类：一类是产氢、产乙酸菌，另一类就是产甲烷菌。W. E. Balch 等在 1979 年报道了 3 个目、4 个科、7 个属和 13 个种的产甲烷微生物，他们的分类是建立在形态学、生理学等传统分类特征以及 16S rRNA 寡核苷酸序列等分子特征基础上的。

随着厌氧培养技术和菌种鉴定技术的不断成熟，产甲烷菌的系统分类也在不断完善《伯杰系统细菌学手册》第 9 版将近年来的研究成果进行了总结和肯定，并建立了以系统发育为主的产甲烷菌最新分类系统。

1989 年《伯捷氏细菌鉴定手册》第 9 版中将产甲烷菌列为 3 个目、6 科、13 属，43 个种。截止到 1991 年 6 月，共分离到产甲烷菌 65 个种。1988 年 Zehnder 提出的产甲烷菌分类系统及主要菌种（摘录部分种）见图 9-6。

产甲烷菌有各种不同的形态，常见的有产甲烷杆菌、产甲烷球菌、产甲烷八叠球菌、产甲烷丝菌等。

在生物分类学上，产甲烷菌属于古细菌，大小、外观上与普通细菌相似，但实际上，其细胞成分特殊，特别是细胞壁的结构较特殊。在自然界的分布，一般可以认为是栖息于一些极端环境中（如地热泉水、深海火山口、沉积物等），但实际上其分布极为广泛，如污泥、瘤胃、昆虫肠道、湿树木、厌氧反应器等。产甲烷菌都是严格厌氧细菌，要求氧化还原电位在 $-400\sim-150$mV，氧和氧化剂对其有很强的毒害作用。产甲烷菌的增殖速率很慢，繁殖世代时间长，可达 4～6d，因此，一般情况下产甲烷反应是厌氧消化的限速步骤。

9.1.4.2　产甲烷菌的生态多样性

产甲烷菌属于原核生物中的古菌域，具有其他细菌如好氧菌、厌氧菌和兼性厌氧菌所不同的代谢特征。产甲烷菌的甲烷生物合成途径主要是以乙酸、H_2/CO_2、甲基化合物为原料。产甲烷菌在自然界中分布极为广泛，在与氧气隔绝的环境几乎都有产甲烷菌生长，如海底沉积物、河湖淤泥、水稻田以及动物的消化道等。在不同的生态环境下，产甲烷菌的群落组成有较大的差异性，并且其代谢方式也随着不同的微环境而体现出多样性。

(1) 海底沉积物。由于存在缺氧、高盐等极端条件，所以在海底环境中有大量产甲烷菌的富集。在已知的产甲烷菌中，大约有 1/3 的类群来源于海洋这个特殊的生态区域。一般在海洋沉积物中，利用 H_2/CO_2 的产甲烷菌的主要类群是甲烷球菌目（Methanococcales）和甲烷微菌目（Methanomicrobiales），它们利用氢气或甲酸进行产能代谢。在海底沉积物的不同深度里都能发现这两类氢营养产甲烷菌，此类产甲烷菌能从产氢微生物那里获得必需的能量。

Strapoc D 等对 Illinois 海峡里产甲烷菌类群的分析显示出 Methanocorpusculum 是其中的优势类群，同时研究还发现该海域里还存在有大量未培养产甲烷菌类群，其分类地位并未明确指出。研究者通过进一步建立产甲烷微生物群落对大分子的海底沉积物煤进行生物降解的模型，得出氢营养产甲烷菌的甲烷合成代谢是该海峡里大分子有机质的生物降解产甲烷的主要生化过程。另一些研究发现，甲基营养产甲烷菌也是海底沉积物中甲烷产生的主要贡献者，其主要类群有 Methanococcoides 和 Methanosarcina，它们所利用的甲基化合物一般来自于海底沉积物中的海洋细菌、藻类和浮游植物的代谢产物。

硫酸盐在海水中的浓度大约为 20～30mmol/L，这种浓度对产甲烷微生物来说是一种较适宜的底物浓度。但是海洋底部还存在大量的硫酸盐还原菌，它们和产甲烷菌相互竞争核心代谢底物，如氢气和乙酸盐等。在美国南卡罗纳州的 Cape 海底沉积物中，氢气主要是被硫酸盐还原菌所利用，氢气的浓度分压大约维持在 0.1～0.3Pa，而这样的浓度已经低于海底沉积物中氢营养产甲烷菌的最低可用浓度。因此，在硫酸盐还原菌落聚集的沉积物上层，产甲烷菌的种类和菌落数量是相对有限的。在一些富含有机物的沉积物中，由于随着深度的增加硫酸盐浓度降低，因此在沉积物底部硫酸盐还原菌生长受限，从而使得产甲烷菌成为优势菌。

Kendall 等研究发现二甲硫醚和三甲胺分别来源于二甲基亚砜丙酸盐和甜菜碱，这些化合物并不能直接有效地被硫酸盐还原菌所利用，相反却是这类菌的"非竞争性"代谢底物。正是由于此类硫酸盐还原菌的"非竞争性"底物的存在，使得专性的甲基营养产甲烷菌才得以出现在不同

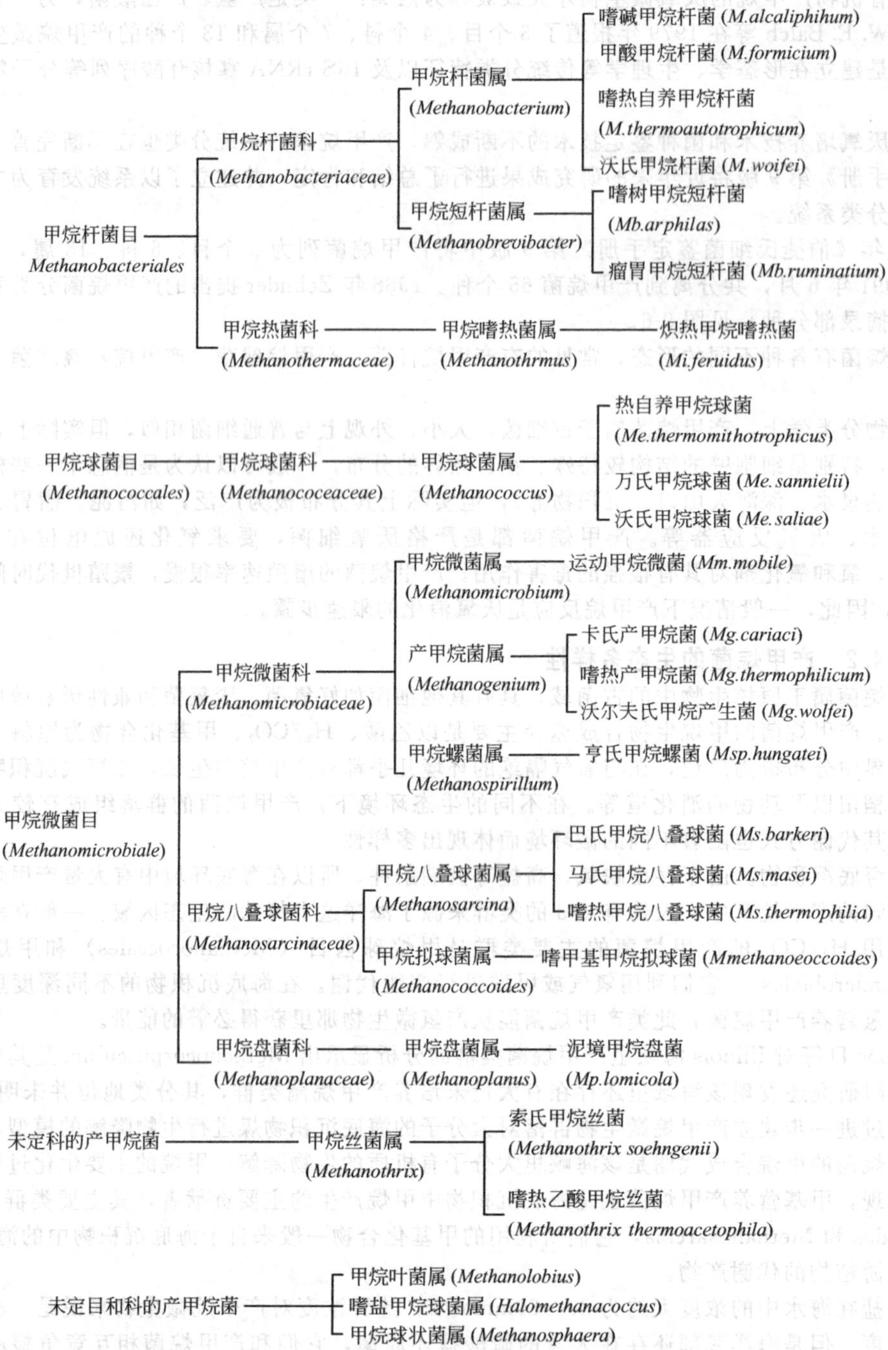

图 9-6 产甲烷菌的分类（Zehnder，1988）

深度的沉积物中。

(2) 淡水沉积物。相对于海洋的高渗环境，淡水里的各类盐离子浓度明显要低很多，其硫酸盐的浓度只有 100～200μmol/L。因此在淡水沉积物中，硫酸盐还原菌将不会和产甲烷菌竞争代谢底物，这样产甲烷菌就能大量生长繁殖。由于在淡水环境中乙酸盐的含量是相对较高的，因而其中的乙酸盐营养产甲烷菌占了产甲烷菌菌种的 70%，而氢营养产甲烷菌只占不到 30%。一般在淡水沉积物中，产甲烷菌的主要类群是乙酸营养的甲烷丝状菌科（Methanosaetaceae），同时还有一些氢营养的甲烷微菌科（Methanomicrobiaceae）和甲烷杆菌科（Methanobacteriaceae）的存在。

在淡水沉积物中，不同代谢类型产甲烷菌的生态分布具有一些独特规律。第一，氢营养产甲烷菌在低pH值淡水环境中不易生长繁殖。第二，随着淡水环境里温度的降低，氢营养产甲烷菌和乙酸营养产甲烷菌的生长繁殖均受到抑制，这主要是由两方面的因素造成：首先，耗氢产乙酸菌的最适生长温度较低；其次，绝大多数产氢细菌在低温环境里生长受限，从而使得氢营养产甲烷菌的关键代谢底物——H_2 供应不足。第三，在一些研究中还发现，氢营养产甲烷菌的丰度和活性会随着淡水沉积物的不同深度而发生改变。第四，淡水环境中产甲烷菌类群的分布也随着季节的变化而变化。Julie Earl 等用 PCR-TGGE 技术对已经富营养化的 Priest 湖泊底部的沉积物和水样进行不同季节产甲烷菌群落变化的研究，结果显示，在冬季沉积物中产甲烷菌的类型要比夏季多，其优势菌是甲烷微菌（Methanomicrobiales）。

(3) 稻田土壤。稻田土壤是生物合成甲烷的另一个主要场所。在稻田中，O_2、NO_3^-、Fe^{3+} 和 SO_4^{2-} 被迅速消耗掉，并产生大量的 CO_2，为产甲烷菌的生长和繁殖创造了有利条件。甲烷的生成是其微环境主要的生化过程，光合作用固定的碳素大约有3%～6%被转化为甲烷。由于稻田的氧气分压较大，并且相对干燥，所以稻田的产甲烷菌相对其他生境的产甲烷菌有较强的氧气耐受性和抗旱能力。稻田中的产甲烷菌类群主要有Methanomicrobiaceae、Methanobacteriaceae和Methanosarcinaceae，它们利用的底物一般是 H_2/CO_2 和乙酸。研究发现稻田里产甲烷菌的生长和代谢具有一定的特殊规律性。第一，产甲烷菌的群落组成能保持相对恒定。当然也有一些例外，如氢营养产甲烷菌在发生洪水后就会占主要优势。第二，稻田里的产甲烷菌的群落结构和散土里的产甲烷菌群落结构是不一样的。不可培养的水稻丛产甲烷菌群（Rice Cluster Ⅰ）作为主要的稻田产甲烷菌类群，其甲烷产生主要原料主要是 H_2/CO_2。而在其他的散土中，乙酸营养产甲烷菌是主要的类群，甲烷主要来源于乙酸。造成这种差别可能是由于稻田里氧气的浓度要比散土中高，而在稻田里的氢营养产甲烷菌具有更强的氧气耐受性。第三，氢营养产甲烷菌的种群数量随着温度的升高而增大。第四，生境中相对高的磷酸盐浓度对乙酸营养产甲烷菌有抑制效应。这些特有的规律有助于人们清楚地了解稻田里甲烷的产生机制，从而采取相关的措施防止水稻田里碳素的流失。

(4) 动物消化道。在动物的消化道中，由于营养物质较丰富并且具备厌氧环境，故存在类群较丰富的产甲烷菌。如在人类的肠道中，产甲烷菌的类群主要是氢营养产甲烷菌，它们利用的底物主要是 H_2/CO_2。从人类的粪便中分离到两种产甲烷菌 *M. smithii* 和 *M. stadtmanae*，其中 *M. smithii* 是人类肠道中的优势菌种，其总数在肠道厌氧菌总数中占了大约10%。而 *M. stadtmanae* 的菌群则相对较少，它们既能以 H_2/CO_2 为代谢底物，同时也能利用乙酸和甲醇作为碳源。以上两种产甲烷菌都在其代谢的过程里都能编码一种膜黏附蛋白，这种蛋白使其能适应肠道这种较特殊的生态环境。

食草动物利用其瘤胃中的各种微生物来分解纤维素和木质素等难分解的有机质，产生氢气、短链脂肪酸、甲烷等小分子产物。研究发现不同的反刍动物每天的甲烷产量是不同的，如成年母牛每天能产生大约200L甲烷，而成年绵羊每日的甲烷气产生量大约是50L。在反刍动物的瘤胃中，氢营养产甲烷菌是产甲烷菌群的优势菌，其数量的变化主要受到动物饮食结构的影响。虽然有些文献报道称 Methanobrevibacter 一般是瘤胃中的优势菌，但是一些研究者也发现其他种属的产甲烷菌在瘤胃中也会占有一定的比例。

(5) 地热及其他地矿环境。在地热及地矿生态环境中均存在着大量能适应极端高温、高压的产甲烷菌类群。以往的研究发现大部分嗜热产甲烷菌是从温泉中分离到的。Stetter 等从冰岛温泉中分离出来的甲烷栖热菌（*Methanothermus* sp.）可在温度高达97℃的条件下生成甲烷。Deuser 等对非洲基伍湖底层中甲烷的碳同位素组成进行研究后指出，这里产生的甲烷至少有80%是来自于氢营养产甲烷菌的 CO_2 还原作用。多项研究显示出，温泉中地热来源的 H_2 和 CO_2 可作为产甲烷菌进行甲烷生成的底物。除陆地温泉中存在有嗜热产甲烷菌外，在深海底热泉环境近年来也发现多种微喷口环境的产甲烷菌类群，它们不但能耐高温，而且能耐高压。例如，一种超高温甲烷菌（*Methanopyrus* sp.）是从加利福尼亚湾 Guaymas 盆地热液喷口环境的沉积物中分离出来的，其生存环境的水深约 2000m（相当于 20.265MPa），水温高达 110℃。甲烷嗜热菌（*Methanopyrus kandleri*）也是在海底火山口分离到的，它是以氢为电子供体进行化能自养生活的嗜高温菌，其生长温度可达 110℃。而在地矿环境中，由于存在有大量的有机质，其微生物资源也很丰富并极具特点。

9.1.4.3 产甲烷菌在厌氧生物处理中的应用

产甲烷菌具有独特的代谢机制，能使农业有机废物、污水等环境中其他微生物降解有机物降解后产生的乙酸、甲酸、H_2 和 CO_2 等转换为甲烷，既可生产清洁能源，又可实现污水中污染物减量化；同时，其代谢产物对病原菌和病虫卵具有抑制和杀伤作用，可实现农业生产、生活污水无害化。因此，产甲烷菌及其厌氧生物处理工艺技术在工农业有机废水和城镇生活污水处理方面具有广阔的应用前景。厌氧生物处理生成甲烷一般需要 3 类微生物的共同作用，而最后一步由产甲烷菌完成的甲烷生成则是限速步骤。高活性的产甲烷菌是高效率的厌氧消化反应的保证，同时也可以避免积累氢气和短链脂肪酸。当然，这一限速步骤也容易受到菌体活性、pH 值和化学抑制剂等多种因素的影响。在厌氧消化反应器中目前研究较多的是产甲烷丝状菌属和甲烷八叠球菌属这两种乙酸营养产甲烷菌。产甲烷丝状菌属具有较低的生长速率和较高的乙酸转化率；而甲烷八叠球菌属具有相对高的生长速率和低的乙酸转化率。这两种类群数量不仅受控于作为底物的乙酸的浓度，也受控于其他营养物的浓度。在工业应用中，产甲烷丝状菌属在高进液量、快流动性的反应器（如 UASB）中使用广泛，可能与它们具有较高的吸附能力和颗粒化能力有关。而甲烷八叠球菌属对于液体流动则很敏感，所以主要用于固定和搅动的罐反应器。温度和 pH 值是影响厌氧反应器效率的两个重要参数。对于温度而言，一般的中温条件有助于厌氧反应的进行并同时减少滞留时间。在高温厌氧消化器中常见的氢营养产甲烷菌主要是甲烷微菌目和甲烷杆菌目，它们的厌氧消化能力一般是随着温度的升高而增强，但过高的温度会使其受到抑制。因此为保证厌氧消化的顺利进行，一般需要选择合适的温度。对于 pH 值来说，大多数产甲烷菌的最适生长 pH 值是中性略偏碱性，但一般增大进料速率会导致脂肪酸浓度的增大，从而导致 pH 值降低，因此耐酸的产甲烷菌可以提高厌氧反应器的稳定性。Savant 等从酸性厌氧消化反应器中分离到一株产甲烷菌（*Methanobrevibacter acididurans*），其最适 pH 值略偏酸性，向厌氧消化反应器加入该产甲烷菌可以有效增加甲烷的产生量，减少脂肪酸的积累。

产甲烷菌在自然界中的种类和生态类群是相当丰富的，随着厌氧培养技术和分子生物学技术的不断发展，人们对产甲烷菌这一独特类群的研究将更加细致和全面。产甲烷菌由于具有独特的代谢机制，所以必将在环境和能源工业领域发挥重要的作用。今后对产甲烷菌的研究可以主要集中在以下 3 个方面：首先可以通过改进极端环境微生物分类鉴定技术，发现更多产甲烷菌的类群；其次，对产甲烷菌特征基因及其与代谢的关系进行更加细致的研究；最后，对产甲烷菌群与其他微生物的协同消化有机物的代谢进行研究，为环境的生物治理和生物能源的开发提供理论依据。

9.2 厌氧生物处理的微生物生态学

9.2.1 厌氧生物处理过程中微生物优势群的演替

从生态学的角度来看，厌氧消化系统有稳定系统和不稳定系统的区分。上面已提到，厌氧消化是多菌群多层次的混合发酵过程，构成了一个复杂的生态系统。当进行间歇性发酵（一次性加料发酵）时，随着最初基质的不断向中间产物转移，生活在其中的微生物组成及优势种群也随之不断更替，因而形成了一个不稳定的生态系统。当进行连续发酵（连续进料和排料）时，由于基质组成和环境条件的基本固定，微生物组成和优势种群相对稳定，从而会形成一个比较稳定的生态系统。只有稳定的厌氧消化生态系统能提供一个比较理想的研究厌氧消化微生物种群的场所。但实际上，由于发酵原料的组成和控制发酵条件的千差万别以及接种物的来源各不相同，致使许多研究人员提供的有关厌氧消化微生物种群的资料不尽一致，有时还有相互矛盾之处。

综合现有的研究资料，可以大致得出如下三方面的结论。

(1) 在厌氧消化系统中，数量最多，作用最大的微生物是细菌；真菌（丝状真菌和酵母）虽也能存活，但数量较少，作用尚不十分清楚；藻类和原生动物偶有发现，但数量不多，难以发挥重要作用。

(2) 细菌以厌氧菌和兼性厌氧菌为主；在某些系统（如城市污泥消化系统）中，可能是由于进料带入的缘故，也能观察到数量可观的好氧菌。

(3) 参与有机物逐级厌氧降解的细菌主要有三大类群，依次为水解发酵细菌、产氢产乙酸细菌、产甲烷菌。此外，还存在着一种能将产甲烷菌的一种基质（CO_2/H_2）横向转化为另一种基质（CH_3COOH）的细菌，称为同型产乙酸细菌。

根据有机物在厌氧消化过程中的三个转化阶段以及参与的微生物种群，可将厌氧消化的全过程归纳如表 9-1 所列。

表 9-1　有机物厌氧消化过程

生化阶段		I	II		III
物态变化		液化(水解)	酸化(1)	酸化(2)	气化
生化过程		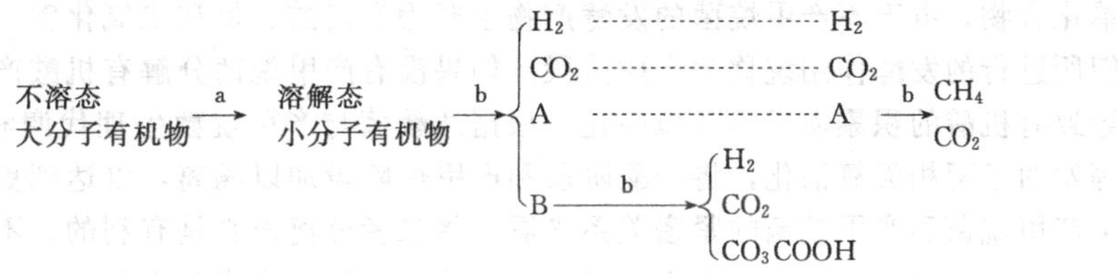 不溶态 大分子有机物 $\xrightarrow{a}$ 溶解态 小分子有机物 $\xrightarrow{b}$	$\begin{matrix} H_2 \cdots\cdots H_2 \\ CO_2 \cdots\cdots CO_2 \\ A \end{matrix}$ $\quad A \xrightarrow{b} \begin{matrix}CH_4\\CO_2\end{matrix}$	$B \xrightarrow{b} \begin{matrix}H_2\\CO_2\\CO_3COOH\end{matrix}$	
菌群		发酵细菌	产氢产乙酸细菌		产甲烷菌
发酵工艺	甲烷发酵	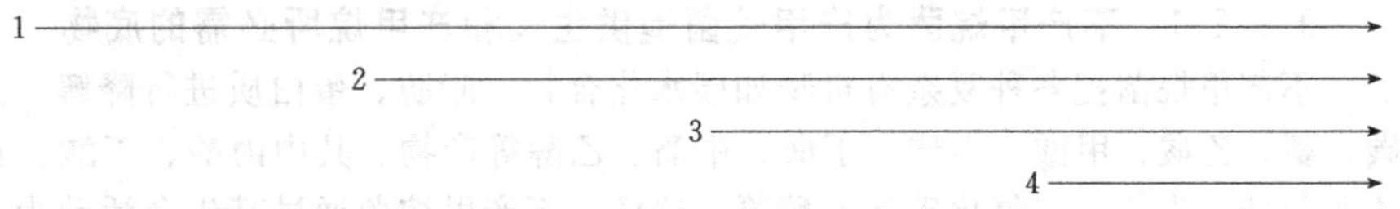 1 ——————————————→ 2 ——————————→ 3 ————→ 4 →			
	酸发酵	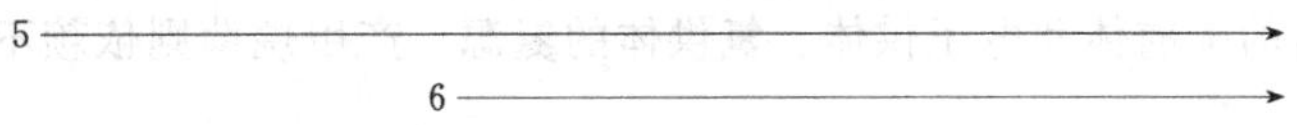 5 ————————————————→ 6 —————————→			

注：1. A 代表甲酸、甲醇、甲胺、乙酸四种产甲烷菌可利用的有机物。

2. B 代表 A 以外的有机物，主要为丙酸、丁酸、乙醇、丙醇等。

3. a 为外酶，b 为丙酶。→代表生化反应，……代表未进行生化反应。

4. 发酵工艺的线段表示起始和终端物质。

首先，不溶性大分子有机物（如蛋白质、纤维素、淀粉、脂肪等）经水解酶的作用，在溶液中分解为水溶性的小分子有机物（如氨基酸、脂肪酸、葡萄糖、甘油等）。随后，这些水解产物被发酵细菌摄入细胞内，经过一系列生化反应后，将代谢产物排出细胞外。由于发酵细菌种群不一，代谢途径各异，故代谢产物也各不相同。众多的代谢产物中，仅无机的 CO_2 和 H_2 和有机的三甲一乙（甲酸、甲醇、甲胺和乙酸）可直接被产甲烷菌吸收利用，转化为甲烷和 CO_2。其他众多的代谢产物（主要是丙酸、丁酸、戊酸、己酸、乳酸等机酸，以及乙醇、丙酮等有机物质）不能为产甲烷菌直接利用。它们必须经过产氢产乙酸细菌进一步转化为氢和乙酸后，方能被产甲烷菌吸收利用，并转化为甲烷和 CO_2。

在第一阶段中，不溶性大分子有机物经过水解而溶入水中，使颗粒状的各种可见物“消失”了，变成了均质的溶液。在第二阶段接连发生两次产酸过程，使溶液酸度增加，pH 值下降。在第三阶段，有机物中的碳最终以 CH_4 和 CO_2 等气态产物的形式逸出，因此除去了溶液中赖以构成 COD 和 BOD 的主要元素“有机碳”。

由表 9-1 中还可以看出，参与三个阶段的细菌有三个类群，即发酵细菌、产氢产乙酸细菌和产甲烷菌。

参与厌氧消化的细菌，除以上三个种群外，还有一个同型产乙酸细菌种群，这类细菌可将中间代谢产物的 H_2 和 CO_2（产甲烷菌能直接利用的一组基质）转化为乙酸（产甲烷菌能直接利用的另一种基质）。由于它是中间产物的横向转换，因而没有将它算作独立的有机物纵向降解阶段。

根据有机物在厌氧消化过程中所要求达到的分解程度的不同，可将厌氧消化工艺分为两种大的类型，即甲烷发酵和酸发酵；也就是说，前者以甲烷为主要发酵产物，后者以有机酸为主要发酵产物。

9.2.2 非产甲烷菌和产甲烷菌之间的关系

在好氧条件下，一种微生物就可以将复杂有机物彻底氧化为 CO_2。而在厌氧条件下，由于缺乏外源电子受体，各种微生物只能以内源电子受体进行有机物的降解。因此，如果一种微生物的发酵产物或脱下的氢，不能被另一种微生物所利用，则其代谢作用无法持续进行。

无论是在自然界还是在消化器内，产甲烷菌是有机物厌氧降解食物链中的最后一组成员，其所能利用的基质只有少数几种 C1、C2 化合物，所以必须要求不产甲烷菌将复杂有机物分解为简单化合物。由于不产甲烷菌的发酵产物主要为有机酸、氢和二氧化碳，所以通称其为产酸菌。他们所进行的发酵作用统称为产酸阶段。如果没有产甲烷菌分解有机酸产生甲烷的平衡作用，必然导致有机酸的积累使发酵环境酸化。根据产酸菌与产甲烷菌生理代谢和生活条件的不同，Ghosh 等发明了两相厌氧消化，将产酸阶段和产甲烷阶段加以隔离，以达到更高的厌氧消化效率。但从不产甲烷菌和产甲烷菌的紧密关系来看，将二者分离未必是有利的。不产甲烷菌和产甲烷菌相互依存又相互制约，互为对方创造良好的环境和条件，构成互生关系，它们之间的相互关系主要表现在以下几方面。

9.2.2.1 不产甲烷菌为产甲烷菌提供生长和产甲烷所必需的底物

不产甲烷菌把各种复杂有机物如碳水化合物、脂肪、蛋白质进行降解，生成游离氢、二氧化碳、氨、乙酸、甲酸、丙酸、丁酸、中酪、乙醇等产物。其中丙酸、丁酸、乙醇等又可被产氢产乙酸菌转化为氢、二氧化碳和乙酸等。这样，不产甲烷菌通过其生命活动为产烷菌提供了合成细胞物质和产甲烷所需的碳前体和电子供体、氢供体的氮源。产甲烷菌则依赖不产甲烷苗所提供的食物而生存。

9.2.2.2 不产甲烷菌为产甲烷菌创造适宜的厌氧环境

产甲烷菌为严格厌氧微生物，只能生活在氧气不能到达的地方。严格厌氧微生物在有氧环境中会极快被杀死。但它们并不是被气态的氧所杀死，而是不能解除某些氧代谢产物而死亡。在氧被还原成水的过程中，可形成某些有毒的中间产物，例如，过氧化氢（H_2O_2）、超氧阴离子（O_2^-）和羟基自由基（·OH）等。好氧微生物具有降解这些产物的酶。如过氧化氢酶、过氧化物酶、超氧化物歧化酶（SOD）等，而严格厌氧微生物则缺乏这些酶。超氧阴离子（O_2^-）由某些氧化酶催化产生，超氧化物歧化酶可将 O_2^- 转化为 O_2 和 H_2O_2。H_2O_2 可被过氧化氢酶转化为水和氧。

专性好氧微生物都含有超氧化物歧化酶和过氧化氢酶，某些兼性好氧微生物和耐氧厌氧微生物只含有超氧化物歧化酶。但缺乏过氧化氢酶。大多数专性厌氧微生物都同时缺乏这两种酶，产甲烷菌更是如此，因而在有氧环境会死于 O_2^- 和 H_2O_2 的毒害作用（表 9-2）。

MeCad 等（1971）测定多种微生物的SOD和过氧化氢酶活性，现摘录于表 9-2。

表 9-2　不同微生物的 SOD 和过氧化氢酶的含量　　单位：mg/L

微生物种类	SOD	过氧化氢酶	微生物种类	SOD	过氧化氢酶
好氧和兼性微生物			粪链球菌	0.8	0
大肠杆菌	1.8	6.1	牛链球菌	0.3	0
鼠伤寒沙门氏菌	1.4	2.4	乳香链球菌	0.6	0
大豆根瘤菌	2.6	0.7	严格厌氧微生物		
耐辐射微球菌	7.0	2.9	巴氏梭状芽孢杆菌	0	0
啤酒酵母	3.7	13.5	丙酮丁醇梭状芽孢杆菌	0	0
耐氧厌氧微生物			溶纤维丁酸弧菌	0	<0.1
雷氏丁酸杆	1.6	0			

各种微生物适宜生长的氧化还原电位（E_h）不同，一般好氧微生物生长的 E_h 值为 300～400mV，E_h 值在 100mV 以上即可生长。兼性微生物在 100mV 以上时进行好氧呼吸。在 100mV 以下时进行无氧呼吸或发酵作用。厌氧微生物只能在 100mV 以下甚至 E_h 值为负值时才能生长。产甲烷菌生长适宜的 E_h 在 −300mV 以下。厌氧微生物之所以要如此低的氧化还原电位，一是因为厌氧微生物的细胞中无高电位的细胞色素和细胞色素氧化酶，因而不能推动发生和完成那些只有在高电位下才能发生的生物化学反应；二是因为对厌氧微生物生长所必需的一个或多个酶的—SH。只有在完全还原以后这些酶才能活化或活跃地起酶学功能。

在一个厌氧消化器启动初期，由于废水和接种物中都带有溶解氧、消化器中也难免有空气存在，所以这时的氧化还原电位一定不利于产甲烷菌的生长。且厌氧消化反应器在运转过程中其氧化还原电位的降低有赖于不产甲烷菌中的好氧微生物及兼性厌氧微生物的活动，好氧微生物及兼性厌氧微生物在开始阶段都会以氧作为最终电子受体，使环境中的氧被消耗而使氧化还原电位下降。同时它们以及厌氧微生物本身在代谢过程中还会产生有机酸类、醇类等还原性物质。各种厌氧微生物对氧化还原电位的要求也不相同。通过它们依次交替生长和代谢活动，使消化器内的氧化还原电位不断下降，逐步为产甲烷菌的适宜生长创造条件。在实验室里人工单独培养产甲烷菌实验的无氧要求十分严格，而在自然界产甲烷菌则相当广泛的存在也正是因为这个原因。即使在通气良好的曝气池中或自然界的水域中氧化还原电位也并非均匀的。例如细菌聚集成团其内部可产生局部厌氧环境，因而好氧活性污泥也可以测得产甲烷菌活性的存在，并且有人用好氧活性污泥来启动厌氧消化器也得到成功。这些都是由于不产甲烷菌的活动在充满氧气的自然界里为严格厌氧微生物产甲烷菌创造了适宜的厌氧条件。

9.2.2.3　不产甲烷菌为产甲烷菌清除有毒物质

在处理工业废水时，其中可能含有酚类、苯甲酸、抗菌素、氰化物、重金属等对于产甲烷菌有害的物质。不产甲烷菌中有许多种类能裂解苯环，并从中获得能量和碳源，有些能以氰化物为碳源。这些作用不仅解除了对产甲烷菌的毒害，而且给产甲烷菌提供了充分的养分。此外，不产甲烷菌代谢所生成的硫化氢可与重金属离子作用生成不溶性的金属硫化物沉淀，从而解除一些重金属的毒害作用。

9.2.2.4　产甲烷菌为不产甲烷菌的生化反应解除反馈抑制

在厌氧条件下，由于外源电子受体的缺乏，不产甲烷菌只能将各种有机物发酵而生成 H_2、CO_2 及有机酸、醇等各种代谢产物，这些代谢产物的积累所引起的反馈作用对不产甲烷菌的代谢会产生抑制作用。而作为厌氧消化食物链末端的产甲烷菌，则像清洁工一样将不产甲烷菌的代谢产物加以清除。它们专门以形成甲烷的代谢方式生活于厌氧环境里，靠不产甲烷菌的代谢终产物而生存，没有相应的菌类与它们竞争因而得以长期生存下来。废水中的有机物种类除几种简单的有机酸、醇外，对产甲烷菌的直接影响意义不大，只是在经不产甲烷菌分解发酵后才被产甲烷菌所利用，这就使厌氧消化对各种有机物有广泛的适用性，也是甲烷发酵广布于自然界的原因之一。

9.2.2.5 产甲烷菌在厌氧消化过程中的调节作用

产甲烷菌在解除反馈抑制的同时，对厌氧生境中有机物的降解起着调节作用（见表 9-3），它呈现出质子调节、电于调节和营养调节三种生物调节功能。产甲烷菌乙酸代谢的质子调节作用可去除有毒的质子和使厌氧消化环境不致酸化，使厌氧消化食物链中的各种微生物包括产甲烷菌在内都生活于适宜的 pH 值范围。这是产甲烷菌的主要生态学功能。产甲烷菌的氢代谢电子调节作用，从热力学角度为产氢产乙酸菌代谢多碳化合物（如醇、脂肪酸、芳香化合物）创造最适宜的条件，并提高水解菌对其基质利用的效率。某些产甲烷菌合成和分泌一些生长因子，可刺激其他生物的生长，具有营养调节作用。

表 9-3 在厌氧消化过程中产甲烷菌的调节作用

调节功能	代谢反应	调节意义
质子调节	$CH_3COO^- \longrightarrow CH_4 + CO_2$	去除有毒代谢产物 维持 pH 值
电子调节	$4H_2 + CO_2 \longrightarrow CH_4 + 2HO_2$	为某些代谢物的代谢创造条件 防止某些有毒代谢物的积累 增加代谢速率
营养调节	分泌生长因子	刺激异养型细菌的生长

9.2.3 产酸发酵菌群代谢的 $NADH/NAD^+$ 调节

厌氧消化过程是多种生理类群微生物共同进行的代谢反应，有机物的水解及发酵和还原态有机物的氧化都有氢的产生，而生成的氢又参与了硝酸盐、硫酸盐的还原、同型产乙酸过程（或称碳酸盐的产乙酸呼吸）和甲烷的形成（或称碳酸盐的产甲烷呼吸）。即在一个稳定的生境中产氢细菌和耗氢细菌处于一个良好的平衡状态，一旦这个平衡被打破，代谢反应过程的热力学将发生变化，从而引起环境中有机酸或醇类的积累，使厌氧消化过程受到抑制。因此实际上氢是厌氧生境生化代谢的调节者，而这种调节作用又是通过代谢反应过程的热力学来实现。

在厌氧消化器中，各种复杂有机物经水解产生的可溶性有机物，由多种发酵性细菌通过各种代谢途径发酵生成小分子的酸、醇、H_2、CO_2 等，在厌氧消化器中最终产物的类型和自由能的产生与发酵作用产生的电子的去向有关。发酵产生的电子可传递多种受体，其中一个重要受体是 NAD（烟酰胺腺嘌呤二核甘酸）。1 分子葡萄糖经 EMP 途径降解可产生 2 分子丙酮酸和 2 分子的 ATP，并同时生成 $2NADH + H^+$。在其总反应中可概括成两个阶段（耗能与产能）3 种产物（$NADH + H_2$、丙酮酸和 ATP），其简式如图 9-7 所示。

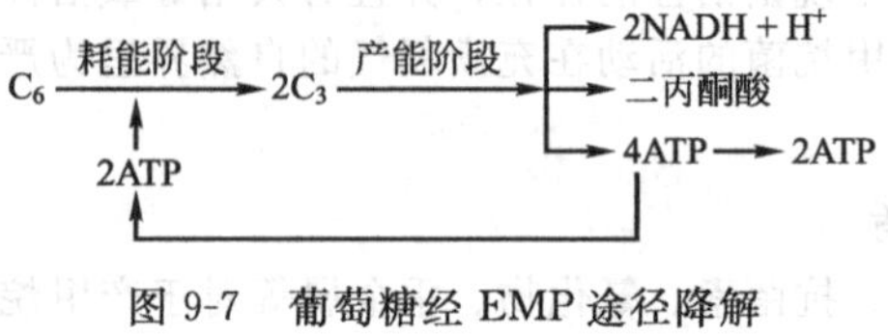

图 9-7 葡萄糖经 EMP 途径降解的两个阶段

在生物体内使代谢得以继续进行，必须保持一个比较稳定的 NAD^+ 库，这样在 NADH 过剩时就会将电子交给质子而形成 H_2，NADH 本身又被氧化成 NAD^+：

$$NADH + H^+ \longrightarrow NAD^+ + H_2 \quad G^{0\prime} = +18.0kJ/反应$$

这个反应可以使 NAD^+ 与 NADH 之间不断循环利用，使体内 NAD^+ 库保持在一定水平。

近年来，热力学的研究表明，共有产生的氢被耗氢菌所利用，氢分压维持在 101325Pa 的低浓度或低于这个浓度时，葡萄糖发酵成甲烷过程中才不会形成丙酸。而且 NADH 把电子交给质子形成氢的反应，只有当环境中氢分压下降至有利于反应向氧化方向进行时，自由能才趋向负值。当环境中的产甲烷菌存在时，由于产甲烷菌对 H_2 有极高的亲和力，形成的甲烷又从环境中逸出，这就促进了糖酵解产生的 NADH 和电子流流向趋于质子还原而形成 H_2。所生成的 H_2 被产甲烷菌所利用，丙酮酸及其降解产物不再被作为电子受体，而趋向于降解为产甲烷菌所利用的基质——乙酸。

9.2.4 产甲烷菌的生态分布

9.2.4.1 产甲烷菌的代表种类和分布

产甲烷菌在自然界中的分布极为广泛，在与氧气隔绝，且无硫酸盐的环境都可能有产甲烷菌的存在。如海底沉积物、河（湖）底层淤泥、沼泽地、水稻田以及反刍动物的瘤胃，甚至植物体内都有产甲烷菌的存在。

代表性产甲烷菌有甲酸甲烷杆菌（*Methanobacterium formicicum*）、布氏甲烷杆菌（*Methanobacterium bryantii*）、嗜热自养甲烷杆菌（*Methanobacterium thermoautrophicum*）、瘤胃甲烷短杆菌（*Methanobrevibacter ruminantium*）、万氏甲烷杆菌（*Methanococcus vanielii*）、亨氏甲烷螺菌（*Methanosprillum hungatei*）、巴氏甲烷八叠球菌（*Methanosarcina barkeri*）、索氏甲烷丝菌（*Methanothrix soehngenii*）等。

9.2.4.2 产甲烷菌在厌氧反应器中的数量

厌氧反应器中，产甲烷菌的数量可用MPN法测定，通过测定试管中有无甲烷的存在，作为计数的数量指标。一般认为，产甲烷菌的数量与甲烷成正比关系。根据不同研究者的报道，在不同反应器中产甲烷菌的数量不一样。20世纪50年代，Hungate计数为10^5～10^8个/mL。我国河北师范大学边之华1983年计数发现，厌氧反应器运行开始15～20d产甲烷菌数量为9.5×10^2个/mL。浙江农业大学钱泽澍对连续运行1年之久的发酵液里的产甲烷菌数量进行了计数，数量为1.15×10^6个/mL。周大石1991年对东北制药总厂常温消化UASB反应器中的细菌进行计数，产甲烷菌为4.2×10^5个/mL。

9.3 厌氧生物处理工艺学

9.3.1 厌氧生物处理工艺条件及其控制

参加厌氧消化作用的混合菌种主要分为发酵（产酸）细菌和产甲烷菌，由于它们各自要求的生活条件不同，因此在发酵条件上常有顾此失彼的情况。实践证明，往往因某一工艺条件的失控，就有可能造成整个厌氧生物处理系统运行的失败。如温度范围波动范围太大，就会影响产气；发酵原料浓度过高，将会产生大量的挥发酸，使反应系统的pH值下降，就会抑制产甲烷菌生长而影响产气。因此，控制好沼气发酵的工艺条件，是维持正常发酵产气的关键。

9.3.1.1 温度

温度是影响微生物生存及生物化学反应最重要的因素之一。各类微生物适宜的温度范围是不同的。一般认为，产甲烷菌的生存温度范围是5～60℃，在35℃和53℃左右可分别获得较高的消化效率，温度为40～45℃时，厌氧消化效率较低，如图9-8所示。

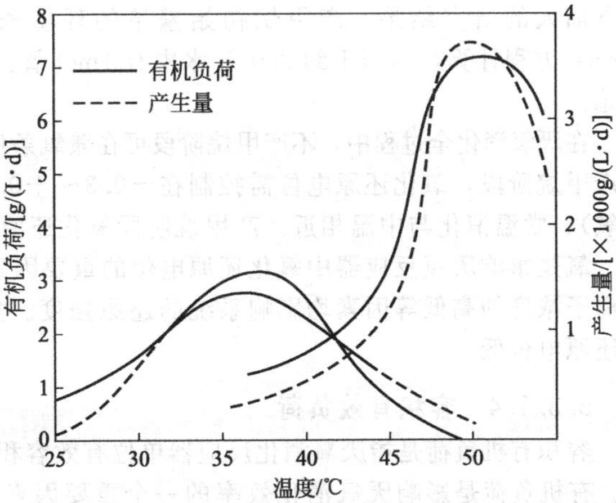

图9-8 温度对厌氧消化的影响

由于各种温度有时会因其他工艺条件的不同而有较大差异，如反应器内较高的污泥浓度，即有较高的微生物酶浓度，则温度的影响就不易显露出来。在一定温度范围内，温度升高，有机物去除率增大，产气量增多。

同时，温度对反应速度的影响也很明

显，根据资料介绍。在其他工艺条件相同的情况下，温度每上升10℃时，反应速度大约增加2～4倍。O'Rourke研究了温度T(℃)对含有高浓度脂肪类物质混合废水产甲烷的影响，经验公式如下：

$$K_T = 6.67 \times 10^{-0.015 \times (35-T)}$$

式中，K_T为25℃时反应速率常数，d^{-1}。该式适用于温度在25～35℃范围内。

温度的急剧变化和上下波动不利于厌氧消化作用。短时间内温度升降5℃，沼气产量明显下降，波动的幅度过大时，甚至停止产气。在高温厌氧消化时，温度的波动不仅影响沼气产量，还影响沼气中的甲烷含量。

9.3.1.2 酸碱度（pH值）

每种微生物可在一定的pH值范围内活动，产酸细菌对酸碱度不及产甲烷菌敏感，其适宜的pH值范围较广，在4.5～8.0之间。产甲烷菌则要求环境介质pH值在中性附近，最适宜的pH值为6.6～7.4。在常规厌氧反应器（亦称为一相厌氧反应器）中，为了维持平衡，避免过多的酸积累，常保持pH值在6.5～7.5范围内。

在厌氧过程中，pH值的升降变化除受外界的影响外，还取决于有机物代谢过程中某些产物的增减。产酸作用会使pH值下降，含氮有机物分解产物氨的增加，会引起pH值的升高（见图9-9）。在pH值为6～8范围内，控制消化液pH值的主要化学系统是二氧化碳-重碳酸酸盐缓冲系统（见图9-10），其影响消化液的pH值的关系如下。

$$CO_2 + H_2O \rightleftharpoons H_2CO_3 \rightleftharpoons H^+ + HCO_3^- \tag{9-1}$$

$$pH = pK_1 + \lg \frac{[HCO_3^-]^*}{[H_2CO_3]} = pK_1 + \lg \frac{[HCO_3^-]}{K_2[CO_2]} \tag{9-2}$$

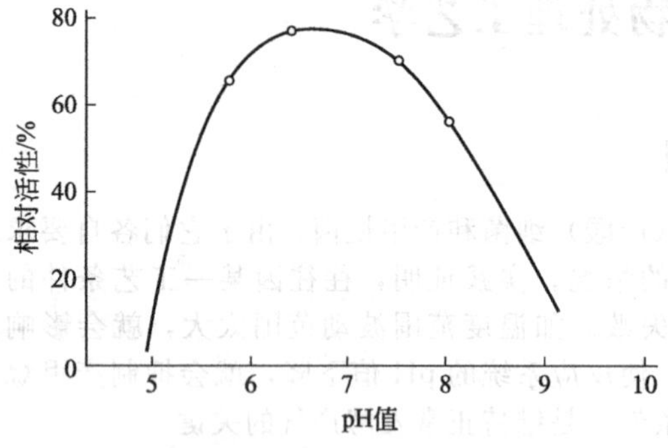

图9-9 pH值对产甲烷菌活性的影响

可以看出，在厌氧生物处理过程中，pH值除受进水的pH值影响外，主要取决于代谢过程中自然建立的缓冲平衡，取决于挥发酸、碱度、CO_2、氨氮、氢之间的平衡。

9.3.1.3 氧化还原电位

环境是严格厌氧的产甲烷菌繁殖的最基本条件之一。产甲烷菌对氧和氧化剂非常敏感，这是因为它不像好氧菌那样具有过氧化氢酶。厌氧反应器介质中的氧浓度可根据浓度与电位的关系判断，即由氧化还原电位表达。氧化还原电位与氧浓度的关系可用Nernst方程确定。根据前人的研究结果，产甲烷初始繁殖的环境条件是氧化还原电位不能高于－330mV，按Nernst方程计算，相当于约2500L水中有1mol氧。由此可见，产甲烷菌对介质中分子态氧极为敏感。

在厌氧消化全过程中，不产甲烷阶段可在兼氧条件下完成，氧化还原电位为－0.1～＋0.1V，而在产甲烷阶段，氧化还原电位需控制在－0.3～＋0.35V（中温厌氧）与－0.56～＋0.6V（高温厌氧），常温消化与中温相近。产甲烷阶段氧化还原电位的临界值为－0.2V。

氧是影响厌氧反应器中氧化还原电位的重要因素。挥发性有机酸的增减、pH值的升降以及铵离子浓度的高低等因素均影响系统的还原强度。如pH值低，氧化还原电位高；pH值高，氧化还原电位低。

9.3.1.4 容积有效负荷

容积有机负荷是指厌氧消化反应器单位有效容积每天接受的有机物量，单位为kgCOD/(m^3·d)。有机负荷是影响厌氧消化效率的一个重要因素，直接影响产气量和处理效率。在一定范围内，随着有机负荷的提高，产气率下降，而消化气的容积产气量增加。

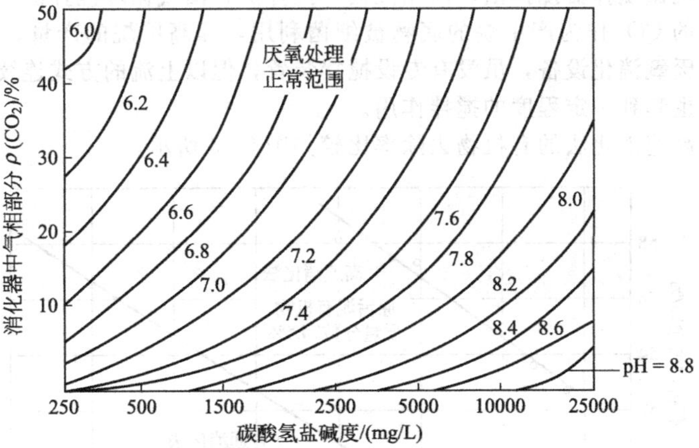

图 9-10　pH 值与碳酸盐碱度之间的关系

9.3.1.5　厌氧活性污泥

厌氧活性污泥主要是由厌氧微生物及其代谢和吸附的有机物、无机物组成。厌氧活性污泥的浓度和性状与消化的效能有密切的关系。污泥的性状良好是厌氧消化高效率的基础。厌氧活性污泥的性质主要表现为它的作用效能与沉淀性能。作用效能主要取决于微生物的比例及其对底物的适应性，以及微生物中生长效率低的产甲烷菌的数量是否达到与非产甲烷菌数量相适应的水平。活性污泥的沉淀性能是指污泥混合液在静止状态下的沉降速度，它与污泥的凝聚性有关。在厌氧处理时，废水中的有机物主要是靠活性污泥中的微生物分解去除。在一定范围内，活性污泥浓度愈高，厌氧效率也愈高。但当活性污泥浓度达到一定程度后，效率的提高不再明显。

9.3.1.6　搅拌与混合

混合搅拌也是提高消化效率的工艺条件之一。没有搅拌的厌氧消化池，池内料液常有分层现象，如图 9-11 所示。通过搅拌可消除池内梯度，增加食料与微生物之间的接触，避免产生分层，促进沼气分离。在连续投料的消化池中，搅拌还能使进料迅速与池中原有料液相混匀。采用搅拌措施能显著提高消化的效率，如图 9-12 所示。故在传统厌氧消化工艺中，也将有搅拌的消化器称为高效消化器。但对于混合搅拌程度与强度，尚有不同的观点。如对于混合搅拌与产气量的关系，有资料说明，适当搅拌优于频频搅拌；也有资料说明，频频搅拌为好。一般认为，产甲烷菌的生长需要相对较宁静的环境，巴斯韦尔曾指出：消化池的每次搅拌时间不应超过 1h。Kpejinc 认为消化器内的物质移动速度不宜超过 0.5m/s，因为这是微生物生命活动的临界速度。搅拌的作用还与污水的性状有关。当含不溶性物质较多时，因易于生成浮渣，搅拌的功效更加显著；对含可溶性废物或易消化悬浮固体的污水，搅拌的功效相对小一些。

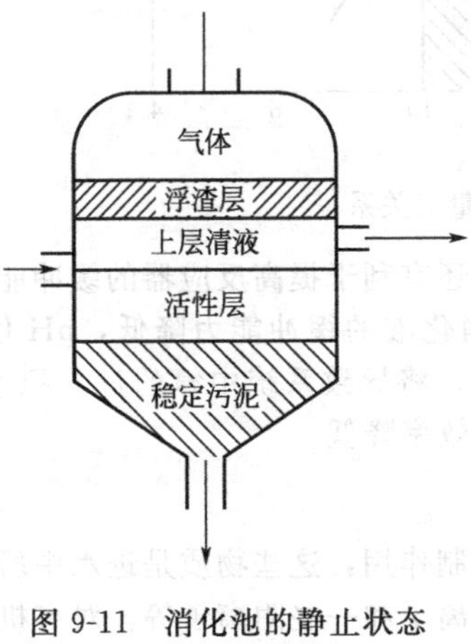

图 9-11　消化池的静止状态

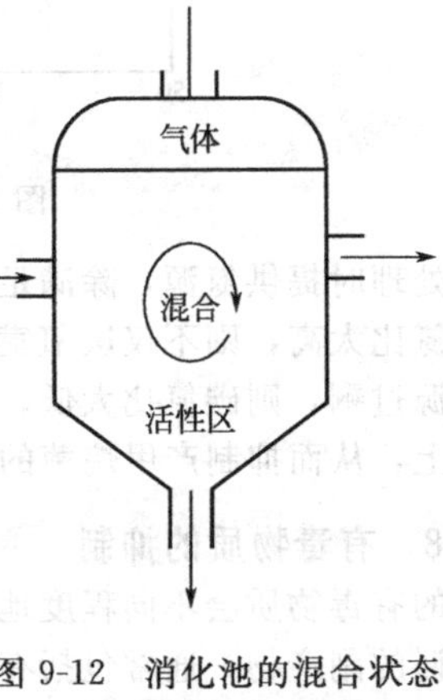

图 9-12　消化池的混合状态

搅拌的方法有机械搅拌器搅拌法、消化液循环搅拌法、沼气循环搅拌法。其中沼气循环搅拌还有利于使沼气中的 CO_2 作为产甲烷的底物被细菌利用，提高甲烷的产量。厌氧滤池和上流式厌氧污泥床等新型厌氧消化设备，虽没有专设搅拌装置，但以上流的方式连续投入料液，通过液流及其扩散作用，也起到一定程度的搅拌作用。

普通消化法与高速消化法的有机物去除率比较如图 9-13 所示。

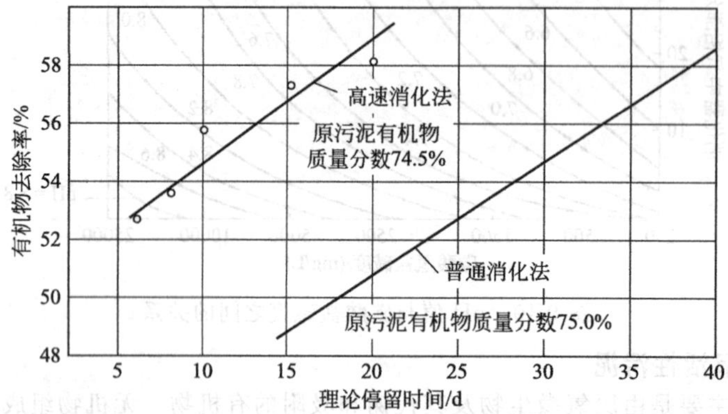

图 9-13　普通消化法与高速消化法的有机物去除率比较

9.3.1.7　废水的营养比

厌氧微生物的生长繁殖需按一定的比例摄取碳、氮、磷以及其他微量元素。工程上主要控制进料的碳、氮、磷比例，因为其他营养元素不足的情况较少出现。不同的微生物在不同的环境条件下所需的碳、氮、磷比例不完全一致。一般认为，厌氧处理中碳、氮、磷的比例以（200～300）∶5∶1 为宜。在碳、氮、磷比例中，碳氮比对厌氧消化的影响更为重要，研究表明，碳氮比为（10～18）∶1，如图 9-14 和图 9-15 所示。

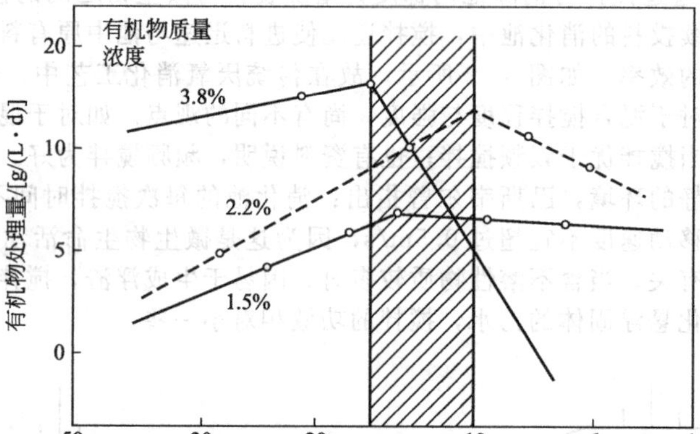

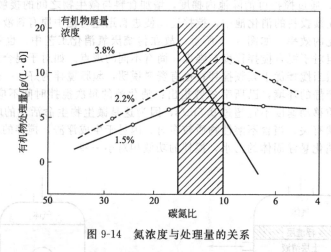

图 9-14　氮浓度与处理量的关系

在厌氧处理时提供氮源，除满足合成菌体所需外，还有利于提高反应器的缓冲能力。若氮源不足，即碳氮比太高，则不仅厌氧菌增殖缓慢，而且消化液的缓冲能力降低，pH 值容易下降；相反，若氮源过剩，则碳氮比太低，氮不能被充分利用，将导致系统中氨的过分积累，pH 值上升至 8.0 以上，从而抑制产甲烷菌的生长繁殖，使消化效率降低。

9.3.1.8　有毒物质的抑制

系统中的有毒物质会不同程度地对厌氧过程产生抑制作用，这些物质是进水中所含成分，或是厌氧菌代谢的副产物，通常包括有毒有机物、重金属离子和一些阴离子等。对有机物来说，带

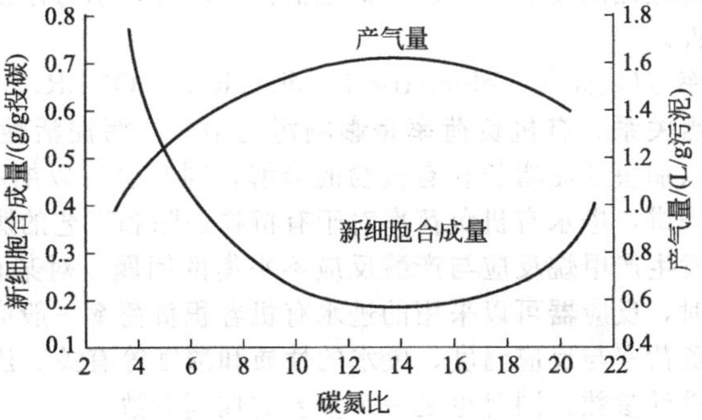

图 9-15　碳氮比与新细胞的合成量和产气量的关系

醛基、双键、氯取代基、苯环等结构，往往具有抑制性。重金属被认为是使反应器失效的最普遍最主要的因素，它通过与微生物酶中的巯基、氨基、羧基等相结合，而使生物酶失活，或者通过金属氢氧化物凝聚作用使生物酶沉淀。金属离子对厌氧的影响按 Cr＞Cu＞Zn＞Cd＞Ni 的顺序减小。毒性物质抑制厌氧的浓度范围见表 9-4。

表 9-4　毒性物质抑制厌氧的浓度范围

物质名称	物质的量浓度/(mol/L)
碱金属或碱土金属(Ca^{2+},Mg^{2+},Na^{+},K^{+})	10^{-1}～10^{+6}
重金属(Cu^{2+},Ni^{2+},Zn^{2+},Hg^{2+},Fe^{2+})	10^{-5}～10^{-3}
H^{+}和 OH^{-}	10^{-6}～10^{-4}
胺类	10^{-5}～1.0

氨是厌氧生物处理过程中的营养物和缓冲剂，但高浓度时也产生抑制作用，其主要是氨氮浓度增高和 pH 值上升所引起的。

厌氧过程的中间产物——硫化物过量存在，对厌氧过程会产生强烈的抑制作用。其一，由硫酸盐等还原为硫化物的反硫过程与产甲烷过程争夺有机物氧化脱出的氢；其二，当介质中可溶性硫化物积累后，会对细菌细胞的功能产生直接抑制，使产甲烷菌群减少。据资料介绍，当硫浓度在 100mg/L 时，对产甲烷过程有抑制；超过 200mg/L，抑制作用十分明显。硫化氢是产甲烷菌的必需营养物。产甲烷菌的最佳生长需要量是 11.5mg/L（以 H_2S 计），厌氧处理仅可在有限的硫化氢浓度范围内运行。据有关资料介绍，硫化物的浓度达到 60mg/L（以 H_2S 计）时，产甲烷菌的活性将下降 50%。目的高负荷反应器中硫化物浓度在 150～200mg/L（以 H_2S 计）时，可获得满意的负荷率和处理效果。

同时厌氧过程是一个脆弱的生物反应过程，其中的几大类群微生物之间存在着脆弱的平衡，如果运行控制得不好，这种平衡很可能会遭到破坏，而使系统进入恶性循环，最终导致反应系统的彻底失败。因此，在厌氧反应器的运行过程中，适当的监测和控制手段是十分必要的，它可以防止运行过程中出现的小问题最终演变成大的灾难性问题。

在厌氧反应器的运行过程中，水力停留时间、有机容积负荷率、有机污泥负荷率是主要的三种工艺控制参数。

(1) 水力停留时间（HRT）。水力停留时间对于厌氧工艺的影响是通过上升流速来表现的。一方面，高的液体流速可以增加污水系统内进水区的扰动，因此增加了污泥与进水有机物之间的接触，有利于提高去除率。如在 UASB 反应器中，一般控制反应区内的平均上升流速 v_{up} 不低于 0.5m/h，这是保证颗粒污泥形成的主要条件之一；另一方面，上升流速也不能过高，因为 v_{up} 超过一定值后，反应器中的污泥就可能会被冲刷出反应器，使得反应器内不能保持足够多的生物量，而影响反应器的运行稳定性和高效性，这样就会使得反应器的高度受到限制。特别需要注意的是，当采用厌氧工艺处理低浓度有机废水（如生活污水）时，水力停留时间可能是比有机负荷更为重要的工艺控制条件。

(2) 有机容积负荷率（Organic Volumetric Loading Rate，OVLR)。进水有机负荷率反映了基质与微生物之间的供需关系。有机负荷率是影响污泥增长、污泥活性和有机物降解的主要因素，提高有机负荷率可以加快活泥增长和有机物的降解，同时也可以缩小所需要的反应器容积。但是对于厌氧消化过程来讲，进水有机负荷率对于有机物去除和工艺的影响十分明显。当进水有机负荷率过高时，可能发生产甲烷反应与产酸反应不平衡的问题。对某种实际的有机工业废水，采用厌氧工艺进行处理时，反应器可以采用的进水有机容积负荷率一般应通过试验来确定，但总体来说，进水有机容积负荷率与反应温度、废水的性质和浓度等有关。进水有机负荷率不但是厌氧反应器的一个重要的设计参数，同时也是一个重要的控制参数。

(3) 有机污泥负荷率（Organic Sludge Loading Rate，OSLR)。当进水有机容积负荷率和反应器的污泥量已知时，进水有机污泥负荷率可以根据这两个参数计算。采用进水有机污泥负荷率比容积负荷率更能从本质上反映微生物代谢与有机物的关系。特别是厌氧反应过程由于存在产甲烷反应和产酸反应的平衡问题，因此在运行过程中将反应器控制在适当的有机负荷下才可以保证上述两种反应过程始终处于良性平衡的状态，因此也就可以消除由于偶然超负荷引起的酸化问题。

在处理常规的有机工业废水时，厌氧工艺采用的进水有机污泥负荷率一般为0.5～1.0kg BOD_5/(kgMLVSS·d)，而通常好氧工艺的污泥负荷运行0.1～0.5kgBOD_5/(kgMLVSS·d)。另外，厌氧反应器中的污泥浓度比好氧反应器中的通常可以高5～10倍，这样就导致厌氧工艺的容积负荷通常比好氧工艺的要高10倍以上，一般厌氧工艺的进水容积负荷率可以达到5～10kgBOD_5/(m^3·d)，而好氧工艺的进水容积负荷一般仅为为0.5～10kgBOD_5/(m^3·d)。

9.3.2 废水厌氧生物处理工艺

9.3.2.1 第一代厌氧反应器

事实上厌氧消化工艺并不是一个新的工艺，人们早在100多年前就开始采用厌氧工艺处理生活污水污泥。在1860年法国工程师Mouras采用厌氧方法处理经沉淀的固体物质。1904年德国的Imhoff将其发展成为Imhoff双层沉淀池（即腐化池)，这一工艺至今仍然在有效地利用。在1910～1950年，高效的、可加温和搅拌的消化池得到了发展，比腐化池有明显的优势。Schroepfer在20世纪50年代开发了厌氧接触工艺，这些反应器可以称为第一代的厌氧反应器。第一代厌氧反应器主要包括普通厌氧消化池和厌氧接触工艺。其中化粪池和腐化池主要用于处理生活废水中下沉的污泥，传统消化池与高速消化池用于处理城市污水处理厂初沉池和二沉池排出的污泥。早期低负荷的厌氧系统导致人们认为厌氧处理系统本质上劣于好氧系统，其运行结果相对较差。

(1) 普通厌氧消化池。从发展情况看，厌氧消化池经历了两个发展阶段，即第一阶段的传统消化池和第二阶段的高速消化池，二者的区别在于池内有无搅拌设施。传统消化池无搅拌设备，污泥分层现象严重，生化反应速度慢，要求水力停留时间长达60～100d，负荷率低，大型池的死区甚至占61%～77%。德国人Kremer提出了加盖的密闭式消化他，如图9-16所示。该池型称为传统消化池，又称普通消化池，也是最早采用的二级消化他。

为提高传统消化池的产气率和减小装置体积，人们不断对传统消化池进行改进，1955年后消化池开始采用搅拌和加热措施，为厌氧菌提供适宜的温度和与有机物的良好接触，从而出现了效能较高的高速消化池，称为普通厌氧消化池或完全混合反应器（CSTR)，见图9-17。这是厌氧消化工艺技术上的重大突破。

在污泥厌氧消化处理中，常将消化处理后的污泥称为熟污泥，而新投加的污泥称生污泥。生污泥定期或连续加入消化池，经厌氧微生物的厌氧消化作用，将污泥中的有机物消化分解。经消化的污泥和消化液分别由消化池底部和上部排出，产生的沼气从上部排出。为了使熟污泥和生污泥接触均匀，并使产生的气泡及时从水中逸出，必须定期（一般间隔2～4h）搅拌。此外，进行

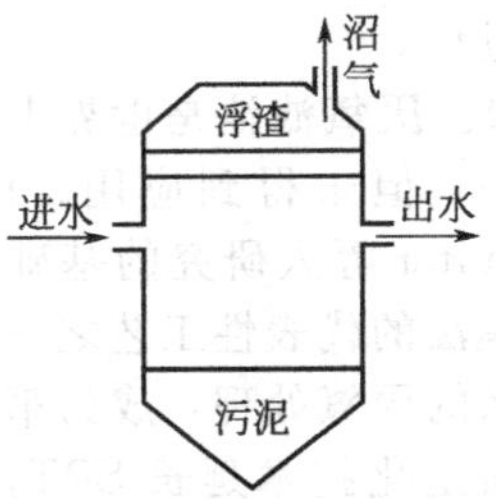

图 9-16 传统消化池

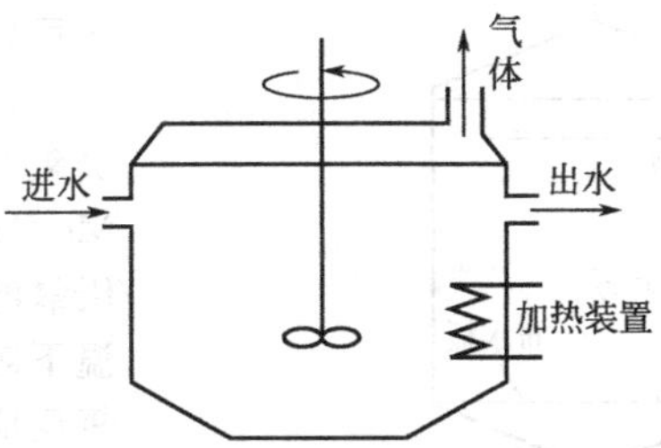

图 9-17 快速消化池

中温和高温发酵时，需对生污泥进行预热，一般采用池外设置热交换器的办法实行间断加热和连续加热。

普通消化池的特点是在消化池内实现厌氧发酵反应及固、液、气的三相分离。在排放消化液前，停止搅拌。消化池搅拌常采用水泵循环，水射器搅拌，也可以采用机械搅拌或沼气搅拌。大型消化池往往混合不均，池内常有死角，为了消除死角，各国多消化池型及搅拌方法都进行了大量的研究工作，从而不同程度地控制了死角的发生，提高了处理能力。

(2) 厌氧接触法。厌氧接触法是在传统的完全混合反应器（CSTR）的基础上发展而成的。CSTR 是一个带有搅拌装置的反应器，废水在搅拌作用下与厌氧污泥充分混合，处理后的水和厌氧污泥混合液从反应器上部排出。由于 SRT 等于 HRT，SRT 较短，因此不能在反应器中积累足够浓度的污泥。为了克服普通消化池不能持留或补充厌氧活性污泥的缺点，1955 年 Schroepter 提出采用污泥回流的方式，即在消化池后设沉淀池，将沉淀污泥回流至消化池，发展起了厌氧接触工艺，其工艺流程如图 9-18 所示。该工艺可使污泥不流失，出水水质稳定，又可提高消化池内污泥浓度，从而提高设备的有机负荷和处理效率。

污水进入消化池后，能迅速地与池内混合液混合，泥水接触十分充分。由消化池排出的混合液首先在沉淀池内进行固、液分离，污水由沉淀池上部排出。下沉的厌氧污泥回流至消化池，这样的污泥不至于流失，也稳定了工艺状态，保持了消化池内的厌氧微生物的数量，因此可提高消化池的有机负荷，处理效率也有所提高。

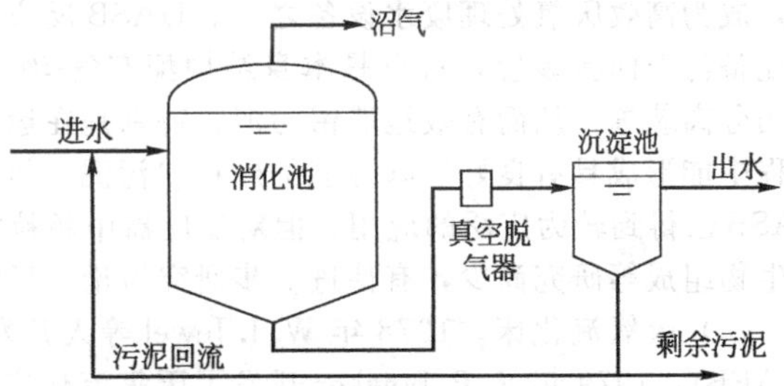

图 9-18 厌氧接触法的工艺流程

厌氧接触消化工艺允许污水中含有较多的悬浮固体，属于低负荷或中负荷工艺，中温消化的有机负荷达 2～6kgCOD/(m^3 · d)，运行过程比较稳定，耐冲击负荷。该工艺的缺点在于气泡黏附在污泥上，影响污泥在沉淀池沉降。但如果在消化池与沉淀池之间加设除气泡减压装置，可以改善污泥在沉淀池中的沉降性能。

9.3.2.2 第二代厌氧反应器

高效率厌氧处理系统必须满足的条件之一是能够保持大量的活性厌氧污泥。依照这一原则人们成功地开发了第二代厌氧反应器，例如厌氧滤池（AF）、升流式厌氧污泥床反应器（UASB）和厌氧接触膜膨胀床反应器（AAFEB）等。这些反应器的一个共同特点是可以将 SRT 与 HRT 相分离，其 SRT 可以长达上百天。这使得厌氧处理高浓度污水的停留时间从过去的几天或几十天缩短到几小时或几天。在已经开发的这些高效厌氧处理系统中，UASB 工艺被广泛应用在生产性的装置上，并且一般非常成功。

第二代厌氧反应器主要用于处理各种工业有机废水，主要具有以下基本特征：①具有相当高的有机负荷和水力负荷，反应器容积比传统工艺减少 90%以上；②在不利条件（低温、冲击负荷、存在抑制物）下仍具有较高的稳定性；③反应器投资小，适合应用于各种规模的处理技术；

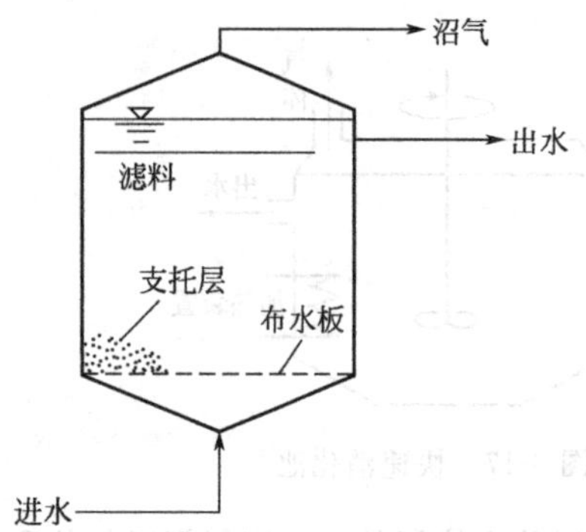

图 9-19　升流式厌氧生物滤池示意

④处理低浓度废水的效率已具备与好氧处理的竞争能力；⑤可以作为能源净生产过程。

(1) 厌氧滤池（AF）。厌氧滤池是世界上使用最早的厌氧生物处理设施之一，但未得到应用。1969 年美国 Mc Carty和 Young 在 Coulter 等人研究的基础上，开发的厌氧滤池作为厌氧生物膜法的代表性工艺之一，开创了常温下对中等浓度有机废水的厌氧处理，成为第一个高速厌氧反应器。AF 用生物固定化技术延长 SRT，把 SRT 和 HRT 分别对待的思想是厌氧反应器发展史上的一个里程碑。在 AF 内厌氧污泥浓度可达到 10～20gVSS/L，其处理溶解性废水时的容积负荷为 10～15kgCOD/(m^3·d)。据报道，以降流式 AF 处理高蛋白含量的鱼类加工废水负荷为 10kgCOD/(m^3·d) 时，COD 去除率可达 90%。据 Lettinga 在 1993 年估计，国外生产规模的 AF 系统大约有 30～40 个。但 AF 在运行中常出现堵塞和短流现象，且需要大量的填料和对填料进行定期清洗，增加了处理成本。图 9-19 是升流式厌氧生物滤池示意。

(2) 升流式厌氧污泥床反应器（UASB）。UASB 由荷兰教授 Lettinga 等人在 20 世纪 70 年代初研制开发，是厌氧处理技术的重大突破。Lettinga通过物理结构设计，利用重力场对不同密度物质作用的差异，发明了三相分离器，使 SRT 与 HRT 分离，形成 UASB 的雏形，并引起了人们的高度重视，相继有许多国家对 UASB 进行了广泛深入的研究。目前，UASB 反应器较为广泛地应用于工业有机废水的处理，成为高效厌氧处理废水设备之一。UASB 反应器不配备污泥回流装置，特点是本身结构配有气-液-固三相分离装置，从而有效地滞留污泥，特别是在运行过程中能形成具有良好沉降性能的颗粒状污泥。尽管 UASB 已得到较为广泛的应用，但对反应器中颗粒污泥形成机理、颗粒污泥结构、化学组分及其微生物组成等研究尚少，有待进一步研究讨论。UASB 反应器如图 9-20 所示。

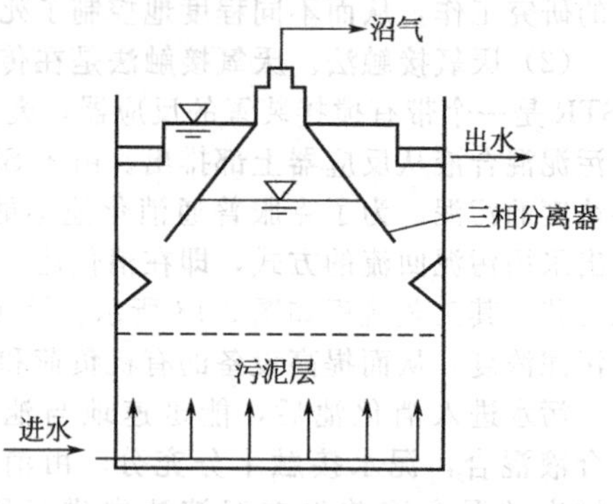

图 9-20　UASB 反应器示意

(3) 厌氧流化床。1978 年 W. J. Jewel 等人开发了厌氧膨胀床（Anaerobic Expanded Bed，简称 AEB），1979 年 R. P. Bowker 开发了厌氧流化床（Anaerobic Fliudized Bed，简称 AFB）。二者同居于附着生长型固定膜膨胀床，有很多共同特点，区别不明显。习惯上把生物颗粒膨胀率为 20%左右的填料床称为膨胀床，30%以上的称为流化床。由于载体细小，为微生物的附着提供了良好的条件，使反应器具有很高的生物量，所以处理能力大，受到各国的极大关注，图 9-21 为厌氧膨胀床和流化床工作原理。

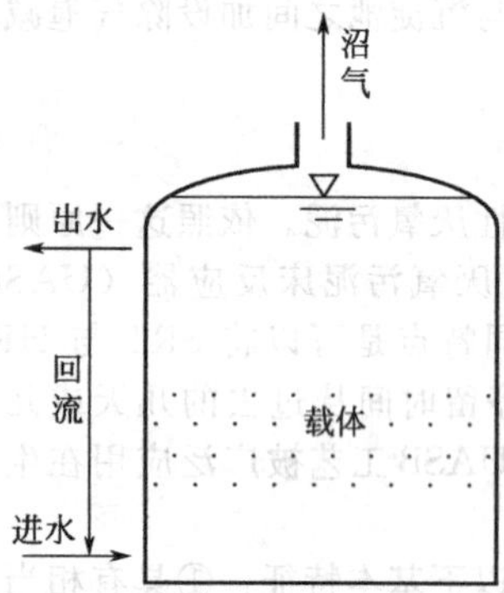

图 9-21　厌氧膨胀床和流化床工作原理

厌氧生物流化床既适于高浓度的有机废水，又适于中、低浓度的有机废水处理，它的有机容积负荷（以 BOD_5 计）可达 2～10kg/(m^3·d)。由于所需氮磷营养较少，尤适用于处理氮磷缺乏的工业废水。处理的工业废水包括含酚废水、α-萘磺酸酸废水、鱼类加工废水、炼油污水、乳糖废水、屠宰场废水、煤气化废水等，处理的城市污水包括家庭废水、粪便废水、市政污水、厨房废水等。

9.3.2.3　第三代厌氧反应器

高效厌氧处理系统需要满足的第二个条件是使得进水和污泥之间保持良好接触。为此，人们首先应该确保反应器布水的均匀性，因为这样才可以最大限度地避免短流。这一问题无疑涉及布水系统的设计。同时可采用较高的反应器设计或采用出水回流而获得较高的搅拌强度。另外，厌氧反应器混合可来源于进水的混合和产气的扰动这两方面，但是当进水无法采用高的水力和有机负荷的情况下，例如工艺在低温条件下只得采用低负荷时，由于在污泥床内的混合强度太低以致无法抵消短流效应，这种情况使UASB反应器的应用受到限制。正是对于这一问题的研究导致了第三代厌氧反应器的开发和应用。

(1) 厌氧颗粒污泥膨胀床反应器（EGSB）。EGSB是在UASB的基础上发展起来的，因此，它们之间具有许多相似点。例如它们都要在反应器内产生沉淀性能和机械性能良好的颗粒污泥，都需要装配高效的三相分离器来提高出水水质等。它们之间有许多不同点。在UASB反应器中，污泥床是静态的，反应区集中在反应器底部0.4～0.6m的高度，污水通过污泥床时90%的有机物被降解，污泥床污泥浓度40～70kgVSS/m^3，悬浮层污泥浓度10～30kgVSS/m^3。而在EGSB中，可以认为反应器内厌氧污泥是完全混合的，它比UASB有更高的有机负荷，因此产气量也大，这有利于加强泥水的混合程度，提高有机物处理效率。一般在常温（25℃）条件下，UASB的有机物负荷为1013kgCOD/(m^3·d)，HRT 4～7h，COD去除率为60%～80%。而在EGSB中，溶解性有机物可以被高效去除，但由于水力流速很大，停留时间短，难溶解性有机物、胶体有机物、SS的去除率都不高，一般EGSB的有机物负荷可达40kgCOD/(m^3·d)，HRT 1～2h，COD去除率为50%～70%。与UASB相比，EGSB特别适合于处理低温（10～25℃）、低浓度（≤1000mg/L）的城市污水。虽然UASB在应用中取得了很大成功，但在进一步扩大其处理范围时，仍然遇到不少问题，例如泥水混合不充分，反应器内存在大量死水区；在低温条件下，水解过程缓慢，SS去除率下降等。EGSB就是为了克服以上缺点在UASB的基础上发展起来的新一代更高效的反应器。EGSB构造见图9-22。

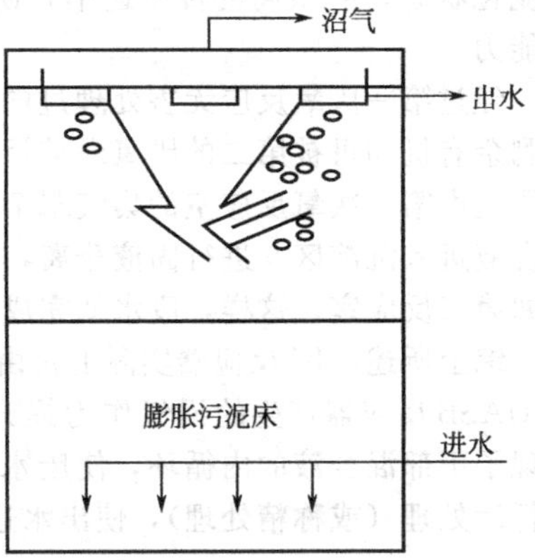

图9-22　EGSB构造

EGSB厌氧工艺是在UASB厌氧工艺的基础上发展起来的新工艺，污泥浓度高，具有高负荷、高去除率（COD去除率>85%）的特点；抗冲击负荷能力强，适应水质水量的大幅度变化；占地面积小，容积产气率高；可设置完全自控操作方便。

(2) 厌氧内循环反应器（IC）。IC工艺是基于UASB反应器颗粒化和三相分离器的概念而改进的新型反应器。它由2个UASB反应器的单元相互重叠而成，特点是在高的反应器内分为2个部分。底部一个处于极端的高负荷，上部一个处于低负荷。IC反应器由4个不同的功能单元构成，即混合部分、膨胀床部分、精处理部分和回流部分。

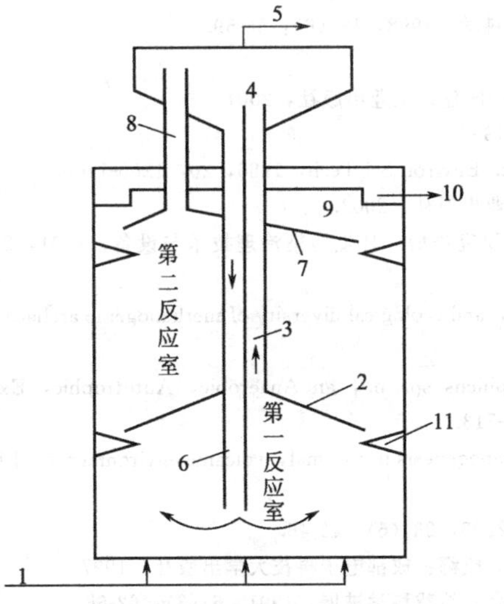

图9-23　IC反应器构造原理

1—进水；2—第一反应室集气罩；3—沼气提升管；4—气液分离器；5—沼气排出管；6—回流管；7—第二反应室集气罩；8—集气管；9—沉淀区；10—出水管；11—气封

反应器的基本构造与工作原理如图9-23所示。IC反应器的构造特点是具有很大的高径比，可达4～8，反应器的高度可达16～25m。所以在外形上看，IC反应器实际上是个厌氧生化反应塔。

由图9-23可知，进水1用泵由反应器底部进入第一反应室，与该室内的厌氧颗粒污泥均匀混合。废水中所含的大部分有机物在这里被转化成沼气，所产生的沼气被第一厌氧反应室的集气里 2 收集，沼气将沿着提升管 3 上升。沼气上升的同时，把第一反应室的混合液提升至设在反应器顶部上的气液分离器 4，被分离出的沼气由气液分离器顶部的沼气排出管 5 排走。分离出的泥水混合液将沿着回流管 6 回到第一反应室的底部，并与底部的颗粒污泥和进水充分混合实现了第一反应室混合液的内部循环，IC 反应器的命名由此得来。内循环的结果，第一厌氧反应室不仅有很高的生物量，很长的污泥龄。并具有很大的升流速度，使该室内的颗粒污泥完全达到流化状态，有很高的传质速率，使生化反应速率提高，从而大大提高第一反应室的去除有机物能力。

经过第一厌氧反应无害处理过的废水，会自动进入第二厌氧反应室被继续进行处理。废水中的剩余有机物可被第二的厌氧颗粒污泥进一步降解，使废水得到更好的净化，提高了水质。产生的沼气由第二次氧反应室的集气罩 7 收集，通过集气管 8 进入气液分离器 4。第二反应室的泥水混合液进入沉淀区 9 进行固液分离，处理过的上清液由出水管 10 排出，沉淀下来的污泥可自动返回第二反应室。这样，废水就完成了在 IC 反应器内处理的全过程。

综上所述，IC 反应器实际上是由两个上下重叠的 UASB 反应器串联所组成的。由下面第一个 UASB 反应器产生的沼气作为提升的内动力，使升流管与回流管的混合液产生一个密度差，实现了下部混合液的内循环，使废水获得强化预处理。上面的第二个 UASB 反应器对废水继续进行后处理（或称精处理），使出水达到预期的处照要求。

参 考 文 献

[1] 周群英，王士芬．环境工程微生物学．北京：高等教育出版社，2008.

[2] 胡纪萃，周孟津，左剑恶等．废水厌氧生物处理理论与技术．北京：中国建筑工业出版社，2003.

[3] 张希衡．废水厌氧生物处理工程．北京：中国环境科学出版社，1996.

[4] 李东伟，尹光志．废水厌氧生物处理技术原理及运用．重庆：重庆大学出版社，2006.

[5] 任南琪，王爱杰等．厌氧生物技术原理与应用．北京：化学工业出版社，2004.

[6] 张胜华，郭一飞等．水处理微生物学．北京：化学工业出版社，2005.

[7] 冯孝善，方士．厌氧消化技术．杭州：浙江大学出版社，1989.

[8] 吴健．生物工艺在污水处理领域的应用．中国给水排水，1991，7 (2)：57-60.

[9] 李白昆，吕炳南，任南琪．厌氧产酸细菌发酵类型和生态学的研究．中国沼气，1997，15 (2)：3-6.

[10] 官运筹，蒋展鹏．两相厌氧生物处理有机废水的研究．环境科学，1998，19 (6)：56-59.

[11] 熊忠贵．发酵工艺原理．北京：中国医药科技出版社，1995.

[12] 斯皮思 R. E. 工业废水的厌氧生物技术．李亚新译．北京：中国建筑工业出版社，2001.

[13] 贺延龄．废水的厌氧生物处理．北京：中国轻工业出版社，1998.

[14] McCarty P. L.，Smith D. P. Anaerobic Wastewater treatment. Environ Sci Tech，1986，20：1200-1206.

[15] 胡纪萃．废水厌氧生物处理理论与技术．北京：中国建筑工业出版社，2003.

[16] 赵立军，滕登用，刘金玲等．废水厌氧生物处理技术综述与研究进展．环境污染治理技术与设备，2001，2 (5)：58-66.

[17] Garcia J L，Patel B K，Ollivier B. Taxonomic，phylogenetic，and ecological diversity of methanogenic archaea. Anaerobe，2000，6 (4)：205-226.

[18] Zeikus J G，Wolee R S. Methanobacterium thermoautotrophicus sp. n.，an Anaerobic，Autotrophic，Extreme Thermophile. Journal of Bacteriology，1972，109 (2)：707-713.

[19] Zeikus J G，Ben Bassat A，Hegge PW. Microbiology of methanogenesis in thermal，volcanic environments. J Bacteriol，1980，143 (1)：432-440.

[20] 单丽伟，冯贵颖，范三红．产甲烷菌研究进展．微生物学，2003，23 (6)：42-46.

[21] 农业部厌氧微生物重点开放实验室．产甲烷菌及其研究方法．成都：成都电子科技大学出版社，1997.

[22] 丁安娜，惠荣耀，应光国．产甲烷菌生物地球化学作用的研究．地球科学进展，1991，6 (3)：62-68.

[23] 姚守平，罗鹏，王艳芬等．湿地甲烷排放研究进展．世界科技研究与发展，2007，29 (2)：58-63.

[24] 祖波，祖建，周富春等．产甲烷菌的生理生化特性．环境科学与技术，2008，31 (3)：5-8.

[25] 郝鲜俊，洪坚平，高文俊．产甲烷菌的研究进展．贵州农业科学，2007，35 (1)：111-113.

[26] 郭嫣秋，胡伟莲，刘建新．瘤胃甲烷菌及甲烷生成的调控．微生物学报，2005，45 (1)：145-148.

[27] 傅霖，辛明秀．产甲烷菌的生态多样性及工业应用．应用与环境生物学报，2009，15 (4)：574-578.

[28] Pohlang F G, Ghosh S. Developments in anaerobic stabilization of organic wastes in the two phase concept. Environ. Technol, 1971, 1 (2): 255-266.
[29] 杨秀山，田沈．固定化甲烷八叠球菌研究．中国环境科学，1997，17 (3)：265-271.
[30] 布坎南 R. E.，吉本斯 N. E. 伯杰细菌鉴定手册．北京：科学出版社，1984.
[31] 林代炎，林新坚．产甲烷菌在厌氧消化中的应用研究进展．福建农业学报，2008，23 (1)：106-110.
[32] 邓宇，尹小波．产甲烷细菌及研究方法．成都：成都科技大学出版社，1997，240-245.

第10章 水体富营养化和脱氮除磷技术

10.1 水体富营养化现象

自20世纪50年代以来，水体富营养化现象已成为世界上重要的水环境污染问题。富营养化通常是指在人类活动的影响下，生活污水、化肥和食品等工业废水、降水以及地表径流中含有的大量氮、磷及其他无机盐等植物营养物质输入水库、湖泊、河口、海湾等缓流水体后，引起藻类及其他浮游生物迅速繁殖，水体溶解氧下降，水质恶化，鱼类及其他生物大量死亡的现象。

水体出现富营养化现象时主要表现为浮游生物大量繁殖，因占优势的浮游生物的颜色不同，水面往往呈现蓝色、红色、棕色、乳白色等，这种现象在江河、湖泊中称为“水华”或“湖靛”，在海洋则称为“赤潮”。

10.1.1 水体富营养化产生的原因

10.1.1.1 自然因素

数千年前，自然界的许多湖泊处于贫营养状态。随着时间的推移和环境的变化，由于雨雪对大气的淋洗和地表土壤的侵蚀和淋溶，大量的植物营养物质汇入湖泊，使湖泊水体的肥力增加，大量的浮游植物和其他水生植物生长繁殖，为食草性的甲壳纲动物、昆虫和鱼类提供了丰富的食料。当这些动植物死亡后，它们的机体沉积在湖底，积累形成底泥沉积物。残存的动植物残体不断分解，释放出来的营养物质又被新的生物体所吸收，由此形成营养物质的循环。因此，富营养化是天然水体普遍存在的现象。但是在没有人为因素影响的水体中，富营养化的进程是非常缓慢的。

10.1.1.2 人为因素

随着工农业生产规模的迅速发展和人口的不断增加，人类每天向自然界排放大量富含氮磷的生活污水和工业废水。这些污废水流入湖泊、河流和水库，增加了水体中营养物质的负荷量。同时，在农村为了提高农作物的产量，人们常施用较多的氮肥和磷肥。这些肥料中只有一部分被植物吸收，未被利用的那一部分可随农田排水和地表径流进入地面水体中或下渗，通过土壤进行横向运动，最终进入地下水中。此外植物秸秆、牲畜粪便等农业废弃物也是水体中植物营养物质的重要来源。这些污染物的进入使得自然水体在短时间内积聚大量的植物性营养物质，从而使藻类大量繁殖，导致水体富营养化。人为因素是造成水体富营养化的主要因素。

10.1.2 水体富营养化的危害

富营养化状态一旦形成，水体中营养素被水生生物吸收，成为其机体的组成部分，水生生物死亡腐烂过程中，营养素又释放进入水体，再次被生物利用，形成植物营养物质的循环。因此，富营养化了的水体，即使在没有外界营养物质进入的情况下，水体也很难自净和恢复到正常状态。

从环境保护的角度来看，水体富营养化的危害主要表现在以下六个方面。

(1) 恶化水体感观性状。在富营养水体中，蓝藻、绿藻等优势藻类大量繁殖，在水面形成一层“绿色浮渣”，使水质变得浑浊，透明度下降。许多形成水华的藻类能产生不好的气味，如鱼腥藻、微囊藻、束丝藻、角藻均可产生腐臭味，星杆藻、锥囊藻、黄群藻、平板藻、团藻可产生鱼腥味，腔球藻、栅藻、水绵藻、丝藻可产生草腥味，小球藻、颤藻和直链藻能产生霉腐味等。这种腥臭向湖泊四周的空气扩散，给人不舒服的感觉，大大降低了水体的美感。我国一些有名的风景游览湖泊，如杭州西湖、武汉东湖、南京玄武湖、长春南湖、云南滇池等都曾因为水体富营养化而影响其旅游价值。

(2) 降低水体溶解氧。富营养水体的表面有一层厚厚的藻类，阻挡大气中的氧向水中转移，且阳光很难穿透厚厚的藻层而到达水体内部，使深层水体的光合作用受到限制，溶解氧来源减少。其次，藻类死亡后不断向水体底部沉积并腐烂分解，消耗大量的溶解氧，严重时可使深层水体呈厌氧状态，使需氧生物难以生存。

(3) 影响供水水质。湖泊、水库常常是人类的供水水源。水体发生富营养化后，过量繁殖的藻类会给自来水厂在过滤过程中带来障碍，造成自来水厂过滤池的堵塞和过滤效率下降，需要水厂改善或增加过滤措施。在自来水加氯后，一些藻类分泌的溶解性有机物会转变成致癌物质。这就增加了水处理的难度，加大了制水成本。

(4) 影响水生生态系统。在正常情况下，水体中各种生物处于相对平衡的状态。但是，一旦水体呈现富营养状态时，原来的生态平衡就会被扰乱。藻类明显增加，而其他物种则显著减少。这种变化会导致水生生物的稳固性和多样性低落，破坏水生生态平衡。

(5) 影响水产养殖。由于水体中溶解氧不足，使得很多鱼类及其他水生生物无法生存；一些藻类产生的黏液可黏附于水生生物的腮上，影响其呼吸，导致其窒息死亡。一些非耐污的优质鱼类等经济水产种类大量减少甚至死亡，而一些耐污的低劣种类会有所增加，这就使水产养殖的经济效益大幅度下降。近年来，在美国、日本以及我国的渤海、珠江口等地发生的赤潮，给当地均造成了严重的经济损失。

(6) 危害人体健康。在引起水体水华和赤潮的藻类中，有些藻类能分泌毒素。如蓝藻中的铜绿微囊藻，能产生一种肝毒素，可以在鱼体内富集，人食用鱼后该毒素可转移到人类内，危害人体健康。这种毒素与促癌剂软海绵酸相似，可强烈抑制细胞蛋白磷酸酶的活性，促使某些癌症尤其是肝癌的发生。赤潮生物中的某些藻类能产生诸如麻痹性贝毒（PSP)、腹泻性贝毒（DSP)、神经性贝毒（NSP）等多种毒素，而贝类（如蚌、蛤等）能富集此类毒素，人食用这些贝类后就会发生中毒。

10.1.3 富营养化水体中的常见藻类

富营养化的水体中最常见的藻类是蓝细菌。蓝细菌曾称蓝藻或蓝绿藻，是一种古老的原核微生物，多生活在淡水和海水中，有些品种还可以生活在泥土和地面的其他地方。蓝细菌中的某些属如微囊蓝细菌属、鱼腥蓝细菌属、水华束丝蓝细菌属及腔球蓝细菌属是引起水体富营养化的主要属种。

除蓝藻外，其他藻类也能引起水体富营养化。如有学者发现硅藻和黄褐藻能引起湖泊水华，而能引起海洋赤潮的藻类品种更多。我国研究学者发现，引起我国渤海湾的赤潮生物主要有夜光藻、中肋骨条藻、微型原甲藻和红海束毛藻等。国外学者的研究表明，形成赤潮的生物除上述种类外，还有腰鞭毛虫、裸甲藻、短裸甲藻、梭角甲藻、角刺藻、卵形隐藻、无纹多沟藻等数十种。在不同的海域，因为水中营养成分、气象、水文条件的不同，优势生长的藻类也不同。

10.1.4 评价水体富营养化的指标

根据湖泊中存在的生物种类，可以把湖泊分为调和型湖泊和非调和型湖泊。在湖泊水体中，凡生产者、还原者、消费者达到生态平衡则属调和型的湖泊。这种类型的湖泊又可依据湖水营养化程度的高低分为贫营养化湖、低营养化湖、中营养化湖和富营养化湖。而在非调和型的湖泊中，不存在能生产有机物质的生产者，这类湖泊可分为腐殖质营养湖和酸性湖两类。

国外许多学者根据湖水营养物质浓度、藻类所含叶绿素 a 的量、湖水的透明度以及需氧量等各项指标来划分水质营养化程度，并以此作为判断水质营养化程度的标准，如Gekstatter提出的划分水质营养状态的标准，在水质富营养化研究中被美国环保局（EPA）采用，其标准见表10-1。

表 10-1 Gekstatter划分水质营养程度的主要参数和标准

参数	贫营养	中营养	富营养
总磷浓度/(mg/L)	<0.01	0.01～0.02	>0.02
叶绿素a含量/(μg/L)	<4	4～10	>10
塞克板透明度/m	>3.7	2.0～3.7	<2.0
溶解氧饱和度/%	>80	10～80	<10

我国学者根据水中总磷、总氮、BOD、COD浓度及水的透明度把湖泊富营养化分为5级，如表10-2所列。

表 10-2 水体富营养化的分级

评价指标	总磷/(mg/L)	总氮/(mg/L)	BOD/(mg/L)	COD/(mg/L)	透明度/m
贫营养	<0.001	<0.1	<1	1	>4
贫—中	0.001～0.005	0.1～0.2	1～3	3	4～2
中—富	0.005～0.02	0.2～0.3	3～5	5	2～1
富营养	0.02～0.05	0.3～1	5～8	8	1～0.5
重度富营养	>0.05	>1	>8	12	<0.5

湖泊的富营养化除与水中的营养盐浓度有关外，还与水温和营养盐负荷有关。湖泊的氮、磷负荷见表10-3。

表 10-3 湖泊的氮、磷负荷（Vollenweider，1971）

平均水深/m	容许负荷/(kg·m²/a)		危险负荷/(kg·m²/a)	
	N	P	N	p
5	1.0	0.07	2.0	0.10
10	1.5	0.10	3.0	0.20
50	4.0	0.25	8.0	0.50
100	6.0	0.40	12.0	0.80
150	7.5	0.50	15.0	1.00
200	9.0	0.60	18.0	1.20

根据以上的研究成果，我国目前采用的表示水体富营养化的指标是：水体中无机氮含量超过0.2～0.3mg/L，生化需氧量大于10mg/L，总磷含量大于0.01～0.02mg/L，pH值为7～9的淡水中细菌总数每毫升超过10×10^4个，表征藻类数量的叶绿素a含量大于10μg/L。根据这一指标，我国有近一半的湖泊都面临着水体富营养化问题，有的还相当严重。

10.1.5 控制水体富营养化的措施和方法

水体富营养化是世界各国都亟待解决的难题，我国对其采取“以防为主，防治结合”的治理原则。总体来说有两方面的举措，一是降低水体中营养成分的浓度，二是控制水体中的藻类繁殖。

10.1.5.1 控制氮、磷等营养物的流入

通过工艺改革、产品改进，实施清洁生产，减少废水中氮、磷的含量。农业生产上合理控制施肥量，提高化肥、农药的利用率，鼓励农民使用有机肥，降低流域内化肥、农药对水环境的污染。采用深度处理方法对污水进行深度处理，进一步控制水中的氮、磷排放量。根据《城镇污水处理厂污染物排放标准》(GB 18918—2002) 规定：生活污水处理厂出水总氮（以N计）控制在15mg/L（一级A排放标准）以下，总磷（以P计）控制在0.5mg/L（2006年1月1日起建设的污水处理厂的一级A排放标准）以下。此外，改变污水排放方式，建立污水灌溉工程，将污水直接用于植物灌溉，既控制了水体营养来源又有利于农作物生长，一举两得，也是一项很好的措施。

10.1.5.2 物理防治

池塘、水库加强水的交换，当有寡营养盐、水质较好的水源时可引入，起到冲污和稀释的作用，带出氮、磷物质以及藻类。深水湖泊或水库中，可采用清淤挖泥、原位覆盖、底泥钝化或深层排水的方式降低水体中氮磷的污染负荷。此外，还可采用机械除藻、吸附法、膜过滤法、紫外线法等方法进行富营养化治理。

10.1.5.3 化学防治

常用的化学除藻剂有二氧化氯、硫酸铜等。二氧化氯的除藻效率高，不产生三氯甲烷，当投加量为1mg/L时对藻的去除率可达75%。硫酸铜中的铜离子和藻细胞壁表面的含硫基团有很强的亲和力，干扰藻类正常的新陈代谢和生化反应过程，对藻类的生长产生抑制作用。美国、澳大利亚常用硫酸铜试剂法处理藻型富营养化水体，工艺成熟。

10.1.5.4 物化法防治

在藻型富营养化水体中投加混凝剂，混凝剂的水解产物与水中藻类等颗粒性物质进行电中和并脱稳，利用小絮体间的吸附架桥或黏附网捕作用形成较大絮体，最终在重力作用下使藻类等污染物沉淀去除。用在富营养化水体控制中的混凝剂有铁系混凝剂、铝系混凝剂、黏土等，其中铁系混凝剂和铝系混凝剂应用最为普遍。此外，采用气浮和秸秆控藻的方法可去除水体中的藻类，采用电化学法和超声波法可杀死水中藻类。

10.1.5.5 生物防治

生物防治是利用微生物、水生植物、水生动物等的作用改善水质。微生物是降解废水、废物的主力军，利用微生物对水中污染物的高效吸收和降解作用，可实现水体富营养化的控制，具有处理费用低、操作简便、二次污染性小、生态综合效益明显、处理效果显著等优点。水生高等植物和藻类在光能和营养物质上是竞争者，在湖泊种植大型水生植物如莲藕、蒲草等可以抑制藻类的生长，对改进水质感观性状有利。水生动物和水生植物之间是相互依赖制约的关系。通过对底栖动物、浮游动物、鱼类等水生动物的人工操纵，利用它们之间的捕食竞争关系，构成完整生态食物链和食物网，可控制水体富营养化。这种技术被称为水生动物操纵法。目前该技术中使用较多的水生动物有蚌类、螺类、食草鱼类等。

10.1.5.6 环境因子调控

藻类和水生植物受溶解氧、水动力条件、pH值、光照和水温等环境因子的影响，适当调控水体的环境因子能够在一定程度上抑制藻类的生长和水生植物的泛滥。例如通过机械曝气的方法增加水体中溶解氧，可恢复并增强水体中好氧微生物的降解污染物能力，加速氮、磷的吸收转化效率，同时还能加强矿化作用和降低浮游植物的光合作用。

10.1.5.7 综合防治

富营养化是多种原因、综合作用的结果，且污染源复杂、营养物质去除难度大，只用一种

方法防治是很难奏效的。实践中通常是多种方法同时使用，以生物防治为主，并联合物理、化学、物化、环境因子调控等多种技术，及时去除污水中的营养物质，以此来防治水体的富营养化。

10.2 生物脱氮

10.2.1 水体中氮化物的危害

氮是生物有机体的重要组成元素，氮循环是重要的生物地球化学循环。地球上各种生物的生长都离不开氮元素。但是如果无限制地增加自然界氮的浓度，将会给环境带来一定的影响。随着人类生活水平和工业水平的不断发展，大量的含氮工业废水和生活污水不经处理就排入江河中，给环境造成了严重的危害。主要表现在以下四个方面。

(1) 造成水体富营养化现象。含氮化合物是水中的营养素，可为藻类生长提供营养源。过量的含氮化合物能促使一些藻类恶性繁殖，出现水华和赤潮现象，使水质恶化，引起鱼类和水生生物的大量死亡。

(2) 增加给水处理的成本。在水厂加氯消毒时，水体中少量氨会使加氯量成倍增加，且会生成“三致”物质。富含氮的水体色度较高，具有明显的臭味，味道也令人不快，在给水处理过程中，必须投加大量的化学药剂才能达到理想的处理效果。此外，氮含量高的水体中藻类大量繁殖，在给水处理中容易造成过滤装置的堵塞和过滤效果下降，必须改善或增加过滤措施。这些都使得给水处理的难度加大，处理成本增加。

(3) 消耗水体中的溶解氧。还原态氮排入水体会发生硝化反应，从而消耗水体中大量的溶解氧，使水体发黑发臭。1mol NH_3 氧化成 1mol NO_3^- 需消耗 2mol O_2。

(4) 对人和生物具有毒害作用。饮用水中的 NO_3^--N 含量超过 10mg/L 时，不宜饮用，可引起婴儿的高铁血红蛋白症，使血红蛋白失去携氧能力。水体中的亚硝酸盐和胺结合生成亚硝酸胺，具有致癌和致畸作用。水体中的非离子氨对水生生物具有很大的危害，是毒害水生生物的主要因子，其毒性比铵盐大几十倍。如金鱼在 NH_3-N 超过 3mg/L 的水体中 9～24h 内就会死亡。

10.2.2 生物脱氮的基本原理

生物脱氮是先利用好氧段经氨化和硝化，在氨化细菌、亚硝化细菌和硝化细菌的协同作用下，将各种含氮化合物转化为 NO_2^--N 和 NO_3^--N。再利用缺氧段经反硝化细菌将 NO_2^--N（经反亚硝化）和 NO_3^--N（经反硝化）还原为 N_2，溢出水面释放到大气，参与自然界氮的循环。脱氮后的水中含氮物质大量减少，降低了出水的潜在危险性。

10.2.2.1 氨化和硝化

在未经处理的新鲜污水中，含氮化合物存在的主要形式有：①有机氮，如蛋白质、氨基酸、尿素、胺类化合物、硝基化合物等；②氨态氮（NH_3、NH_4^+），一般以前者为主。

含氮化合物在微生物的作用下，相继产生下列各项反应。

(1) 氨化反应。有机氮化合物在氨化菌的作用下，分解、转化为氨态氮，这一过程称之为“氨化作用”。以氨基酸为例，其反应式为：

$$RCHNH_2COOH + O_2 \xrightarrow{\text{氨化菌}} RCOOH + CO_2 + NH_3 \qquad (10\text{-}1)$$

(2) 硝化反应。在硝化菌的作用下，氨态氮进一步分解氧化，就此分两个阶段进行，首先在亚硝化菌的作用下，使氨（NH_4^+）转化为亚硝酸氮，反应式为：

$$NH_4^+ + \frac{3}{2}O_2 \xrightarrow{\text{亚硝化菌}} NO_2^- + H_2O + 2H^+ - \Delta F \quad (10\text{-}2)$$

$$(\Delta F = 278.42\text{kJ})$$

继之，亚硝化氮在硝化菌的作用下，进一步转为硝酸氮，其反应式为：

$$NO_2^- + \frac{1}{2}O_2 \xrightarrow{\text{硝化菌}} NO_3^- - \Delta F \quad (10\text{-}3)$$

$$(\Delta F = 72.27\text{kJ})$$

硝化反应的总反应式为：

$$NH_4^+ + 2O_2 \longrightarrow NO_3^- + H_2O + 2H^+ - \Delta F \quad (10\text{-}4)$$

$$(\Delta F = 351\text{kJ})$$

(3) 硝化菌。亚硝化菌和硝化菌统称为硝化菌，广泛分布在土壤、淡水、海水、味道不好的水和污水处理系统中。硝化菌是化能自养菌，属革兰染色阴性和不生芽孢的短杆状细菌，在自然界氮的循环中起着重要的作用。这类细菌的生理活动不需要有机性营养物质，以 CO_2 为碳源，从无机物的氧化中获取能量。亚硝化菌在硅胶固体培养基上长成细小、稠密的褐色、黑色或淡褐色的菌落。硝化菌在琼脂培养基和硅胶固体培养基上长成小的、由淡褐色变成黑色的菌落，且能在亚硝酸盐、硫酸镁和其他无机盐培养基中生长。也有个别的可营有机化能营养。硝化菌是专性好氧菌，只有在有溶解氧的条件下才能增殖，厌氧和缺氧条件都不适宜其生长。在污水处理系统和自然环境中，硝化菌有附着在物体表面和在细胞束内生长的倾向，形成包囊结构和菌胶团。

① 氧化氨的细菌。有好氧的和厌氧的两种。好氧氨氧化细菌就是好氧的亚硝化菌，以 NH_3 为供氢体，O_2 作为最终电子受体，产生 HNO_2。好氧氨氧化细菌的生长温度范围为2～30℃，最适温度为 25～30℃；pH 值范围为 5.8～8.5，最适 pH 值为 7.5～8.0。在最适条件下，不同的细菌世代时间不同，如亚硝化球菌属的代时为 8～12h，亚硝化螺菌属的代时为 24h。高的光强度和高氧浓度都会抑制其生长。厌氧氨氧化细菌为厌氧、以 NH_3 为供氢体、以 NO_2^- 或 NO_3^- 为最终电子受体的一类氧化氨为 N_2 的细菌，为革兰阴性菌。目前 Jetten 等人已经发现了两种厌氧氨氧化细菌（*Brocadia anammoxidans* 和 *Kuenen stuttgartiensis*）。厌氧氨反硫化菌是以 NH_3 为供氢体，以 SO_4^{2-} 作最终电子受体的一类将氨氧化为 N_2 的细菌。

② 氧化亚硝酸的细菌。多数硝化菌在最适 pH 值为 7.5～8.0，最适温度为 25～30℃，最适亚硝酸浓度为 2～30mmol/L 时化能无机营养生长最好。其世代时间随环境的变化而改变，由 8h 到几天。常见的硝化菌有硝化杆菌属、硝化螺菌属、硝化球菌属等。硝化杆菌属既进行化能无机营养又可进行化能有机营养，在进行化能无机营养时的生长速率比进行化能有机营养时快。硝化螺菌属既可进行化能无机营养又可进行混合营养，但与硝化杆菌相反，在营化能无机营养时的生长速率比混合营养中慢，前者的世代时间为 90h，后者的世代时间为 23h。硝化杆菌属细胞内的贮存物有：羧酶体、糖原、多聚磷酸盐、聚 β-羟基丁酸（PHB），含淡黄至淡红的细胞色素。硝化球菌属细胞内含糖原和聚 β-羟基丁酸，硝化刺菌属细胞内含糖原。

10.2.2.2 反硝化

(1) 反硝化过程。硝化反应是氨氮中负三价的氮硝化为正三价和正五价的氮，在这一过程中，氮都是失去电子被氧化的，氧是这一过程中的电子受体。而反硝化反应是 NO_3^--N 和 NO_2^--N在反硝化菌的作用下，被还原成低价态氮的过程。这一过程同时有两种转化途径：一是同化反硝化（合成），最终形成有机氮化合物，成为菌体的组成部分；另一为异化反硝化（分解），最终产物是气态氮。在污水处理中，起主要脱氮作用的是微生物的异化反硝化过程。在这一过程中，氮从正五（或正三）价转化成零价（气态氮），获得电子被还原，电子供体是有机物（有机碳）。

反硝化有如下类型。

① 同化反硝化，即外源反硝化。此反应利用外来碳源，以 NO_3^- 为最终电子受体，氧化有机物合成细胞物质。反应方程式为：

$$2CH_3OH+HNO_3+Ca(OH)_2 \longrightarrow 0.2\underset{(细胞)}{C_5H_7NO_2}+0.4N_2+6H^++CaCO_3+3.6OH^- \quad (10\text{-}5)$$

② 内源反硝化（即硝化细菌内源呼吸）。以机体内的有机物为碳源，以 NO_3^- 为最终电子受体。反应方程式为：

$$\underset{(细胞)}{C_5H_7NO_2}+4.6NO_3^- \longrightarrow 2.8N_2+1.2H_2O+5CO_2+4.6OH^- \quad (10\text{-}6)$$

③ 传统反硝化：利用外来碳源，以 NO_3^- 为最终电子受体，将 NO_3^- 还原成 N_2。反应方程式为：

$$5CH_3OH+6NO_3^- \longrightarrow 3N_2+7H_2O+5CO_2+6OH^- \quad (10\text{-}7)$$

从以上化学反应式看出，反硝化的结果消耗了 NO_3^-，产生碱性物质 OH^-，使出水 pH 值上升，呈碱度。

④ 厌氧氨氧化脱氮。以 NO_2^--N 为电子受体将氨氧化成 N_2。反应方程式为：

$$NH_3+HNO_2 \longrightarrow N_2+2H_2O \quad (10\text{-}8)$$

有许多细菌只将 HNO_3 还原成 HNO_2 而积累，不形成 N_2。污水处理中最担心发生的情况之一是含高浓度 NH_3 和 HNO_2 的水排放到水体毒死水生动物。如能有效发挥厌氧氨氧化菌的作用，利用 HNO_2 氧化 NH_3 为 N_2，就可解决这个问题。

(2) 反硝化菌。反硝化菌是所有能以 NO_2^--N 或 NO_3^--N 为最终电子受体，以有机物（碳水化合物、有机酸类、醇类、烷烃类、苯酸盐类和其他的苯衍生物）为电子供体，将 NO_2^--N 或 NO_3^--N 还原成 N_2 的细菌总称。反硝化菌在进行反硝化时能释放出更多的 ATP，相应合成的细胞物质较少。反硝化菌种类很多，见表 10-4。其中的假单胞菌属内能进行反硝化的种最多，如铜绿假单胞菌（*Pseudomonas aeruginosa*）、荧光假单胞菌（*Pseudomonas fluorescens*）、施氏假单胞菌（*Pseudomonas stutzeri*）、门多萨假单胞菌（*Pseudomonas mendocina*）、绿针假单胞菌（*Pseudomonas chlororaphis*）、致金色假单胞菌（*Pseudomonas aureofaciens*）。

表 10-4 反硝化菌的种类和特征

反硝化菌	温度/℃	pH 值	革兰染色	与 O_2 关系	备注
假单胞菌属(*Pseudomonas*)的 6 个种	30	7.0～8.5	—	好氧	
脱氮副球菌(*Paracoccus denitrificans*)	30		—	兼性	
胶德克斯菌(*Derxia gummosa*)	25～35	5.5～9.0	—	兼性	能固氮
产碱菌属(*Alcaligenes*)的 2 个种	30	7.0	—	兼性	兼性营养
色杆菌属(*Chromobacterium*)	25	7～8		兼性	兼性营养
脱氮硫杆菌(*Thiobacillus denitrificans*)	28～30	7	—	兼性	

10.2.3 生物脱氮的基本流程

常规活性污泥法中氮的去除率只有 10%～13%。因此，对生活污水和含氮的工业废水采用常规活性污泥法处理，出水中仍含有大量的氮。这就促使人们对常规活性污泥工艺流程进行改造，以提高氮的去除率。污水处理中氮的去除，是通过各种菌群的协同作用，将含氮有机物转化为 N_2 逸出水体，完成水的净化。根据所利用的菌群或氮的转化途径的不同，氮的生物去除工艺主要分为四大类。

10.2.3.1 活性污泥法脱氮传统工艺

长期以来，无论是在废水生物脱氮理论上还是在工程实践中，都一直认为要实现废水生物脱氮就必须使氨氮经历典型的硝化和反硝化过程才能完全被除去，所以传统的生物脱氮工艺都是将氨氮完全氧化成硝酸后再进行反硝化。

(1) 早期生物脱氮技术

① 三级生物脱氮系统。传统的三级活性污泥脱氮工艺是由巴茨（Barth）开创的，在此工艺中污水连续经过三套生物处理装置，依次完成氨化、硝化和反硝化三项功能。三套处理装置都有各自独立的反应池（第一级曝气池、第二级硝化池、第三级反硝化池）、沉淀池和污泥回流系统。其工艺流程见图 10-1。

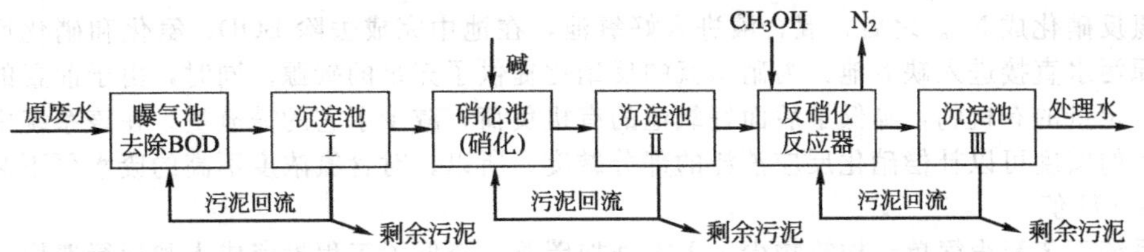

图 10-1　传统活性污泥法脱氮工艺（三级活性污泥法流程）

第一级曝气池为一般的二级处理曝气池，其主要功能是去除 BOD、COD 以及使有机氮完成氨化过程。第二级硝化池使 NH_3 和 NH_4^+ 氧化为 NO_3^--N。这一过程需要消耗碱度，因此在这一级中需要投碱，以防 pH 值下降。第三级反硝化池，在缺氧条件下 NO_3^--N 被还原成气态 N_2，并逸出大气。这一级采用厌氧-缺氧交替的运行方式，因为水体中碳源不足，所以需要补充碳源。经常被用作碳源的是甲醇，亦可引入原污水。为了去除由于投加甲醇而带来的 BOD 值，可设后曝气生物反应池，处理最终排放水。

这种系统的优点是有机物降解菌、硝化菌、反硝化菌分别在各自反应器内生长繁殖，环境条件适宜，反应速度快而且彻底。但是处理设备多，造价高，管理不够方便，目前已很少使用。

② 两级生物脱氮系统。两级生物脱氮系统是在三级生物脱氮系统的基础上开发出来的。两级生物脱氮系统将三级处理系统中的第一级和第二级合并为一级，使 BOD 的去除、氨化和硝化在一个反应池内完成，它比三级系统少了一级，但仍存在处理设备较多、管理不太方便、造价较高和处理成本高等缺点。其工艺流程见图 10-2。

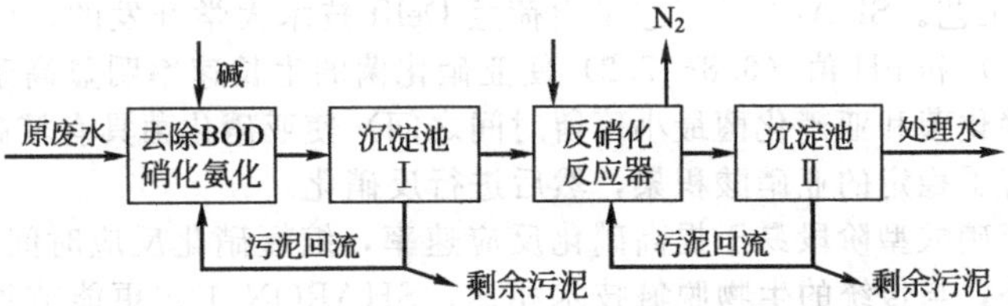

图 10-2　两级生物脱氮系统工艺流程

③ 单极生物脱氮系统。单极生物脱氮系统是取消了两级生物脱氮系统的中间沉淀池，仅用一个最终沉淀池。污水经 BOD 去除、氨化和硝化后直接进入反硝化池，流程简单，构筑物和设备少，工程造价在这三个系统中最少。

以上三种系统的共同特点是按照 BOD 氧化、氨化、硝化、反硝化的顺序设置反应器，都需要在硝化阶段投加碱度，在反硝化阶段投加碳源，运行成本都较高。所以这三种系统在实际工程中都比较少见。

(2) 缺氧-好氧活性污泥脱氮系统（A_NO 工艺）。缺氧-好氧活性污泥脱氮系统是在 20 世纪 80 年代被开发出来的。这种工艺的主要特点是把反硝化池放在系统之首，所以又被称为前置反硝化生物脱氮系统，或称为 A_NO 工艺。这是目前采用比较广泛的一种脱氮工艺。其工艺流程见图 10-3。

在缺氧-好氧活性污泥脱氮系统中，原污水和部分回流污泥同时进入系统之首的缺氧池，好氧池中有一部分充分反应硝化液也回流至此，池内的反硝化细菌以原污水中的有机物作为碳源，

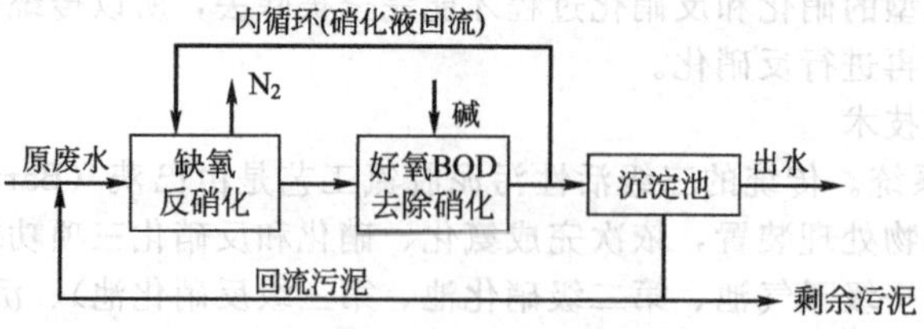

图 10-3　分建式缺氧-好氧活性污泥脱氮系统工艺流程

将硝态氮反硝化成 N_2。之后，混合液进入好氧池，在池中完成去除 BOD、氨化和硝化反应。此工艺中原污水直接进入缺氧池，为硝态氮的反硝化提供了充足的碳源。同时，由于前置的缺氧池消耗了一定量的有机物，降低了后面好氧池的有机负荷，减少了它的需氧量。在该系统中，反硝化所产生的碱度可以补偿硝化反应消耗的部分碱度。所以，对含氮浓度不高的废水可不必另行投碱以调整 pH 值。

该系统工艺流程简单，构筑物少，无需外加碳源，降低了工程投资成本和运行费用。但此系统的不足之处在于从好氧池出来的水含有一定浓度的硝酸盐，如果沉淀池运行不当，在沉淀池内会发生反硝化反应，造成污泥上浮，使处理后出水水质恶化。此外，该工艺脱氮效率不高，一般为 70%～80%。

该工艺可以将缺氧池和好氧池建成合建式曝气池，中间加隔板，使反硝化、硝化和 BOD 的去除在一个反应池内完成，前段为缺氧反硝化，后段为好氧硝化。

10.2.3.2　亚硝酸型生物脱氮工艺

传统的生物脱氮工艺都是将水体中的氮元素通过 $NH_3—NO_2^-—NO_3^-—N_2$ 的转化途径来去除的。由氮的微生物转化过程可以看出，水体中的氨氮首先由亚硝化菌氧化成亚硝酸氮，再由硝化菌氧化成硝酸氮，这两种反应是可以分开的。对于反硝化细菌，无论是亚硝酸氮还是硝酸氮都可以作为最终的电子受体，因而整个生物脱氮过程可以通过 $NH_3—NO_2^-—N_2$ 这样的途径完成。亚硝酸型生物脱氮就是将水体中的氨氮氧化成亚硝酸氮，尔后反硝化成 N_2 的生物脱氮过程。此工艺可以通过控制温度、溶解氧浓度、pH 值、氨负荷及泥龄等对两类菌生长产生不同影响的微生物生命影响因素来实现。目前有两种工艺。

(1) SHARON 工艺。SHARON 工艺是由荷兰 Delft 技术大学开发的。该工艺的核心是通过控制温度（30～35℃）和 pH 值（6.8～7.2）使亚硝化菌的生长速率明显高于硝化菌，控制水力停留时间（控制在硝化菌和亚硝化菌最小停留时间之间）使亚硝化菌具有较高的浓度而硝化菌被自然淘汰，从而维持了稳定的亚硝酸积累，然后进行反硝化。

将脱氮控制在亚硝酸型阶段易于提高硝化反应速率，缩短硝化反应时间，减少反应器容积，节省基建投资。此外，与传统的生物脱氮技术相比，SHARON 工艺更能节省能源，有机碳（脱氮菌所必需的电子供体）的需要量较硝酸型脱氮减少 50%左右。

此工艺最适合处理具有一定温度的高浓度（>500mgN/L）氨氮污水。试验表明，用此工艺处理城市污水二级处理系统中污泥消化上清液和垃圾滤出液等高氨废水，可使硝化系统中亚硝酸积累达 100%。

(2) 溶解氧控制亚硝化工艺（OLAND 工艺）。该工艺由比利时 Gent 微生物生态实验室开发。其技术关键是控制溶解氧浓度，使硝化过程仅进行到 NH_3 氧化为 NO_2^- 阶段。研究表明，低溶解氧条件下亚硝化菌增殖速度加快，补偿了由于低氧所造成的代谢活动下降，使得整个硝化阶段中氨氧化未受到明显影响。低氧条件下亚硝酸大量积累是由于亚硝化菌对溶解氧的亲和力较硝化菌强。亚硝化菌的氧饱和常数一般为 0.2～0.4mg/L，硝化菌的为 1.2～1.5mg/L。OLAND 工艺就是利用这两类菌动力学特征的差异，实现了在低溶解氧状态下淘汰硝化菌和亚硝酸大量积累的目的。

10.2.3.3　厌氧氨氧化工艺

厌氧氨氧化（ANAMMOX）工艺是 1990 年荷兰 Delft 技术大学 Kluyver 生物技术实验室开

发的。该工艺突破了传统生物脱氮工艺中的基本理论概念。在厌氧条件下，厌氧氨氧化细菌以氨为电子供体，以亚硝酸盐为电子受体，将氨氧化成为氮气。这比全程硝化节省一半以上的供氧量。厌氧氨氧化细菌是自养菌，以碳酸盐/CO_2 作为碳源，不需要有机碳源。厌氧氨氧化过程中生物产酸量大为下降，产碱量下降为零，节省了可观的中和试剂。同时由于厌氧氨氧化细菌细胞产率远低于反硝化菌，所以，厌氧氨氧化过程的污泥产量只有传统生物脱氮工艺中污泥产量的15%左右。

目前，SHARON 后接 ANAMMOX 的完全自养脱氮工艺已完成全部实验室研究工作。该自养脱氮工艺流程见图 10-4。

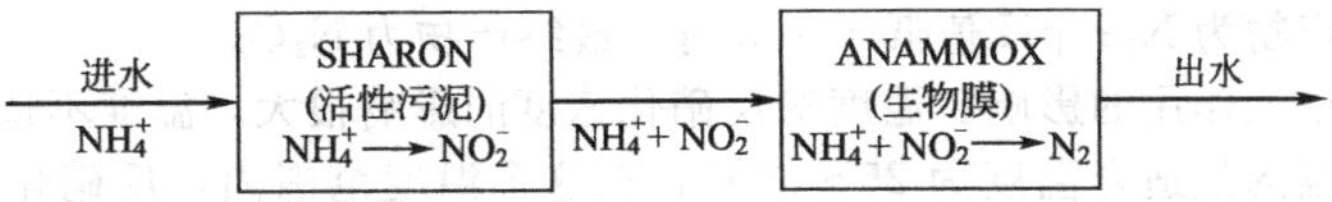

图 10-4 SHARON 与 ANAMMOX 相结合的自养脱氮工艺流程

污水先进入 SHARON 反应器中，在此反应器中污水中的氮不完全亚硝化，其出水是氨氮和亚硝酸氮的混合液，这恰好是 ANAMMOX 反应器所需要的进水水质。在 ANAMMOX 反应器中混合液的亚硝酸氮和氨氮进行反应生成 N_2，从而达到脱氮的目的。

在此工艺流程中，SHARON 反应器中氨氮的亚硝化率是需要控制的关键因素，可以通过控制 pH 值的方式得到一个最理想的亚硝化率。经测定，57%的氨氮亚硝化率是在 ANAMMOX 反应器中全部去除氨氮和亚硝酸氮的最佳转换率。

10.2.4 影响脱氮作用的环境因素

在生物脱氮的过程中，影响硝化菌和反硝化菌活性的环境因素主要有：氧的浓度、温度、pH值、碳源浓度、毒物、污泥龄等。

10.2.4.1 影响传统硝化作用的因素

(1) 溶解氧对硝化作用的影响。硝化作用对溶解氧的需要量很高，据资料介绍，硝化过程耗氧量超过有机部分氧化所消耗的 3 倍以上。据统计，28g 氮完成硝化反应需耗氧 128g。当溶解氧浓度低时，硝化反应受其影响很大。经研究硝化菌能忍受的溶解氧最低极限为0.5～0.7mg/L，一般要求在进行硝化反应的水体中，溶解氧要保持在 2～3mg/L 之间。

(2) 温度对硝化作用的影响。温度越高，可使硝化作用的活性增强。但这并不表示温度越高越好，因为硝化菌属于中温性自养型细菌，最适宜的温度为 30℃，低于 5℃或高于 40℃时活性很低，而且温度会影响水中溶解氧的浓度。所以一般要求硝化作用的温度控制在 20～30℃之间。

(3) pH 值对硝化作用的影响。在一般的生物处理程序中，硝化反应系统受 pH 值影响很大。硝化菌在生长过程中会消耗大量碱度，故 pH 值稍高于 7～8，有利于硝化作用。一般的建议是以介于 7.5～8.5 之间最佳，若高于 9.6 或低于 6.0 都要避免，因为那已超过硝化菌正常生长的范围，必然会影响硝化作用的效率。

(4) 有机碳浓度对硝化作用的影响。亚硝化菌和硝化菌大多为专性无机营养型，而在污水处理中常存在大量兼性有机营养型细菌，当水中存在有机碳化合物时，主要进行有机物的氧化分解过程，以获得更多的能量来源，而硝化反应缓慢。仅当有机碳化合物浓度很低时，才完全进行硝化反应。

(5) 污泥龄对硝化作用的影响。为使反应器中维持一定数量和质量的硝化菌，微生物在反应器中的停留时间（即污泥龄）必须大于硝化菌的最小世代时间，否则硝化菌的流失率将大于净增率，将使硝化菌从系统中流失殆尽。实际运行中，一般应取系统的污泥龄为硝化菌最小世代时间的 3 倍以上，并不得小于 3～5d，为保证硝化反应的充分进行，污泥龄应大于 10d。

(6) 有害物质对硝化作用的影响。对硝化反应产生抑制作用的有害物质主要有重金属、高浓度的氨氮、高浓度硝酸盐有机物及络合阳离子等。有害物质对硝化反应的抑制作用主要有两个方面：一是干扰细菌的新陈代谢，这种影响需长时间才能显示出来；二是破坏细菌最初的氧化能力，这在短时间内即可显现。

10.2.4.2 影响传统反硝化作用的因素

(1) 氧气对反硝化作用的影响。反硝化菌属兼性厌氧菌，在有氧存在时以氧气为电子受体进行好氧呼吸，在无氧时以硝酸盐或亚硝酸盐为电子受体进行反硝化作用。所以，氧气的存在会抑制硝酸盐和亚硝酸盐的反硝化。在用活性污泥进行的反硝化系统中，要严格控制反硝化池的溶解氧浓度，一般应控制在 0.5mg/L 以内，否则会影响反硝化的进行。

(2) pH 值对反硝化作用的影响。反硝化作用最适宜的 pH 值在 7.0～8.5 之间，不适宜的 pH 值会影响反硝化菌的生产速率和反硝化酶的活性。pH 值还能影响反硝化的最终产物，pH 值高于 7.3 时，最终产物为 N_2；pH 值低于 7.3 时，最终产物为 N_2O。

(3) 温度对反硝化作用的影响。温度对反硝化速度的影响很大，温度不适反硝化速度明显下降。大多数反硝化菌的最适合温度为 25～30℃，在这个温度范围内，反硝化菌的活性最强，反硝化速度最快。当温度低于 15℃时，反应速率明显下降。当温度低于 5℃或高于 40℃时，反硝化作用几乎停止。

(4) 碳氮比对反硝化作用的影响。反硝化菌在进行反硝化时需要充足、易生化的有机碳源作为电子供体和营养源。当水体中 BOD_5：TN＜(3～5)：1 时，需外加碳源，通常多为甲醇，也可加生活污水。此外为达到设计脱氮量，在不另加碳源的情况下，在有限的范围内可加大反硝化容积来解决。当水体中 BOD_5：TN＞(3～5)：1 时，不必外加碳源。

(5) 毒物对反硝化作用的影响。有毒物质会限制反硝化细菌酶的活性，导致反硝化作用速度下降。据报道，镍浓度大于 30mg/L，盐度高于 0.63％都会抑制影响反硝化。

10.2.4.3 影响亚硝酸型生物脱氮的因素

亚硝酸型生物脱氮技术的关键是控制硝化反应进行到亚硝酸阶段，这在一定程度上是对硝化菌和亚硝化菌的控制。由于这两种细菌对溶解氧、温度、pH 值、游离氨浓度、污泥龄、有害物质等环境因素的适应性不同，所以合理控制这些影响因素使亚硝化菌正常生长而硝化菌的生长受限制，就能使硝化反应停止在亚硝酸阶段。

(1) 溶解氧浓度对亚硝酸型生物脱氮的影响。一般认为至少应使溶解氧浓度在 0.5mg/L 以上时才能很好地进行硝化作用，否则硝化作用会受到抑制。降低硝化阶段溶解氧浓度对氨氧化影响不大，但对亚硝酸进一步氧化成硝酸有明显的阻碍，并产生亚硝酸积累。在低溶解氧浓度下，硝化菌和亚硝化菌增殖速度均下降。当溶解氧浓度为 0.5mg/L 时，亚硝化菌增殖速度为正常时的 60％，而硝化菌不超过正常值的 30％。利用这一特性可逐步淘汰硝化菌而留下亚硝化菌。

(2) 温度对亚硝酸型生物脱氮的影响。生物硝化反应在 4～45℃内均可进行，适宜温度为 20～30℃，一般低于 15℃硝化速率降低。12～14℃下活性污泥中硝化菌活性受到严重的抑制，出现亚硝酸积累。15～30℃范围内，硝化过程形成的亚硝酸可完全被氧化成硝酸。温度超过 30℃后又出现亚硝酸积累。因此，控制硝化阶段温度在低温或较高温度时，硝化产物主要是亚硝酸。

(3) pH 值对亚硝酸型生物脱氮的影响。pH 值是亚硝酸硝化的一个决定因素。研究表明，当 pH 值为 7.4～8.3 时，亚硝酸盐积累速率达到很高；NO_2^--N 生成速度在 pH 值 8.0 附近达到最大；而 NO_3^--N 生成速度在 pH 值 7.0 附近达到最大。所以在混合体系中亚硝化菌和硝化菌的最适宜 pH 值分别为 8 和 7 附近。利用亚硝化菌和硝化菌的最适 pH 值的不同，控制混合液中 pH 值就能控制硝化类型及硝化产物。试验表明，pH 值＞7.4 时亚硝酸盐氮所占比率高于 90％，亚硝酸型硝化要求 pH 值必须控制在 7.4～8.3 之间。

(4) 游离氨浓度与氮负荷对亚硝酸型生物脱氮的影响。当废水的 pH 偏高时，水中的氨以游离氨（FA）的形式存在。游离氨对硝化反应有明显的抑制作用，硝化杆菌属比亚硝化单胞菌属更易于受到游离氨的抑制，当水中游离氨浓度达到 0.6mg/L 就可以全部抑制硝化菌的活性，从而使亚硝酸氧化受阻，出现亚硝酸积累。亚硝化菌对游离氨的耐受力较强，只有当游离氨达到 5mg/L 以上时其活性才受到影响，当达到 40mg/L，才会严重抑制亚硝酸的形成。所以，当废水中 NH_3 浓度较高，pH 值偏碱性时，易形成亚硝酸型硝化。另外氨氮负荷过高时，在系统进行初期有利于繁殖较快的亚硝化菌增长，使亚硝酸产生量大于氧化量而出现积累。

(5) 泥龄对亚硝酸型生物脱氮的影响。亚硝化菌的世代周期比硝化菌世代周期短，在悬浮活性污泥处理系统中，若泥龄介于亚硝化菌和硝化菌的最小停留时间之间时，系统中硝化菌会逐渐被冲洗掉，使亚硝化菌成为系统优势菌，形成亚硝酸型硝化。

(6) 有害物质对亚硝酸型生物脱氮的影响。硝化菌对有害物质较为敏感，废水中的酚、氰、重金属离子等有害物质对硝化过程都有明显的抑制作用。和亚硝化菌相比，硝化菌对环境的适应性慢，因而在接触有害物质的初期会受抑制，出现亚硝酸积累。

10.2.4.4 影响厌氧氨氧化的因素

(1) 温度对厌氧氨氧化的影响。厌氧氨氧化反应对温度较为敏感，适宜的温度为30～35℃，最适温度为30℃。低于30℃时，反应速率随温度的降低而下降；高于40℃时，反应速率随温度上升而迅速下降。

(2) pH值对厌氧氨氧化的影响。厌氧氨氧化反应的最适pH值为7.5～8.0之间，低于或高于这个范围，反应速率都会下降。

(3) 氨氮、亚硝酸氮浓度对厌氧氨氧化的影响。氨氮、亚硝酸氮在低浓度时可作为反应的基质，但超过一定浓度后则成为抑制剂。一般认为厌氧氨氧化菌对氨氮的耐受能力高于亚硝酸氮，当水中亚硝酸氮浓度超过20mmol/L，且作用时间超过12h时，厌氧氨氧化活性完全消失。

(4) 有机物浓度对厌氧氨氧化的影响。有机物浓度对厌氧氨氧化反应有两个方面的影响。一方面由于有机物的加入，废水中的硝酸氮可以被异养菌还原为亚硝酸氮，从而为厌氧氨氧化细菌所利用；另一方面异养菌同样也可以和厌氧氨氧化菌竞争亚硝酸氮，从而限制厌氧氨氧化反应。研究表明，在低氨氮浓度废水中，COD超过50mg/L时，厌氧氨氧化反应开始受到抑制，而当COD高于200mg/L时，厌氧氨氧化反应完全受到抑制。

(5) 氧气对厌氧氨氧化的影响。氧气能够抑制厌氧氨氧化反应。在O_2含量为0.5%～2.0%的条件下，厌氧氨氧化活性被抑制。

10.2.5 同步硝化反硝化

根据传统的脱氮原理，硝化和反硝化反应不能同时发生。然而，在20世纪80年代以来，研究人员在一些没有明显缺氧和厌氧段的活性污泥工艺中，曾多次观察到氮的非同化损失现象，即存在有氧情况下的反硝化反应、低氧情况下的硝化反应。在这些处理系统中，硝化和反硝化往往发生在相同的条件下或同一处理空间内，这种现象被称为同步硝化反硝化（Simultaneous Nitrification and Denitrification，SND），亦有研究人员将这种现象中的反硝化过程称为好氧反硝化。在各种不同的生物处理系统中，有氧条件下的反硝化现象确实存在，如生物转盘、SBR、氧化沟、CAST工艺等。

10.2.5.1 实现同步硝化反硝化的途径

(1) 利用某些微生物种群在好氧条件下具有反硝化的特性来实现SND。研究结果表明，硫球形菌病、诺蒂卡假单胞菌、卡玛单胞菌属等微生物在好氧条件下可利用NO_x^--N进行反硝化。此外，许多异养硝化菌能进行好氧反硝化反应，在产生NO_3^-和NO_2^-的过程中将这些产物还原，即直接将NH_4^+-N转化为最终气态产物而去除。

(2) 利用好氧活性污泥絮体或生物膜内的缺氧区来实现SND。在活性污泥絮体和生物膜内存在各种各样的微环境。但是，对于SND现象来说，主要是由于溶解氧扩散作用的限制，使微生物絮体内产生溶解氧浓度梯度，从而导致微环境的同步硝化反硝化。微生物絮体的外表面溶解氧浓度较高，自养型硝化菌利用氧气进行硝化反应；絮体内部，由于氧传递受阻，以及有机物氧化、硝化作用的消耗，形成缺氧区，反硝化菌占优势，并利用NO_3^-为电子受体发生反硝化反应。控制系统合适溶解氧浓度对同步硝化反硝化的发生具有重要的作用。

10.2.5.2 同步硝化反硝化的影响因素

(1) 絮体结构特征。微生物絮体的结构特征即活性污泥絮体粒径的大小和密实度等，这些都直接影响了SND效果。微生物絮体粒径及密实度的大小一方面直接影响了絮体内部好氧区和缺氧区之间的比例，另一方面还影响了絮体内部物质传质效果，进而影响絮体内部微生物对有机底物及营养物质获取的难易程度。较大粒径的絮体可以导致内部存在较大的缺氧区，并有利于反硝化的进行；但粒径过大、絮体过密，会导致絮体内物质的传递受阻，进而影响絮体内微生物的代谢活动。对特定的反应器系统有一个最佳的絮体粒径范围。

(2) 溶解氧。溶解氧浓度是影响同步硝化反硝化的一个主要因素。合适的溶解氧有利于微生物絮体形成浓度梯度。溶解氧浓度过高，一方面，有机物氧化充分，反硝化反应则缺少有机碳源，不利于其进行；另一方面，氧容易穿透微生物絮体，内部的厌氧区不易形成，也不利于反硝化的发生。溶解氧浓度过低，微生物絮体外部好氧区的硝化反应受到影响，进而影响絮体内部厌氧区的反硝化反应。

在不同的反应流程中，最佳的溶解氧浓度不同。研究结果表明，SBR法处理城市污水的流程中，当溶解氧浓度为0.5mg/L时，总氮的去除率最高，可达93.74%；连续运行的MBR流程中，当溶解氧浓度在0.6～0.8mg/L时，总氮去除率最高，溶解氧过低和过高都会影响同步硝化反硝化的进行。SBR处理城市污水的流程中，在好氧反应池上部溶解氧浓度为3.0～3.5mg/L时，系统的硝化和反硝化效果最佳，好氧反应池中的脱氮效果也最好，系统对总氮的去除率大于84%。

(3) 碳氮比。有机碳源在污水生物脱氮处理中起着重要的作用，它是细菌代谢必需的物质和能量来源。有机碳是异养好氧菌和反硝化菌的电子供体提供者。有机碳源较充分、碳氮比较高时，反硝化反应能获得充足的碳源，SND明显，总氮的去除率也较高。研究结果表明，在SBR法处理城市污水的流程中，碳氮比达10时，总氮去除率可达88%以上。但继续增加碳氮比，总氮去除率增加不多，并且还会导致硝化作用不完全。

碳源种类对SND也有一定的影响，相对于易降解的乙酸钠和葡萄糖来说，啤酒和淀粉的混合物这类可慢速降解的有机物更适合作为SND的碳源。

碳源投加方式也影响着SND现象。间歇投加碳源是保证SND持续进行的有效手段，间歇投加碳源时总脱氮率是相同条件下一次性投加碳源的1.32倍。

(4) 温度。温度对SND的影响表现为温度对硝化菌和反硝化菌的影响。10～20℃硝化菌较为活跃，20～25℃时，硝化菌活动减弱，而反硝化反应加快，25℃达到最大。高于25℃以后，游离氨对亚硝化菌的抑制较为明显。

(5) 酸碱度（pH值）。酸碱度是影响废水生物脱氮工艺运行的重要因素之一。氨氧化菌和亚硝化菌的适宜pH值分别为7.0～8.5和6.0～7.5；反硝化菌最适pH值为7.0～8.5。pH值还影响反硝化的最终产物，pH值高于7.3时最终产物为N_2，低于7.3时最终产物为N_2O。硝化过程消耗水中的碱度会使pH值下降，反硝化过程会产生一定的碱度使pH值上升。因此对于同步硝化反硝化来说，硝化过程消耗的碱度和反硝化过程产生的碱度在一定程度上可以相互抵消。一般认为pH值在中性和略偏碱性的范围内有利于SBR反应器内SND的发生。SND的运行方式还有利于降低反应系统内碱度的投加量。

(6) 游离氨浓度。废水中的氨随pH值不同分别以分子态和离子态形式存在。分子态游离氨对硝化反应有明显的抑制作用。游离氨会抑制亚硝酸盐被氧化成硝酸盐，即游离氨对亚硝酸的积累有较大的影响。因此，控制合理的游离氨浓度会使反应器内发生同步短程硝化反硝化。

(7) 水力停留时间（HRT）。在较短的HRT下，异养菌大量繁殖，同时消耗大量的氧气，因此在菌胶团和膜内部形成厌氧环境，有利于反硝化的进行。同时由于有机碳充足，能够提供反硝化进行所需要的电子供体，因此有很高的总氮去除率。而当HRT延长时，由于有机碳源的相对减少，溶解氧可以穿透菌胶团的内部，难以形成厌氧环境，同时不能提供足够的有机碳源，所以很难得到高的总氮去除率。据试验结果表明，在MBR反应器中，当COD为250mg/L左右，碳氮比为10∶1，MLSS为3500mg/L，DO为1.0mg/L时，HRT为5h，总氮的去除率达到最高为60%以上，随HRT的延长，SND下降。

此外，水体中污泥浓度（MLSS）和污泥龄（SRT）对SND也有一定的影响。

10.2.5.3 同步硝化反硝化的优点

同传统脱氮工艺相比，SND工艺具有以下优点。

(1) 硝化过程中碱度被消耗，而同时反硝化过程中又产生碱度，因此SND能有效地保持反应器内pH值稳定，减少碱度的投加量。

(2) SND意味着在同一反应器、相同的操作条件下，使硝化、反硝化同时进行。如果能够保证在好氧池中一定效率的硝化与反硝化反应同时进行，那么对于连续运行的SND工艺，可以省去缺氧池或至少减少其容积。对于序批式反应器来讲，SND能够降低完全硝化、反硝化所需要的时间。

SND系统提供了今后简化生物脱氮技术并降低投资的可能性。目前，在很多国家虽然已有SND工艺的污水处理厂，但要使该项技术大规模地实用还需要做大量的工作。

10.3 生物除磷

磷是生物圈中参与物质循环的重要元素之一，是生物有机体的重要组成部分。磷在自然界中以有机磷和无机磷的形式存在，在微生物的作用下，有机磷可通过矿化作用转化成无机磷。无机磷有可溶性磷和不溶性磷两种形式：可溶性磷酸盐可以与某些盐基化合物结合，转化成不溶性的钙盐、镁盐、铁盐等；不溶性磷酸盐在某些产酸微生物的作用下可以转化成可溶性磷酸盐。在这些过程中，微生物只是转化着磷酸盐的形态，并没有改变磷的价态。

虽然磷在农业上十分重要，但水体中的磷如果超过一定标准，就会引起水体的富营养化，造成很严重的后果。近年来，随着工农业生产的增长，人口的增加，含磷洗涤剂和农药、农肥的大量使用，水体的磷污染日益加剧，并导致了沿海海域曾多次发生赤潮事件。

常规好氧生物处理工艺的主要功能是去除废水中的有机碳化合物。废水中的含磷化合物除一小部分用于微生物自身生长繁殖的需要外，大部分难以去除而以磷酸盐的形式随二级处理出水排入受纳水体，使之成为水体发生富营养化的限制因子。据报道。水体中磷含量低于0.5mg/L时，能控制藻类的过度生长；低于0.05mg/L时，藻类几乎停止生长。目前，各国对控制水体中的磷含量都极为重视。在避免磷对水体污染的生物处理技术方面则主要是聚磷菌的研究应用。

10.3.1 生物除磷的基本原理

10.3.1.1 聚磷菌

聚磷菌又称为摄磷菌，是传统活性污泥工艺中一类特殊的兼性细菌。这类细菌在厌氧条件下能够吸收低分子有机物，同时将体内的磷释放于体外。随后在好氧条件下，聚磷菌将吸收的有机物分解，同时从外界环境中变本加厉地、过量地摄取磷。这些磷除一小部分用来合成自身核酸和ATP外，其余的都以多聚磷酸盐颗粒（即异染颗粒）的形式贮存于体内，使体内的含磷量超过一般细菌体内含磷量的数倍。这类细菌被广泛用于污水生物除磷。

在厌氧条件下，聚磷菌吸收污水中的乙酸、甲酸、丙酸及乙醇等极易生物降解的有机物质，贮存在体内作为营养源，同时将体内贮存的聚磷酸盐分解，以PO_4^{3-}-P的形式释放到环境中来，以便获得能量，供细菌在不利环境中维持其生存所需，此时菌体内多聚磷酸盐就逐渐消失，而以可溶性单磷酸盐的形式排放到体外环境中。

在营养丰富的好氧环境中，活性污泥中的聚磷菌活力得到恢复，步入快速生长阶段，在将进入对数生长期时，为大量分裂作准备，细胞能从废水中大量摄取溶解态的正磷酸盐，在细胞内合成多聚磷酸盐并加以积累，供下阶段对数生长时期合成核酸耗用磷素之需。另外，细菌经过对数生长期而进入静止期，大部分细胞已停止繁殖，核酸的合成虽已停止，对磷的需要量也已很低，但若环境中的磷源仍有剩余，细胞又有一定的能量时，仍能从外界吸收磷元素，这种对磷的积累作用大大超过微生物正常生长所需的磷量，可达细胞质量的6%～8%，有报道甚至可达30%。过量吸收的磷以多聚磷酸盐的形式贮存于聚磷菌细胞内，形成富磷污泥，以剩余污泥的形式排放。

具有聚磷能力的微生物就目前所知绝大多数是细菌。聚磷的活性污泥是由许多好氧异养菌、厌氧异养菌和兼性厌氧菌组成，实质上是产酸菌（统称）和聚磷菌的混合群体。据文献报道，从活性污泥中分离出来的聚磷菌细菌种类很多，其中聚磷能力强、数量占优势的聚磷菌是不动杆菌——莫拉式菌群、假单胞菌属、气单胞菌属、黄杆菌属、费氏柠檬酸杆菌等60多种。有聚磷能力的还有硝化菌中的亚硝化杆菌属、亚硝化球菌属、亚硝化叶菌属、硝化杆菌属、硝化球菌属等。

10.3.1.2 聚磷菌除磷的生物化学机制

(1) 厌氧释放磷的过程。聚磷菌在厌氧条件下，分解体内的多聚磷酸盐产生 ATP，利用 ATP 以主动运输的方式吸收有机基质进入细胞内合成聚β-羟基丁酸盐（PHB），与此同时释放出 PO_4^{3-}。这里的厌氧条件是指水体中既无分子氧也无氮氧化物氧。

聚磷菌一般只能利用低级脂肪酸，而不能直接利用大分子的有机质，因此大分子物质需要降解为小分子有机物。如果降解作用受到抑制，则聚磷菌难以利用释磷中产生的能量来合成 PHB 颗粒，因而也难以在好氧阶段通过分解 PHB 来获得足够的能量过量地摄磷和积磷，从而影响系统的处理效率。

产酸菌在厌氧或缺氧条件下分解蛋白质、脂肪、碳水化合物等大分子有机物为可快速降解的基质，这三类基质分别为：①甲酸、乙酸、丙酸等低级脂肪酸；②葡萄糖、甲酸、乙醇、柠檬酸等；③丁酸、乳酸、琥珀酸等。其中①类基质存在时放磷速度最快，其放磷速度与①类基质浓度无关，仅与活性污泥的浓度和微生物的组成有关。②类基质必须在厌氧条件下转化成①类基质后才能被聚磷菌利用。③类基质能否引发磷释放则与污泥中微生物组成有关。在用该基质驯化后，其诱导的厌氧放磷速度与①类基质相近。

(2) 好氧吸磷过程。聚磷菌在好氧条件下营有氧呼吸，不断地氧化分解机体内的 PHB 和外源基质，产生质子驱动力（proton motive force，pmf）将体外的 PO_4^{3-} 输送到体内合成 ATP 和核酸，将过剩的 PO_4^{3-} 聚合成细胞贮存物：多聚磷酸盐（异染颗粒）。这种现象就是“磷的过剩摄取”。

10.3.2 生物除磷的基本流程

在普通的废水生物处理过程中，微生物除碳的同时吸收磷元素用以合成细胞物质和合成 ATP 等，但只去除了污水中19%左右的磷，残留在出水中的磷还相当高。所以欲降低出水中的磷含量需选用除磷工艺。所有的生物除磷工艺都是普通活性污泥法的修改，即在原有活性污泥工艺的基础上设置一个厌氧阶段，通过厌氧-好氧的交替运行，选择培育聚磷菌，以降低出水中的磷含量。目前，根据已探明的聚磷菌在去除废水中磷方面的作用机理，人们设计了相应的处理工艺。

10.3.2.1 厌氧好氧生物除磷工艺

厌氧好氧生物除磷（A_PO）工艺是利用聚磷菌在厌氧条件下释磷、在好氧条件下过度吸磷的特点而开发的一种生物除磷工艺。其工艺流程见图 10-5。

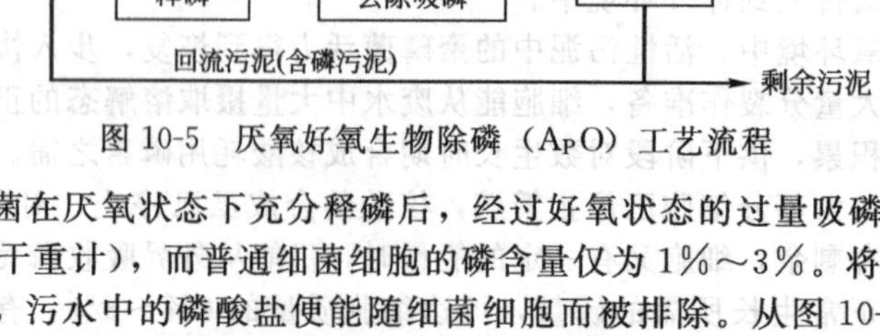

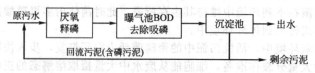

图 10-5 厌氧好氧生物除磷（A_PO）工艺流程

在此工艺中聚磷菌在厌氧状态下充分释磷后，经过好氧状态的过量吸磷，其细胞内的磷含量可高达12%（以细胞干重计），而普通细菌细胞的磷含量仅为1%～3%。将富含磷的细菌以剩余污泥的形式进行排放，污水中的磷酸盐便能随细菌细胞而被排除。从图 10-5 中可以看到，此工艺流程简单，不需投药，运行费用和建设费用少。但是此工艺的除磷效率较低，去除率为75%

左右，当 P/BOD 值较高时，难以达到排放要求。

10.3.2.2 弗斯特利普除磷工艺

弗斯特利普（Phostrip）除磷工艺是在 1972 年开创的，具有很高的除磷效果。工艺流程如 10-6 所示。

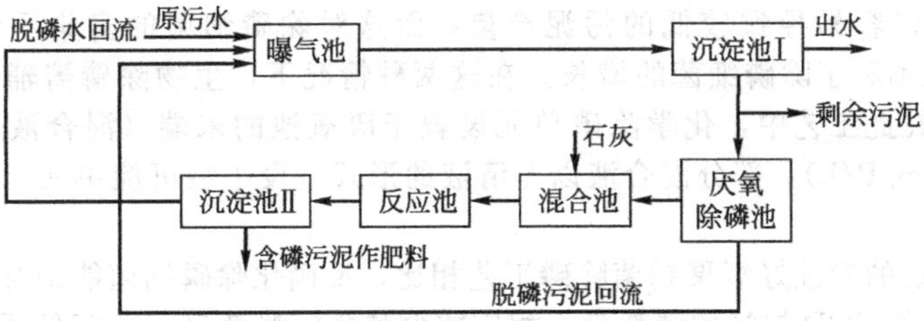

图 10-6 弗斯特利普除磷工艺流程

本工艺实质上是生物除磷和化学除磷相结合的一种工艺。含磷污水进入曝气生物反应池，同步进入的还有由除磷池回流的已释放磷但含有聚磷菌的污泥。在曝气生物反应池内，聚磷菌过量地摄取磷，同时 BOD 被去除，还有可能发生硝化作用。从曝气生物反应池流出的混合液（污泥含磷，污水已经除磷）进入沉淀池Ⅰ，在这里进行泥水分离，含磷污泥沉淀，已除磷的上清液排放。从沉淀池Ⅰ中出来的富含磷污泥一部分作为剩余污泥排放，一部分进入厌氧除磷池释磷。已释放磷的污泥沉于池底，并回流至曝气生物反应池，再次用于吸收污水中的磷。含磷上清液从上部流出进入混合池，同步在混合池中投加石灰乳，经混合后进入搅拌反应池，使磷与石灰反应形成磷酸钙［$Ca_3(PO_4)_2$］固体物质。沉淀池Ⅱ为混凝沉淀池，经过混凝反应形成的磷酸钙固体物质在混凝沉淀池与上清液分离。已除磷的上清液回流至曝气生物反应池，而含有大量磷酸钙的污泥排出，这种含有高浓度磷的污泥可用作肥料。

这种工艺操作灵活，磷的去除率可达 90%左右，除磷效果好且稳定；回流污泥中磷含量较低，对进水水质波动的适应较强；大部分磷以石灰污泥的形式沉淀去除，污泥肥分高，且污泥易于沉淀、浓缩、脱水。但是本工艺流程较复杂，运行管理比较麻烦，投加石灰乳，运行费和建设费用均较高。

10.3.2.3 反硝化除磷工艺

迄今为止，国际学术界普遍认可和接受的生物除磷理论均基于聚磷菌的好氧吸磷和厌氧释磷原理。但是，近年来研究发现，在厌氧、缺氧、好氧交替的环境下，活性污泥中存在一种兼性反硝化菌具有很强的生物摄放磷能力，这种细菌被冠名为反硝化聚磷菌（Denitrifying Phosphorus Removing Bacteria，简称 DPB）。DPB 能在缺氧环境中以硝酸盐为电子受体，在进行反硝化脱氮的同时过量摄取磷，从而使反硝化脱氮和生物除磷这两个原本认为相互矛盾的过程在同一个反应池内一并完成。

研究人员利用反硝化聚磷菌的这种功能开发了一些反硝化除磷工艺，其中 BCFS 工艺就是一种比较成熟的工艺。此工艺的流程见图 10-7。

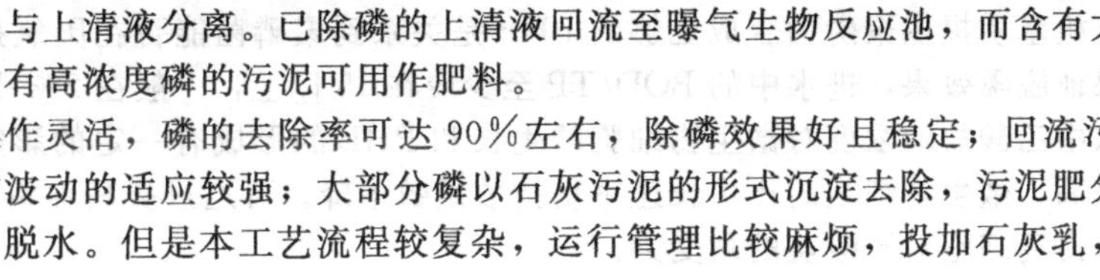

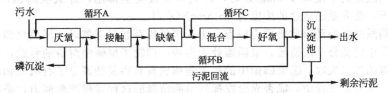

图 10-7 BCFS 除磷工艺流程

BCFS 工艺具有 3 个内循环和 1 个被结合的化学除磷单元。在此工艺中，厌氧池以推流方式运行可保持较低的污泥指数，相当于一个厌氧选择池所起到的作用。在厌氧池和缺氧池之间的接触池可起到第二选择池的作用。在接触池内，回流污泥与来自厌氧池的混合液充分混合，以吸附在厌氧池中被水解的COD。这个过程只需要10min即可完成，所以接触池仅需一个很小的池容。接触池中的溶解氧为零，溶解性的COD被用来脱除由回流污泥带进的硝酸氮。在缺氧池和好氧池之间的混合池内溶解氧被控制在0.5mg/L左右，硝化和反硝化在此进行，以保证出水含有较低的总氮浓度。此外，混合池能通过最大程度地富集DPB，起到使污泥得到良好矿化、降低污泥指数与污泥产量的综合作用。因为在BCFS工艺中的污泥龄通常被设计以满足硝化菌增长所需要的生长条件，所以容易导致较低的污泥产量，而这对除磷细菌的富集不利。另外，进水中COD/P比值过低也不利于除磷细菌的增长。在这两种情况下，生物除磷需辅以化学除磷来达到完全除磷的目的。在此工艺中，化学除磷单元设置于厌氧池的末端（混合液中的磷浓度达到最大，通常为30～40mgP/L)，部分混合液以上清液的形式（设小型沉淀单元）被抽出，并施以化学沉淀剂沉淀。

据统计，与传统的专性好氧聚磷菌除磷工艺相比，反硝化除磷细菌能结合除磷脱氮过程，可节省约50%和30%的COD与氧的消耗量，相应减少剩余污泥量50%，降低了污泥处置费用，并可以减少构筑物数量和所需体积。

10.3.3 影响生物除磷的主要因素

10.3.3.1 污水有机基质对生物除磷的影响

污水生物除磷工艺中，厌氧段有机基质的种类、含量及其与总磷浓度的比值（BOD/TP）是影响除磷效果的重要因素。因为聚磷菌只能利用污水中的低级脂肪酸，所以要提高脱磷系统的除磷效率，就要提高原水中低级脂肪酸在总有机底物中的比例，至少应提高可迅速降解有机基质的含量。就进水中BOD/TP而言，聚磷菌在厌氧阶段中释放磷时产生的能量主要用于其吸收溶液中可溶性低分子基质并合成PHB贮存在体内，以作为其在厌氧环境中生存的基础。因此，进水中有无足够的有机基质提供聚磷菌合成足够的PHB是关系到聚磷菌能否在厌氧条件下生存的重要原因。为了保证脱磷效果，进水中的BOD/TP至少应在15以上，一般在20～30。

此外，污水中乙酸盐的浓度对微生物细胞的生长和PHB的形成有一定的影响。随着污水中乙酸盐浓度的提高，微生物细胞的比生长速率呈指数函数下降。可通过提高细胞浓度的方式使酸的毒性降低，以提高细胞对乙酸盐的耐受力。

10.3.3.2 溶解氧对生物除磷的影响

在厌氧段，溶解氧对聚磷菌的生长、释磷能力和利用有机质合成PHB的能力有很大的影响。溶解氧的存在可抑制厌氧菌的发酵产酸作用，从而影响磷的释放。另外溶解氧会耗尽可快速降解的有机基质，使得聚磷菌所需的脂肪酸产生量不足，造成生物除磷效果不佳。所以在厌氧段，溶解氧必须严格控制在0.2mg/L以下。而在好氧段要供给足够的溶解氧，以满足聚磷菌过度吸磷的需要。一般要求好氧段溶解氧浓度要控制在2mg/L左右。

10.3.3.3 亚硝酸盐和硝酸盐浓度对生物除磷的影响

亚硝酸盐浓度对活性污泥除磷过程中缺氧释磷段有一定的影响。Meinhold等人的试验结果表明：当污水中的亚硝酸盐浓度较低（NO_2^- 浓度大约4～5mg/L）时，聚磷菌对磷的释放不受其影响；但当亚硝酸盐的浓度高于8mg/L时，缺氧释磷被完全抑制，好氧吸磷也产生严重抑制。在该试验条件下，临界亚硝酸盐的浓度为5～8mgNO_2^-/L。

一般认为硝酸盐影响磷释放机理有两点：①在厌氧段存在硝态氮时，反硝化细菌和聚磷菌竞争优先利用基质中的低分子脂肪酸，聚磷菌处于劣势，抑制了聚磷菌对磷的释放，从而影响在好氧段聚磷菌对磷的过量吸收；②聚磷菌中的气单胞菌属具有将复杂高分子有机底物转化成挥发性脂肪酸的能力。在除磷过程中，能否充分发挥气单胞菌属的这种发酵产酸能力，是决定其他聚磷菌能否正常发挥其功能的重要因素。但气单胞菌也是一种兼性反硝化菌，当水中存在硝酸盐时，气单胞菌就以硝酸盐作为电子受体，并将其异化还原成氮气，而它对有机基质的发酵产酸作用就受到了抑制，从而也就影响了聚磷菌对磷的摄/释能力及PHB的合成能力，结果导致系统的除磷效果下降甚至被破坏。为了充分保证厌氧段磷的高效释放，在实际运行中，应将NO_3^- 浓度控制在 0.2mg/L 以下，当负荷较低时，应关闭曝气池前段的部分曝气头，减少曝气量，防止硝化现象产生。

10.3.3.4 pH 值对生物除磷的影响

pH 对磷的释放和吸收有不同的影响。在 pH=4.0 时，磷的释放速率最快，当 pH>4.0 时，释放速率降低，pH>8.0 时，释放速率将非常缓慢。在厌氧段，其他兼性菌将部分有机物质分解为脂肪酸，会使污水的 pH 值降低，从这一点来看对磷释放是有利的。在好氧条件下，必须要有一定的碱度才能确保聚磷菌顺利地过量吸磷。研究发现，在 pH 值为 6.5～8.5 的范围内，聚磷菌能够有效地吸收磷，且 pH=7.3 左右吸收速率最快。

综上所述，低 pH 值有利于磷的释放，而高 pH 值有利于磷的吸收，而除磷效果是磷释放和吸收的综合。所以在生物除磷系统中，为了取得稳定高效的除磷效果，宜将混合液的 pH 值控制在 6.5～8.0 的范围内。当 pH<6.5 时，应向污水中加碱性物质来调节 pH 值。

10.3.3.5 污泥龄对生物除磷的影响

除磷系统的污泥龄会影响到污泥含磷量和剩余污泥排放量，从而影响到系统的除磷效果。经研究表明，污泥龄越长系统的除磷效果越差。其主要原因如下。(1) 污泥龄越长，污泥含磷量越低，去除单位质量的磷需消耗的 BOD 越多。例如，当污泥龄为 25d 时，污泥含磷量为 3.7%时，去除 1mg 磷需消耗 26mg BOD，而在相同条件下，泥龄减少至 4.3d，污泥含磷量 5.4%，去除 1mg 磷只需消耗 19mg BOD。(2) 长污泥龄会导致生物除磷系统中产泥量减少，进而通过排泥而去除的磷量也减少。(3) 长污泥龄导致有机物的氧化相对完全，但污泥活性降低，使好氧区对磷的吸收率下降，活性污泥混合液的含磷量减少。(4) 长污泥龄导致因衰减反应造成磷的二次释放，使出水磷含量增加。(5) 污泥龄越长，聚磷菌在厌氧池中的磷释放速率越低，挥发性有机酸的吸收速率也越低，导致聚磷菌在好氧池中磷吸收量下降。相反，污泥龄越短，污泥的含磷量越高，污泥产磷量也越高。此外，泥龄短有利于控制硝化反应的发生和厌氧段的充分释磷。因此，在生物除磷系统中，一般采用较短的泥龄，为 3.5～7d。但泥龄的具体确定应考虑整个处理系统出水中 BOD 或 COD 要求。

10.3.3.6 水力停留时间对生物除磷的影响

水力停留时间对生物除磷的效果有很大的影响。污水在厌氧段的水力停留时间一般在 1.5～2.0h 的范围内。如停留时间太短，污泥中的兼性酸化菌不能充分地将污水中的大分子有机物（如葡萄糖）分解成低级脂肪酸（如乙酸）以供聚磷菌摄取，从而影响磷的释放。即使污水中有足够的低级脂肪酸，太短的停留时间也不足以保证磷的有效释放。而停留时间太长，不但没有必要，还可能产生一些副作用。污水在好氧段的停留时间一般为 4～6h，这样就可保证磷的充分吸收。

10.3.3.7 温度对生物除磷的影响

温度对除磷效果的影响较为复杂，目前尚不太清楚。各种研究和不同处理厂的运行结果相差较大，有的甚至得出完全相反的结论。例如，有的污水处理厂发现除磷效果随温度的降低而升高，而有的处理厂则发现随温度的降低而降低。导致结论相反的原因可能是不同系统中占优势的聚磷菌的最适温度不同，有的可能是温度较低范围内的嗜温菌甚至是嗜冷菌占优势，有的可能是温度较高范围内的嗜温菌占优势。一般认为，在 5～35℃ 的范围内，均能进行正常的除磷，因而一般城市污水温度的变化不会影响除磷工艺的正常进行。

10.3.3.8 氧化还原电位对生物除磷的影响

氧化还原电位也是一个影响厌氧释磷的重要参数。一般在厌氧段，氧化还原电位越低则释放的磷越多。非常低水平的溶解氧或其他氧化剂都会影响氧化还原电位，这会对磷释放速率造成不利影响。经研究表明，厌氧段氧化还原电位应小于−250mV，好氧段则应控制在 40mV 以上。在运行管理中，如发现厌氧段氧化还原电位升高，则预示着除磷效率已经或即将降低。

10.3.3.9 **污泥负荷对生物除磷的影响**

通过排放剩余污泥来去除磷的工艺要求高负荷低泥龄，以便通过大量排放富含磷的污泥来去除污水中的磷。

10.3.3.10 **有毒物质对生物除磷的影响**

污水中某些重金属离子、络合阴离子及一些有机物随工业废水排入处理系统以后，如果超过一定浓度，会导致活性污泥中毒，使其生物活性受到抑制。

10.4 同步脱氮除磷技术

10.4.1 A^2/O法同步脱氮除磷工艺

10.4.1.1 A^2/O法工艺流程

A^2/O工艺，即A-A-O工艺，是在20世纪70年代由美国的一些专家在厌氧好氧（ANO）法脱氮工艺基础上开发的，旨在能够同步脱氮除磷。该工艺的工艺流程见图10-8。

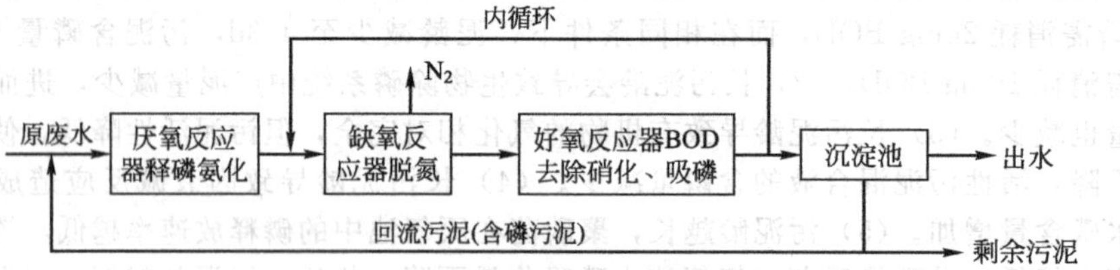

图10-8 A^2/O法同步脱氮除磷工艺流程

图10-8中各单元的功能分别是：原污水进入厌氧反应池，同时进入的还有从沉淀池排出的含磷回流污泥，该反应池的主要功能是污泥释放磷，同时将部分有机物进行氨化。污水经过厌氧反应池后进入缺氧反应池，缺氧反应池的首要功能是脱氮，硝态氮由好氧反应池内回流混合液送入，混合液回流量较大，回流比＞200%。然后污水从缺氧反应池进入好氧反应池（曝气池），这一反应池是多功能的，去除BOD、硝化和吸收磷等多项都在本反应器内进行。沉淀池的功能是泥水分离，上清液作为出水排放，污泥的一部分回流至厌氧反应池，另一部分作为剩余污泥排放。

10.4.1.2 A^2/O工艺的影响因素

（1）污水中可生物降解有机物对脱氮除磷的影响。生物反应池混合液中能快速生物降解的溶解性有机物对脱氮除磷的影响很大。厌氧段中该类有机物被吸收利用，同时聚磷菌将体内的磷酸盐分解释放，以使其在好氧段过量吸磷，从而达到除磷的目的。如果污水中能快速生物降解的有机物很少，聚磷菌则无法正常进行磷的释放，导致好氧段也无法过量吸磷。经试验研究表明，厌氧段进水溶解性磷与溶解性BOD之比小于0.06才会有较好的除磷效果。在缺氧段，如果污水中的BOD浓度较高，又有充分的快速生物降解的溶解性有机物，即污水中C/N较高时，NO_3^--N的反硝化速率最大，脱氮率较高。反之，如果C/N较低，脱氮率也不高。

（2）溶解氧的影响。在好氧段，溶解氧升高，有利于氨氮的硝化速度加快，但当溶解氧浓度大于2mg/L以后，氨氮硝化速度增长趋势减慢。另一方面，好氧段的溶解氧会随污泥回流和混合液回流进入厌氧段和缺氧段，造成厌氧段和缺氧段溶解氧含量较高，从而影响厌氧段聚磷菌的磷释放和缺氧段NO_3^--N的反硝化。所以好氧段的溶解氧浓度宜保持在2mg/L左右，不宜过高或过低。对于厌氧段和缺氧段，则溶解氧越低越好，但由于受回水和进水的影响，溶解氧浓度不可能太低。研究表明，厌氧段溶解氧小于0.2mg/L、缺氧段溶解氧小于0.5mg/L时系统脱氮除磷效果较好。

（3）污泥龄的影响。A^2/O工艺系统的污泥龄受两方面的影响：一方面硝化菌世代时间较长，所以要求污泥龄要比普通活性污泥的污泥龄长一些；另一方面，由于主要通过剩余污泥的排放除磷，所以要求A^2/O工艺中污泥龄又不宜太长。权衡脱氮除磷的需要，A^2/O工艺中的污泥龄一般为15～20d。

（4）污泥负荷的影响。A^2/O工艺对污泥负荷的要求较严格。在好氧段污泥负荷应在0.18kgBOD$_5$/(kgMLSS·d)之下，否则异养菌数量会大大超过硝化菌，使硝化反应受到抑制。而在厌氧池，污泥负荷应在0.01kgBOD$_5$/(kgMLSS·d)以上，否则除磷效果会急剧下降。

（5）污泥回流比和混合液回流比的影响。混合液回流比对脱氮效果影响较大，回流比高，则效果好，但动力费用高，反之亦然。A^2/O工艺适宜的混合液回流比一般为200%。

一般污泥回流比为25%～100%，如果太高，污泥将带入厌氧池太多溶解氧和硝态氮，影响其厌氧状态，对释磷不利；如果太低，则维持不了正常的反应池内污泥浓度2500～3500mg/L，影响生化反应速度。

10.4.1.3 A^2/O工艺的特点

A^2/O工艺在系统上可以称为是最简单的同步脱氮除磷的工艺，同其他工艺相比，它具有如下特点：总的水力停留时间较短；在厌氧、缺氧、好氧交替运行条件下，丝状菌不能大量繁殖，无污泥膨胀之虞；污泥中含磷浓度高，具有很高的肥效；运行中不需投药，厌氧、缺氧两反应池只需轻缓搅拌，以达到泥水混合为度，运行费用低。

但此工艺也存在一些问题。当此工艺流程脱氮效果好时除磷效果就较差，而除磷效果好时脱氮效果又不理想。其原因是：如果好氧段硝化效果好，则进入厌氧段的回流污泥中含有大量硝酸盐，使反硝化细菌以有机物为碳源进行反硝化，等脱氮完全后才开始磷的厌氧释放，这就使得厌氧段进行磷的厌氧释放的有效容积大为减少，从而使除磷效果较差而脱氮效果较好。反之，如果好氧段硝化作用不好，则随回流污泥进入厌氧段的硝酸盐少，改善了厌氧段的厌氧环境，使磷能充分地利用厌氧释放，所以除磷的效果较好，但由于硝化不完全，故脱氮效果不佳。所以，A^2/O工艺很难同时取得较好的脱氮除磷效果。另外，该工艺混合液回流量较大，能耗较多，回流的混合液中的溶解氧也影响工艺脱氮除磷效果。

10.4.2 巴颠甫（Bardenpho）脱氮除磷工艺

本工艺以高效同步脱氮、除磷为目的而开发的，其工艺流程如图10-9所示。

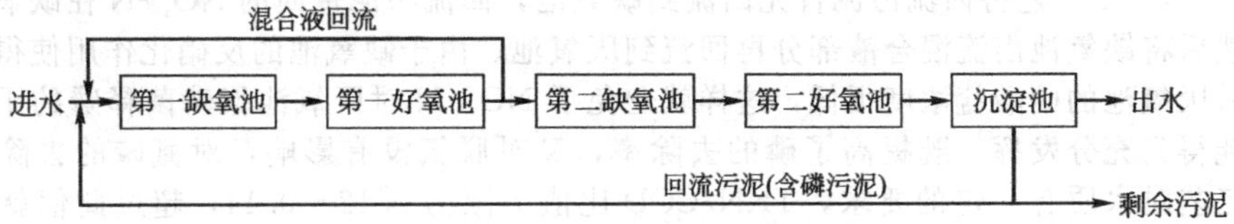

图10-9 巴颠甫（Bardenpho）脱氮除磷工艺

该系统由两个缺氧池、两个好氧池、一个沉淀池组成。原污水进入第一缺氧反应池，该反应池的首要功能是反硝化脱氮，来自第一好氧池的含硝态氮的污水通过混合液回流进入该池；第二功能是使从沉淀池回流的污泥释放磷。污水经第一缺氧反应池处理后进入第一好氧反应池，此池有三个功能：首要功能是去除由原污水带入的有机污染物BOD；其次是硝化，但由于BOD浓度还较高，因此硝化程度较低，产生的NO_3^--N也较少；再次是聚磷菌吸收磷，但是吸磷效果不太好。从第一好氧反应池出来的污水进入第二缺氧反应池，此池的功能与第一缺氧反应池相同，一是脱氮，二是释磷，以脱氮为主。污水从第二缺氧反应池出来后进入第二好氧反应池，其主要功能是吸收磷，其次是进一步硝化和进一步去除BOD。最后污水进入沉淀池进行泥水分离，上清液作为出水排放，含磷污泥的一部分作为回流污泥回流到第一厌氧反应池，另一部分作为剩余污泥排出系统。

从以上流程中可以看出，无论哪种反应都在系统中反复进行，因此此工艺脱氮除磷的效果很好，脱氮率可达90%～95%，除磷率可达97%。但此工艺较复杂，反应单元多，运行烦琐，成本较高。

10.4.3 Phoredox 工艺

由于发现在混合液回流中的硝酸盐对生物除磷有非常不利的影响，通过Bardenpho工艺的中试研究，Barnard于1976年提出了Phoredox生物脱氮除磷工艺。它是在Bardenpho工艺的前端增设一个厌氧反应池，反应池的排序为厌氧/缺氧/好氧/缺氧/好氧，混合液从第一好氧池回流到第一缺氧池，污泥回流到厌氧池的进水端。该工艺又称为五段Bardenpho工艺或改良型Bardenpho工艺，特别适合于低负荷污水处理厂的脱氮除磷。其工艺流程见图10-10。

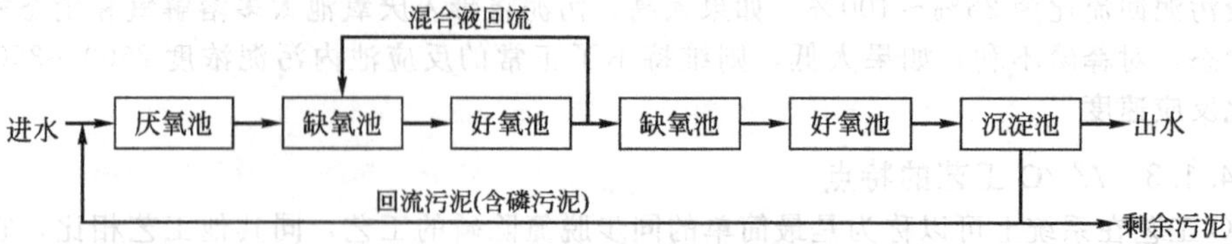

图10-10 Phoredox脱氮除磷工艺

10.4.4 UCT 工艺

UCT工艺是南非开普敦大学提出的一种脱氮除磷工艺，是一种改良的A^2/O工艺，其工艺流程见图10-11。

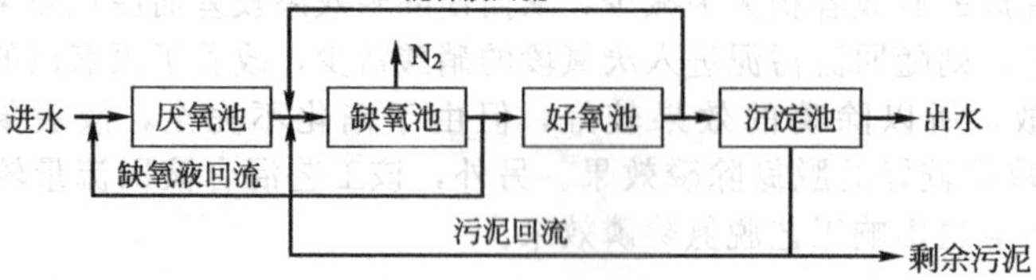

图10-11 UCT工艺流程

在此工艺中，厌氧池进行磷的释放和氨化，缺氧池进行反硝化脱氮，好氧池用来去除BOD、吸磷和硝化。UCT工艺将回流污泥首先回流到缺氧池，回流污泥带回的NO_3^--N在缺氧池被反硝化脱氮，然后将缺氧池出流混合液部分再回流到厌氧池。由于缺氧池的反硝化作用使得缺氧混合液回流带入厌氧池的硝酸盐浓度很低，这样就避免了NO_3^--N对厌氧池聚磷菌释磷的干扰，使厌氧池的功能得到充分发挥，既提高了磷的去除率，又对脱氮没有影响，对氮磷的去除率都大于70%。该工艺对水质有一定的要求，TKN/COD比值上限为0.12～0.14，超过此值就不能达到预期的除磷效果了。此工艺典型的水力停留时间为24h，污泥龄为13～25d。

UCT工艺减少了厌氧反应器的硝酸盐负荷，提高了除磷能力，达到了脱氮除磷的目的。但由于增加了回流系统，操作运行复杂，运行费用相应提高。

10.4.5 VIP 工艺

VIP工艺是美国于20世纪80年代末开发并获得专利的污水生物脱氮除磷工艺。它是专门为弗吉尼亚州Lamberts Point污水处理厂的改扩建而设计的，目的是采用生物处理取得经济有效的氮磷去除效果，如图10-12所示。由于VIP工艺具有普遍适用性，在其他污水处理厂也得到了应用。

VIP工艺与UCT工艺非常类似，两者的差别主要在于池型构造和运行参数方面。VIP工艺的反应池由多个完全混合型反应格串联组成，采用分区方式，每区由2～4格组成，通常采用空气曝气，泥龄4～12d，工艺过程的典型水力停留时间为6～7h。VIP工艺的污泥负荷和泥龄都低于UCT工艺，系统容积也较小。

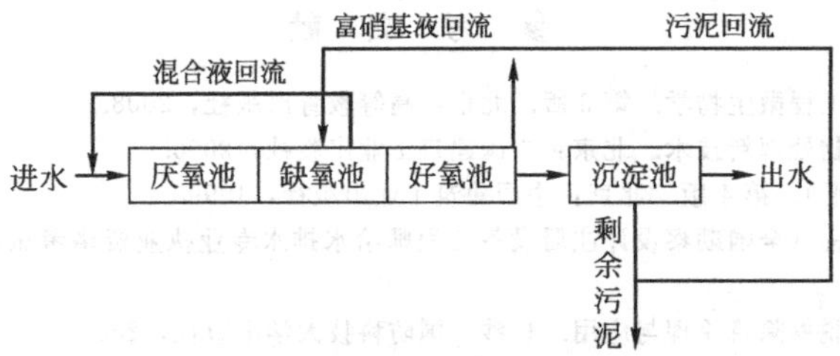

图 10-12　VIP 脱氮除磷工艺

10.4.6　氧化沟同步脱氮除磷工艺

氧化沟又称循环曝气池，是 20 世纪 50 年代由荷兰的巴斯维尔（Pasveer）开发的，它属于活性污泥法的一种变形。严格地说，氧化沟不属于专门的生物脱氮除磷工艺。但氧化沟特有的廊道式布置形式为厌氧、缺氧、好氧的运行方式提供了得天独厚的条件，因此，将氧化沟设计或改造成脱氮除磷工艺是不难的。其关键是工艺参数、功能分区和操作方式的选择。

污水进入氧化沟，在曝气设备的作用下，与池内混合液进行混合循环流动，经几十圈的循环才流出沟外，具有完全混合式和推流式的特征。氧化沟内同时存在着好氧区和缺氧区，因此沟内同时发生着不同的反应过程。在好氧区，污水中的有机物被好氧菌分解，氨氮被亚硝化菌和硝化菌氧化成亚硝酸盐和硝酸盐，磷被聚磷菌过量吸收而去除。在缺氧区，硝酸盐氮和亚硝酸盐氮被反硝化成氮气。这样反复进行好氧和厌氧反应，使污水中的有机物及氮、磷得以去除。

氧化沟的类型很多，按氧化沟的运行方式可分为连续工作式、交替工作式和半交替工作式三大类型。连续式氧化沟进、出水流向不变，氧化沟只作曝气池使用，系统设有二沉池，常见的有卡鲁塞尔氧化沟、奥巴勒氧化沟和帕斯韦尔氧化沟。交替工作氧化沟是在不同时段，氧化沟系统的一部分交替轮流作为沉淀池，不需要单独设立二沉池，常见的有三沟式氧化沟（T 型氧化沟）。半交替工作氧化沟系统设有二沉池，使曝气池和沉淀完全分开，故能连续式工作，同时可根据要求，氧化沟又可分段处于不同的工作状态，具有交替工作运行的特点，特别利于脱氮，常见的有 DE 型氧化沟。通过控制运行参数，各种类型的氧化沟均具有脱氮除磷的能力。根据当前氧化沟的应用和发展趋势，三沟式氧化沟（T 型氧化沟）和 DE 型氧化沟具有很大优势。

同其他工艺相比，氧化沟独特的沟型和流态的特征使其抗冲击负荷能力很强，较长的污泥龄和水力停留时间使有机物去除较彻底，剩余污泥量少且已经得到好氧硝化的稳定，不需再进行硝化处理。

10.4.7　其他传统同步脱氮除磷工艺

根据生物脱氮除磷的机理，当生化反应过程中存在着好氧和缺氧状态，则污水中有机物和氮就可以通过微生物氧化降解与硝化/反硝化而得到有效去除；当生化反应过程中存在着厌氧和好氧状态，则污水中有机物和磷就可以通过微生物氧化降解与聚磷菌的放磷/摄磷作用而得到有效去除；如果要同时去除污水中的有机碳源、氮和磷，则可在生化反应过程中设置厌氧、缺氧和好氧状态。因此在传统工艺中，通过合理控制运行程序，SBR 池和生物转盘工艺也能实现同步脱氮除磷的功能。其中 SBR 法因其工艺简单、运行操作灵活、对水质水量变化的适应性强、运行费用低及能实现脱氮除磷等优点，在许多国家都被大量应用。澳大利亚是应用 SBR 法最多的国家之一，目前已建成 SBR 法污水处理厂 600 多座。

除以上介绍的几种脱氮除磷工艺以外，还有许多新开发的具有脱氮除磷功能的工艺流程，各个工艺流程各有优、缺点。它们共同的特点都是用厌氧、缺氧、好氧的方法加以排列组合使之能够脱氮除磷。因为它们的工作主体——硝化菌、反硝化菌及聚磷菌的生理特性不同，反硝化菌和聚磷菌为争夺碳源而存在竞争，所以在运行工序中要合理调整污泥龄和水力停留时间，兼顾聚磷菌、硝化菌和反硝化菌的生理要求，使它们和谐地生长繁殖，达到同时脱氮除磷的目的。

参 考 文 献

[1] 周群英，王士芬．环境工程微生物学．第3版．北京：高等教育出版社，2008．

[2] 高艳玲，马达．污水生物处理新技术．北京：中国建筑工业出版社，2006．

[3] 张自杰．排水工程（下册）．第4版．北京：中国建筑工业出版社，1999．

[4] 龙腾锐，何强．排水工程（全国勘察设计注册设备工程师给水排水专业执业资格考试教材第2册）．北京：中国建筑工业出版社，2011．

[5] 娄金生，谢水波．生物脱氮除磷原理与应用．长沙：国防科技大学出版社，2002．

[6] 郑平，徐向阳，胡宝兰．新型生物脱氮理论与技术．北京：科学出版社，2004．

[7] 刘革．水体富营养化的成因、危害及防治措施．中国水产，2009，(10)：68-69．

[8] 王哲嵘，赵婷．水体富营养化的成因、危害及防治．河南农业，2012，1（上）：20-23．

[9] 李安峰，潘涛．水体富营养化治理与控制技术综述．安徽农业科学，2012，40（16）：9041-9044，9062．

[10] 王建龙．生物脱氮新工艺及其技术原理．中国给水排水，2000，16（2）：25-28．

[11] 操家顺，王超，蔡娟．低浓度氨氮污水厌氧氨氧化影响因素试验．南京理工大学学报，2007，31（6）：775-779．

[12] 郭琇，孙洪伟．生物除磷主要影响因素的研究．水处理技术，2008，34（9）：7-10．

第11章 水中病原微生物的检测及去除

11.1 常用水质卫生学指标的检测方法

11.1.1 细菌总数的测定

将一定量水样（原水样或做一定稀释后的水样）接种在普通营养琼脂培养基内，在37℃培养24h后，计数培养基上的细菌菌落数，然后换算出原水样每毫升中所含的细菌数。

37℃时，在营养琼脂培养基中能生长的细菌，代表在人体温度下能繁殖的异养型细菌。因此，在生活饮用水中所测得的细菌总数，除说明水被生活废弃物污染的程度外，还可指示该水能否饮用。我国《生活饮用水标准检验方法》（GB 5750—2006）规定，细菌总数不得超过100个/mL。一般认为，含细菌10～100个/mL的水体为极清洁；含细菌100～1000个/mL的水体为清洁；含细菌1000～10000个/mL的水体为不太清洁；含细菌10000～100000个/mL的水体为不清洁；含细菌多于100000个/mL的水体为极不清洁。

水中细菌总数的测定对于检查水厂中各个处理设备的处理效率具有一定实用意义，因此，如果设备的运转稍有失误，立刻就会影响到水中细菌的数量。

11.1.2 大肠菌群的测定

大肠菌群的检验方法有发酵法和滤膜法。

11.1.2.1 发酵法

发酵法是测定大肠菌群的基本方法，包括初发酵试验、平板分离和复发酵试验三个部分。

(1) 初发酵试验。将水样置于乳糖蛋白胨液体培养基内，加入溴甲酚紫pH指示剂，若细菌产酸，培养基由紫色变为黄色。在乳糖蛋白胨液体培养基发酵试管中，倒置小导管，若细菌产气，小导管内就会有气泡。若水样接种于发酵管内，37℃下培养24h，产酸产气，则为阳性结果，说明水中存在大肠菌群；若既不产酸也不产气，则为阴性结果，说明水中不存在大肠菌群，若只产酸不产气，不能说明是阴性结果，应视为可疑结果。对阳性管和可疑管，需继续做平板分离。

水中能使糖类发酵的细菌除大肠菌群外，最常见的有厌氧和好氧的芽孢杆菌。在被粪便严重污染的水中，这类细菌的数量比大肠菌群的数量要少得多。在此情形下，本阶段的发酵一般即可被认为确有大肠菌群存在。在比较清洁的或加氯的水中，由于芽孢的抵抗力比较大，其数量可能相对地比较多，所以本试验即使产酸产气，还不能肯定是由于大肠菌群引起的，必须继续进行试验。

(2) 平板分离。这一阶段的检验主要是根据大肠菌群在固体培养基上可以在空气中生长，革兰染色呈阴性和不生芽孢的特性来进行的。这一阶段的培养基一般使用远藤氏培养基或伊红美蓝琼脂培养基。远藤氏培养基以碱性品红染料作为指示剂，它可被培养基中的亚硫酸钠脱色，使培养基呈淡粉红色，而大肠菌群发酵乳糖产生的酸和乙醛，可与品红反应，形成深红色复合物，使大肠菌群菌落表现为带金属光泽的深红色，亚硫酸钠还可抑制其他杂菌的生长。伊红美蓝琼脂培养基以伊红与美蓝染料作为指示剂，大肠菌群发酵乳糖造成酸性环境时，该两种染料即结合成复合物，使大肠菌群产生与远藤氏培养基上相似的、带核心的、有金属光泽的深紫色菌落。

为了做进一步的肯定，应进行革兰染色检验。由于芽孢杆菌经革兰染色后一般呈阳性，所以根据染色结果，又可将大肠菌群与好氧芽孢杆菌区别开来。如果革兰染色检验发现有阴性无芽孢杆菌存在，则可做复发酵试验来进一步检验。

(3) 复发酵试验。将革兰染色阴性、无芽孢杆菌的菌落，再接种于乳糖蛋白胨液体培养基中，在37℃培养24h，产酸产气，确定为大肠菌群阳性结果。

对于自来水厂出水，初步发酵试验一般都在10个小发酵管和2个大发酵管（或发酵瓶）内进行，复发酵试验则在小发酵管内进行。

根据初发酵管数、初发酵阳性管数及检测水样量，可利用托马斯氏公式计算出每升水样中大肠菌群的最大近似数（MPN）。

$$\text{MPN}=\frac{100\times \text{得阳性结果的发酵管(瓶)的数目}}{\sqrt{\text{得阴性结果的水样体积毫升数}\times\text{全部水样体积毫升数}}} \tag{11-1}$$

11.1.2.2 滤膜法

用发酵法完成全部检验需72h。为了缩短检验时间，可以采用滤膜法。用这种方法检验大肠菌群，有可能在30h左右完成。滤膜法中用的滤膜常是一种多孔性硝酸纤维薄膜。圆形滤膜直径一般为35mm，厚0.1mm。滤膜中小孔的直径平均为0.2μm。

滤膜法的主要步骤如下。

(1) 将滤膜装在滤器上。用抽滤法过滤定量水样，将细菌截留在滤膜表面。

(2) 将此滤膜的没有细菌的一面贴在品红亚硫酸钠培养基或伊红美蓝固体培养基上，以培育和获得单个菌落。

(3) 将滤膜上符合大肠菌群菌落特征的菌落进行革兰染色、镜检。

(4) 将革兰染色阴性无芽孢杆菌的菌落，接种到含糖培养基中，根据产气与否来判断有无大肠菌群存在。

(5) 根据滤膜上生长的大肠菌群菌落数和过滤水样体积，即可算出每升水样中的大肠菌群数。

滤膜法比发酵法的检验时间短，但仍不能及时指导生产。当发现水质有问题时，这种不符合标准的水已进入管网一段时间了。此外，当水样中悬浮物较多时，悬浮物会沉积在滤膜上，影响细菌的发育，使测定结果不准确。

为了保证给水水质符合卫生标准，有必要研究快速而准确的检验大肠菌群的方法。国外曾有人研究用示踪原子法，例如用放射性同位素^{14}C的乳糖作培养基，可在1h内初步确定水中有无大肠杆菌。国外大型水厂还有电子显微镜直接观察大肠杆菌的。

目前以大肠菌群作为检验指标，只间接反映出生活饮用水被肠道病原菌污染的情况，而不能反映出水中是否有传染性病毒以及除肠道病原菌外的其他病原菌（如炭疽杆菌）。因此为了保证人民的健康，必须加强检验水中病原微生物的研究工作。

11.1.3 粪大肠菌群的测定

(1) 初发酵试验。同总大肠菌群。

(2) 复发酵试验。轻摇初发酵试验呈阳性的发酵管，用内径为3mm的接种环以无菌操作技术取一环培养物，转接到EC培养液发酵管内，置44.5℃水浴培养24h，产气者为阳性。

(3) 计算方法同大肠菌群。

11.1.4 噬菌体的测定

双层琼脂平板法是测定噬菌体常用的方法。一定量的经系列稀释的试样与高浓度的宿主菌悬液以及半固体营养琼脂均匀混合后，涂布在已经铺好高浓度营养琼脂的平板上，培养一段时间后，在延伸成片的菌苔上出现噬菌斑。噬菌斑的数量与试样中具有感染性的噬菌体数成正比，由此可计算出样品中的噬菌体数量，以噬菌斑形成单位（PFU）表示。

双层琼脂平板法最重要的因素是选择合适的宿主菌。野生型的大肠杆菌不适于作为水中噬菌体的宿主。表 11-1 列出了常用噬菌体指示物的代表噬菌体及常用宿主。

表 11-1 几种常用的噬菌体及其宿主菌

噬菌体指示物	代表噬菌体	宿主菌
SC 噬菌体	ΦX174	*E. coli* C，*E. coli* CN，*S. typhimurium* WG45
F-RNA 噬菌体	MS2，f2	*E. coli* HS(pFamp) R，*S. typhimurium* WG49，*E. coli* 285，
B. fragilis 噬菌体	B40-8	*B. fragilis* RYC2056，*B. fragilis* HSP40

目前已经制定出噬菌体检测和计数的标准方法（ISO 10705），具体步骤请参见相关材料。

在进行噬菌体的检测时，培养基成分是一个很重要的因素。据报道，噬菌体分析琼脂、改良 Scholtens 琼脂、改良营养琼脂能够产生较多的噬菌斑，这可能与它们都含有二价阳离子（Ca^{2+}，Mg^{2+}，Sr^{2+}）有关，采用大的培养平板并铺入薄的培养基，也会使噬菌斑数增加。在严格厌氧条件下，在培养基和分析介质中加入 0.25%的胆汁，能使检测出的 B. fragilis 噬菌体数量提高 1 倍以上。

目前，噬菌体和病毒的保存方法还不统一，其中对 MS2 的保存和标准物制备的报道较多。通过硝酸纤维滤膜、吸附、沉淀、用 10%甘油保存的自然样品中的土著噬菌体，在－70℃和－20℃条件下可稳定保存 2 个月，在黑暗中（5±3)℃可保存 72h。

11.2 水中病原微生物的浓缩和检测方法

11.2.1 病原微生物浓缩方法

通常情况下，水中的病原微生物浓度低，分散度大，因此在检测之前必须经过有效的浓缩富集。原声动物和细菌的个体较大，浓缩较容易，使用孔径 0.45 μm 或 0.22 μm 的膜过滤、羟基磷灰石吸附或者高速离心就可达到目的；而病毒的体积十分微小，浓缩相对比较困难。目前，水中病毒浓缩方法主要有以下几类。

11.2.1.1 免疫捕获法

该法利用抗原-抗体反应的高度特异性来收集捕捉病毒。由于病毒本身可作为抗原，根据免疫学反应可设计出针对病毒的抗体，通过抗原和抗体的特异性结合来达到浓缩病毒的方法，可以使用病毒特异性抗体来包被磁珠，进一步提高分离效率。免疫捕获的方法还可以与后续的检测技术顺利衔接，例如 IgM 抗体捕捉-ELISA，免疫-PCR 等。但在实际应用中免疫捕获法并不多见，主要是由于水中的一些杂质可能会对抗原-抗体反应产生严重的干扰，此外该法操作复杂、成本高，也是这种技术推广普及的严重障碍。

11.2.1.2 超滤法和反渗透法

由于病毒的直径小于超滤膜和反渗透膜的孔径，因此从理论上说，这类方法能够完全截留病毒。但是由于膜的孔径非常小，很容易堵塞，因此对水质要求很高。这类方法的耗时很长，不适于浓缩较大体积的水样。

11.2.1.3 超速离心法

超速离心法使用 50000r/min 以上的转速，获得极大的离心力，从稀释悬浮液中浓缩病毒。但这种方法需要使用昂贵的超速离心机，而且要求样品的体积很小，一般仅用于二次浓缩。

11.2.1.4 沉淀法

通过向水体中加入某种具有絮凝性的化学物质，形成絮凝沉淀物，而病毒通过与沉淀物相结合达到浓缩目的。絮凝剂主要分为无机絮凝剂和有机絮凝剂两种。无机絮凝剂主要包括磷酸铝、氢氧化铝、氯化铝等易形成沉淀的无机物，而有机絮凝剂主要有聚乙二醇（PEG）和鱼精蛋白硫酸盐等。沉淀法虽然操作简便，但对于大体积水样的病毒浓缩效率并不高，因此一般只是用于洗脱液中病毒的二次浓缩。

11.2.1.5 吸附-洗脱法

该法利用吸附剂来吸附大体积水样中的病毒，再用较小体积的洗脱剂将被吸附的病毒洗脱下来，可以几十倍甚至上百倍的富集病毒。聚合电解质、活性炭、玻璃纤维等都可以用作吸附剂。

从广义上来讲，膜吸附-洗脱法也属于吸附-洗脱法。它结合了滤膜的机械截留作用和静电力作用，可以在大于病毒颗粒直径的膜孔径下实现对病毒的截留。滤膜的材料种类繁多，有醋酸纤维、硝酸纤维、玻璃纤维、尼龙等，根据滤膜表面所带电荷的性质可以分为正电荷滤膜和负电荷滤膜两大类。滤器的形式主要有圆盘式和具有更大表面积的折叠筒式。由于膜吸附-洗脱法的可操作性强，近年来发展迅速，现已成为应用最广泛的病毒浓缩方法之一。

11.2.2 病原微生物检测方法

11.2.2.1 经典检测方法

经典检测方法泛指基于微生物形态学和生化特性进行检测的方法。例如利用显微镜观察并计数染色后的细菌；利用细菌或真菌对碳源利用能力的不同，采用选择性培养基进行区别和鉴定；利用特定宿主细胞培养病毒等。

这类方法的发展历史悠久，一般来说检测结果准确度较高，但操作较为烦琐。近年来出现的各种自动生化鉴定仪，例如 VITEK、BD-Phoenix 等，其原理也是以大规模生化试验为基础，利用各种试验结果组合成数字编码，与数据库进行比对从而得到鉴定结果。全自动仪器不仅大大提高了检测效率，而且减少了人为操作造成的误差。需要注意的是，对于环境样品中那些既无法进行人工培养又难以分离的一些病原微生物，这类方法就不适用了。

11.2.2.2 免疫学检测方法

免疫学方法主要是利用抗原-抗体反应的高度特异性，免疫学方法在临床诊断中广泛用于检测特异性抗原或抗体的存在，其敏感性高、特异性强、操作简便。

酶联免疫吸附试验（ELISA）是最常用的免疫学检测方法。通过用酶标记抗原或抗体，抗原与抗体结合后加入底物出现显色反应来实现定性检测。单克隆抗体的制备成功大大提高了这种检测方法的特异性。此外，采用聚酯布、磁性粒子、氧化钛膜等特殊材料制成的固相载体来结合抗体进行检测，不仅能够与浓缩富集过程顺利衔接，而且灵敏度大大提高。

11.2.2.3 分子生物学检测方法

随着分子生物学技术的迅速发展，PCR 技术、分子分型技术以及流式细胞技术已经越来越多地应用到病原微生物的检测方面，其中以 PCR 技术的应用尤为广泛。

PCR 技术以其快速、灵敏、准确的特点，在病原微生物检测上的应用尤为广泛。PCR 检测病原菌的靶序列主要来自于编码毒素或抗原的基因，例如编码志贺菌外毒素的 set 和 sen 基因，以及编码侵袭性质粒相关抗原 H 的片段 ipaH，沙门菌属侵袭性抗原保守基因 invA，霍乱肠毒素基因 ctxA 等。对于病毒而言，其靶序列主要位于非编码区和编码衣壳蛋白的基因区内。

为了解决病原微生物核酸定量的问题，在常规 PCR 技术的基础上发展起来了实时荧光定量 PCR 技术（real-time fluorescent quantitative PCR，FQ-PCR）。通过在 PCR 反应体系中加入荧光基团，利用荧光信号来实时监测整个 PCR 进程，最后使用标准曲线对未知模板浓度进行定量分析，不仅实现了对核酸的定量检测，而且无需产物后续处理过程，有效地减少了外源污染的风险。这一技术在污水和地表水的病原微生物检测中应用得尤为广泛，国内外的学者对此做了大量研究，针对典型的肠道病毒、病原菌、原生动物等建立了很多实时荧光定量 PCR 检测方法，为控制水环境病原微生物传播、保障污水安全再生回用提供了有力的检测手段（Zhang et al，2012；Shannon et al，2007；Bertrand et al，2004）。

为了进一步区分所测病原体的型别，分析其不同来源和进化变异特点，就需要采用分子分型技术。目前常用的分子分型技术包括质粒酶切图谱（PPA）、限制性片段长度多态性分析（RFLP）、脉冲场凝胶电泳（PFGE）等。这些技术大都是与PCR技术联用的，依赖文库比对来分析所测病原体的来源和进化变异特点。由于PCR技术的高效便捷，才使这些技术得到了充分应用。

11.3 微污染水源水的生物预处理

11.3.1 微污染水源水污染源、污染物及预处理的目的

近年来随着工业的发展、城市化进程的加速及农用化学品种类和数量的增加，许多水源已受到不同程度的污染；随着经济的发展，水质分析手段的进步，以及人类对饮用水水质的更高要求，微污染受到的关注也越来越高。然而，现有常规的处理微污染水工艺（混凝—沉淀—过滤—消毒）不能有效去除微污染水源水中的有机物、氨氮等污染物，同时液氯很容易与原水中的腐殖质结合产生消毒副产物（DBPs），直接威胁饮用者的身体健康，无法满足人们对饮用水安全性的需要；同时随着生活饮用水水质标准的日益严格，微污染水源水处理不断出现新的问题。因此，选择适合我国国情的微污染水源水处理技术方案已经引起了人们的高度重视。

微污染水源水是指受到有机物、氨氮、磷及有毒污染物较低程度污染，部分水质指标超过《地表水环境质量标准》（GB 3838—2002）Ⅲ类水体标准的水体。尽管污染物浓度低，但经自来水厂原有的混凝、沉淀、过滤、消毒的传统工艺处理后，未能有效、彻底去除污染物。其成分主要包括有机物［天然有机物（NOM）和人工合成有机物（SOC）］、氨（水体中常以有机氮、氨、亚硝酸盐和硝酸盐形式存在）、石油烃、挥发酚、农药、COD、重金属、砷、氰化物等。这些污染物种类较多，性质较复杂，但浓度比较低微，尤其是那些难于降解、易于生物积累和具有“三致”作用的优先控制有毒有机污染物，对人体健康毒害很大。如致癌物的前体物如烷烃类残留在水中，经加氯处理后产生卤代烃三氯甲烷和二氯乙酸等“三致”物。水体中氨氮较高，导致供水管道中亚硝化细菌增生，促使NO_2^-浓度增高。残留有机物还能引起管道中异养菌滋生，导致饮用水中细菌卫生指标不达标，这种水被人饮用会危害人体健康。为此，人们不仅致力于水厂的水处理工艺改革，探索更有效的处理工艺和技术。同时重视水源水的预处理，确保饮用水的卫生与安全。

微污染水源水污染源主要是未经处理的生活污水、工业废水、养殖业排放水和农业灌溉水，还有未达到排放标准的处理水等，其中包含的污染物为有机物、氨氮、藻类分泌物、挥发酚、氰化物、重金属、农药等。

11.3.2 微污染水源水生物预处理的特点和可行性

11.3.2.1 生物预处理的特点

生物预处理是指在常规净水工艺之前，增设生物处理工艺，借助于微生物群体的新陈代谢活动，对水中可生化有机物特别是低分子可溶性有机物、氨氮、亚硝酸盐、铁、锰等污染物进行初步去除，这样既有效改善了水的混凝沉淀性能、减少混凝剂用量，使后续的常规处理更好地发挥作用；同时还能去除常规处理工艺不能去除的污染物，减轻了常规处理和后续深度处理过程的负荷，延长过滤或活性炭吸附等物化处理工艺的使用周期和使用容量，最大可能地发挥水处理工艺整体作用，降低水处理费用，更好地控制水的污染。另外，可生物降解有机物的去除，不仅减少了水中“三致”物前体物的含量，改善出水水质，也减少了细菌在配水管网中重新滋生的可能性。用生物预处理代替常规的预氯化工艺，不仅起到了与预氯化作用相同的效果，而且避免了由于氯化引起的卤代有机物的生成，这对降低水的致突变活性，控制三卤甲烷物质的生成是十分有利的。生物预处理具有处理能力较大，对冲击负荷适应性强，生成污泥量少，易于维护管理的优点；但也存在着生物膜更新速度慢，水力冲刷缓慢易引起堵塞，填料价格较高等问题。

11.3.2.2 生物预处理的可行性

生物预处理是随着水处理工艺的发展而形成的辅助处理技术，生物预处理在工艺中不是主导

工艺过程，但对水质的改善有十分重要的作用，弥补了传统工艺甚至像生物活性炭一类的新型工艺的缺陷与不足。生物预处理技术用于饮用水这类贫营养水的处理，但工艺过程基本上是沿用污水处理工艺中的传统生物处理工艺，如生物接触氧化法、生物滤池、生物流化床和生物转盘等。

欧美等国家早期水源水预处理的目的是去除水源水中的有机物和氨氮，随着污水处理水平的提高，水源水中的氨氮含量减少，现在他们处理水源水的目的是去除有机物。我国目前水源水预处理的主要目标仍是有机物和氨氮。通过硝化作用只将氨氮转化为硝酸盐，没有从根本上将氮从水中去掉，只是转化氮的形态，总氮量没有减少。因此，需要用反硝化菌将硝酸盐氮还原为氮气溢出水中到大气。国外已较多应用脱氮技术脱氮。微污染水源水中有机物含量远低于废水，普遍存在碳源不足，反硝化有困难。因此，在预处理过程中要外加碳源，一般用乙醇。水源水用硝化-反硝化工艺处理后，硝酸盐和亚硝酸盐均可保持在低水平。

在欧洲，一些水厂研究了生物滤池去除原水中氨氮的效果。英国人采用砂砾滤池处理泰晤士河水，进水氨氮浓度为2～3mg/L，氨氮去除效果随水温、氨氮负荷及运行时间的变化而变化。试验中发现，尽管低水温时氨氮去除率下降，但运行约一年后在水力负荷为2.4m/h的条件下，在温度为20℃、15℃、10℃和5℃时，氨氮去除率分别达80%、78%、67%和50%。Bouwer和Crowe研究了生物预处理对污染物的去除效果，调查了欧洲一些水厂生物预处理工艺的应用状况。如法国Annet sur Marne采用生产规模的生物滤池，当进水氨氮低于1mg/L时，氨氮去除率在95%以上，TOC去除率达38%。英国Medmenham采用中试规模的生物流化床，当进水氨氮低于2mg/L时，氨氮去除率约100%。综合来看，欧洲一些国家在水源水生物预处理工艺中主要采用粒状填料作为生物膜生长的载体，并且倾向于采用浸没曝气式生物滤池和生物流化床工艺，旨在针对进水氨氮浓度较高的情况，提高生物硝化效果。

11.3.3 生物氧化预处理技术

由于在低营养条件下生存的贫营养微生物通常是以生物膜的形式存在的，所以微污染水源水的生物预处理方法主要是生物膜法。该法是利用附着在填料表面上的生物膜，使水中溶解性的污染物被吸附、分解、氧化，有些还作为生物膜上原生动物的食料。近几年来，生物预处理技术发展很快，其形式大致可归纳为以下几种类型：生物接触氧化，生物滤池，生物滤塔，生物流化床和生物转盘等。水源水预处理选用何种工艺要根据水质和处理目的而定。选用何种材料做填料，要考虑填料对微生物的附着力和耐腐蚀性。颗粒活性炭-砂滤挂生物膜的速度快于无烟煤-砂滤。填料的种类和性能与膜法处理效率紧密相连。颗粒活性炭能截留、吸附颗粒状有机物和胶体物质、残余毒物“三致”前体物和余氯等。颗粒活性炭-砂滤能除去甲醛和丙酮。

11.3.3.1 生物接触氧化法

生物接触氧化最早是用于污水处理的工艺，它是利用附着在填料上表面的微生物群体吸附和降解水中有机物的。当贫营养的水源水处理和饮用水处理工艺的发展要求采用生物处理工艺时，就将接触氧化法引进作为水源水的处理工艺。中国市政工程中南设计院、同济大学和清华大学等单位对微污染水源水生物接触氧化预处理工艺做了大量的研究工作，取得了丰硕的成果。国内部分水源水生物接触氧化预处理工艺见表11-2。

生物接触氧化法，在池内设置人工合成的填料，经过充氧的水，以一定的速度循环流经填料，通过填料上形成的生物膜的絮凝吸附、氧化作用使水中的可生化利用的污染物基质得到降解去除。其生物膜上的生物相当丰富，由细菌、真菌、丝状菌、原生动物、后生动物等组成比较稳定的生态系统。这种工艺是介于活性污泥法与生物滤池之间的处理方法。

生物接触氧化法的主要优点是处理能力大，对冲击负荷有较强的适应性，污泥生成量少；缺点是填料间水流缓慢，水力冲刷小，如果不另外采取措施，生物膜只能自行脱落，更新速度慢，膜活性受到影响，某些填料，如蜂窝管式填料还易引起堵塞，布水布气不易均匀。另外填料价格较贵，且填料的支撑结构费用较高。现有的生物接触氧化法有曝气充氧方式，生物填料上都有所改进。国内填料已从最初的蜂窝管式填料，经软性填料、半软性填料，发展到近几年的弹性立体填料；曝气充氧方式也从最初的单一穿孔管式，发展到现在的微孔曝气头直接充氧以及穿孔管中心导流筒曝气循环式。这在一定程度上，促进了膜的更新，改善了传统效果。

表 11-2 国内部分水源水生物接触氧化预处理工艺对主要污染物去除效果

水源水	设计水量/(m^3/h)	填料类型	水力停留时间/h	水温/℃	去除率/%			
					THMs	NO_2-N	COD_{Mn}	藻类
武汉东湖	未报道	塑料蜂窝直管	60～180	5.3～30.8	80～98	未报道	18～27	44～90
上海黄浦江	0.14	弹性立体填料	80	23.0～27.5	65.4～90.0	未报道	11.9～19.6	未报道
杭州西塘河	10.7	弹性立体填料	84～92	26.0～28.0	59.0～100.0	未报道	2.0～44.0	未报道
宁波姚江	15	弹性立体填料	72～120	20.0～30.0	80～90	80～90	20～30	未报道
无锡太湖	0.2	生物环	77～115	23.0～33.0	66.6(均值)	74.0(均值)	42.3(均值)	31.3～70.1
深圳水库	5	弹性立体填料	60	19.3(均值)	87.9(均值)	53.8(均值)	11.6(均值)	75.7(均值)
绍兴青甸湖	未报道	陶粒	30～120	13.0～23.0	72.2～97.1	未报道	18.5～31.6	48.1～90.9
大同册田水库	小试	陶粒	25～60	3.0～18.0	56.9～80.0	未报道	约 20.0	未报道
安徽巢湖	未报道	陶粒	42～85	10.0～29.0	70.0(均值)	70.4(均值)	28.5(均值)	71.5(均值)
广州珠江	0.1	陶粒	30	未报道	92.7	未报道	36.6	未报道

近年来，生物接触氧化预处理的微型动物问题开始受到关注，尤其是微型后生动物的大量生长和控制等问题。生物接触氧化处理池出水水质的改善是由曝气氧化、生物降解和生物絮凝三方面构成，一个理想的预处理池在这三方面应是相互联系、相互促进，并使这三部分功效得到最大的协调、发挥。为达到这一目的，根据生产运行实际，生物接触氧化预处理池拟从以下几方面进行改进：改进生物处理池和填料的排泥方式；采用更加先进合理的微生物载体等。

11.3.3.2 生物滤池

生物滤池是常用的生物处理方法，有淹没式生物滤池、煤砂生物过滤及慢滤池等。滤池中装有比表面积较大的颗粒填料，填料表面形成固定生物膜，水流与生物膜的不断接触，使水中有机物、氨氮等营养物质被生物膜吸收利用而去除，同时颗粒填料滤层还发挥着物理筛滤截留作用。

生物滤池用于水源水生物预处理时，具有处理效果稳定、运行成本低、占地面积小、污泥产量少以及后续处理衔接方便等优点。但其局限性在于：硬质填料存在布水布气不均匀的问题，处理规模较小，对进水的悬浮物浓度有一定要求，容易出现填料堵塞和黏结；轻质滤料在一定程度上解决了硬质填料的缺点，但填料流失的问题尚待克服。

11.3.3.3 移动床生物膜反应器

移动床生物膜反应器取了传统的活性污泥法和生物接触氧化法两者的优点而成为一种新型、高效的复合工艺处理方法。其核心部分就是以密度接近水的悬浮填料直接投加到曝气池中作为微生物的载体，依靠曝气池内的曝气和水流的提升作用而处于流化状态，微生物和水的传质均有大幅提高，能够在较短的时间内实现除污染的目的。悬浮填料比表面积大，为弹性立体填料的 3～6 倍；密度与水接近；不结团、不堵塞；可直接投加，不需固定支架。移动床生物膜反应器具有处理能力高、能耗低、不需要反冲洗、水头损失小、不发生堵塞的特点。

11.3.3.4 水源水预处理的运行条件

(1) 微生物。微污染水源水是一个贫营养的生态环境，在其中生长的微生物群落与在污水生物处理中的微生物群落不同。需要一个由适应贫营养的异养除碳菌、硝化菌、反硝化菌、藻类、原生动物和微型后生动物组成的生态系统。生物膜法能截留微生物和有机物，保证处理系统中有足够的高效降解有机物和去除氨氮能力的微生物群落。

如在东江-深圳微污染水源水预处理系统中，每克填料中有贫营养异养菌 10^6～10^8 个，亚硝化菌 10^6～10^7 个，硝化菌 10^6～10^7 个，还有大量的反硝化菌、蓝细菌、绿藻、硅藻、霉菌等。

此外还有钟虫、累枝虫、盖纤虫等原生动物。此外还有旋轮虫、红斑颗体虫、水螅等微型后生动物。

(2) 供氢体。能用作饮用水水源的水体应该是清洁的或微污染的，不能用污染严重水体的水。正因为如此，若既要去除有机物又要去除氨氮，就面临缺供氢体问题。一般用乙醇和糖作供氢体。近些年来，有研究用电极生物膜反应器微电解水放出氢（H_2）解决反硝化所需的氢供体。

(3) 溶解氧。在大型生产中，由于水流量大，水力停留时间在1h左右，气水比为1时，溶解氧一般在4mg/L以上，能满足氧化有机物和硝化作用的需要。大型生产的处理系统中除非生物膜长得很厚，造成局部厌氧或缺氧，否则，溶解氧降低不到0.2mg/L以下，反硝化难以维持。

(4) 水温和pH值。一般年平均水温为23.6℃，pH=7。COD和氨氮的去除率随水温升高而提高，20℃以上处理效果好。

11.4 饮用水的深度净化技术

随着我国经济和社会的快速发展，人们对于饮用水健康风险的关注程度不断提高，对饮用水水质提出了更高的要求。而目前我国自来水处理工艺90%以上仍采用20世纪初形成的混凝、沉淀、过滤和加氯消毒的常规工艺，只对水中悬浮物、胶体颗粒有较好的去除效果，对溶解性有机物的去除很不理想。此外，消毒过程产生的有毒副产物（如氯仿、卤乙酸、水合氯醛等），以及自来水在输送、贮存过程中的二次污染问题，使得自来水的水质得不到保证。这些都给人体健康构成了风险，因此，有必要对饮用水进行深度处理。

目前常见的饮用水深度处理工艺主要有活性炭吸附、臭氧活性炭吸附、膜分离等。

11.4.1 臭氧活性炭吸附

为克服单纯活性炭吸附的缺点，水处理工作者开发出臭氧活性炭吸附工艺。即向炭滤池加入臭氧，臭氧是众所周知的强氧化剂，可以氧化分解吸附在活性炭上面的有机物，使活性炭长期保持活性，从而避免或减少对活性炭再生的次数。在给水工程中，臭氧和活性炭联合的处理流程如下：

混凝剂（加入澄清）　O_3（加入活性炭吸附）

原水→澄清→过滤→活性炭吸附→消毒→出水

11.4.1.1 机理

在水中投加少量氧化剂（常用O_3），可将溶解和胶体状有机物转化为较易生物降解的有机物，将某些分子量较高的腐殖质氧化为分子量较低、易生物降解的物质并成为炭床中微生物的养料来源。在活性炭床内，有机物吸附在炭粒的表面和小空隙中，微生物生长在炭粒表面和大孔中，通过细胞酶的作用将某些有机物降解，所以有机物的去除在于活性炭的吸附和生物降解的双重作用。因此，臭氧活性炭吸附工艺是活性炭物理化学吸附、臭氧化学氧化、生物氧化降解及臭氧灭菌消毒四种技术合为一体的工艺。

11.4.1.2 特点

臭氧活性炭吸附的特点是：完成生物硝化作用，将NH_4^+转化为NO_3^-；将溶解有机物进行生物氧化，可去除毫克每升级浓度的溶解有机碳（DOC）和三卤甲烷前体物（THMFP），以及纳克每升到微克每升级的有机物；此外，增加了水中的溶解氧，有利于好氧微生物的活动，促使活性炭部分再生，从而延长了再生周期。臭氧如投加在滤池之前还可以防止藻类和浮游植物在滤池中生长繁殖。在目前水源受到污染，水中氨氮、酚、农药以及其他有毒有害有机物经常超过标准，而水厂常规水处理工艺又不能将其去除的情况下，臭氧活性炭吸附将是饮用水深度处理的有效方法之一。

11.4.1.3 应用

臭氧活性炭吸附主要用于处理有机物含量较少的微污染水源。以北京市田村山水厂为例，因原水中季节性地含有酚、农药有机磷、氨氮等污染物，如单独用臭氧处理，投加量在4mg/L以上，电耗高，不经济，如只用活性炭则周期仅2～4个月，成本太高，因此采用臭氧和活性炭吸附工艺。

新建水厂采用臭氧活性炭吸附工艺时，由于投资很大，应先进行实验室和中试研究，主要是观测活性炭柱去除有机物的效果（可用COD、TOC、DOC或UV吸光值等指标表示），并确定炭柱的主要设计参数，如接触时间等。国外采用的生物活性炭池滤速为8～12m/h，炭床厚度为2～4m，接触时间为15～25min。

11.4.2 活性炭吸附

活性炭（AC）是利用植物类原料（木屑、果壳）或优质煤为原料，经过炭化、活化而制成的一种多孔、比表面积巨大、具有极强吸附能力的颗粒状或粉末状吸附剂。在活化过程中，活性炭可形成新的微孔或将原有封闭的微孔打通，扩大原有微孔尺寸，并在其表面形成酸性或碱性氧化复合体，使之具有良好的吸附能力。活性炭具有物理吸附和化学吸附的双重特性，可以有选择地吸附气相、液相中的各种物质，以达到脱色精制、消毒除臭和去污提纯等目的。

11.4.2.1 活性炭的特性

（1）活性炭的比表面积和孔隙结构。活性炭具有巨大的比表面积和丰富的孔隙结构。活性炭的比表面积可达500～1700m^2/g。活性炭的小孔容积一般为0.15～0.90mL/g，其表面积占比表面积的95%以上；过渡孔容积一般为0.02～0.100mL/g，其表面积占比表面积的5%以下；大孔容积一般为0.2～0.5mL/g，其表面积只有0.5～2m^2/g。

（2）活性炭的表面化学性质。吸附特性不仅与细孔构造和分布情况有关，而且还与活性炭的表面化学性质有关。活性炭表面具有一些极性，因为其表面有—OH、—COOH等。

11.4.2.2 影响活性炭吸附的主要因素

影响吸附的因素很多，其中主要有活性炭的性质、吸附质的性质和吸附过程的操作条件等。

（1）活性炭吸附剂的性质。活性炭的比表面积越大，吸附能力就越强；活性炭是非极性分子，易于吸附非极性或极性很低的吸附质；活性炭吸附剂颗粒的大小，细孔的构造和分布情况以及表面化学性质等对吸附也有很大影响。

（2）吸附质的性质

① 溶解度。一般吸附质的溶解度越低，越容易被吸附。

② 表面自由能。能够使液体表面自由能降低得越多的吸附质，越容易被吸附。

③ 极性。吸附质和吸附剂的极性对吸附的影响存在“相似而易相吸附”的规律。

④ 吸附质分子的大小和不饱和度。活性炭易吸附分子直径较大的饱和化合物，对同族有机化合物的吸附能力随有机化合物的分子量的增大而增加，但当有机物相对分子质量超过1000时，分子量过大会影响扩散速度，所以需进行预处理，将其分解为小分子量后再用活性炭进行处理。

⑤ 吸附质的浓度。浓度比较低时，由于吸附剂表面大部分是空着的，因此提高吸附质浓度会增加吸附容量，但浓度提高到一定程度后，再行提高浓度时，吸附量虽仍有增加，但吸附速率减慢。当全部吸附表面被吸附质占据时，吸附量就达到极限状态，以后吸附量就不再随吸附质的浓度的提高而增加了。

（3）废水pH值。活性炭一般在酸性溶液中比在碱性溶液中有较高的吸附率，另外，pH值会对吸附质在水中存在的状态（分子、离子、络合物等）及溶解度等产生影响，从而影响吸附效果。

（4）共存物质。当共存多种吸附质时，活性炭对某种吸附质的吸附能力比只含该种吸附质时的吸附能力差。

(5) 温度。温度对活性炭吸附影响较小，但因为物理吸附过程是放热过程，温度升高吸附量减少，反之吸附量增加。

(6) 接触时间。在进行吸附时应保证活性炭与吸附质有一定的接触时间，使吸附接近平衡，充分利用吸附能力。吸附平衡所需时间取决于吸附速率。吸附速率越大，达到吸附平衡所需的时间就越短。

11.4.2.3 活性炭池设计

活性炭池的大小决定于流量、水力负荷和接触时间，由此可得出活性炭池的容积、断面、高度和炭池数。

活性炭池的最简单设计方法是应用空床接触时间或简称为接触时间，如设计流量已定，则活性炭床容积等于接触时间乘以流量，炭的容积除以炭的堆积密度即为所需活性炭的质量。

在缺乏试验资料时，活性炭池的设计参数可参照，滤速 8～20m/h，炭床厚度 1.5～2.0m，接触时间 10～20min，水反冲洗强度 8～9L/（s·m^2），冲洗时间 4～10min。

颗粒活性炭装置有两种类型，即固定床和移动床。固定床中，炭粒固定不动，水流一般从上而下，但也可以从下而上，是目前应用最广的装置。移动床中，水流从下而上，炭粒和水的流动方向相反，废炭从底部排出，新鲜炭或再生炭从顶部补充，称为逆流系统。

流量大时，固定床可以采用各种形式的快滤池构造，例如在快滤池的砂层上铺活性炭层，也可在快滤池后面设置单独的活性炭池。流量较小时可以采用活性炭柱，可有单柱、多柱并联、多柱串联及多柱并联和串联等布置形式。

11.4.2.4 再生

吸附饱和的活性炭从炭池中取出，经过再生后回用。再生目的是恢复活性炭的吸附活性。由于水处理过程中，主要吸附的是水中低浓度的有机物，因此以再生法应用最多。再生时活性炭有损耗，原因是部分活性炭在再生过程中被氧化，也有一部分是运输中的损耗。在现场就地再生时，损耗为 5%，集中再生时损耗为 10%～15%。再生后的活性炭可测定其碘值、糖蜜值，并与新鲜炭比较，以了解吸附活性恢复情况。

再生过程可分 4 个阶段：加热干燥，解吸以去除挥发性物质，大量有机物的热解，以及蒸汽和热解的气体产物从炭粒的空隙中排出。颗粒活性炭常用的热再生装置是多层耙式再生炉，近年来也有应用直接通电加热的再生方法。

11.4.3 光催化氧化

自然界有一部分近紫外光（190～400nm）易于被有机物吸收，在有活性物质存在时会发生光化学反应使有机物降解。天然水体中存在大量的活性物质，如氧气、亲核剂·OH 及有机还原物质，因此天然水体发生着复杂的光化学反应。

自 1972 年 Fujishima A. 和 Honda K. 报道了在受辐照的 TiO_2 上可以持续发生水的氧化还原反应，并产生氢气以来，水中污染物的光催化氧化过程成为国内外环境科学的研究热点。

光催化氧化是以 n 型半导体为敏化剂的一种光敏化氧化，它是在水中加入一定量的光敏半导体材料，结合具有一定能量的光照射，光敏半导体材料被光激发出电子—空穴对，吸附在光敏半导体表面的溶解氧、水及污染物分子接受光生电子或空穴，从而发生一系列的氧化还原反应，使有毒的污染物降解为无毒或毒性较小的物质的一种方法。

11.4.3.1 光催化氧化的机理和影响因素

在水溶液中的光催化氧化反应，失去电子的主要是水分子，从而生成羟基自由基（·OH），而光生电子具有很强的还原能力，可以使半导体表面的电子受体（通常为 Oz）被还原，并形成 $\cdot O_2^-$，·OH，$\cdot HO_2$ 等。

这一过程可分为几个阶段：光催化剂在光照下产生电子空穴对；表面羟基或水吸附后形成表面活性中心；表面活性中心吸附水中有机物；·OH 形成，有机物被氧化；氧化产物分离。

TiO_2 光催化性能的决定因素为粒径、表面形态、晶型。此外，光照、pH 值以及水溶液的组成也会影响光催化反应的效率。

11.4.3.2 光催化氧化的应用

目前，水中的有机污染物呈现复杂性和多样性，把光催化氧化技术与其他方法相结合的联用技术是行之有效的，常用的包括混凝沉淀法联用、超声法联用、生物法联用等。

光催化氧化技术可将有机物彻底无机化、副产物少，是水深度处理技术中有前景的一种方法。但由于费用昂贵、运行管理复杂等原因，目前尚未大规模应用。今后的研究重点侧重于提高催化剂的活性，开发高效催化剂，充分利用吸收光谱域，提高太阳光能的利用效率，将光能转化为可被物质吸收的能量形式。

11.4.4 生物活性炭

生物活性炭（Biological Activated Carbon，BAC）的产生，是在欧洲应用臭氧活性炭去除水中有机物时，发现活性炭表面极易于微生物繁殖，具有微生物繁殖的活性炭不仅出水水质改善，而且活性炭再生周期延长。因此在水处理过程中，有意识助长粒状活性炭表面好氧微生物的生长，去除可生物降解的有机物，以降低消毒副产物前体物的浓度和管网中细菌再生的可能性。BAC技术作为饮用水处理新技术，以同时利用在活性炭表面上生长的微生物的机能与活性炭的机能为特点著称，日益受到重视，并迅速从理论研究走向实际应用。

单独应用BAC时会存在活性炭微孔极易被阻塞，导致活性炭的吸附性能下降，在长期高浊度情况下，会造成活性炭的使用周期缩短，对进水水质适用范围窄，抗冲击负荷差等不足。人们发现活性炭吸附技术与臭氧化联用，可以通过臭氧强氧化作用使水中一些原来不易生物降解的有机物变成可生物降解的有机物，同时臭氧化还可提高水中溶解氧的含量。由于臭氧的含量很低，自身分解速度又快，可促进活性炭滤池微生物的生长。炭粒表面生长着大量的好氧微生物，充分发挥了它们对有机物的分解作用，显著地提高了出水水质，并延长了活性炭的使用周期。这种活性炭具有明显的生物活性，因此称为BAC技术。

臭氧化与活性炭吸附的第一次联合使用是1961年在德国Dussldforf市Amstaad水厂中开始的。该流程与当时一般采用的预氯化活性炭流程相比较，出水水质明显提高，炭的使用周期大大延长。此后，经过多年的使用和研究，发现炭床中大量生长的微生物所具有的BAC是提高处理效率和延长使用周期。

11.4.5 吹脱法

水中会含有溶解性气体，如水在软化除盐过程中，经过氢离子交换器后，会产生大量CO_2，某些微污染水源中含有挥发性有机物等，这些物质可能对系统产生腐蚀，或者本身有害，这些气体可以用吹脱法去除。

11.4.5.1 吹脱法的机理

吹脱法的基本原理是气液平衡及传质速度理论。在气液两相体系中，溶质气体在气相中的分压与该气体在液相中的浓度成正比。传质速率正比于组分平衡分压与气相分压之差。气液平衡关系及传质速率与物系、温度、两相接触状况有关。对给定的物系，可以通过提高水温，使用新鲜空气或负压操作的方式，增大气液接触面积和时间，减少传质阻力，可起到降低水中溶质浓度，增大传质速率的作用。

当水中通入空气，空气可与溶解性气体产生吹脱作用及化学氧化作用。化学氧化对还原剂起作用，如H_2S，但CO_2则不能氧化。氧化反应的程度取决于溶解气体的性质、浓度、温度和pH值等。吹脱作用使水中溶解的挥发物质由液相转为气相，扩散到大气中，属于传质过程。吹脱法的推动力为水中挥发物质的浓度与大气中该物质的浓度差。

11.4.5.2 吹脱法的影响因素

吹脱过程的影响因素很多，主要有以下几种。

(1) 温度。在一定压力下，温度升高气体在水中的溶解度降低，对吹脱有利。

（2）气液比。空气量过少，气液两相接触不够；空气量过多，不仅不经济，还会造成水被空气带走，破坏正常操作，工程上常用的气液比上限为80%的比例。

（3）pH值。在不同的pH值条件下，气体的存在状态不同，所以针对不同的物质要选择适宜的pH值以提高吹脱效率。

（4）油类物质。油类物质会阻碍气体向大气中扩散，而其会阻塞填料，影响吹脱效果，应当在吹脱前除油。

（5）表面活性剂。当水中有表面活性剂，吹脱过程会产生大量泡沫，影响吹脱效率和环境卫生，需采取消泡措施。

11.4.5.3 吹脱法的工程应用

在工程上一般采用的吹脱设备有吹脱池和吹脱塔等。吹脱池一般为矩形，水深1.5m，曝气强度为25～30m^3/(m^3·h)，吹脱时间为30～40min，压缩空气量5 m^3/(m^3·h)。吹脱塔的效率较高，有利于气体的回收，防止二次污染；在塔内设置瓷环填料或筛板，以促进气液两相的混合，增加传质效率。

11.4.6 膜技术

膜技术是21世纪水处理领域的关键技术。常用的膜技术包括电渗析、微滤、超滤、纳滤和反渗透。其中电渗析属于电势梯度作为驱动力，属脱盐工艺；而后四种膜法属于压力梯度作为驱动力，且微滤、超滤为过滤工艺，属于低压膜处理范畴，纳滤、反渗透为脱盐工艺，属于高压膜处理范畴。其适用范围见图11-1。

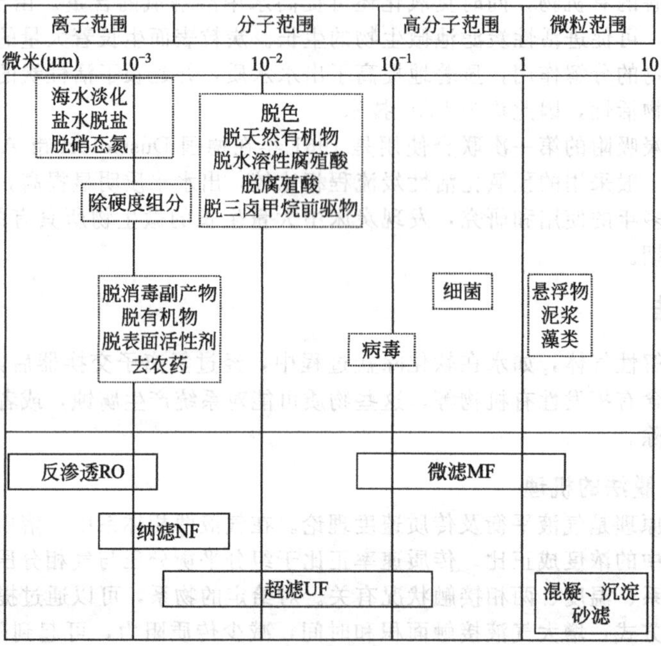

图11-1 膜分离图谱

11.4.6.1 微滤

微滤（Microfiltration，简称MF）是利用微孔径的大小，在压差为推动力下，将原水中大于膜孔径的悬浮物质截留下来，达到透过水中微粒的去除与澄清的膜分离技术。微滤膜的结构为筛网型，一般具有比较整齐、均匀的多孔结构，孔径范围在0.05～5μm，可去除0.1～10μm的物质及尺寸大小相近的其他杂质，如微米或亚微米颗粒物、细菌、藻类等。操作压力一般小于

0.3MPa，典型操作压力为0.07～0.2MPa。

微滤膜的截留机理（见图11-2）包括：(1) 机械截留，即筛分机理，是指膜具有截留比其孔径大或相当的微粒等杂质的作用；(2) 物理吸附或电性能作用；(3) 架桥作用，通过电镜可观察到，在膜孔的入口处，微粒因为架桥作用也同样可被截留；(4) 网络型膜的网络内部截留作用，即将微粒截留在膜的内部，而不是在膜的表面上。这种深层过滤截污量大，但不易清洗，多属于用毕废弃型。

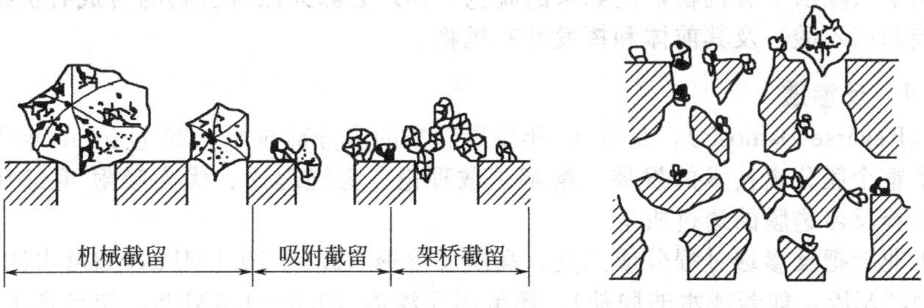

(a) 膜的表面层截留　(b) 膜内部的网络中截留

图11-2　微滤膜各种截留作用

微滤的应用主要有：(1) 去除颗粒物质和微生物，主要是用于饮用水的过滤处理，以及超纯水等制取中的终端过滤；(2) 去除天然有机物（NOM）和合成有机物（SOC），尽管常规微滤系统对这些有机物质去除率很低，但通过投加混凝剂或粉末活性炭等预处理工艺，可增加系统对有机物的去除，同时减缓了膜的污染；(3) 作为反渗透、纳滤或超滤的预处理；(4) 去除污泥脱水与胶体物质。

11.4.6.2　超滤

超滤是一个压力驱动过程，其介于微滤与纳滤之间，且三者之间无明显的分界线。一般来说，超滤膜的截留分子量在1000～300000，而相应的孔径在5～100nm之间，这时的渗透压很小，可以忽略。因而超滤膜的操作压力较小，一般为0.01～0.5MPa，主要用于截留去除水中的悬浮物、胶体、微粒、细菌和病毒等大分子物质。

超滤过程除了物理筛分作用以外，还应考虑这些物质与膜材料之间的相互作用所产生的物化影响。在这种情况下，超滤过程实际上存在如下三种情形：(1) 污染物在膜表面及微孔孔壁上产生吸附；(2) 污染物的粒径大小与膜孔径相仿，则其在孔中停留，引起阻塞；(3) 污染物的粒径大于膜孔径，则在膜表面被机械截留，实现筛分。

超滤的应用主要有三方面。(1) 浊度、细菌、病毒和孢子的去除。能生产安全、高质量的饮用水，典型处理后出水浊度<0.1NTU，细菌、原生动物、病毒的去除率分别可达5log、6log和2log。(2) 去除铁和锰。采用预氧化-超滤膜组合工艺可获得较高的铁、锰去除率。典型处理后出水中铁和锰的含量分别低于0.05mg/L和0.02mg/L。(3) 去除有机物和色度、嗅味。采用强化混凝-超滤膜组合工艺降低微污染水源水的色度、嗅味和总有机碳。典型处理后水质：总悬浮物<1mg/L，色度<5PCU，总有机碳去除约40%～80%。

膜生物反应器（MBR）工艺实现了好氧生物反应器与微滤或超滤膜技术的有机结合，有效克服了传统活性污泥法的污泥膨胀问题，MBR的处理效果与污泥的沉降特性无关，对来水的抗冲击负荷能力强。MBR工艺将生物处理、二沉池和深度过滤工艺合为一个工艺，一步达到三级处理负荷具有很强的适应性。MBR池允许较高的污泥浓度，高生物总量可以高效去除溶解性和颗粒水质要求。目前MBR工艺已逐步用于更严格排放标准的新建污水处理厂和已有污水处理厂的改扩建工程。

11.4.6.3　纳滤

纳滤是介于反渗透与超滤之间的一种膜处理技术，纳滤膜的孔径一般为1～2nm，截留分子量为200～1000。

纳滤膜对多价离子和相对分子质量在200以上的有机物的截留率较高，而对单价离子的截留率较低，例如对氯化钠的截留率小于90%。纳滤膜一般表面带负电，醋酸纤维素、醋酸-三醋酸纤维素、磺化聚砜、磺化聚醚砜、芳香聚酰胺复合材料等都可用作制备纳滤膜的材料。尽管纳滤也属于压力驱动的膜过程，但由于大部分纳滤膜为荷电型，其对无机盐的分离行为不仅受化学势控制，同时也受到电势梯度的影响，其确切的传质机理至今尚无定论。

纳滤的应用主要包括：(1) 软化，利用纳滤膜对不同价态离子的选择透过特性而实现对水的软化；(2) 用于去除水中有机物，例如水的脱色；(3) 去除天然有机物与合成有机物、消毒副产物（三卤甲烷和卤乙酸）及其前体和挥发性有机物。

11.4.6.4 反渗透

反渗透（Reverse Osmosis），是近40年发展起来的膜分离技术。20世纪60年代反渗透技术的崛起带动了整个膜分离技术的发展。溶解扩散理论、氢键理论、优先吸附-毛细孔流出理论等都可以用来解释反渗透膜的透过机理。

目前膜工业上把反渗透过程分成三类：高压反渗透（5.6～10.5MPa，如海水淡化）；低压反渗透（1.4～4.2MPa，如苦咸水的脱盐）；超低压反渗透（0.5～1.4MPa，如自来水脱盐）。反渗透膜具有高脱盐率（对NaCl达95%～99.9%的去除）和对低分子量有机物的较高去除，有机物的去除依赖于膜聚合物的形式、结构与膜和溶质间的相互作用。

11.5 饮用水消毒

饮用水的处理方法中，灭活水中绝大部分病原体，使水的微生物质量满足人类健康要求的技术，称为消毒。消毒是水处理工艺中的重要组成部分，也是保证饮用水卫生安全的最后屏障。氯是最早用于生产实际的消毒剂，近年来氯胺、二氧化氯、臭氧和紫外（UV）消毒等也逐渐应用于饮用水的消毒处理工艺中。不同的消毒剂各有优缺点。

11.5.1 氯和含氯物质消毒

氯消毒已有上百年的历史，为人类防止水致疾病的传播，保障健康与安全起到了至关重要的作用。目前，在国际水处理领域，氯消毒仍然占据消毒工艺的主体位置。

氯消毒法是利用含氯消毒剂对水中微生物进行灭活的方法，是使用最多、最普遍的饮用水消毒方法。常用的含氯消毒剂有液氯、二氧化氯、次氯酸钠、次氯酸钙（漂白粉）等。氯化消毒法的原理是：含氯消毒剂加入水中后，水解形成的次氯酸（HClO）体积微小，电荷为中性，具有较强的渗入细胞壁的能力。而次氯酸是强氧化剂，使蛋白质、核糖核酸（RNA）和脱氧核糖核酸（DNA）等物质释出，并能是细菌细胞中的磷酸丙糖去氢酶中的巯基被氧化而破坏，而这种酶对吸收葡萄糖有重要作用，这种酶的破坏即可引起细菌的糖代谢发生障碍而死亡。

氯消毒作用的实质是氯和氯的化合物与微生物细胞有机物的相互作用所进行的氧化还原过程。一般认为，次氯酸和微生物酶起反应，从而破坏微生物细胞中的物质交换。二氧化氯的独特性在于其对细胞壁有较强的吸附和穿透能力，在低浓度时更突出，它比次氯酸更易进入微生物体内，在同等条件下灭活微生物的机会增加。其次，二氧化氯有较强的氧化能力，其理论氧化能力是自由氯的2.6倍。最后，二氧化氯通过两种机理灭活微生物，一是与微生物体内的生物分子反应，一般认为二氧化氯可以吸附和穿过病毒的衣壳蛋白，与其中的RNA反应，破坏基因合成RNA的能力，并在病毒表面聚集了高浓度的二氧化氯分子，可以大大加强对病毒的灭活效果。因而病毒对二氧化氯也没有抗药性。二是影响微生物的生理功能。二氧化氯对细菌的细胞壁有较强的吸附和穿透能力，从而有效地破坏细菌内含巯基的酶。二氧化氯可快速控制微生物蛋白质的合成。

氯氨消毒作用缓慢，杀菌能力比自由氯弱。但氯胺消毒的优点是：当水中含有有机物和酚时，氯胺消毒不会产生氯臭和氯酚臭，同时大大减少三菌甲烷（THMa）产生的可能；能保持水中余氯较久。但氯胺杀菌力弱，单独采用氯胺消毒的水厂很少，通常作为辅助消毒剂以抑制细菌再繁殖。

11.5.2 碘消毒

碘及其有机化合物，如碘仿也具有杀菌能力。碘溶于水后发生如下反应。

碘水解：　　$I_2+H_2O \longrightarrow HOI+H^++I^-$

形成碘酸：　　$3I_2+H_2O \longrightarrow IO_3^-+5I^-+6H^+$

碘酸具有氧化作用，可与细菌的蛋白质反应，使其变性，从而引起细菌的死亡。在对天然水源的消毒中，碘的计量一般在0.3～1mg/L之间。

11.5.3 臭氧氧化

臭氧是很强的氧化剂，能直接破坏细菌的细胞壁，分解DNA、RNA、蛋白质、脂类和多糖等大分子聚合物，使微生物的代谢、生长和繁殖遭到破坏，继而导致其死亡，达到消毒的目的。臭氧对细菌的灭活反应总是进行得很迅速。与其他杀菌剂不同的是，臭氧能与细菌细胞壁脂类双键反应，穿入菌体内部，作用于蛋白和脂多糖，改变细胞的通透性，从而导致细菌死亡。臭氧还作用于细胞内的物质，如核酸中的嘌呤和嘧啶，破坏DNA。

臭氧对病毒的作用首先是病毒的衣体壳蛋白的4条多肽链，并使RNA受到损伤，特别是形成它的蛋白质。噬菌体被臭氧氧化后，电镜观察可见其表皮被破碎成许多碎片，从中释放出许多核糖核酸，干扰其吸附到寄存体上。臭氧的杀菌能力大于氯气，即可杀灭细菌繁殖体、芽孢、真菌和原虫孢囊等多种致病微生物，还可破坏肉毒梭菌和毒素及立克次氏体等。

臭氧作为消毒剂或氧化剂的主要优点是不会产生三卤甲烷等副产物；杀菌和氧化能力比氯消毒更强，作用也更快，消耗量较小；在某些特定的用水中，如食品加工、饮料生产以及微电子工业等特定用水中，使用臭氧消毒无需除去过剩消毒剂的附加工序。臭氧消毒的主要缺点是衰减速度很快，不能保持剩余消毒剂，因此在清水池和管网中还需要投加氯或氯胺；由于较低浓度的臭氧会将水中的大分子有机物分解为较小的有机物，有时反而会增加消毒副产物前体物含量，在投加辅助消毒剂时仍然会生成较多消毒副产物；在含溴离子的水中投加臭氧会生成对人体有致癌作用的溴酸盐（BrO_3^-）；此外，臭氧只能现场制备，设备和操作复杂，成本高，在水处理中往往作为氧化剂使用。因此，单纯将臭氧作为水处理消毒剂的很少，更多的是作为氧化剂来去除水中的有机物。

11.5.4 银离子消毒

银离子能凝固微生物的蛋白质，破坏细胞结构，因此具有较强的杀菌和抑菌能力。1mg/L的Ag^+在2h内可使污水完全消毒。值得注意的是水中的杂质对银离子的消毒效果有很大影响。如较高浓度的氯离子能降低氯化银的溶解度，从而削弱消毒效果。该方法的缺点是杀菌慢，成本高，同时由重金属离子引起的健康风险需要引起足够的注意。

11.5.5 紫外线消毒

紫外线技术的优点是其消毒的高效性、广谱性，以及在常规消毒剂量范围内不产生副产物等。特别是因为其在饮用水处理中对抗氯性的隐孢子虫和贾第虫有显著的消毒效果，近几年在欧美地区应用实例迅速增加。

11.5.5.1 紫外线对微生物的灭活原理

紫外线按波长范围分为A、B、C三个波段和真空紫外线，A波段320～400nm，B波段275～320nm，C波段200～275nm，真空紫外线100～200nm。水消毒用的是C波段紫外线。根据光量子理论可知，波长253.7nm的紫外线光子具有4.9eV的能量。微生物体受到紫外线照射后，核酸吸收了紫外线的能量，导致核酸突变、阻碍其复制、转录封锁及蛋白质的合成；此外，紫外照射还可产生自由基，引起光电离，从而导致细胞的死亡，达到灭菌的目的。

由于照射剂量的不同，紫外线对DNA的破坏形式也有所不同，主要有三种形式：相邻的嘧啶由共价键的形式嘧啶二聚体，这是紫外线对DNA最常见的破坏机理；由嘧啶的光解产物在DNA链上形成二聚体；蛋白质和DNA之间形成共价键交联。照射剂量越大杀菌能力越强。照射剂量为紫外强度和照射时间的乘积，可表示为：

$$照射剂量(\mu W \cdot s/cm^2)=紫外线强度(\mu W/cm^2)\times 照射时间(s)$$

目前能够大规模应用于水处理工程中的紫外灯主要包括低压汞灯、低压高强汞灯和中压汞灯三种。低压和低压高强汞灯发射的是单一波段的波谱（253.7nm），中压汞灯发射多波段波谱。由于水质条件的影响，紫外灯发射出来的紫外线在水中会逐渐衰减；随着使用时间的增长，紫外灯本身的辐射强度会逐渐减弱。紫外消毒的实际效果受紫外灯、处理水的物理和化学性质以及反应器的水力条件等因素的影响。

11.5.5.2 紫外线灭活后微生物的修复

紫外线消毒的主要缺点是没有持续的消毒效果，有时不能完全杀死细胞，存在复活现象。

经紫外线照射后，一些微生物会利用自身的酶修复紫外线对其DNA的损伤。修复的机制总体上分为光复活和暗修复。尽管会有微生物修复的现象出现，但是无论光复活及暗修复对紫外线技术在饮用水处理中应用的影响均很小，紫外线的光复活可以通过将紫外线消毒后的水避光2h来避免，紫外线处理后的水一般在水厂的管道、清水池以及市政管网的黑暗环境中的停留时间超过2h。另外，很多水厂通过投加辅助的化学消毒剂来控制管网的微生物安全，也会有效地避免微生物的光复活，这些措施都保障了微生物的光复活现象在饮用水处理过程中的出现。对于微生物的暗修复，只要控制一定的紫外线剂量就会避免这种现象的发生。

11.5.6 超声波消毒

在频率超过20000Hz的声波作用下杀灭水中微生物的过程称为超声波消毒。超声波能引起原生动物和细菌的死亡，但其消毒效果取决于超声波强度和处理对象的特性。

超声波消毒具有简便、速度快、易于调整功率和频率的特点。超声波在水中形成由微气泡组成的腔，这种腔使微生物与周围介质隔离，在微生物周围产生局部的几千个大气压强。超声波频率的激烈变化对于超声场内的物质产生破坏作用，从而引起细菌细胞机械破坏从而导致细菌死亡。超声波可杀死原生动物与后生动物。在薄层水中，采用超声波灭菌，1～2min内可使95%的大肠杆菌死亡。超声波对痢疾杆菌、斑疹伤寒、病毒及其他微生物也有杀灭作用。

11.5.7 饮用水的加热消毒

煮沸法是加热消毒最常用的方法，也是最原始的消毒方法，主要用于家庭饮用水的消毒。

加热消毒的原理是破坏病原细胞的蛋白质和酶，使其凝固发生不可逆的变性。一般认为微生物的致热死亡率与作用时间呈线性关系。产芽孢细菌如杆菌和梭菌对热致死的抵抗能力最强；不产芽孢的水源性和食源性肠道病原体中，肠道病毒对热的抵抗能力最强，其次是细菌和原生动物。微生物的细胞耐热性随湿度或水分的增大而减小。通常情况下，干燥环境微生物细胞的耐热性比同类型的湿细胞大，由于受热后蛋白质在水中的变性速率比空气中大。盐分、脂肪和糖类的存在会增加微生物的耐热性。微生物在pH值等于7时，其耐热性最好，pH值升高或降低，微生物的耐热敏感性会增加。水体中悬浮固体或有机物增加会提高微生物的耐热性，是因为共存物质为微生物提供了附着的载体。

11.6 污水处理工艺对病原微生物的去除

一般情况下，污水经过生物二级处理，处理后的尾水直接排放或者经过再生利用工艺的处理作为再生水使用。可见，污水处理过程中病原微生物的动态变化规律研究对全面防控病原微生物带来的污染有着重要意义。污水中的病原微生物主要包括细菌、病毒、原生动物等。

11.6.1 污水处理工艺对病原菌的去除

国内外关于污水中病原微生物去除的研究主要集中于考察活性污泥法、深度处理工艺和消毒技术对病原微生物的去除效果。

11.6.1.1 活性污泥法

与其他污水处理工艺（如滴滤）相比较，活性污泥法可相对有效地减少原污水中的病原体。沉淀和曝气在病原体的去除中都起到了作用。初次沉淀能有效地去除如肠虫卵等大病原体，固体附着型细菌甚至病毒也能被去除。在曝气期间，病原体由于拮抗性微生物以及环境因素如温度的影响而失活。通过有机物形成的生物絮凝物中生物的吸附和截留作用，病原体可能达到最大的去除率。因此，活性污泥对病原体的去除能力和对固体的去除能力有关。病毒易于吸附在固体上，然后随着絮体物去除。活性污泥一般去除90%的肠道细菌，90%～99%的肠滴毒和轮状病毒（Rao et al，1986）。90%的贾第虫和隐孢子虫也能被去除（Roseh and Arnahan，1992；Casson et al，1990），它们大多聚集在污泥中。虽然污水中还能检测出肠虫卵，但由于其体积大，能通过沉淀有效地去除。美国经过处理后排放的污水中很少发现肠虫卵。然而，尽管肠道病原体的去除率似乎很高，但是其初始浓度很高（在某些地方1L原污水中肠病毒达10^5个）。

三级处理中包含物理化学处理过程。通过去除可溶性或颗粒有机物，可以进一步降低病原体浓度，提高消毒效果（表11-3）。过滤是三级处理中最常用的方法。混合滤料可有效地去除原生动物寄生虫。通常，由于贾第虫孢子的体积大，所以贾第虫泡子的去除率比隐孢子虫卵囊大（Rose and Carnahan，1992）。肠病毒和指示细菌的去除率通常是90%或更低。附加的混凝能将脊髓灰质炎滴毒的去除率提高到99%（USEPA，1992）。

表11-3 佛罗里达州 St. Petersburg 污水处理厂病原体与指示微生物的平均去除率

项目	原污水到二级处理污水		二级处理污水到过滤后		过滤后到消毒后		消毒后到贮存后		原废水到贮存后	
	百分比/%	lg	百分比/%	lg	百分比/%	lg	百分比/%	lg	百分比/%	lg
总大肠菌群/(CFU/100mL)	98.3	1.75	69.3	0.51	99.99	4.23	75.4	0.61	99.99992	7.10
粪大肠菌群/(CTU/100mL)	99.1	2.06	10.5	0.05	99.998	4.95	56.8	0.36	99.999996	7.42
大肠杆菌噬菌体/(PFU/mL)	82.1	0.75	99.98	3.81	90.05	1.03	90.3	1.03	99.99997	6.61
肠病毒/(PFU/mL)	98.0	1.71	84.0	0.81	96.5	1.45	90.9	1.04	99.999	5.01
贾第虫/(孢子/100L)	93.0	1.19	99.0	2.00	78.0	0.65	49.5	0.30	99.993	4.13
隐孢子虫/(卵囊/100L)	92.8	1.14	97.9	1.68	61.1	0.41	8.5	0.04	99.95	3.26

混凝（部分用石灰）能使病原体明显减少，用石灰可达到的pH值（11～12）能使肠病毒明显地失活。为达到90%或更高的去除率，通常pH要高于11至少1h（Leong，1983）。病毒失活是由于病毒蛋白外壳的变性。利用铁盐和铝盐作絮凝剂也可使肠病毒的去除率达到90%或更高。在其他固体分离处理中，去除的有效程度高度依赖于水力设计、混凝和絮凝的操作。因此，实验室规模试验的去除程度可能达不到大规模处理厂（处理过程更活跃）的程度。

用活性炭颗粒吸附，肠病毒的去除效果不明显而且波动很大。一般认为活性炭能吸附病毒，但是当活性炭吸附达到饱和时，病毒又会出现（Gerba et al，1975）。虽然反向渗透和超滤用于大规模设施的研究很少，但是人们还是认为它们能明显地去除肠道病原体。去除率可以达到99.9%以上（Leong，1983）。虽然用于处理的膜孔径比最小的水传播病原体病毒还要小，但是也不能认为膜能绝对地截留病毒。用微滤法对MS2大肠杆菌噬菌体的去除率也可达99%（Yahya et al，1993）。病毒有可能漏到周围密封物质或膜的缝隙。由于这种“泄漏”量很小，难以被评价膜运行状况的其他水质检测方法（如电导率）检测到。

11.6.1.2 深度处理工艺

仇付国等（2005）考察常用城市污水再生回用工艺去除病原微生物的效果，结果表明：混凝—沉淀—过滤对总大肠菌群和粪大肠菌的去除率分别为48.5%和43.3%。Levine等调查6家污水处理厂中过滤对病原微生物和指示性微生物的去除状况，总大肠菌和和粪大肠菌的去除率分别为2.23%和2.58%。影响过滤处理效果的因素有滤池的设计、水力停留时间、水中的化学成分、反冲洗方式和二级处理效果等（表11-4、表11-5）。

表11-4 三种工艺处理水中大肠菌符合标准的保证率

处理工艺	二级处理		臭氧活性炭		混凝—沉淀—过滤	
	总大肠菌	粪大肠菌	总大肠菌	粪大肠菌	总大肠菌	粪大肠菌
标准值	1×10^4 个/L	2×10^3 个/L	1×10^4 个/L	2×10^3 个/L	1×10^4 个/L	2×10^3 个/L
保证率	0	0	2.23%	2.58%	48.5%	43.3%

11.6.1.3 消毒技术

苗婷婷（2008）研究氯消毒和臭氧消毒对水中大肠杆菌的去除效果。结果显示：原水中的大肠杆菌总数1.23×10^4个/L，氯（NaClO溶液）投加量10mg/L，接触时间30min时，对大肠杆菌灭活率达到100%；臭氧投加量为5mg/L时，对大肠杆菌灭活率在99.9%以上。孙晓宇（2007）试验发现生物负荷和浊度会影响紫外线灭活污水中的微生物。Julia等（2003）研究发现不同剂量游离氯（8mg/L、16mg/L、30mg/L）对初级出水中大肠杆菌和粪肠球菌有很好的去除效果（>5lg），灭活MS2噬菌体效果很差（0.2～1.0lg），对脊髓灰质炎病毒的灭活效果（2.8lg）高于F-RNA噬菌体。Ronald等（2003）调查过乙酸（PAA）、紫外线和臭氧对加拿大蒙特利尔污水处理厂强化的物化处理工艺出水中指示性微生物的灭活情况：达到目标，不同微生物要求的消毒剂投加量不同；由于出水COD、SS、铁离子浓度，出水需要较高的臭氧投加量。

表11-5 不同处理工艺对病原微生物的去除效果

处理工艺	病原体种类	去除率/lg
完全混合活性污泥法	总大肠菌群	1.0～1.3
延时曝气活性污泥法	总大肠菌群	1.0～1.7
传统活性污泥法	总大肠菌群	1.98～3.34
		2.2
	粪大肠菌群	2.18～3.46
		2.4
	F-噬菌体	1.2～4.1
	SC-噬菌体	1.83～3.7
膜生物反应器	总大肠菌群	完全去除
	粪大肠菌群	1.61～4.62
	大肠杆菌	5
	F-噬菌体	3.1～5.8
	SC-噬菌体	3.3～5.8
氧化沟工艺	总大肠菌群	3～4
A/A/O脱氮除磷工艺	大肠杆菌	>2
固液分离/生物脱氮/石灰沉淀法	总大肠菌群	>6.5
除磷工艺	粪大肠菌群	>5.9
	肠球菌	>5.4
	沙门菌	>3.6

续表

处理工艺	病原体种类	去除率/lg
混凝/沉淀/过滤	总大肠菌群	2～3
		1.61～4.62
	粪大肠菌群	1.84～4.12
	柯萨奇病毒	1.83
砂滤	粪大肠菌群	0.1～0.4
	噬菌体	去除不明显
砂滤/生物转盘/氯消毒	总大肠菌菌群	2.0～3.0
	粪大肠菌群	1.8～2.8
	F-噬菌体	0.3～2.8
	SC噬菌体	0.4～2.6
生物滤池	粪大肠菌群	4
微滤	粪大肠菌群	2.72
	SC噬菌体	0.2～3.4
超滤	粪大肠菌群	4.7
砂滤活性炭吸附臭氧消毒(7.1mg/L)	总大肠菌群	2.6
	粪大肠菌群	3.3
	粪链球菌	0.7

11.6.2 污水处理工艺对病毒的去除

污水中只有在受到感染人群的粪便污染水体中才会有病毒存在。病毒随同粪便排出的数量，通常比大肠杆菌类细菌少上几个数量级。由于肠道病毒仅能在活的、易被感染的细胞中增殖，因此它们在污水中的数量不会增加。污水处理、稀释、自然界对它们的失活作用（inactivation），加上供水处理，使得水最后被使用时其中的病毒数目已大为减少，但存活时间会长一些。目前已知的在水体中能够生存的病毒有100种以上。病毒对人体最小感染剂量比肠道细菌低4～6个数量级；耐氯能力比大肠杆菌强，在污水和河水中存活时间长。因此，探索污水回用处理工艺对水病毒的去除效率，对科学地选定污水回用具有重要意义。

常用的污水再生回用处理工艺有常规混凝沉淀过滤、消毒处理（氯消毒、臭氧消毒等）、膜处理等。已有很多关于污水处理方法去除污水中病毒的报道（Leong，1983）。报道表明，这些处理方法对肠道菌病原体有明显的去除效果（表11-6）。然而，消毒和深度处理对于污水回用是必需的，可以确保病原体的去除。目前有关病原体降低的事项是污水处理厂的可靠性、对新的和正在出现的肠道病原体的去除能力，以及新技术对病原体的去除能力。虽然传统方法对病原体的去除在中试和工业规模系统中已得到证实，但在原水水质和处理厂运行条件变化下去除的可靠性如何还没有详尽报道。废水组成的复杂性可导致大量病原体在不同时期内穿透整个处理流程。如果回用水用于娱乐或饮用水，可靠性问题就很重要。因为这种情况下，人群短时间暴露在高水平的病原体下可能有很大危险。

表11-6 不同处理工艺水样中病毒检出率

水样名称	水样体积/L	水样中病毒浓度/(PFU/L)	水样病毒分离阳性率（阳性数/样品数×100%）/%
原污水	①20～40	16.60	50.0
	②20～40	43.60	57.1
二级出水	①40	5.20	25.0
	②20～50	＜0.47	14.3
混凝、沉淀、滤后水	60	＜0.93	0

续表

水样名称	水样体积/L	水样中病毒浓度/(PFU/L)	水样病毒分离阳性率 (阳性数/样品数×100%)/%
滤后水＋活性炭	100	<0.58	0
滤后水＋氯消毒	①90	<0.63	0
	②50～80	<0.23	0

污水中的病毒去除得越多，浓缩到污泥中的病毒也就越多。活性污泥法应看做是一种生物凝聚过程，在此过程期间，病毒及其他微生物与有机颗粒一起参加絮凝体的形成，这些病毒是靠氢键或电荷差化学地把它们黏结到絮凝体团块上的。

参 考 文 献

[1] 张甲耀等译，环境微生物学．北京：科学出版社，2004.

[2] 蒋兴锦．饮水净化与消毒．北京：中国环境科学出版社，1989.

[3] 周凤霞，白京生．环境微生物．第2版．北京：化学工业出版社，2008.

[4] 陈剑虹．环境工程微生物学．武汉：武汉理工大学出版社，2003.

[5] 马文漪，杨柳燕．环境微生物工程．南京：南京大学出版社，1998.

[6] 张师鲁（美）．高等环境微生物学．北京：清华大学出版社，1982.

[7] 孔繁翔，尹大强，严国安．环境生物学．北京：高等教育出版社，2000.

[8] 郑平．环境微生物学．杭州：浙江大学出版社，2002.

[9] 马放．污染控制微生物学实验．哈尔滨：哈尔滨工业大学出版社，2002.

[10] 郭银松．水净化微生物学．武汉：武汉水利电力大学出版社，2000.

[11] 王洪臣，杨向平，涂兆林．城市污水处理厂运行控制与维护管理．北京：科学出版社，1997.

[12] 沈韫芬，章宗涉，龚循矩等．微型生物监测新技术．北京：中国建筑工业出版社，1990.

[13] 周德庆．微生物学教程．北京：高等教育出版社，2001.

[14] 徐孝华．普通微生物学．北京：北京农业大学出版社，1992.

[15] 周学韬．微生物学．北京：北京师范大学出版社，1991.

[16] 王家玲．环境微生物学．北京：高等教育出版社，1988.

[17] 翁稣颖，戚蓓静，史家樑等．环境微生物学．北京：科学出版社，1985.

[18] 史家樑，徐亚同，张圣章．环境微生物学．上海：华东师范大学出版社，1993.

[19] ［英］I.J. 希金斯，R.G. 伯恩斯．污染的化学和微生物学．武汉医学院环境卫生学教研室，环境保护毒理研究室译．北京：化学工业出版社，1981.

[20] 余淦申．生物接触氧化处理废水技术．北京：中国环境科学出版社，1991.

[21] 李梅，胡洪营．噬菌体作为水中病毒指示物的研究进展．中国给水排水，2005，21（2）：23-26.

[22] 孟晓静．几种水质指示微生物检测方法的研究进展．国外医学．卫生学分册，1998，（1）：5-8.

[23] 张金松．水中致病原生动物及控制措施．中国给水排水，2001，17（11）：63-65.

[24] 罗龙海，曾山珊．微污染水源水的控制技术．广州化工，2012，40（3）：28-30.

[25] 操龙玉，刘宏远．微污染水源水化学生物预处理技术研究现状与进展．广东化工，2010，37（4）：142-145.

[26] 李杨，段小睿，苑宏英等．不同处理工艺去除污水中病原微生物的研究进展．现代农业科技，2010，10：254-255.

[27] 刘文琪，方肇寅．污水处理工艺对水病毒的去除效果．环境保护，1988，（9）：17-18.

[28] 孙福来．微生物降解土壤有机污染物的研究进展．农业环境与发展，2002，19（5）：29-31.

[29] 谷康定，唐非，谭铁强等．饮水消毒剂对水中指示菌和病毒灭活及消毒副产物生成的影响．应用与环境生物学报，2003，9（3）：293-297.

[30] 贺瑞敏，朱亮，谢曙光．微污染水源水处理技术现状及发展．陕西环境，2003，10（1）：2-3.

[31] 俞三传，高从揩，张慧．纳滤膜技术和微污染水处理．水处理技术，2005，31（9）：6-9.

[32] 王利平，薛春阳，郭迎庆等．TiO_2/PP填料光催化氧化预处理微污染湖泊水．中国给水排水，2010，6（11）：77-79.

[33] 岳舜琳．水厂常规净化工艺生物处理物化可行性的探讨．上海环境科学，1992，11（9）：6-8.

[34] 朱亮，张文妍，王占生．生物陶粒滤池预处理黄浦江上游水的生产性试验研究．河海大学学报，2003，31（4）：382-385.

[35] 徐斌，夏四清，胡晨燕．MBBR生物预处理工艺硝化过程动态模型的建立．哈尔滨工业大学学报，2006，38（5）：

735-739.
[36] 秦媛. 微污染水源水生物接触氧化预处理方法的研究：[学位论文]. 北京：北京工业大学，2003.
[37] 仇付国. 城市污水再生利用健康风险评价理论与方法研究：[学位论文]. 西安：西安建筑科技大学，2004.
[38] Duran A E, MuniesaM, M endez X, et al. Removal and inactivation of indicator bacterio phages in fresh waters. J Appl Microbio, 2002, 92: 338-347.
[39] Serrano E, M oreno B, So larnM, et al. The influence of environmental factors on microbiological indicators of coastal water pollution. Wat Sci Tech, 1998, 38 (12): 192-199.
[40] Schuler P F, et al. Slow sand and diatomaceous earth filtration of cystand other particulates . Water Research, 1991, 25 (3) : 995-1003.
[41] Panagiotis K, et al. Distribution and removal of giardia and cryptosporidium in water supplies in germany. Wat Sci Tech, 1999, 39 (2) : 9-18.
[42] Tung HH, Xie YF. Association between haloacetie acid degradation and heterotrophic bacteria in water distribution systems. Water Research, 2009, 43 (4): 971-978.
[43] Rittmann BE. The membrane biofilm reactor: the natural partnership of membranes and biofilm. Wat Sci Tech, 2006, 53 (3): 219-225.
[44] Shannon K E, Lee D Y, Trevors J T et al. Application of real-time quantitative PCR for the detection of selected bacterial pathogens during municipal wastewater treatment. Science of the Total Environment, 2007, 382: 121-129.
[45] Bertrand I, Gantzer C, Chesnot T. Improved specificity for Giardia lamblia cyst quantification in wastewater by development of a real-time PCR method. Journal of Microbiological Methods, 2004, 57: 41-53.

第12章 生物修复技术

12.1 生物修复技术原理

12.1.1 生物修复概述

12.1.1.1 基本概念

生物修复（bioremediation）是指利用生物特别是微生物对污染物的吸收、降解和转化功能，将环境介质中存在的有毒有害物质转化为无害物质，从而使受污染的生态环境恢复为正常生态环境的工程技术体系。

当污染物进入到某种环境介质中时，其中存在的土著微生物就会对污染物做出反应。适应污染环境，并能够将污染物作为营养来源而进行吸收利用的微生物就会生长繁殖，使污染物逐渐被消除，受污染环境得以恢复。这种不进行任何工程措施，完全依赖于自然状态下土著微生物的生物修复，被称为内源生物修复（intrinsic bioremediation）。这种内源生物修复过程一般进行得很慢，无法满足修复的要求，缺乏实用价值。因此，需要采用工程手段来加强修复的能力，即强化生物修复（enhanced bioremediation）。在实际应用中的生物修复技术都是指强化生物修复技术，加强修复的手段主要包括：投加土著微生物或特定的外源微生物；补充电子受体以及营养物等，或者改善其他限制因子等。

强化生物修复可以分为原位生物修复（in situ bioremediation）和异位生物修复（ex situ bioremediation）两大类。原位生物修复是指在受污染的原地进行生物修复，不搬迁任何受污染的环境介质，主要手段有生物通气、生物翻耕等。这种方法的运行成本较低，一般适用于污染程度较轻、但污染面积较大的情况。异位生物修复是将受污染的环境介质搬运到异地或者反应器中进行生物修复处理，主要手段包括堆制、泥浆反应器、预制床等。该方法适用于污染严重、污染面积较小、易于搬运的场合。

12.1.1.2 生物修复技术的产生和发展

世界上首次使用生物修复技术是在1972年的美国宾夕法尼亚州清除管线泄漏的汽油。在这一时期生物修复技术大都处于试验研究阶段，应用较少，而且规模也比较小。真正让生物修复技术被社会认可接受的代表性工程是处理美国阿拉斯加海域原油污染事件。1989年3月，埃克森石油公司的瓦尔德兹号油轮在阿拉斯加威廉王子海峡触礁搁浅，船上3.7万吨原油泄漏到附近的海域中，并随风暴造成大面积的扩散。威廉王子海峡附近1300多万平方千米的海面都被厚厚的原油覆盖，上千千米的海岸遭到污染，其中200多千米污染严重。埃克森公司在征得美国环保局同意之后，决定采用生物修复技术去除原油污染。由于污染面积很大，采用原位修复的方法是比较可行的。经过取样分析，研究人员发现海滩上存在适应寒冷气候而且能降解石油烃的土著微生物。但是生物降解作用受限于氮、磷等营养物质，投加这些营养物可以促进生物降解。普通的肥料会随着潮汐很快消散，发挥不了应有的作用。直到使用了一种能黏附在油层表面的液体亲脂化肥才使生物降解速率明显提高。通过多次投加，终于使受污染环境得到了恢复，并阻止了原油的进一步扩散。阿拉斯加海域原油污染的成功修复最终得到了美国环保局的认可，因此这项工程也被认为是生物修复发展史上的里程碑。自此，生物修复技术逐渐被公众所接受，并被很多国家应用于土壤、地表水、地下水以及海洋环境污染的治理。例如 1992 年 10 月，在阿根廷 Puorto Rosalos 成功地清除了 700t 泄漏原油的污染。海湾战争期间，科威特被破坏的油田流出的原油造成 $500hm^2$ 的土壤污染。科研人员采用原位生物修复技术消除土壤的石油污染。通过向含油土壤中添加氮、磷营养元素以及木屑等，并进行土地耕耘、强制通风等措施，15 个月后土壤中的原油分解了 75％～85％。1991 年 3 月，第一届原位生物修复国际会议在美国圣地亚哥召开，来自世界各国的学者们交流了生物修复技术的实践和经验，并出版了论文集，这标志着生物修复技术进入到了全新的发展时期。目前，生物修复技术已从最初的原油污染修复，扩展到了农药、多环芳烃、有机溶剂等污染的修复方面。

12.1.1.3 生物修复技术的特点

提供合适的条件促进土著生物的生长，或者接种经驯化的外源生物来降解有机污染物，从而使受污染的环境恢复正常的功能，这就是生物修复的基本思想。从所使用的生物来看，生物修复包括微生物修复、植物修复和动物修复，其中前二者的研究和应用比较广泛。微生物数量多、体积小、繁殖速度快、具有特殊的代谢功能，在生物修复中应用最多。在废气、污水、垃圾处理中广泛应用的微生物处理技术与微生物修复技术有很多相似之处。首先，这两种技术所依据的基本原理是一致的，都是利用微生物对有机物的降解作用来消除污染，利用微生物的同化作用来扩大数量。其次，为了达到较高的处理效率，都需要通过工程手段维持良好的反应条件。然而，微生物修复和微生物处理也有很多不同之处。主要包括三个方面。

(1) 处理对象不同。微生物修复是针对已污染的环境来进行的，例如受到污染的地下水、河流、湖泊、海洋、土壤等，运用技术措施来消除进入环境介质中的污染物。而微生物处理则是在污染物进入受纳环境之前来进行收集处理的。

(2) 空间范围不同。微生物修复所针对的受污染环境一般面积都比较大，例如湖泊、近海、整片的田地等，而微生物处理针对的污染物都被收集到人为设置的固定的区域中，例如污水处理厂中的污水会按照一定的流程经过各个处理单元构筑物。

(3) 污染物存在的状态不同。受污染环境的介质往往是多相非均质的，从而使污染物的分布很不均匀。例如受污染湖泊深层的有机污染物比上层的浓度能高出几倍甚至几十倍之多。而进行微生物处理时，污染物的分布一般较均匀。因此，处理均一浓度污染物具有良好效果的微生物处理技术不一定能够满足微生物修复的需要。

与物理修复、化学修复技术相比，微生物修复技术具有很多优点，主要有以下三方面。

(1) 对环境的影响小。微生物可以有效地吸收利用有机污染物，将其降解为无害物质。尤其是土著微生物，本身就存在于当地的环境介质中，利用它们去降解有机污染物一般不必担心有二次污染的问题产生。而传统的物理或化学修复技术会使用热处理、投加大量化学药剂的手段，由此带来的二次污染往往是不可避免的。

(2) 操作简便，处理费用较低。微生物修复一般不需要复杂的设备系统，处理形式多样，操作简便。处理费用仅为物理、化学修复的 30％～50％。

(3) 易于组成联合修复技术。微生物与植物联合修复在处理受有机物污染土壤中的应用最广泛。微生物可以与植物组成共存体系，植物释放出利于污染物降解的化学物质，同时改变根际土壤对有机物的吸附能力，促进了微生物在根际间对有机物的降解。微生物修复技术还可以与其他物理、化学修复技术联合，从而提高处理效果。

微生物的生长、代谢和繁殖活动是否能够正常进行决定了微生物修复的效果。因此，在实际应用中微生物修复技术也存在一定的局限性。

(1) 污染物浓度限制。一般来说，微生物对于生长环境中的物质浓度都有耐受限度，当然污染物也不例外。当污染物的浓度过高，超过了微生物的耐受限度时，就会显现出毒害作用，微生物的数量会明显减少，生物降解作用减慢或停止；当污染物的浓度过低，不足以为降解微生物提供生长所必需的碳源时，同样也会降低生物修复的效果。

(2) 受环境因素和污染场地特性的影响明显。由于微生物的活性与温度、水分、pH 值、含氧量等环境因素有关，这些因素的变化会对修复效果产生明显的影响。并且它的运作必须符合污染地的特殊条件。因此，最初用在修复地点进行生物可处理性研究和处理方案可行性评价的费用要高于常规技术（如空气吹脱）的相应费用。一些低渗透性土壤往往不适合生物修复。

(3) 对多种不同类型的污染物降解效果较差。经过驯化的微生物具有较强的专一性，特定的微生物只能降解某种特定类型的化学物质，当污染物的结构发生变化时，这种微生物就可能无法发挥作用。

(4) 不是所有的污染物都适用于生物修复。有些化学品不易或根本不能被生物降解，如多氯代化合物和重金属。表12-1概括了主要的污染物种类及其对生物降解的相对敏感性。污染物的不溶解性及其在土壤中与腐殖质和黏粒结合，使生物修复更难以进行。

表12-1 主要污染物的生物降解性

污染物种类	举例	生物降解性
芳香烃	苯、甲苯	好氧和厌氧
酮和酯	丙酮	好氧和厌氧
石油烃	燃料油	好氧
氯代溶剂	三氯乙烯	好氧(甲烷营养)和厌氧(还原脱氧)
多环芳烃	蒽、苯并[a]芘、杂酚油	好氧
多氯联苯	PCB-1242	可降解但不易降解
腈		好氧
重金属	镉(Cd)	不能降解，试验性生物吸着
放射性材料	铀(U)、钚(Pu)	不能生物降解
石棉		不能生物降解

12.1.2 用于生物修复的微生物类型

根据微生物的来源，可以将生物修复中使用的微生物分为土著微生物、外源微生物和基因工程菌三类。

12.1.2.1 土著微生物

环境介质中本身就存在大量不同类型的微生物。当环境受到污染之后，这些土著微生物就经历了一个被驯化和选择的过程。一些微生物在污染物的诱导下产生分解污染物的酶系，获得了吸收和利用污染物的能力，从而将污染物降解或转化。土著微生物降解污染物的潜力很大，且对当地的环境具有良好的适应性。而外源微生物或工程菌往往难以适应当地环境，保持较高的活性，而且还存在一定的生态风险，应用受到限制。因此，到目前为止，在实际应用的生物修复工程中大多数都使用土著微生物。

有机物的类型多样，很少有单一微生物能够降解多种不同类型的污染物。此外，有机污染物的生物降解往往是分步进行的复杂反应，在降解过程中需要多种酶和生物的协同作用，一种微生物的代谢产物可能成为另一种微生物的底物。这显然就要利用相互之间具有内在联系的微生物群落。因此，在生物修复过程中必须要激发当地的土著微生物种群。随着人们认识的深入，发现在不同环境条件下的微生物群落组成也各不相同，如何去激发具有降解功能的微生物群落已成为研究的热点问题。

12.1.2.2 外源微生物

虽然土著微生物在环境中广泛存在，但其生长速度较慢，代谢活性不高。污染物会导致土著微生物的数量和活性降低，尤其当污染物浓度较高时，土著微生物的降解能力有限，此时就需要接种具有高效降解能力的外源微生物来提高修复效果。例如，在被2-氯苯酚污染的土壤中，只添加营养物时，2-氯苯酚的浓度在7周内从245mg/kg降到105mg/kg，而如果同时接种恶臭假单胞菌纯培养物后，2-氯苯酚的浓度在4周内就明显降低，7周后仅为2mg/kg。另外在一项生物修复石油污染土壤的研究中，土壤中初始含油质量分数为8416mg/kg，同样经过300d的处理，单纯投加营养物质的除油率为30.6%，而同时投加外源菌的除油率可达68%。

接种外源微生物都会与土著微生物发生竞争，因此外源微生物的接种量必须足够多，才能够形成优势菌群，以便迅速开始有机污染物的降解。这些用来启动生物修复最初步骤的微生物也被称为“先锋微生物”。

目前用于生物修复的外源微生物有很多种，针对石油等有机污染物的主要来自假单胞菌属、不动杆菌菌属、分枝杆菌以及白腐真菌等。在实际应用中复合菌群的效果较好，现在市售的菌剂基本上都是复合微生物制剂，例如在农业上广泛应用的EM生物制剂包含了光合细菌、放线菌、乳酸菌、酵母菌等80多种微生物，应用于食品和化工废水处理上的LLMO微生物菌剂则是由枯草芽孢杆菌、解淀粉芽孢杆菌、地衣芽孢杆菌、纤维单胞菌属、双氮纤维单胞菌、施氏假单胞菌和沼泽红假单胞菌复合而成。

12.1.2.3 基因工程菌

利用基因工程技术将功能基因转入目标细菌中，使其获得特定的功能，由此得到的细菌就被称为基因工程菌。分子生物学技术的迅猛发展，促进了基因工程菌的开发和应用。不仅在生命科学和医学方面，基因工程菌能够发挥巨大的作用；在生物修复技术上，基因工程菌也具有其他微生物不可比拟的优势。通过质粒DNA体外重组、质粒分子育种、原生质体融合等技术，可以将多种降解基因转入同一细菌中，使其获得广谱降解能力，或者增加细胞内降解基因的拷贝数来增加降解酶的数量，以提高细菌降解污染物的能力。基因工程菌被引入待修复的环境中后，同样也会与土著微生物产生竞争。为了使基因工程菌取得竞争优势，需要向环境中添加选择性的基质来促进其增殖。这样就会造成土著微生物系统的失衡，可能会对当地的生态环境产生一系列的影响。为了尽量减少这种影响，在基因工程菌实际应用中，适合于一次性处理目标污染物，而不宜反复多次使用。

由于基因工程菌是“人造”的产物，具有优异的降解能力，但其他特性可能并未完全被发现。基因工程菌应用到环境中是否会产生新的环境问题，尤其是对人和其他高等生物是否会带来疾病或影响其遗传基因，是人们最为担心的。因此，基因工程菌的推广应用颇受争议。目前，美国、日本和其他大多数国家对基因工程菌的实际应用都有严格的立法限制。

12.1.3 微生物修复的影响因素

从本质上来看，生物修复技术是按照污染物的降解规律，为降解过程创造良好的条件，从而实现污染物的净化与消除。在生物修复过程中，微生物、污染物和环境介质是必不可少的三要素。正确认识它们的作用和影响，对理解和掌握生物修复技术非常重要。

12.1.3.1 微生物的影响

一般来说，生物修复首先要尽量使用土著微生物，避免产生新的问题，这样可以将由此带来的生态环境和人体健康风险降到最低。如果提供了充足的营养物，温度、氧气、pH值等环境条件也适于土著微生物生长繁殖时，仍然无法获得令人满意的污染物降解效果，就应该考虑接种外源微生物。接种的外源微生物除了要具备对污染物优异的降解能力之外，还要有良好的存活能力。当外源微生物进入环境之后，可能会由于无法适应环境条件、土著微生物的竞争、原生动物的捕食等因素导致数量迅速减少。在经过对外源微生物筛选培养的前提下，高接种量可以保证足够的存活率和一定的种群水平。例如土壤修复时，每克土壤外源微生物接种量在10^8CFU以上时效果较好。

12.1.3.2 污染物的影响

在微生物修复过程中污染物是被降解和去除的对象，污染物的化学组成和结构、水溶性以及浓度等都对修复的效果有显著的影响。对于有机污染物而言，分子结构简单、分子量较小的比较容易降解。重金属物质通常对微生物都具有一定的毒性，可以在微生物生命活动的不同层次上体现出来，例如DNA损伤、蛋白质变性、酶活性抑制、细胞形态异常等。

有机物的可生物降解性与其化学结构具有密切的联系，人们通过大量的研究发现了一些规律。容易被生物降解的程度：链烃＞环烃＞芳香烃。在芳香烃中，多环芳香烃比单环芳香烃容易降解，如果环数在4个以上，基本上是抗降解的。在链烃中，不饱和脂肪烃比饱和脂肪烃容易降解，长链脂肪烃比短链的易降解。如果脂肪烃的主链上含有杂原子，则可生物降解性大大降低。有机物的碳支链越多，越难被降解。一般带有氯取代基、氰基、醚基、酯基、磺酸基、甲基的化合物比带有羧基、醛基、酮基、羟基、氨基、硝基、巯基的难生物降解。醇、醛、酸、酯比相应的烷烃、烯烃酮、氯代烃容易被降解。此外，取代基的位置和数量也对可生物降解性有显著的影响。例如硝基取代酚的同分异构体中，在厌氧状态下易生物降解的程度：邻硝基酚＞间硝基酚＞对硝基酚，但在好氧状态下则是邻硝基酚的可生物降解性最差。取代基种类和数量越多，可生物降解性越差。

污染物的水溶性和吸附性也会对其可生物降解性有明显的影响。在受污染土壤的生物修复上，一般认为溶解度较小、易被土壤吸附的污染物的可生物降解性也比较差。微生物对污染物的降解主要是通过生物酶来进行的，除了一些胞外酶之外，大部分是胞内酶。这就意味着污染物只有与微生物细胞相接触，才能被微生物利用并降解。土壤中的水分在这方面起到重要作用，如果污染物在水中的溶解度较高，扩散程度就会比较大，就会增大与微生物接触的概率，从而使生物降解易于发生。反之，如果污染物水溶性低，就容易被吸附到土壤颗粒的表面，造成局部的聚集，难以与微生物充分接触，导致生物修复的效果较差。对于水溶性低的污染物，可以使用表面活性剂来提高其生物降解速度。这种方法已在石蜡、石油烃等污染土壤的生物修复上有所应用。

如何解决高浓度污染物的可生物降解性是生物修复技术面临的困难之一。通常的情况是当污染物浓度较低时，能够被微生物有效的降解，而浓度高到一定程度时则出现了明显的毒害作用，生物降解减缓或停止。此外，污染物浓度过低时，微生物也无法进行有效的降解。这也是微生物修复存在的主要缺点之一。

12.1.3.3 环境条件的影响

(1) 碳源和能源。微生物对有机污染物的降解主要有两种方式：一是微生物在生长过程中以有机污染物作为唯一的碳源和能源，从而将污染物降解；二是通过共代谢途径，即微生物分泌胞外酶降解共代谢底物维持自身生长，同时也降解了某些非微生物生长所必需的物质。大多数降解有机物的微生物是异养型的，可以利用有机污染物作为其细胞生长的碳源。当污染物浓度太低不能满足细胞生长需要时，就需要外加碳源。但多环芳烃、氯代芳烃、杂环化合物等难降解有机物的生物可利用性很低，无法作为微生物生长的唯一碳源。对于这类污染物的生物降解，共代谢途径是最重要的方式。在生物修复过程中需要添加共代谢底物维持微生物的生长。一般来说，共代谢底物应与微生物降解的目标底物相似或是其代谢的中间产物，且不容易被其他微生物利用，这样可以提高难降解有机物的降解效率。常用的共代谢底物有邻苯二甲酸、水杨酸、琥珀酸钠等。

大多数有机污染物都可以作为微生物初级代谢的基质为细胞生长提供必要的能量，而有些污染物则通过次级代谢、共代谢或作为末端电子受体，不能为微生物生长提供能量，此时就要加入初级代谢基质来提供能量。

(2) 营养盐。对于微生物来说，氮、磷元素是最常见的营养物。在大多数情况下，这些营养物在生物修复体系中都是不足的，是微生物生长繁殖和活性的限制性因素。为了使污染物得到完全降解，必须充分保证微生物的活性和数量。因此，添加适当的营养盐比接种特殊的微生物更为重要。例如对于石油污染的土壤生物修复中，石油中的烃类可以为微生物提供大量的碳源，氮、磷含量就相对减少。加入氮和磷酸盐后，能够显著提高石油污染物的生物降解。石油在海水中的降解情况与土壤中的基本一致。在海洋中，氮和磷能够得到不断的补充，这对于石油的生物降解具有积极的影响。研究表明，每升海水中1mg石油生物降解所需的氮和磷的量分别为0.13～46mg和0.009～6mg。不同现场的氮、磷可生物利用性差别很大，污染物的降解速率又受到各种因素的影响，营养盐需求量的理论计算值与实际值会有较大的偏差。因此，在选择营养盐浓度和比例时，通常需要经过试验来确定。

此外，营养盐的类型对于生物修复的效果也具有显著的影响。常用的营养盐有铵盐、尿素、正磷酸盐、聚磷酸盐等。对于不同的污染现场，同种类型营养盐的具体使用效果也会有所不同。

需要注意的是，水溶性的氮磷营养盐易于微生物吸收利用，但是在水体中扩散很快，无法与油污充分接触，反而会促进藻类繁殖，导致水体富营养化。显然，普通的水溶性营养盐对于修复受到油类污染的水体是不利的。为了避免这些缺点，有研究者开发了亲油疏水性的营养盐，对于处理海上溢油的效果尤为理想。具体的存在形式有氨、硝酸盐、有机氮、磷酸盐、有机磷等。通过投加营养物可以促进生物修复，这在很多工程实践中都已被证明。在某些厌氧系统中，钴、锰、锌等微量元素也可能成为微生物的营养物。

(3) 电子受体。有机污染物降解实质上是一种有微生物参与的氧化还原反应，大分子的有机物被氧化分解为小分子物质。污染物降解的最终电子受体包括溶解氧、有机物分解的中间产物和无机酸根。污染场地中最终电子受体的种类和浓度对生物降解的速率和程度有极大的影响。

氧充足的环境有利于大多数污染物的降解。在好氧情况下，氧是最常见的电子受体。与空气相比，土壤和地下水环境往往是缺氧的。因为土壤中存在大量的微生物、植物和微型动物，它们的呼吸作用消耗了土壤中的氧。存在的有机物质又促进了微生物的繁殖和活性，使氧消耗量进一步加大。当氧消耗量超过补充量时，就造成缺氧状况，导致好氧微生物衰亡，生物降解效果下降。因此，采取鼓气、投加产氧剂等工程措施来增加土壤中的溶解氧量可以提高污染物的降解效果。

有机污染物的氧化降解会消耗大量的氧，因此在一些情况下，受污染的环境会处于厌氧状态。在厌氧条件下，硝酸根、硫酸根、铁离子、甲烷等都可以作为有机物降解的电子受体。有机污染物在厌氧条件下的降解需要很长的启动时间，降解速率很慢，工艺条件难于控制。但也有研究表明，一些在好氧条件下难以生物降解的有机污染物，例如苯、甲苯、多氯取代的芳香烃等，都可以在还原性条件下被降解成二氧化碳和水。厌氧生物修复的方法一般很少采用，但近年来也有利用这种方法对土壤和地下水进行生物修复并取得良好效果的实例。需要强调的是，如果利用硝酸盐作为厌氧生物修复的电子受体，应特别注意地下水中硝酸盐浓度的相关标准，以免引起二次污染。

(4) 温度。温度对微生物的生长和代谢能力影响十分显著。从微生物总体而言，适合生长的温度范围十分宽广，但对于特定类群的微生物来说这一温度范围就比较狭窄。一般来说，中温条件适合生物修复的进行，但在堆肥等特殊的系统中高温往往能产生良好的效果。此外，温度的变化还会影响有机污染物的物理性质。例如在低温条件下，石油的黏度增大，挥发性降低，水溶性增强。尽管温度对于生物修复的影响非常显著，但在实际工程中这一因素往往是不可控的。因为受污染的环境范围广大，统一改变环境介质的温度几乎是不可能的。因此，在生物修复方案的制订中需要充分考虑温度的影响，以及可能带来环境介质温度改变的因素。例如对于湖泊和水库而言，不同深度的水温变化规律差别较大；表层土壤温度日变化和季节变化都比较剧烈，土壤的含水率、坡向、土色和表面植被都会影响土壤温度的变化。

(5) 污染现场特性。地表水、地下水、海洋和土壤都可能受到污染，由于所在的地理位置和气候类型不同，其自身的特性也千差万别。总的来说，污染现场的特性包括环境介质的水分、pH值以及各种物质的含量等。

土壤是比较复杂的一类环境介质。通常它可以分为四个组分：气体、水分、无机固体和有机固体。气体和水分存在于土壤空隙中，两者一般占50%的体积。土壤空隙的大小、空隙的连续度和气水比例都影响污染物的迁移。

土壤中的无机和有机固体对生物修复的进行具有重要的影响。大多数土壤中的无机固体主要是砂、无机盐和黏土颗粒，这些固体具有较大的比表面积，对将污染物和微生物细胞的吸附能力较强，能够将有机污染物固定在高反应容量的表面，并形成具有相对较高浓度的污染物和微生物细胞的反应中心，从而提高污染物的降解速率。一般来说，有机污染物的分子量越大，疏水性越强，在土壤中的吸附越显著。黏土所带的电荷对有机污染物的吸附也有很大影响。大多数土壤中都是负电荷多于正电荷，因此带正电的污染物容易被吸附。但也有一些黏土带正电荷，可以作为负电荷污染物的阴离子交换介质。土壤中有机固体的比表面积也较大，能够吸附阻留土壤中的有机污染物。例如，腐殖质是一种相对稳定的有机成分，可以使疏水性的污染物从水相进入有机相，从而降低其在土壤中的运动性。

生物细胞吸收利用营养物质和污染物，排出代谢废物都需要水分作为介质。土壤的湿度对生物降解过程的传质速率有很大影响。水分含量高低会直接影响土壤中微生物的活性和繁殖能力。通常，干旱地区的土壤中的氧浓度较高，但水分含量低，微生物的活性比较低，代谢产物也不易从土壤中去除。在进行生物修复时，需要考虑增加土壤的湿度。而在我国南方地区，气候潮湿多雨，土壤以黏性土居多。这就造成土壤中水分含量高，氧在土壤中的传递会受到阻碍，难以形成好氧环境，这对于生物修复也是不利的。因此，土壤的湿度过低或过高都不利于生物修复。有研究表明，25%～85%的持水容量是土壤水分有效性的最适水平。

环境介质的pH值在6.5～7.5之间，一般被认为最适合于生物修复，但在略偏碱性的条件下，也不会对微生物降解产生明显的抑制作用。不同地理位置和气候条件下的土壤pH值差异较大。土壤pH值能够影响土壤的结构、营养状况以及微生物的活性。大多数土壤的pH值为中性，适合大多数细菌和真菌生存繁殖，因此在生物修复过程中一般不需要对土壤的pH值进行调节。

12.2 水处理工程中微生物修复技术

12.2.1 主要的生物修复技术

水体修复技术包括以微生物为处理功能核心的生物处理技术、具有复合生态系统的生态塘处理技术、以植物和微生物为主要处理功能体的湿地处理技术、土壤处理技术和利用河湖自然净化能力进行修复控制。

12.2.1.1 生物处理技术

生物处理技术包括好氧处理、厌氧处理、厌氧-好氧组合处理。其主要原理是人工驯化、培养适合于降解某种污染物的微生物，通过控制适合微生物生长的环境以稳定和加速污染物的降解。

由于生物处理技术起步较早，现在已有很多成熟的工艺，如SBR、UASB、氧化沟等。这些工艺一般要辅助结合其他一些处理方法，如物理处理法（如吸附法、重力法、离心法和引力法等）、化学处理法（如絮凝法、提取法、氧化法、离子交换法和沉淀法等）。

12.2.1.2 生态塘处理法

生态塘是以太阳能为初始能源，通过在塘中种植水生作物，进行水产和水禽养殖，形成人工生态系统。在太阳能（日光辐射提供能量）的推动下，通过生态塘中多条食物链的物质迁移、转化和能量的逐级传递、转化，将进入塘中污水中的有机污染物进行降解和转化，最后不仅去除了污染物，而且以水生作物、水产的形式作为资源回收，净化的污水也作为再生水资源予以回收再用，使污水处理与利用结合起来，实现了污水处理资源化。

人工生态系统利用种植水生植物、养鱼、养鸭、养鹅等形成多条食物链。其中不仅有分解者生物、生产者生物，还有消费者生物，三者分工协作，对污水中的污染物进行更有效的处理与利用，并由此可形成许多条食物链，构成纵横交错的食物网生态系统。如果在各营养级之间保持适宜的数量比和能量比，就可建立良好的生态平衡系统。污水进入这种生态塘中，其中的有机污染物不仅被细菌和真菌降解净化，而其降解的最终产物，一些无机化合物作为碳源、氮源和磷源，以太阳能为初始能源，参与食物网中的新陈代谢过程，并从低营养级到高营养级逐级迁移转化，最后转变成水生作物、鱼、虾、蚌、鹅、鸭等产物，从而获得可观的经济效益。

12.2.1.3 人工湿地处理技术

人工湿地是近年来迅速发展的水体生物-生态修复技术，可处理多种工业废水，包括化工、石油化工、纸浆、纺织印染、重金属冶炼等各类废水，后又推广应用为雨水处理。这种技术已经成为提高大型水体水质的有效方法。人工湿地的原理是利用自然生态系统中物理、化学和生物的三重共同作用来实现对污水的净化。这种湿地系统是在一定长宽比及底面有坡度的洼地中，由土壤和填料（如卵石等）混合组成填料床，污染水可以在床体的填料缝隙中曲折地流动，或在床体表面流动。在床体的表面种植具有处理性能好、成活率高的水生植物（如芦苇等），形成一个独特的动植物生态环境，对污染水进行处理。

人工湿地的显著特点之一是其对有机污染物有较强的降解能力。废水中的不溶性有机物通过湿地的沉淀、过滤作用，可以很快地被截留进而被微生物利用；废水中可溶性有机物则可通过植物根系生物膜的吸附、吸收及生物代谢降解过程而被分解去除。随着处理过程的不断进行，湿地床中的微生物也繁殖生长，通过对湿地床填料的定期更换及对湿地植物的收割而将新生的有机体从系统中去除。湿地对氮、磷的去除是将废水中的无机氮和磷作为植物生长过程中不可缺少的营养元素，可以直接被湿地中的植物吸收，用于植物蛋白质等有机体的合成，同样通过对植物的收割而将它们从废水和湿地中去除。

由于这种处理系统的出水质量好，适合于处理饮用水源，或结合景观设计，种植观赏植物改善风景区的水质状况。其造价及运行费远低于常规处理技术。英国、美国、日本、韩国等国都已建成一批规模不等的人工湿地。

12.2.1.4 土地处理技术

土地处理技术是一种古老但行之有效的水处理技术。它是以土地为处理设施，利用土壤-植物系统的吸附、过滤、净化作用和自我调控功能，达到某种程度对水的净化的目的。土地处理系统可分为快速渗滤、慢速渗滤、地表漫流、湿地处理和地下渗滤生态处理等几种形式。国外的实践经验表明，土地处理系统对于有机化合物尤其是有机氯和氨氮等有较好的去除效果。德国、法国、荷兰等国均有成功的经验。

12.2.2 生物修复技术的优点和局限性

生物修复主要是利用天然存在的或特别培养的微生物在可调控的环境条件下将有毒污染物转化为无毒物质的处理技术。生物修复可以消除或减弱环境污染物的毒性，可以减少污染物对人类健康和生态系统的风险。这项技术的创新之处在于它精心选择、合理设计操作的环境条件，促进或强化在天然条件下本来发生很慢或不能发生的降解或转化过程。生物修复起源于有机污染物的治理，近年来也向无机污染物的治理扩展。

12.2.3 评价生物修复可行性的程序

在生物修复项目实施以前，必须对工程的可行性进行研究。工程可行性分析，包括对处理场所的分析，如污染物的浓度与分布、微生物的活动、土壤水环境特性以及水文地质特性等，以比较、选择生物修复方案。除考虑处理的效果、处理的经费等问题以外，还需要考虑健康和安全性、风险、监测、社区关系、残留物管理等方面。

根据美国的经验，可行性研究大致可以分以下四个步骤。

（1）数据收集。应收集以下方面的数据资料。

① 污染物的种类和化学性质，在环境中的浓度及其分布，受污染的时间长短。

② 环境受污染前后微生物的种类、数量、活性以及在环境中的分布，确定当地是否有完成生物修复的微生物种群。

③ 环境特性，包括土壤的温度、孔隙度、渗透率，以及污染区域的地理、水文地质、气象条件和空间因素（如可利用的土地面积和沟渠井位）。

④ 根据当地有关的法律法规，确立处理目标。

（2）技术路线选择。在掌握了当地情况以后，查询有关生物修复技术发展应用的现状，是否有类似情况和经验。提出各种修复方法（不只是生物修复）和可能的组合，进行全面客观的评价，筛选出可行的方案，并确定最佳技术路线。

（3）可处理性试验。如果认为生物修复技术可行，就需要进行实验室小试和现场中试，获得有关污染物毒性、温度、营养和溶解氧等限制性因素的资料，为工程的实施提供必要的工艺参数。

(4) 实际工程设计。如果通过小试和中试均表明生物修复技术在技术上和经济上是可行的，就可以开始生物修复项目的具体设计，包括处理设备、井位、井深、营养物和氧源（或其他受体）等。

参 考 文 献

[1] 王国惠. 环境工程微生物学. 北京：科学出版社，2011.
[2] O'brien Gere Engineers Inc. Innovative engineering technologies for hazardous waste remediation. New York：International Thomson Publishing Inc.，1995.
[3] 魏小芳，张忠智，郭绍辉等. 外源微生物强化修复石油污染土壤的研究. 石油化工高等学校学报，2007，20 (2)：1-4.
[4] 刘世亮，骆永明，吴龙华等. 污染土壤中苯并 [a] 芘的微生物共代谢修复研究. 土壤学报，2010，47：364-369.
[5] 杨柳燕，肖琳. 环境微生物技术. 北京：科学出版社，2003.
[6] 沈德中. 污染环境的生物修复. 北京：化学工业出版社，2002.
[7] 沈德中. 环境科学进展，1993，1 (5)：56-59.
[8] 陈文新. 土壤和环境微生物学. 北京：高等教育出版社，1997.
[9] 华孟，王坚. 土壤物理学. 北京：北京农业大学出版社，1993.